픽스호크를 이용한 수직이착륙(VTOL) 무인항공기 제작

저자소개

진광식

- 20년 모바일로봇 및 기타 소프트웨어 및 하드웨어 개발자
- 10년 Multicopter(드론) 개발자
  8bit, 32bit FC 설계, 32bit FC with OSD 설계, 32bit ESC 설계, 교육용 Drone Kit 개발, All-in-one Board(IMU + ESC 4ea + PMU) 개발, Antenna Tracker 개발, Gimbal Controller 개발, 산업용 Multicopter 개발, Tilt Rotor VTOL 개발, Hybrid Drone 개발 등.
- 22년 강의 경력
  2016년 대경대학교 드론과 교수 역임
- 한국 수직이착륙 무인항공기 협회(K-VTOL) 교육 기술 이사
- 초경량비행장치 지도조종자 자격 보유
  2017년 초경량비행장치 조종자 자격증(무인 멀티콥터)(교통안전공단)
  2018년 초경량비행장치 조종자 지도조종자 자격(교통안전공단)
- 현재 2021년 마산대학교 스마트무인항공과 교수

김한철

- 임베디드 기반 제품 다수 연구 개발
  현) FC(Flight Control) 개발 및 최적화
  현) GCS S/W 개발
  현) 임무 장비에 필요한 AI 기반 이미지 프로세싱 S/W 개발
  현) 드론 시뮬레이터 개발
- 2000 ~ 2003 본네트워크 개발 실장
- 2003 ~ 2007 익소로직 Lab 장
- 2007 ~ 2009 랩시스템 연구소장
- 2008 ~ 2010 아크로엠 책임연구원
- 2010 ~ 2018 오큐브 연구소장
- 2019 ~ 현재 아토시스템 연구소장

픽스호크를 이용한 수직이착륙(VTOL) 무인항공기 제작

진광식 · 김한철 지음

도서출판 홍릉

픽스호크를 이용한
수직이착륙(VTOL)무인항공기 제작

인 쇄 : 2020년 8월 31일 초판 1쇄
발 행 : 2020년 9월 10일 초판 1쇄

저자와의
협의하에
인지생략

저 자 : 진광식 · 김한철
발행인 : 송 준
발행처 : 도서출판 홍릉
주 소 : 01093 서울시 강북구 인수봉로 50길 10
등 록 : 1976년 10월 21일 제5-66호

전 화 : 02-999-2274~5
팩 스 : 02-905-6729
e-mail : hongpub@hongpub.co.kr
http://www.hongpub.co.kr
ISBN : 979-11-5600-795-1(93560)

정 가 : 35,000원

프롤로그

1996년에 지금도 생소한 디지털 신호처리(DSP, Digital Signal Processing)와 Mobile Robot를 공부했다. 디지털 신호처리는 어떤 특정한 신호(레이저 신호, 음성 신호, 영상 신호, 특수한 기기에서 출력되는 신호 등)에 대해 신호 복원, 해석, 시스템 추정, 정보 추출, 신호의 합성 및 부호화해서 우리가 원하는 목적에 따라 가공(특수한 알고리즘)하는 기술이라고 보면 된다. 여기에 하드웨어와 소프트웨어 공학이 들어간다. 지금의 인공지능(AI, Artificial Intelligence) 격인 Neural Network, Fuzzy 이론, Genetic Algorithm도 연구했다. 특히 그때만 해도 생소한 음성인식에 접목 했다. 지금은 누구나 스마트폰으로 음성이 인식되는 시대가 나타날 것이라고 상상도 못했던 시기였다. 또한, Mobile Robot에 실제 음성인식과 영상인식을 적용시켜 자율주행 동작을 연구했다.

Mobile Robot은 2차원(땅에서 기어 다니는 로봇)적 사고에 지나지 않아 행동반경이 극히 제한적이다. 하지만 현재의 드론(무인 항공기)은 3차원 공간에서 모든 임무가 수행되어 매력적으로 다가왔다. 이에 2008년 멀티콥터(MultiCopter)에 관심을 가졌고 조금씩 연구를 시작했었다. 2009년에 인도 영화 “세 얼간이”를 본 후 그 영화에서 멀티콥터가 출연되어 더욱 드론(MultiCopter)에 흥미를 더해졌었다. 그 후 8bit FC(Flight Control)와 IMU 및 ESC를 직접 설계하고 제작하여 드론을 직접 띄우기도 했다. 그때만 해도 드론이란 용어가 일반적인 용어가 아니고 멀티콥터(MultiCopter)라고 불러져 왔다.

2016년 국내 최초 대학교에서 드론과가 생겼다. 대경대학교 드론과에서 학생들에게 드론에 관련된 과목을 지도하고 가르쳤다. 이 드론은 전기, 전자, 기계, 제어 및 컴퓨터 공학, 항공역학 등 많은 부분이 포함되었으며 단 시간 습득이 어려운 분야다. 어떻게 하면 학생들에게 재미와 흥미를 가지고 이론적인 부분들을 포함하며 직접 제작하면서 학습해 나가는 것을 항상 고민했다.

현재에 드론 기술은 많은 발전을 해 왔으며 앞으로도 계속 더 나은 기술들이 생겨날 것으로 본다. 드론의 한계는 언제나 존재하고 있으며 많은 연구자들이 계속 기술을 개발하고 있다.

특히 멀티콥터(드론)는 정지 기술(호버링, Hovering)의 바탕으로 많은 임무에 사용되어 산업전반에 미치는 영향이 아주 상당하게 차지하고 있다. 그러나 드론의 비행은 에너지 효율 면에서는 극히 최악이라고 말하고 싶다. 배터리 용량의 한계와 비효율적인 에너지로 비행시간의 제약이 따랐다.

이에 에너지 효율을 극대화 하고 비행시간을 늘려 특정한 임무에 사용할 무인비행체(드론)를 어떻게 만들 것인가 고민을 하여 탄생한 것이 VTOL(Vertical Takeoff and Landing)기술이다. VTOL은 멀티콥터에서 수직 이륙이 되어 비행기(고정익)로 특정 임무수행을 완료하고 다시 멀티콥터로 변환을 하여 착륙하는 기술이 접목된 것이다. 비행기일 때 날개의 양력으로 적은 에너지로 오래 활공하여 날 수 있기 때문에 효율적으로 에너지를 관리할 수 있다. 이 책에서 FC는 Open Source Hardware인 Pixhawk를 사용하였으며 비행스택은 역시 Open Source Software인 ArduPilot을 사용하였다.

또한, 이 책에는 여러 비행체나 FC를 섞어 가면 설명을 하였다. 간혹 혼돈될 수도 있으나 그 원천 원리는 같은 것이므로 이해하기 바란다. 특정한 비행체(E-Flite Convergence VTOL)에 국한된 것이 아니므로 어떤 기체를 선택하느냐에 따라 제작이 가능하게 설명을 하였으므로 누구나 VTOL 메카니즘을 이해하고 학습하는데 도움이 될 것으로 기대한다.

진 광 식

프롤로그

대학 및 대학원에서 S/W 공학을 전공하였으며, 2000년 대학원을 졸업한 후 임베디드 시스템과 연관돼는 다양한 개발에 참여 및 책임을 담당하였다. 항상 새로운 도전을 하였으며 새로운 시스템에 관심을 가지고 연구를 하였다. 최근 드론관련 사업이 각광을 받으면서 관련분야의 소프트웨어를 연구하고 있다.

국내 드론 산업은 아직 걸음마 단계이며 멀티콥터(MultiCopter)에 국한되어 성장하고 있다. 이로 인하여 제한된 시간에 할 수 있는 업무에 국한되어 발달해 왔다. 63%가 산림면적을 차지하고 있는 우리나라 실정에는 멀티콥터 보다는 장기 체공이 가능한 비행기(고정익)이 효율적이다. 하지만 멀티콥터 보다 조종하기가 불편하고, 임무비행 때 넓은 착륙장이 필요하다는 단점으로 인하여 국내에서는 RC 동호회 이외에는 크게 각광을 받지 못했다. 하지만 여기에 VTOL이라는 기술을 접목시킴으로써 기존에 비행기(고정익)에서 문제가 되었던 부분을 조금이나마 해소하였다.

이 책에서는 임무비행을 크게 다루지는 않지만 이를 위한 교도보 역할을 할 수 있는 장시간 체공을 위한 솔루션을 안내하고 있다. 이 책은 기존 국내 시장이 멀티콥터(MultiCopter)에 국한적으로 개발해왔던 시장에 VTOL이라는 기술을 활용하여 멀티콥터 처럼 쉽게 비행할 수 있고, 비행기(고정익)처럼 장시간 체공이 가능한 드론개발에 대한 기초서적 역할을 할 수 있으리라 본다. 또한 이를 통하여 기존에 비행시간으로 인하여 한계에 부딪혔던 다양한 임무 비행 업무 개발에 도움이 되길 바란다.

김 한 철

차례

CHAPTER 01
VTOL 기초

CHAPTER 02
VTOL 제작에 필요한 것

차례

CHAPTER 03

FC(Flight Control) 포트의 입/출력 신호

차례

CHAPTER 04
기본 VTOL 센서 보정

차례

CHAPTER 05

VTOL 기체 구성품

차 례

CHAPTER 06

Tilt Rotor VTOL 설정 및 매개변수(Parameter)의 이해

CHAPTER 07

조종기 설정

차 례

CHAPTER 09

비행 후 Logo 분석

차 례

CHAPTER 10
주변 기기 이해 및 응용

부록

CHAPTER 01

VTOL 기초

CHAPTER 01

CHAPTER 01

VTOL 기초

1.1 개요

VTOL의 어원은 "Vertical Take Off and Landing air plane"의 약자로 수직으로 이착륙이 가능한 고정익 비행기를 말한다.

활주로를 이용하지 않고 수직으로 이륙 및 착륙을 하며 통상적인 비행(순항)은 일반 비행기와 같이 비행을 하는 고정익 비행기를 뜻한다. 이 VTOL 개념은 "수직이착륙이 가능한 고정익 비행기"를 말하며 이 범주에 속하는 기체 모두를 VTOL이라고 말 할 수 있다.

1.2 VTOL의 역사

VTOL은 비행기 역사에 있어서 아주 오래 동안 많은 연구와 시도가 있었지만, 1928년 니콜라 테슬라에 의해 개념이 제시되었다. 그 후 다양한 방식으로 도전이 있었다.

첫 번째 방식은 군사용으로 가장 먼저 시도한 것은 테일시터(Tail-sitters) 방식이다. 이 방식은 수직으로 이륙이 가능하도록 마치 로켓처럼 비행기를 세로로 세워놓고 이륙하는 방법이었다. 우주왕복선의 발사와 같은 형태로 기체를 세워 프로펠러로 동력을 발생시켜 이륙하는 형태라고 이해하면 쉬울 것 같다. 그 중 X-13은 제트 추진력으로 동력을 발생시켜 이륙 및 기동을 하였으며, Lockheed의 XFV-PTS, Convair의 XFY-1 Pogo, Ryan의 X-13 Vertijet 등은 X-13을 제외하고 프로펠러를 이용하여 동력을 발생시켰다.

＜XFV–PTS＞

＜XFY–1 Pogo＞

＜X–13 Vertijet＞

두 번째는 틸트로터(Tilt-Rotor)와 틸트윙(Tilt-Wing) 방식이다. 기체가 일반 비행기처럼 수평인 상태로 헬리콥터처럼 수직으로 이착륙하여 일정한 고도에 도달하면 천천히 양쪽 구동축을 수평으로 전환시켜 고정익기와 같이 비행하는 원리이다. 실험용으로 제작한 Canadair의 CL−84 Dynavert나 미 해병대용 V−22 Osprey가 이에 해당된다.

＜CL–84 Dynavert＞

＜V–22 Osprey＞

세 번째는 추력을 분리하고 이륙하는 방식(Separate Thrust and Lift)이다. 수직이착륙을 위한 동력과 수평비행을 위한 동력을 분리하여 구동하는 방식이다. 수평비행을 위해 제트 엔진을 장착하여 사용할 수도 있다. 기동이 많은 전투기에 사용한다고 한다. Lockheed의 XV−4, Mirage의 Mirage III−V 등이 제작되었고 소련의 Yak−38은 함재기에 실전 배치되기도 하였다.

<XV-4>

<Mirage III-V>

<Yak-38>

이 방식은 두 가지 엔진이 하나의 기체에 장착되다 보니 구조가 복잡해졌고, 추가된 엔진으로 인하여 무게가 증가되어 항속거리, 무기 무장 개수 등에 제한이 따르는 등 많은 문제점이 발생하였다. 한동안 이 방식은 실패로 여겨져 왔으나 최근에 차세대 전투기 중 수직이착륙 버전인 F35-B가 나오면서 새롭게 조명 받고 있다.

<F35-B>

네 번째 방식은 VTOL 또는 STOL(Short TakeOff and Landing)의 역사에서 현재까지 가장 성공한 방식으로 추력가변(Vectored Thrust)으로 수직이착륙 하는 방식이다. 이 방식은 강력한 제트 엔진을 장착하여 엔진 노즐의 방향을 자유자재로 움직여 수직이착륙은 물론 수평비행까지 사용하는 방식이다. 개념상으로 앞에 소개한 틸트로터나 틸트윙 방식과 유사하지만 기동력에서는 월등히 우세하다. 그리고 이 방식을 언급할 때 VTOL 및 항공기 역사에서 빼놓을 수 없는 명품 기체는 Harrier를 들 수 있다.

< Harrier >

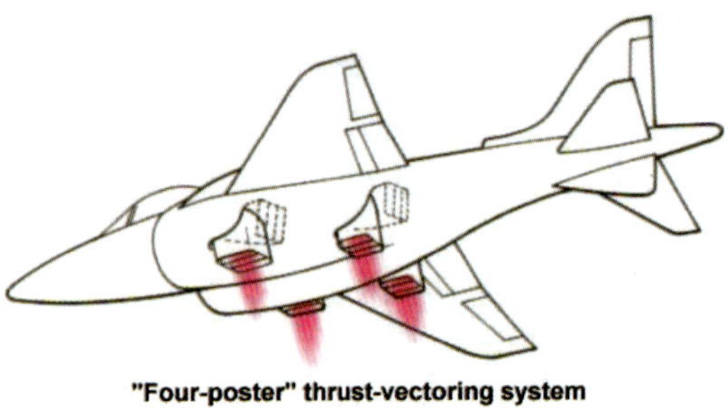

< thrust vectoring system in the Harrier >

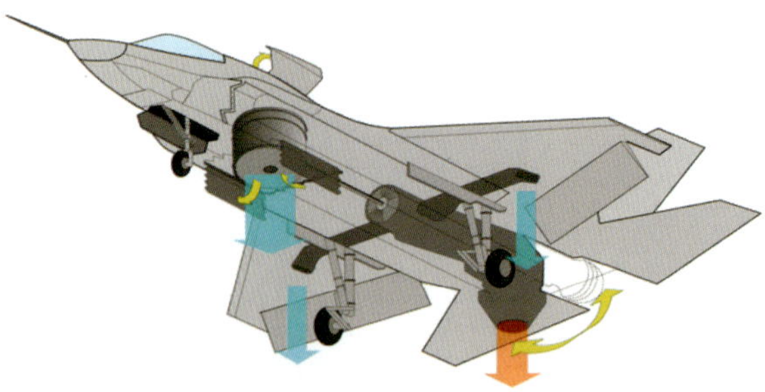

< Separate Thrust and Lift for F-35B >

CHAPTER 02

VTOL 제작에 필요한 것

CHAPTER 02

2.1 ··· VTOL의 제작 목표

❶ 기체 제작의 목적

❷ 무인비행기 VTOL의 장점

❸ VTOL 무인항공기의 활용 범위

2.2 ··· 하드웨어

❶ 기체(Vehicle)

1) 기체 선택 : Multicopter, Helicopter, Plane
2) 재질 : EPO, Carbon, Wood(balsa)
3) Plane 형태에 따른 분류 : Standard Plane, V-tail, A-tail, Delta, tail-sitter
4) 전이(Transition) 방식에 따른 분류 : pusher, Tilt rotor, Tilt Wing, vectoredtilt rotor
5) Multicopter에 따른 분류 : Try, Quad, Multi
6) 추력에 따른 분류 : Motor, Engine(Gasoline, Turbo), Hybride Type
7) VTOL 형태에 따른 선택

❷ 비행제어장치(FC : Flight Control)

1) 종류
2) Pixhawk2.1
3) IMU, AHRS, INS 이해

❸ 전자변속기(ESC : Electronic Speed Control)

1) 용도
2) 종류

❹ 브러시리스 모터(BLDC : Brushless DC Motor)

1) 용도
2) 종류

❺ 프로펠러(Prop : Propeller)

1) 용도
2) 종류

❻ 배터리(Battery)

1) 용도
2) 종류

❼ 텔레메트리(Telemetry)

1) 용도
2) 종류

❽ 조종기(송신기, Transmitter)

1) 조종기 선택 조건
2) 사용할 만한 조종기의 종류

❾ 수신기(Receiver)

❿ 송신모듈과 수신모듈

2.3 ··· 소프트웨어

❶ 비행제어장치 소프트웨어(Firmware) : px4(2012) vs Ardupilot(2009)

1) PX4 flight
2) Ardupilot flight
3) 소프트웨어 스택 선택
4) 라이센스 : BSD 3-Clause vs. GPLv3
5) 소프트웨어 아키텍쳐(Architecture)
6) ArduPlane 소프트웨어 아키텍쳐
7) Plane Controller 내부 구조

❷ 지상제어 소프트웨어 GCS(지상관제소 : Ground Control Software)

1) QgroundControl
2) Mission Planner
3) MAVProxy
4) APM Planner

CHAPTER 02

VTOL 제작에 필요한 것

2.1 VTOL의 제작 목표

오늘날 비행기는 무인으로 원격에서 운용하면서 특정한 임무를 수행할 수 있는 무인비행기가 군사용뿐만 아니라 민간에서도 활용되고 있다. 최근 멀티콥터가 각광을 받으면서 무인비행체를 이용한 많은 업체들이 다양한 임무수행에 관심을 보이고 있다. 멀티콥터는 2개 이상의 로터(회전 날개)를 가진 비행체를 말한다. 멀티콥터는 헬리콥터와 같이 수직 이 · 착륙 및 호버링이 가능하며 기계적 구조가 단순하고 조종성이 좋아 쉽게 접근 할 수 있다는 장점으로 인하여 많은 곳에 사용되어지고 있다. 하지만 멀티콥터는 여러 개의 로터를 회전시키는 모터에서 소모되는 에너지가 동일한 출력을 발생시키는 무인비행기보다 크기 때문에 비행시간이 길지 않다는 단점을 가지고 있다. 여기에 이를 해결하기 위한 배터리 기술의 한계로 인하여 운행 시간을 늘리는데 어려움을 겪고 있다. 좀 더 멀리, 좀 더 오래 임무를 수행하고자 하는 욕구는 늘어나고 있으며 이를 해결 할 방안이 논의되고 있다.

좀 더 멀리, 좀 더 오래 임무를 수행하기 위한 방안 중 하나가 VTOL 방식을 무인비행기에 적용하는 것이다. 앞서 언급한 VTOL의 역사에서 VTOL은 사용하는 사람이 직접 탑승하고 무장을 하여 운용하는 기체를 주로 군사용으로 개발되어 활용돼 왔었다. 비행기도 무인화 되면서 소형화 되었다. 최근에 이 무인비행기를 수직으로 이륙 및 착륙 시키는 방식을 도입하여 군사용과 민간에 개발하고 활용하는 추세에 있다. 무인 비행기는 같은 동일 배터리를 사용하는 멀티콥터에 비해 2~3배 더 비행 할 수 있으며 기존에 단점으로 꼽혔던 조종성 및 넓은 운용 공간에 대한 부분이 해소되면서 다시 각광받고 있다.

현재 VTOL의 역사에서와 마찬가지로 무인 비행기를 VTOL 형태의 여러 가지 방식으로 시도하고 실제 제작 활용되고 있다. 여기서 필자는 소형 무인비행기를 VTOL로 개조하여 특정한 임무를 수행하는 기체에 대하여 언급하고자 한다.

1 기체 제작의 목적

이 책에서는 무인 비행기에 자동비행장치(FC)를 탑재하여 수동 비행, 자율비행 및 임무를 수행할 수 있는 기체 제작에 대해서 설명하고자 한다. 더 나아가 무인 비행기에 적합한 임무장비를 탑재하여 특정한 임무를 수행 가능하게 하는 기체를 제작하는 방법도 소개하고자 한다.

2 무인비행기 VTOL의 장점

VTOL이 적용된 무인비행기는 다음과 같은 장점을 가지고 있다.

- 활주로 필요 없다(수직 이착륙) : 좁은 장소에서도 이륙 및 착륙이 가능하다.
- 멀티로터에 비해 적재량(Payload)를 많이 실을 수 있다(고정익 비행기의 장점).
- 장거리 비행 가능(통신장비 성능 뒷받침)하다. 비행시간은 최소 60분 이상, 보통 1시간30분이고 배터리 용량에 따라 그 이상의 비행시간도 가능하다

3 VTOL 무인항공기의 활용 범위

멀티콥터의 장점과 무인항공기의 장점을 결합한 VTOL 기반의 무인항공기는 기존방식으로는 하기 힘들었던 부분을 쉽게 처리 할 수 있도록 하였으며 임무 활용범위가 넓어졌다.

- 임무수행 및 자율비행이 가능하여 특정 임무를 수행할 수 있다.
- 이미지획득(지표면 이미지, 3D맵핑에 활용)에 사용할 수 있다. 넓은 범위의 소나무 재선충 탐색이 가능하다.
- 공간정보 활용으로 사용되고 있다. 경작물 상세조사(재배면적, 경작지구분, 생육상태분석), 시설물조사, 도서(섬)지역관리, 생태정보, 식생분포, 지형경관변화 등에 활용된다.
- 장거리 택배 및 산간도서 외진 곳에 의약품 배달에 활용되고 있다.
- 실종자 수색용(옵션 : 열화상 카메라 탑재, 줌카메라 탑재)으로 사용된다.
- 넓은 범위의 산불감시(옵션 : 열화상 카메라 탑재)에 사용된다.
- 광범위한 병충해 예찰(이미지 분석을 통해)이 가능하다.

- 식생분포 분석(다분광 및 초분광 카메라)을 통해 농작물 관리가 가능하다.
- 산악지역이 많은 우리나라와 같은 지형에 최적이다(고정익 비행기는 이착륙 활주로가 필요 하다)
- 군사용 목적(정찰, 자살드론, 무장드론, 타겟드론) 드론으로 활용된다.

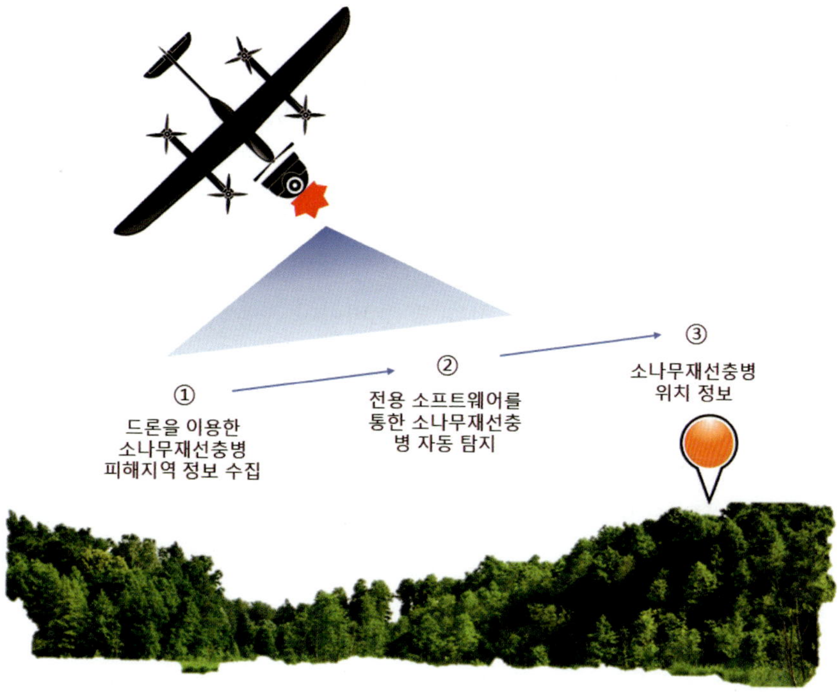

< 소나무 재선충 탐색 예(임무 수행, 데이터 획득, 테이터 분석) >

2.2 하드웨어

1 기체(Vehicle)

1) 기체 선택 : Multicopter, Helicopter, Plane

일반적으로 VTOL을 만들기 위한 기체 설계 및 선택은 비행기 형태에 따라 다르다. 특별한 기준은 없지만 기존에 고정익에서 출발한 역사에 기준하여 설계하고 선택하는 것이 좋을 것이다. 이는 VTOL의 초기 설계 역사에서 보는 것과 같이 고정익을 전재로 설계하여 고정익의 장점을 갖고 수직이착륙이라는 새로운 기술을 적용하는 접근이 유사하기 때문이다.

고정익(plane)의 장점은 이송에 대한 payload가 크며 적은 연료로 장시간 비행이 가능하다는 것이다. 하지만 고정익의 단점은 활주로 또는 활주를 위한 넓은 공간이 필요하다는 것이다. 회전익(Multicopter)은 고정익과 다르게 수직 이 · 착륙이 가능하고 직선 고도 상승 및 자유로운 방향 전환, 좁은 공간이나 실내에서도 비행 할 수 있으며 호버링이 가능하여 정지된 상태에서의 영상 촬영이나 사진 촬영이 가능하다는 장점을 가지고 있다. 하지만 고정익만큼 높은 고도의 비행이 불가능하고 모터와 프로펠러의 힘으로만 움직일 수 있기 때문에 배터리 소모가 커 비행시간이 짧아진다는 단점을 가지고 있다. 헬리콥터(Helicopter)의 장점은 수직 이 · 착륙 및 호버링이 가능하며 측방 및 후진 비행이 가능하다. 하지만 최대 속도의 제한이 있고 추력과 양력 대비 무게 한계가 있다. 고정익과 회전익의 각각의 단점을 해소하기 위한 VTOL 방식의 고정익은 회전익의 장점을 살려 수직 이 · 착륙이 가능하여 큰 공간의 필요 없으며, 고정익의 장점인 장시간 비행이 가능하다. 이러한 장점을 살려 군사적으로는 적으로부터 반공 영역(비행장 없는)의 확대가 가능하다는 것이다.

수직이착륙 기체의 가장 쉽게 접근하는 방법은 기본적인 형태의 기체 몸체(body)는 RC 비행기(Plane)를 기준으로 선택하는 것이 좋을 것이다. RC 비행기(Plane)를 선택하는 이유는 실제 검증된 비행기로써의 제작 할 때 충실히 항공 역학적 기술이 탑재되어 있어서 기본적인 기능(잘 나는 것)을 잘 수행한다. 이러한 RC 비행기(Plane)를 이용함으로써 제작 시간을 단축시키고 제작에 들어가는 비용을 줄일 수 있다. 이렇게 만들어진 기체를 기반으로, 자신 만에 기체를 제작함으로써 전반적인 개발 사이클 및 비용을 줄일 수 있다. 특정한 임무를 위하여 새로이 설계하고 제작할 수 있는 열정적인 개발자라면 자신만의 기체 제작에도 도전해 보기 바란다.

그러면, RC Plane으로써의 기체는 어떤 종류가 있을까? 필자가 주로 상용화 된 제품을 제작 개조한 기체들은 Nimbus, Mini Skyhunter, SkywalkerX8, Ranger757, Believer UAV, Convergence VTOL, Mapper, Mini Goose, X-UAV Mini Talon 등이 있으며 TailSitter 형태의 기체로는 Z84, arkbird airplane 등으로 VTOL로 개조할 수 있다.

< Nimbus 1800 >

< VTOL로 개조된 Nimbus 1800 >

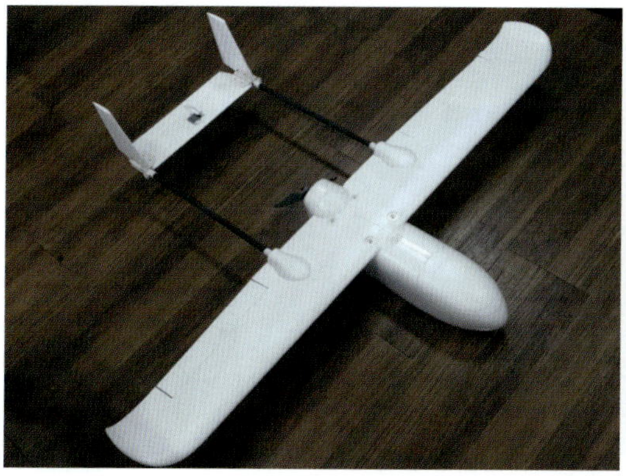

< mini Skyhunter >

< VTOL로 개조된 mini Skyhunter >

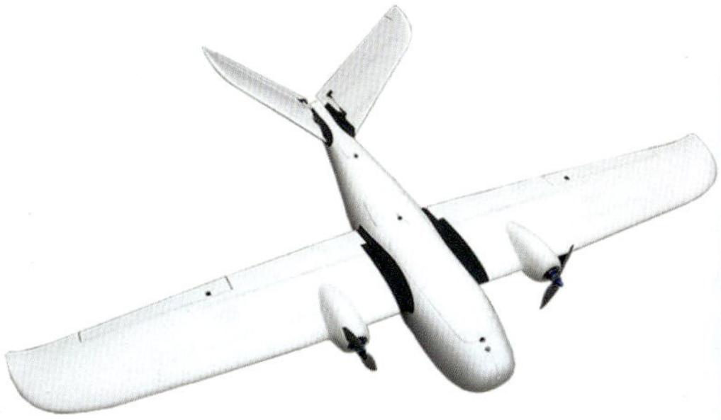

< Believer UAV >

< VTOL로 개조된 Believer UAV >

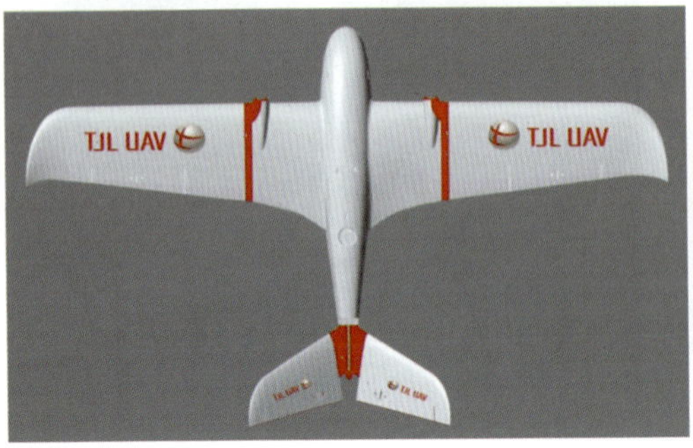

<mini Goose>

<VTOL로 개조된 mini Goose>

<Wing Wing Z84>

<TailSitter VTOL로 개조된 Z84>

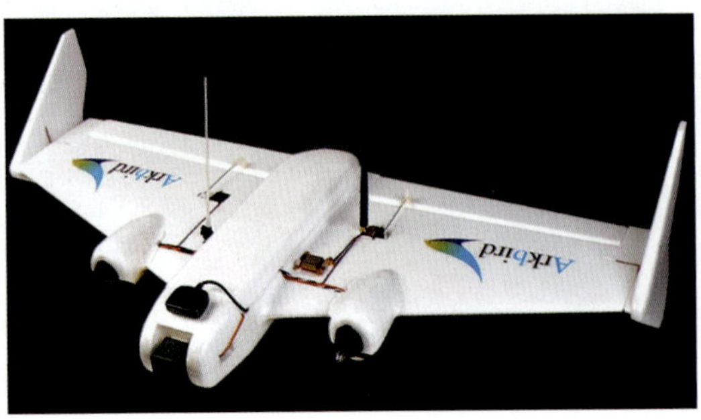

<Arkbird FC 탑재>

<Ardupilot 탑재>

< Convergence 기존 FC탑재 >

< Convergence Ardupilot 탑재 >

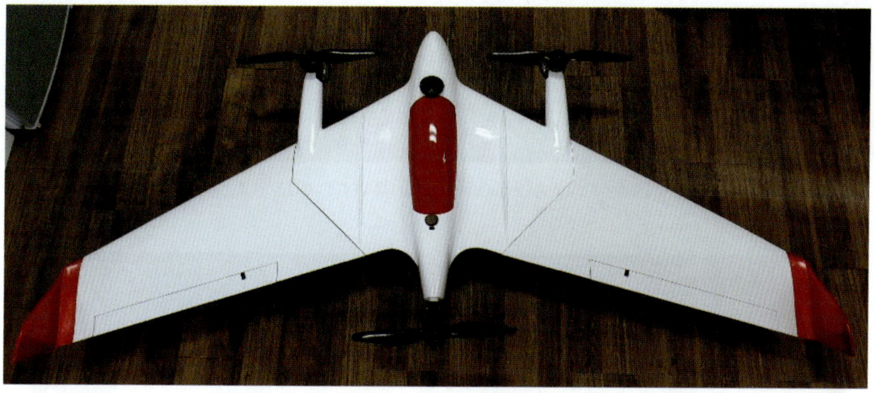

< 직접 설계 제작한 VTOL >

< Goni VTOL(CNC 제작) >

< Believer QuadPlane형태의 Tilt vectored VTOL >

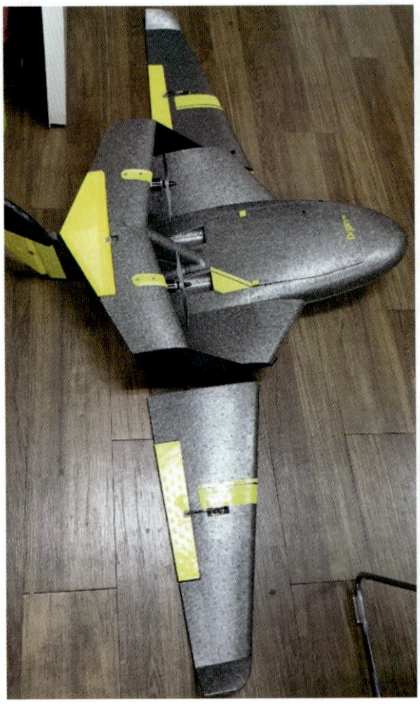

< 기존 Mapper >

< 개조된 VTOL Mapper >

위의 그림에서 보여 진 것과 같이 RC Plane을 이용하여 다양한 VTOL 무인항공기를 제작할 수 있다. 이 기체들마다 특성이 달라 비행 성능이 다르다. 그러므로 기체의 선택은 임무에 따라 무게와 크기를 고려해야 한다. 무게가 무거우면 배터리 전력소비량이 많아 비행시간이 짧아진다. 임무장비 즉 적재량에 따라 기체의 크기가 고려되어야 한다. 비행시간을 길게 하려면 우선 배터리 적재 면적이 커야 한다. 배터리가 크면 배터리 용량을 커져 배터리 출력이 높아지고 추력 시간이 길어 활공시간을 오래 버틸 수 있다.

또한 날개가 길어지면 비행 활공성이 좋아진다. 활공성이 좋아지면 배터리 소모가 줄어들어 비행시간을 늘일 수 있다. 추력을 담당하는 모터는 속도와 관련이 있다. 무게에 따라 비행 활공성에 따라 속도는 달라질 수 있으며 모터의 추력에 따라 또한 달라지므로 최적의 부품을 선택해야 한다.

2) 재질 : EPO, Carbon, Wood(balsa)

RC 비행기에 주로 사용하는 대표적인 재질은 Balsa, EPS, EPP, EPO, 탄소섬유 등으로 나눌 수 있다. 재질의 선택 기준 중 하나인 비중은 낮을수록 가볍다. 비중은 낮고 단단한 재질을 이용해야 가볍고 단단한 기체를 제작할 수 있다.

가) 발사(Balsa) wood

발사(Balsa)는 남미가 원산지인 초경량 목재를 말한다. 초창기 RC 제작자들은 발사(Balsa)를 이용하여 제작하였고, 현재에도 엔진 동력원을 사용하는 RC비행기는 발사(Balsa) 재질의 동체를 많이 사용한다. 가볍고 제작이 쉬워 모형재료로 널리 사용되고 있다. 다만, 결 방향으로 쪼개지기가 쉽기 때문에 보강을 많이 해야 하는 단점은 있다. 주로 RC 비행기의 엔진이 장착된 중급기에 많이 사용되어 왔었다. 비중은 0.12이다.

< Balsa Wood >

나) EPS(Expanded polystyrene)

우리가 익히 알고 있는 스티로폼이다. 가볍고 단단하며 절단이 쉽다. 단지 EPP에 비해 탄력성이 떨어지고 흠집이 생기며 복원이 어렵다. 일반적이 접착제에는 녹기 쉬우므로 전용 접착제를 사용해야 한다. 비중은 0.02~0.03 이다.

< EPS(스티로폼) >

다) EPP(Expanded polypropylene)

EPP는 원래 형태로 복원이 되는 성질이 있어 충격에 강하다. 또한 일반 순간접착제와 같은 접착제를 바로 사용 할 수 있다. 단점은 절단이 어려워 열선으로 절단해야 한다. 또한 습기에도 약하다. EPP는 물을 머금은 성질이 있어 수상기를 만들고 싶다면 이 재질은 추천하지 않는다. 압축 비율에 따라 사포로 다듬어지지 않는 성질이 있어 압축 비율을 보고 구입해야 한다. 조금 큰 기체의 날개를 제작하려면 탄소 섬유봉과 같은 보강재를 삽입하고 고정시켜 주어야 쳐지는 일이 없어지고 강성이 좋아 진다. 비중은 0.02~0.03 이다.

< EPP >

라) EPO(Expanded polyolefin)

압축 스티로폼으로 EPP와 비슷한 성질을 가지고 있다. 다만 표면이 EPP에 비해 부드럽고 번들번들 하다. 현재 RC 비행기에 가장 많이 사용하고 있는 재료로 각광을 받고 있다. 시중에 RC 비행기의 재질 내용을 보면 Elapor라고 나와 있는 제품이 많은데 독일 Multiplex사의 Elapor이라는 재질이 EPO 재질의 고유 상표명이 된 것으로 보인다. 일반 접착제에 잘 붙는다. 비중은 0.02~0.03 이다.

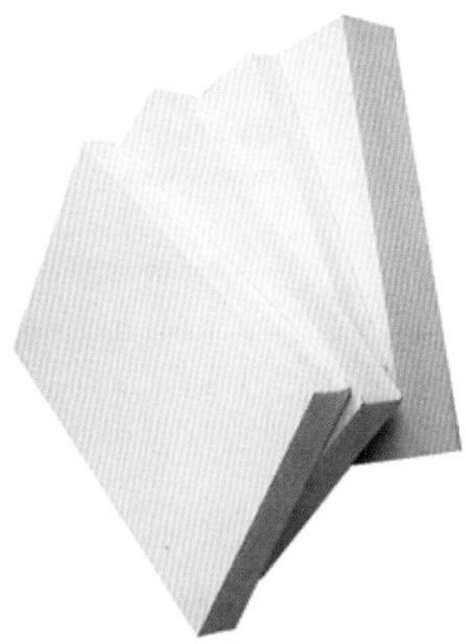

< EPO >

마) 탄소섬유(Carbon fiber)

카본은 비중이 1.7 정도로 7.8인 철 보다 4배 이상 가볍고 견고하다고 한다. 탄소섬유 강화 플라스틱을 만들기 위해서는 먼저 탄소섬유를 진공, 고온에서 태워 탄소 실(탄소 필라멘트)를 만들어야 한다. 이 실은 다양한 방법으로 직조해 탄소섬유원단을 제작하고 여기에 에폭시 등 합성수지를 붓고, 고압/고열로 가공하면 비로소 높은 강도를 지니 탄소섬유 강화 플라스틱(탄소 복합재)이 제조된다. 강도를 높이기 위해서는 더 많은 탄소섬유를 더 촘촘히 짜여 져야 하며, 더 큰 힘을 견딜 수 있다. 항공기 설계자들은 이 탄소 복합재를 많이 선택한다. 이 이유는 무게 대비 강성비가 아주 높기 때문이다. 강성이 높은 탄소 섬유와 플라스틱 접착제를 사용한 매트릭스 구조는 기존 재료보다 월등한 경량화가 가능하다. 또한 탄소 복합재는 기존 항공기에 사용하는 재질보다 강성과 강도 면에서 동등하거나 높다. 밀도는 기존 재료보다 낮다. 이런 점에서 항공기의 중량을 줄일 수 있고 또한 연료 효율을 높일 수 있다.

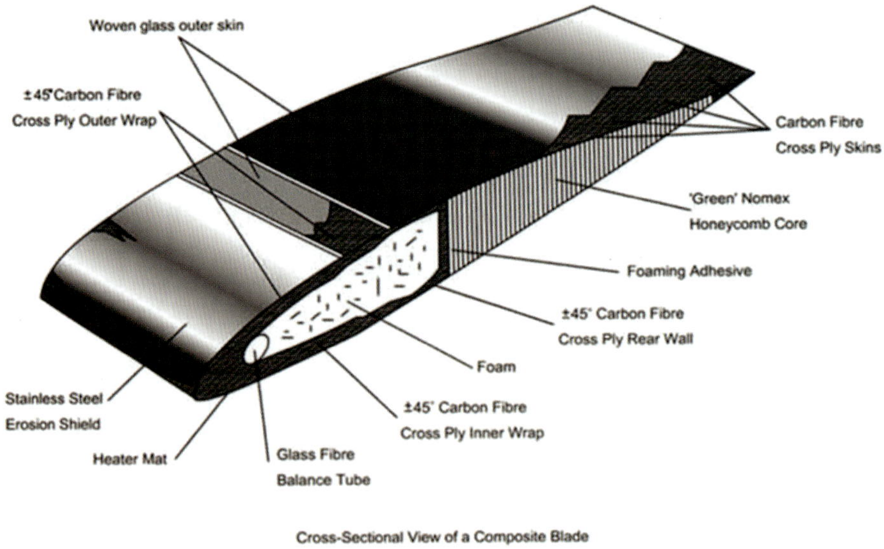

<탄소섬유 주 날개>

▲ 출처 : 구글검색

<Carbon Filber Flat>

3) Plane 형태에 따른 분류 : Standard Plane, V-tail, A-tail, Delta, tail-sitter

가) 일반적인 형태의 비행기(Standard Plane)

일반적인 비행기 형태이다. 이 형태는 RC 비행기나 여객기 형태의 비행기에 가장 많이 사용하는 기체구조로 생각하면 될 것이다. 이 구조에서 주익기가 동체의 아래에 있느냐 위에 있느냐에 따라 저익기와 고익기로 분류 된다. 저익기는 아주 날렵한 활동성이 뛰어난 비행성능을 가지므로 특히 군사용 전투기에 많이 적용되는 구조이다. 고익기는 활동성 보다 안정성이 무엇보다도 중요한 비행기에 주로 사용한다. VTOL 형태의 기체를 제작하고 싶으면 일반적인 비행 형태를 가지고 고익기를 사용하는 것이 안정성 면에서 좋을 것으로 판단된다.

아래의 RC 비행기는 발사재질의 저익기로 엔진동력으로 비행하는 기체이다. 물론 엔진을 제거하고 전동모터를 장착하여 비행할 수도 있다. 비행기의 추력을 엔진동력으로 할 것이냐 전동모터로 할 것이냐는 생각해 볼 문제이다. 비행시간을 오래 유지하여 임무를 수행하려면 엔진동력으로 하는 것이 좋다. 엔진동력의 주 에너지원은 화석연료를 사용하는 것으로 에너지 효율이 커 적은 연료로 오래 기동이 가능하다. 그러나 부수적인 장비가 추가적으로 준비되어야 가능하다. 또한 엔진을 유지 보수하는 것이 까다롭기 때문에 조종자가 엔진을 관리할 수 있는 능력을 가져야 한다. 이 엔진을 장착한 기체들은 군사용 목적이나 오랜 시간 비행을 목적으로 임무를 수행하는 곳에서 사용하며 주로 대형 기체에 많이 사용한다.

날개길이(Wing Span)이 약 1m 이상의 RC 비행기의 발사 기체들은 더 오래 비행하기 위하여 엔진을 장착하여 적용한다. 물론 전동모터를 추력으로 사용할 수도 있다. 주 추력기동을 위한 엔진은 임무 수행 목적에 따라 엔진 동력 또는 전동 모터 중 선택을 해야 한다. VTOL로 개조하여 비행하는 기체들은 날개길이(Wing Span)가 약 2.5m(정확하게 정해지지는 않았다) 이하인 비행기들은 주로 전동모터로 추력을 사용한다. 하나의 에너지원을 같이 이용하면 관리 효율 면이나 제어 면에서 장점으로 작용한다.

< PC-21 >

< ESCAPADE >

나) V-tail 형태의 비행기

꼬리 날개의 형태가 V자 형태를 가지는 비행기를 의미한다. V형태의 꼬리날개 비행기는 Standard Plane의 꼬리날개(테일)에 비해 몇 가지 장점을 제공한다. 먼저, 동체를 구성할 표면이 적고 바람에 의지하는 표면이 하나 더 적다. 이론적으로 V 테일 항공기는 동일한 기존의 테일 항공기보다 항력이 적어 순항 속도가 빠르다.

< ESM V-35 BONANZA V-TAIL >

< Nimbus >

< X-UAV Clouds >

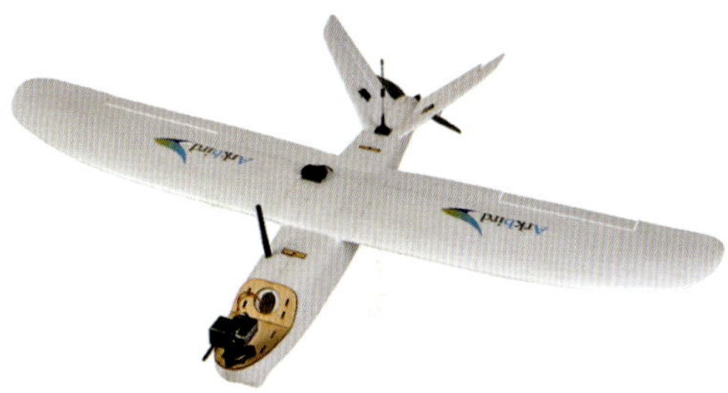

< X-UAV Talon >

< Believer UAV >

▲ 출처 : 구글검색

다) A-tail and T-tail Plane

꼬리 형태가 A자나 T자 형태로 구성이 된 비행기이다. V Tail과 동일한 특성을 지닌다. 그림에서 보는 것과 같이 꼬리 타면(Elevator+Rudder)은 주익기에 봉으로 연결되는 구조로 설계되어 있다. 이 구조는 봉 위에 MultiCopter 모터 설치가 가능하여 VTOL 개조가 쉽다. 또한 Mugin 이나 Pengun B UAV 와 같은 기체는 Pusher Type(아래에 설명)의 추력을 장착하여 전방의 추력 없이 하나의 추력을 사용한다. 이런 유형의 기체들은 조종자들이 비행기를 착륙시킬 때 비행기 코(앞쪽)가 기울어져 프로펠러가 지면과 충돌하여 망가지는 구조가 아니기 때문에 Pusher Type 형태를 선호한다. 이런 형태를 이용하여 VTOL로 개조를 하면 더욱 안정적이 형태의 VTOL 기체가 탄생하게 되는 것이다.

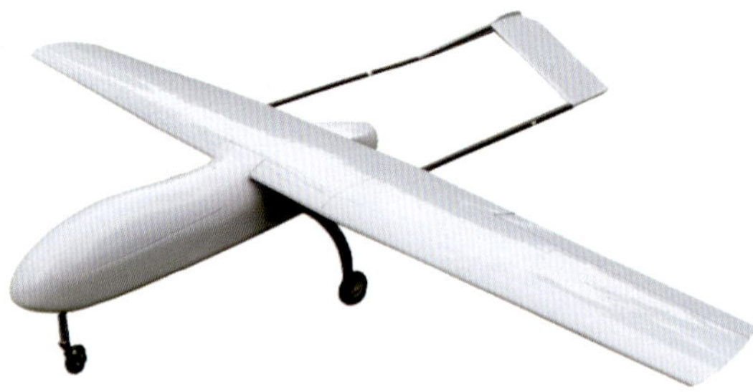
< Mini Mugin 2.6m UAV >

< SKY HAWK V2 >

< UAV FACTORY PENGUIN B >

▲ 출처 : 구글검색

라) 델타익(Delta Wing) Plane

이 기체는 날개 형태가 델타(Δ) 모형을 가지고 있다. 아래 그림과 같이 주익기가 뒤로 빠져 있는 형태로 후퇴익이라고 생각하면 될 것이다. 델타익은 후퇴익의 완성체라고 보면 된다. 이 기체의 장점은 주 날개가 동체와 같이 붙어 있어 구조적으로 안정된 구조를 가지고 있다. 또한 날개의 받음각이 높아 후퇴된 날개 뿌리 부분에 강한 와류가 발생하여 이 부분에 낮은 압력으로 양력이 증대되고 날개 위쪽으로 공기 흐름을 나눠주며 흐름박리를 막아 주어 안정된 구조를 가지고 있어 실속이 잘 이루어지지 않는 구조를 가지고 있다. 이런 구조는 바람이 많이 부는 곳에서도 유리하고 저속에서도 유리하게 작용한다. 또한 제어 면(타면)이 2개만 존재하여 제어가 쉽다. 에어러론(Aileron)과 엘리베이터(Elevator)를 결합된 형태의 제어면으로 모든 비행을 제어할 수 있다. 이 결합된 제어면을 에레본(Elevon) 이라고 한다. 기체가 롤링(좌우로 동작) 할 때는 에어러론으로 작동을 하고 피칭(위 아래로 동작)을 할 때는 엘러베이터로 작동을 한다.

단점으로는 VTOL로 제작하고자 할 때 비행기의 무게중심(CG)를 정확히 맞혀야 하는 점이다. 만약 CG가 뒤로 빠지면 전이구간에서 기체가 뒤집어 지고 바로 실속이 발생한다. CG가 앞으로 있으면 기체 코(앞쪽)가 지면과 키스를 하는 일이 종종 일어난다.

< E–flite Delta Ray One, EFL9550 >

< Wing Wing Z–84 >

< Zeta Ultra–Z Blaze >

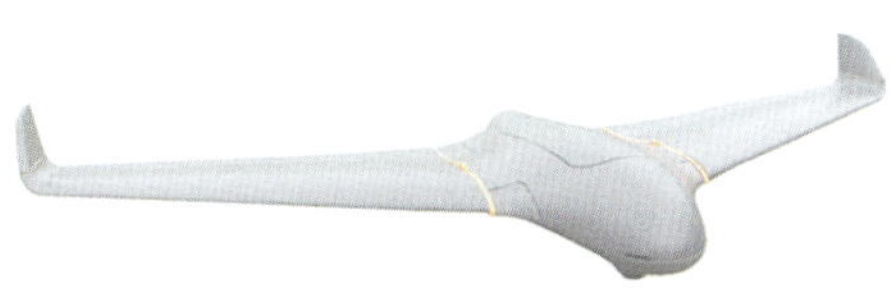

< Skywalker X8 >

▲ 출처 : 구글검색

마) Tailsitter Plane

이 형태는 이륙 할 때 꼬리 부분이 지면에 닿아 있는 구조이다. 착륙할 때도 꼬리 부분으로 착륙한다. 그러므로 이륙 비행 중에 기체가 세워진 형태로 제어가 되어야 하므로 엘레본으로 제어해야 한다(추력 모터가 틸트되어 제어되는 구조도 사용하고 있다). 그리고 수평으로 전이하여 비행이 되는 구조이다. 보통의 VTOL 형태의 기체라고 보아도 무방하다. 추가적인 구조로는 추력모터들이 틸팅되는 구조로도 사용하고 있다.

< Airkbird >

< Wingtra VTOL(상용제품) >

▲ 출처 : 구글검색

바) 기타(etc)

다양한 형태의 기체들이 존재하며 형태에 따라 VTOL로 개조 가능한지를 주의 깊게 살펴보고 선택하기 바란다.

< Sky Hunter >

▲ 출처 : 구글검색

4) 전이(Transition) 방식에 따른 분류 : pusher, Tilt rotor, Tilt Wing, vectored tilt rotor

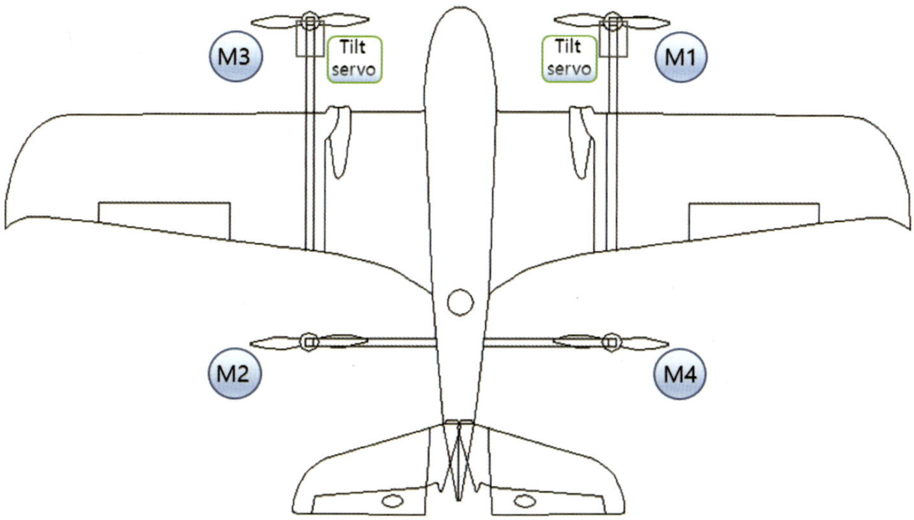

< Frame, Class, Type, Yaw 동작 상태에 따른 VTOL 분류 >

전이(Transition)는 VTOL(MultiCopter)에서 고정익 비행기로 변화하거나 그 반대로 고정익 비행기에서 VTOL(MultiCopter)로 변화는 과정이라 말 할 수 있다. 이 과정은 여러 가지 방식을 이용하여 전이 할 수 있다. 한 가지 예를 들면 VTOL(MultiCopter)일 때는 3개의 모터나 4개의 모터 및 여러 개의 모터를 회전시켜 기체를 호버링(Hovering) 및 리프팅(Lifting)을 시키고 전이는 호버링을 유지하면서 추력모터를 회전시켜 기체를 전진하여 기체가 어느 정도 실속 속도 이상이 되어 안정된 속도에 다다랐을 때 호버링(Hovering)을 하기 위한 모터는 천천히 정지하고 이제는 전적으로 추력 모터를 이용하여 완전히 고정익으로 비행하는 과정이라 말할 수 있다. 여기서 추력 모터는 Pusher 형태의 모터일 수 있고 호버링(Hovering) 모터를 틸팅(Tilting)을 시켜 사용할 수도 있다.

위의 기체는 요(yaw) 제어가 가능한 Tilt Rotor Vectored 형태의 기체이다. M1~M4는 VTOL(MultiCopter) 모터이다. 그 중에 M1와 M3 모터는 VTOL 모터이면서 추력 모터로 사용한다. 즉 MultiCopter 일 때는 90°로 세워져 동작하고 비행기로 전환되는 구조로 180°로 기울어져 비행기의 추력으로 사용된다. 또한 뒤쪽 꼬리 날개는 V−tail 구조를 하고 있다.

가) Pusher type

수직 이륙 및 착륙을 위한 멀티콥터(Multicopter) 동력과 고정익에서 추력을 내기 위한 동력이 분리되어 장착된 구조이다. 이는 고정익일 때 기체를 전진하기 위해 프로펠러가 뒤에서 밀어내어 추력을 만들어 내는 구조의 기체를 말한다. 아래의 그림에서 빨간 원 부분에 있는 프로펠러가 고정익에서 추력을 만들어 내기 위한 동력부분이고 그 이외의 네 개의 프로펠러는 멀티콥터의 동력으로 사용되며 수직 이 · 착륙을 위해서 사용된다.

< Pusher type >

나) Tilt Rotor type

수직 이착륙을 위한 구조의 일부분이 고정익에서도 사용되는 구조로 회전축에 부착된 추력부분이 고정익으로 변할 때 90°로 변하는 구조이다. 아래 그림에서 보는 바와 같이 앞에 있는 두 개의 프로펠러가 이 · 착륙에 이용될 때는 멀티콥터와 동일하게 이용된다. 이륙 후 비행기형태로 전환할 때 앞에 있는 두 개의 프로펠러가 90°로 회전하면서 추력을 내기 위한 동력으로 사용되고 뒤에 있는 두 개의 프로펠러는 정지하여 동작하는 형태이다.

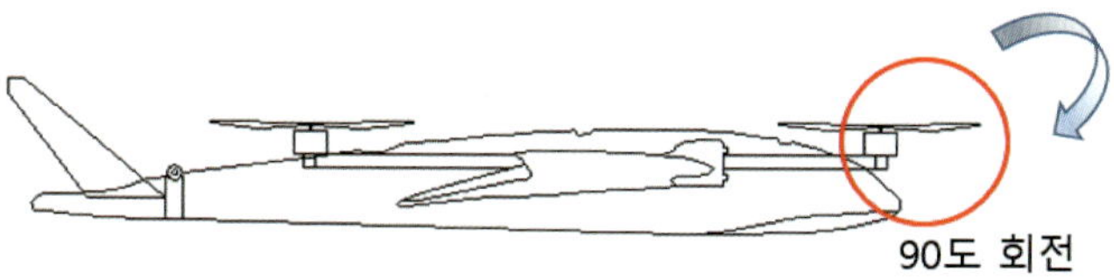

< Tilt Rotor type >

다) Tilt wing type

Tilt wing은 전이 할 때 주 날개 전체가 90°로 변하여 고정익으로 변하는 구조를 갖는 형태이다. 아래 그림의 기체는 Canadair CL-84 Dynavert는 1964년에서 1972년 사이에 Canadianir에서 설계 및 제조한 V/STOL 터보 틸트 윙 모노 플레인(Turbo Tilt wing mono Plane)이다.

전이 동작은 TriCopter 형태로 3개의 모터가 VTOL(MultiCopter) 형태로 동작을 하고 고정익으로 변할 때 모터 2개가 장착된 주익기 전체가 90°로 틸팅(Tilting)을 하여 전진 추력을 만들어 내는 과정이다. VTOL(MultiCopter)일 때의 뒤쪽 모터는 전형적으로 좌우 틸팅을 사용한다.

< VTOL 형태의 Tilt Wing >

< 고정익으로 전이 된 Tilt Wing >

라) Vectored Tilt Rotor type

형태는 Tilt Rotor Type과 유사하지만 동작하는 방식에서 차이가 있다. Tilt Roter Type에서는 고정익으로 변하는 Rotor가 동시에 변하게 된다. 하지만 Vectored Tilt

Rotor Type에서는 사용되는 Rotor가 동시에 변하는 것이 아니라 따로 변하게 된다. 이렇게 함으로써 기체에 발생하는 yaw를 제어할 수 있게 된다.

Tricopter 형태의 VTOL인 경우 반 토크를 제거해 주기 위해 yaw를 제어해 주어야 한다. 이때 VTOL(Multicopter) 형태에서 앞쪽 rotor가 Vector 형태로 앞과 뒤로 제어하면 가능하다.

< Vectored Tilt Rotor >

5) Multicopter에 따른 분류 : Tri, Quad, Multi

가) Tri 형태의 VTOL

이 형태의 기체는 위에서 언급한 Tilt Wing Type과 같이 TriCopter 형태이지만 앞에 2개의 모터가 각각 90°로 틸팅(Tilting)되고 Vectored Tilt Rotor Type과 같이 틸팅된다. 아래 그림의 예는 델타(Δ)구조를 갖는 TriCopter 형태의 Vectored Tilt Rotor VTOL이다.

< Tricopter Type Vectored Tilt Rotor VTOL >

나) Quad 형태의 VTOL

아래 그림과 같이 Quad 형태의 4개의 모터들은 이륙 및 착륙하기 위해 사용하고 전진 비행은 앞 두 개의 모터가 틸팅(Tilting)하여 완전히 비행 추력으로 사용하여 비행한다. 다만 앞에 두 개가 모터는 Vectored가 될 수 있고 안될 수도 있게 설정을 하여 비행 특성을 제어할 수 있다.

< Quad type Tilt Rotor VTOL >

다) Multi 형태의 VTOL

아래 그림에 보는 거와 같이 많은 모터들을 사용하여 이륙 및 착륙에 이용된다. 전이 한 후 비행은 그중에 일부 모터들만 관여하여 비행을 한다. 전이 후 빠른 비행을 위하여 전체 모터가 사용할 수도 있고 안 할 수도 있게 제어하여 비행 할 수 있다.

< Multi Thrust Tilt wing VTOL >

▲ 출처 : 구글검색

6) 추력에 따른 분류 : Motor, Engine(Gasoline, Turbo), Hybride Type

하늘에서 운행하는 모든 항공기들은 이동의 수단으로 동력을 사용하여 추력을 만들어야 한다. 수직이착륙 무인기(VTOL)도 이착륙 할 때의 추력이 필요하고 고정익 형태로 변환 후에도 추력이 필요하다. 추력을 담당하는 추진체는 여러 종류가 있다. VTOL에서는 일반적인 전기 동력을 이용한 BLDC 모터를 많이 사용한다. 그리고 긴 시간의 비행을 목적으로 하는 경우에는 전통적인 엔진을 사용한다. 동력의 효율과 제어를 손쉽게 하기 위해 이 두 가지의 추력을 병행하여 사용하기도 한다. 더 긴 비행시간과 더 많은 효율을 얻기 위해 Hybrid 형태의 기체를 사용한다. 이 Hybrid 형태의 기체는 엔진에서 추력을 발생시키고 그 여분으로 소형발전기를 돌려 배터리에 충전을 하고 그 에너지로 다시 전기장치에 공급하여 효율을 극대화 한다.

가) Motor

멀티로터에서는 보통 BLDC(Brushless DC)모터를 많이 사용한다. 일부 취미용으로 제작된 작은 형태의 드론에는 DC모터를 많이 사용한다. 모터의 구조는 브러쉬가 있는 형태와 없는 형태로 나눈다. 전형적인 모터는 DC모터를 말하는데 이 모터는 브러쉬가 회전축에 붙어 전력을 공급하는 형태로 회전을 하게 된다. 그러므로 브러쉬가 닳아 모터의 수명이 짧아지는 단점이 있다. 반면 BLDC 모터는 브러쉬가 없는 형태로 전력을 공급하는 모터이기 때문에 수명이 길어 오래 사용할 수 있다.

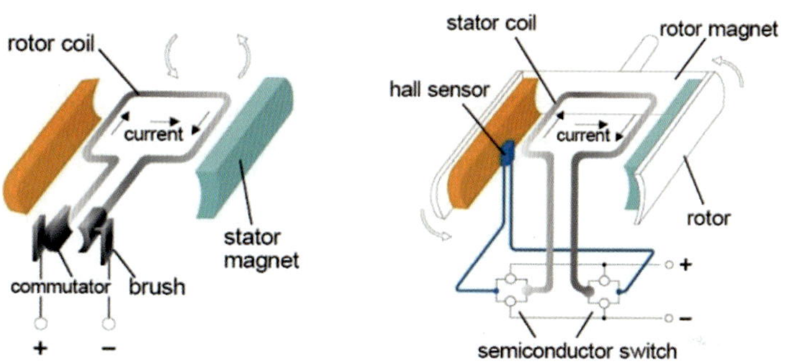

< DC모터(왼쪽)와 BLDC모터(오른쪽)의 구조 >

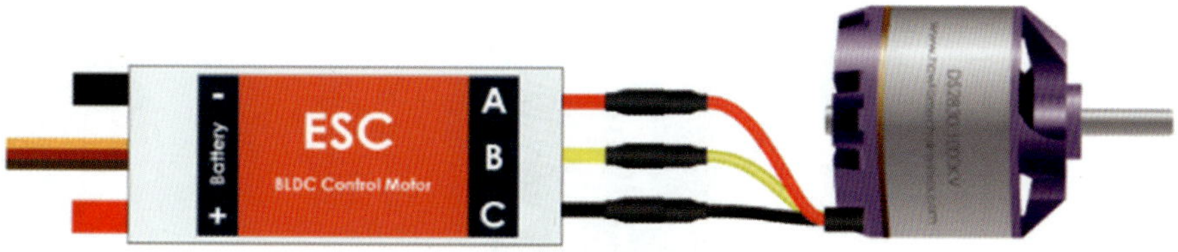

< ESC와 BLDC모터 연결 >

BLDC모터는 전력 공급만으로는 회전이 되지 않는다. ESC(Electric Speed Controller)라는 전자변속기가 연결되어 제어 신호를 ESC에 받아 BLDC에 회전 전력을 공급하게 된다.

위의 그림은 ESC와 BLDC모터와의 연결 형태를 표시한 것이다. ESC에 입력으로 제어 신호를 넣어 BLDC모터를 제어하는데 이 제어 신호는 보통 PWM신호를 많이 사용한다. 더불어 I2C, Serial등을 사용하고 최근에는 CAN 통신 신호도 사용하고 있다.

나) Engine

실 비행기에서는 전통적으로 엔진을 동력으로 많이 사용하였다. 초기 소형 무인 항공기에서도 소형엔진을 탑재하여 운영하였으며 현재에도 사용하고 있다. 엔진은 연료에 따라 글로우 엔진과 가솔린엔진으로 크게 2가지로 나눌 수 있다. 항공기의 연료는 현재 존재하는 연료 중에 화석연료로 가공한 연료가 효율이 높기 때문에 많이 사용하고 있다. 이 화석연료는 글로우(Glow)와 가솔린(Gasoline) 형태로 항공연료로 사용하고 있으며 글로우는 부식 방지제 및 열 안정제와 합성 윤활유 및 Nitromethane, Methylalcohol, lubricant 등과 합성되어 있는 항공연료 이다. 엔진에 따라서 윤활유의 첨가양이 다르므로 엔진에 대한 설명서를 보고 적정한 비율로 맞추어 사용해야 한다. 항공유는 휘발성이 너무 높으면 사용 전에 증발해 버리므로 주로 휘발성이 낮은 등유를 가공해 만들어진다. 따라서 일반적으로 사용하는 등유와 성분상 큰 차이가 없다. 항공유는 이 등유 유분에 위에서 언급한 각종 첨가제를 혼합해 제조된다. 항공유의 첨가제는 산화방지제(AO, Anti-Oxidant), 부식방지제(CI, Corrosion Inhibitor), 정전기방지제(SDA, Static Dissipator Additive), 빙결방지제(FSII, Fuel System Icing Inhibitor), 윤활성 향상제(LI, Lubricity Improver)등이 있다.

< Glow engine과 Gasoline engine >

< Glow engine을 탑재한 RC Plane >

다) Hybride Type

현재 무인항공기는 기상연구, 국토 및 해양 감시, 항공촬영, 산불 감시 및 진화, 응급 환자 대응, 재난 및 비상 재난 대응 및 다양한 분야에서 무인 항공기에 대한 수요가 급증하고 있다. 그러나 현재의 무인항공기는 전지를 사용하여 체공 시간이 최대 30분을 넘기지 못하는 Motor 구동형으로 제작되어 시간적인 제한에 따라 임무의 수행 능력이 감소하고 활동 반경이 줄어드는 문제점을 가지고 있다.

이에 기존의 Motor를 구동하여 동작하는 방식을 엔진-전기 하이브리드로 대체하여 운영시간을 늘리고 인양 및 임무 수행 능력을 향상시켜 보다 많은 분야에서 임무를 수행할 수 있도록 엔진형 하이브리드 무인항공기 개발이 요구되고 있다.

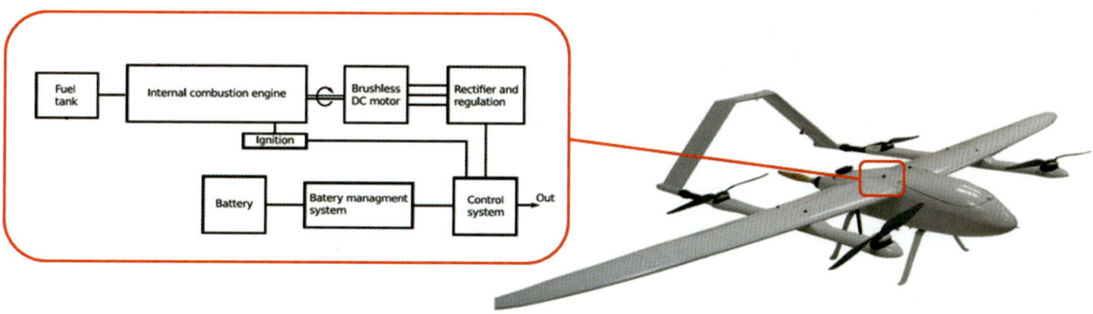

< 하이브리드 형태를 갖는 A-tail VTOL >

7) VTOL 형태에 따른 선택

앞 장에서 여러 가지 형태의 VTOL 특징들을 보아왔다. 직접 VTOL을 제작하려면 이러한 기체들의 특성을 파악하고 현재 임무에 맞는 형태로 제작되어야 한다. VTOL 형태의 기체를 제작하려면 아래와 같이 몇 가지 선정 조건을 갖추어 선택해야 한다.

VTOL 형태의 선택 조건	최종 선택(Result)
1. 기존 기체의 선택	Fixed Wing
2. 재질의 선택	EPO & Carbon
3. Plane 형태에 따른 선택	V-tail type Standard Plane
4. 전이(Transition) 방식에 따른 선택	Vectored Tilt Rotor(2 Tilt Motor)
5. Multicopter 에 따른 선택	QuadCopter
6. 추력에 따른 선택	BLDC Motor

VTOL 형태를 조합하여 제작하면 아래와 같이 VTOL을 제작하였다. 이 선정 조건에서 배재된 것은 비행 속도나 페이로드 및 최대 적재량 등의 몇몇은 제외시켰다.

< Quad type Tilt Rotor VTOL>

2 비행제어장치(FC : Flight Control)

비행제어 장치는 무인항공기가 자동 운행 및 자세를 잡기 위해 필수로 장착해야할 제어 장치이다. 이 제어 장치는 FC(Flight Control) 및 FCC(Flight Control Computer), FCS(Flight Control System)등으로 사용하며 이 책에서는 FC(Flight Control)라고 할 것이다.

무인항공기에서 비행 중 정밀한 자세 제어를 위한 IMU와 정밀한 FC 보드 및 임베디드 소프트웨어(Ardupilot, PX4 등)가 필수요소이다. 여기서 FC는 하드웨어 보드를 이야기하며 이 보드 내부에 IMU가 내장된다. 최근에 값비싼 보드들은 따로 댐핑을 두어 플렉시플(Flexible) 케이블로 보드에 연결하여 진동으로 인한 IMU의 안정된 출력 값을 얻는 목적으로 사용한다. 이 IMU는 각속도(Angular velocity)를 측정하는 자이로스코프(Gyroscope), 가속도를 측정하는 가속도미터(Accelerometer), 자기장을 측정하는 마그넥미터(Magnetometer, Compass), 기압을 측정하는 바로미터(Barometer) 등의 센서를 포함하고 있다. 이 IMU는 자유도(DOF : Degree of Freedom)를 10(10DOF)개의 자유도를 갖는다. 가속도(x, y, z)는 3DOF, 자이로(x, y, z)는 3DOF, 컴퍼스(x, y, z)는 3DOF, 바로센서(z)는 1DOF로 전체 10DOF를 가진다.

IMU를 이용하여 사용되는 IMU Filter(AHRS : Attitude Heading Reference System)는 이 데이터들을 이용하여 기체의 회전 방향(Orientation)을 계산한다.

IMU를 제외한 FC 보드는 외부 인터페이스를 갖는다. CAN, UART, SPI, I2C 등 다양하게 다른 주변장치들과도 연결할 수 있어 확장성도 고려되어 있다. 또한 GPS, 수신기, 파워모듈, Telemetry 등 외부 장치들도 연결하여 사용할 수 있다. 실제 모터 쪽 출력으로 많은 PWM 신호 출력 포트가 장착되어 있어 PWM 입력으로 제어 되는 모터들을 연결 할 수 있도록 설계되어 있다.

FC 전체의 역할은 AHRS에서 보내준 자세정보로 모터 제어를 위한 PWM 출력(총 15CH)이 된다. 또한 조종기 수신, 배터리 전압 정보, GPS 위치정보, GCS와 통신이 가능하여 전체 기체를 제어하는 역할을 한다.

아래는 FC들의 역사(계보)를 표시한 것으로 VTOL에 사용되는 Pixhawk 기반을 보시면 좋을 것 같다.

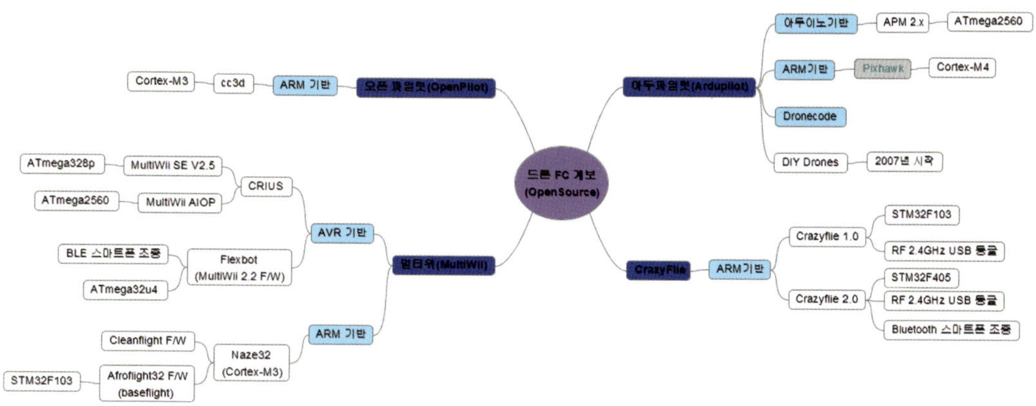

＜Open Source 기반 FC 계보＞

이러한 FC들의 종류들은 아래와 같다. 다양한 계보 아래 시중에 제작된 것으로 많은 무인항공기의 비행제어장치로 사용되고 있다.

1) **종류** : CUAVv5, CUAVv5Nano, CubeBlack, CubePurple, CubeYellow, DrotekP3Pro, F35Lightning, F4BY, KakuteF4, KakuteF7, MatekF405, MatekF405-Wing, OMNIBUSF7V2, OmnibusNanoV6, PH4-mini, PX4, Pixhawk1, Pixhawk4, Pixracer, airbotf4, apm1, apm2, disco, edge, erlebrain2, fmuv2, fmuv3, fmuv4, fmuv5, mRoControlZeroF7, mRoX21, mRoX21-777, mindpx-v2, mini-pix, navio, navio2, omnibusf4pro, omnibusf4v6, pxf, pxfmini, revo-mini, sparky2, speedybeef4

2) Pixhawk2.1

Pixhawk 버전은 여러 종류로 나눌 수 있다. 초기 버전은 Pixhawk1 버전으로 3DR Robotics 사에서 처음 만들어졌고 아래 비교표에서 현재 버전과 성능 차이를 알 수 있다. Pixhawk2는 Cube 시리즈로 알려진 HEX사에서 현재 Black Cube가 많이 사용하고 있다.

	Pixhawk1	Pixhawk2.1
고정익, 멀티로터, VTOL 지원	√	√
오픈소스 개발 환경	√	√
큐브 모듈화 설계	×	√
IMU 방진 설계	×	√
IMU 3개 여유분 추가	×	√
cm 레벨의 GPS	×	√
다중 GPS 시스템	×	√
극단적인 온도에서도 비행가능	×	√

Black Cube에 이어 Yellow, Orange, Red, Purple, Green 그리고 Blue가 출시되었다.

< Cube 시리즈 >

▲ 출처 : https://docs.cubepilot.org

Pixhawk2 Cube 센서 사양은 아래와 같다. Cube 의 색깔 마다 IMU와 Baro 센서 들이 다르며 그 특징 또한 다르다.

Cube Black만 보았을 때 MPU9250, LSM303D/L3GD20 등의 IMU와 MS5611 및 MS6511 기압 센서 들을 사용하고 있다. MPU9250은 한 개의 칩셋에 자이로, 가속도, 컴퍼스 센서들이 들어있다. 또한 LSM303D는 가속도 센서, L3GD20는 자이로 센서, MS5611은 기압센서 이다. 다시 이야기 하자면 자이로센서 2개, 가속도 센서 2개, 컴퍼스 센서 1개, 기압센서 2개로 구성되어 있다. 그리고 이와 같은 모든 센서들은 MCU와의 통신을 위해 I2C 및 SPI 로 통신을 한다.

CUBE TYPE	IMU1	IMU2	IMU3	Baro1	Baro2
Cube Black Blue, Green	MPU9250	LSM303D/L3GD20	MPU9250	MS5611	MS6511
Cube Purple	MPU9250	NA	NA	MS5611	NA
Cube Orange/Yellow	ICM20948	ICM20602	ICM20649	MS5611	MS5611

< Cube시리즈에 대한 IMU 및 Baro sensor >

기본적인 시스템 아키텍처는 다음과 같다. 아래 그림에서와 같이 몇 가지 부분으로 분류할 수 있다. 메인 칩셋이 있는 FMU 부분, 입출력 장치를 제어하는 IO MCU 부분, 센서들이 있는 IMU 부분, FMU 출력에 연결된 PWM 출력부분, FMU와 통신으로 각종 외부 장

치를 연결하는 부분, IO MCU의 입력으로 연결되는 각종 수신기 연결 부분, IO MCU 출력으로 PWM 출력 부분, IO MCU의 안전스위치 입력과 LED 출력되는 부분으로 나눠진다.

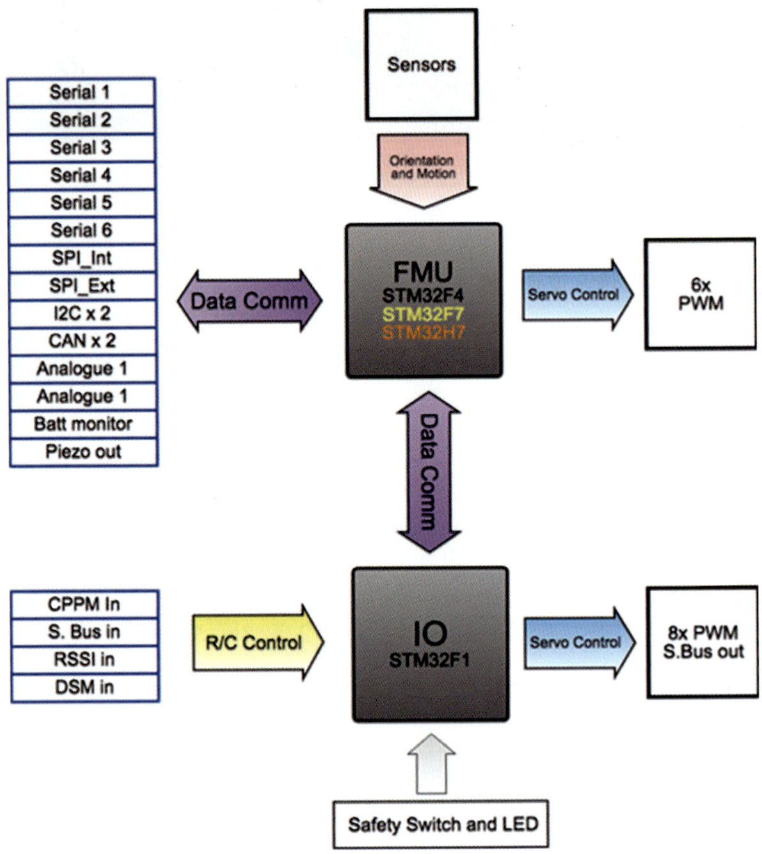

< System architecture >

▲ 출처 : https://docs.cubepilot.org

➔ Cube 색깔에 따른 성능 분석

Cube 시리즈	Mini	Black	Green	Yellow	Orange	Blue
Picture						
Processor	STM32F427 V3	STM32F427 V3	STM32F427 V3	STM32F777	STM32H753	STM32F427 V3

Remote signal	PPM/SBUS/ DSM	PPM/SBUS/ DSM	PPM/SBUS/ DSM	PPM/SBUS/ DSM	PPM/SBUS/ DSM	
I/O PWM voltage	3.3V	3.3V	5.4V	3.3V/5V software selectable	3.3V/5V software selectable	3.3V
Redundancy	N/A	Triple Redundancy	Triple Redundancy	Triple Redundancy	Triple Redundancy	Triple Redundancy
Isolation system	N	Y	Y	Y	Y	Y
Temp Regulation	N	Y	Y	Y	Y	Y
Number of Accelerometer	1	3	3	3	3	3
Number of Gyroscope	1	3	3	3	3	3
Number of Magnetormeter	1	3	3	1	1	3
Number of Barometer	1	2	2	2	2	2
Orignal of Manufacturing	Taiwan	Taiwan	Taiwan	Taiwan	Taiwan	U.S.A

▲ 출처 : https://docs.cubepilot.org/user-guides/autopilot/the-cube-module-overview

➔ IMU 댐퍼(Damper) 버전

댐퍼 버전 1 : Cube Black, Cube Blue, Cube Green

댐퍼 버전 2 : Cube Orange, Cube yellow

➔ 메인 프로세스와 메모리 크기

Cube 종류	메인 프로세스	Flash	RAM
Cube Black, Green, Blue, Purple	STM32F427	2MB	256KB
Cube Yellow	STM32F777	2MB	512KB
Cube Orange	STM32H743	2MB	1MB

3) IMU, AHRS, INS 이해

우리가 무인비행기나 다른 비히클(Vehicle)들을 제어하기 위하여 기본적인 용어들을 이해할 필요가 있다. FC 내부에 존재하는 센서들을 기반으로 자세제어 및 방향 그리고 항법

시스템을 운용한다. 이 센서들을 프로그램하기 위해서 구체적으로 이해할 필요는 있지만 매개변수 설정 및 기체를 운용하기 위해서는 전반적인 개념만 이해해도 무방하다.

아래 그림은 전체적인 이해를 돕기 위한 것이다. 간단히 설명하면 IMU는 가속도와 자이로 센서를 포함하고 지자계 센서까지 포함하여 융합필터로 합성하면 AHRS가 된다. 여기서 고도센서까지 포함하여 항법 방정식까지 유도되면 INS가 된다.

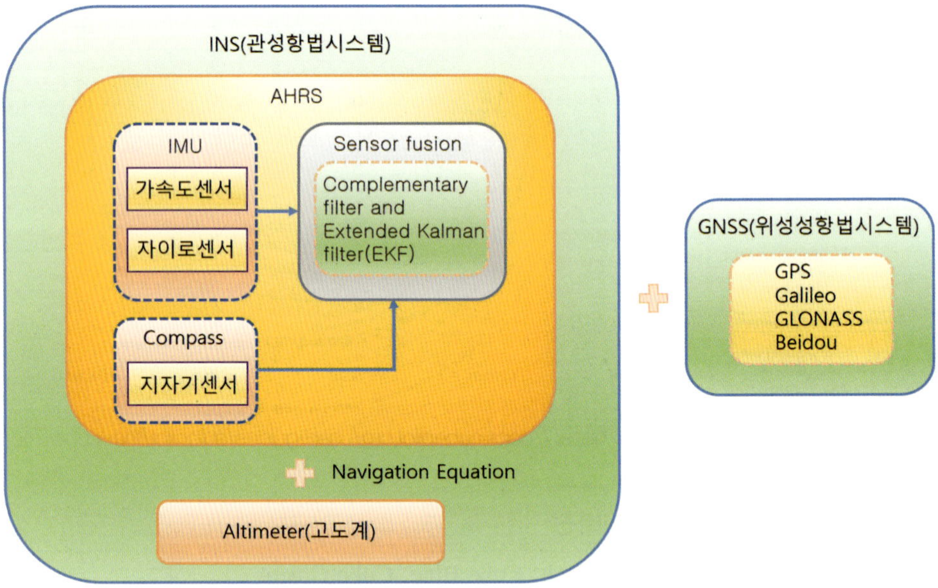

< INS 와 GNSS >

IMU

IMU는 "Inertial Measurement Unit"의 약자로 관성측정장치이다. 이 IMU는 가속도계, 자이로스코프, 컴퍼스(지자기) 센서들로 구성되어 있다. 따라서 각각 3축 센서이므로 전체 9개의 자유도(DOF)를 갖는 9축 센서라고 보면 된다.

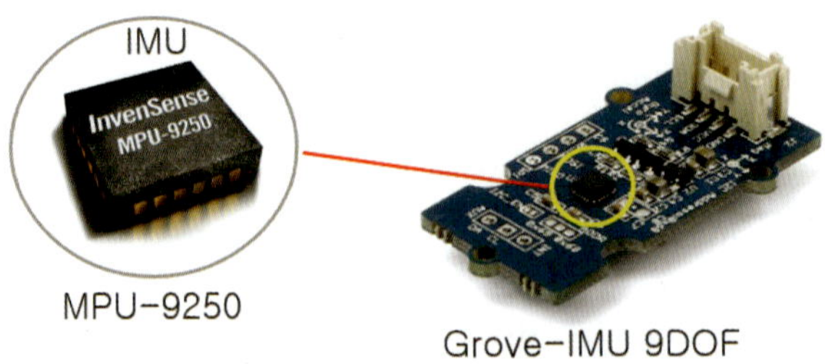

< 가속도, 자이로, 지자계 센서, 9 DOF를 갖는 IMU >

자이로스코프 센서는 각속도(*rad*)를 측정하고, 가속도 센서는 가속도(m/s^2)를 측정한다. 지자기 센서는 지자기를 측정하여 지구 자축을 기준으로 기체가 얼마나 틀어졌는지를 측정한다. 그러므로 기체의 방향을 알려준다.

여기서 자이로스코프는 각속도를 연속적으로 측정하고 합산(적분)을 하여 결과를 도출한다. 이 과정에서 순간적으로 변화는 측정 결과는 정확하나 시간이 갈수록 오차가 누적되어 그 값들이 발산 하여 자세 측정에 오류(드리프트)가 발생 한다. 가속도 센서는 중력가속도를 항상 포함하고 있으므로 가속되지 않고 정지된 상태에서는 어느 정도 정확한 결과를 도출한다. 하지만 정지된 상태에서 변화되는 순간 움직이는 상태에서는 오차가 발생하게 된다.

➔ AHRS

이와 같이 에러가 발생하면 정확한 자세를 측정할 수 없게 된다. 이를 보완하기 위해 가속도 센서와 자이로 센서의 장점만 살려 정확한 자세 제어를 얻을 수 있는 필터가 필요하다. 이 필터는 상호보완필터(Complimentry Filter)와 EKF(Extend Kalman Filter) 등을 사용한다. 여기서 상호보완 필터는 단점을 상쇄시켜 장점만 살려 자세측정을 보다 정확하게 산출된다. 이렇게 제어되는 시스템을 ARS(Attitude Reference System)이라고 한다. 여기에 자자기 센서를 포함하면 더욱 정확한 자세가 측정된다. 이 시스템을 AHRS (Attitude Heading Reference System)라고 한다. IMU도 여기까지 포함된다고 봐도 무방하다.

➔ INS

여기서 한 가지 더 추가하면 INS이다. INS는 관성항법 장치로 "Inertial Navigation System"의 약자로 사용된다. 무인항공기나 일반 비행기들도 관성항법시스템(INS)를 이용하여 목적지 까지 안전하게 비행하게 된다. 이 INS는 IMU로부터 얻은 가속도, 각속도를 적분하여 속도를 얻고 이 속도를 다시 적분하여 이동거리를 구한다. 이 이동거리는 홈 위치에서 현재의 위치를 구한다. 다시 말하여 INS는 IMU를 이용하여 자세제어 및 이동거리를 분석하기 위해 필요한 시스템으로 생각하면 된다.

3 전자변속기(ESC : Electronic Speed Control)

1) 용도 : FC로부터 PWM 신호를 입력 받아 BLDC모터를 회전 시켜 추력을 발생 시키는 역할을 한다.

2) 종류 : 모터의 전력량에 따라 ESC를 선택해야 한다.

전자변속기(ESC)는 UAV에서 FC의 PWM 출력에 연결되어 모터의 회전속도를 담당한다. 즉 FC로부터 신호(PWM, I2C, CAN, Serial 등)를 받아 모터에 동력을 전달하여 모터의 회전을 시키는 역할을 한다. 다시 언급하면, 배터리로부터 DC의 전력을 AC 즉 교류 구형파를 생성하여 BLDC 모터에 동력을 공급하는 역할을 한다. 이 역할의 구체적인 내용은 "ESC와 BLDC Six Step Commutation의 이해"에서 설명하였다.

< Hobbywing 50A ESC >

ESC를 구입 및 선정할 때 주의해야 할 것들이 몇 가지 있다. ESC의 스위칭 주파수, 자체 무게, 최대정격 등 고려해야 한다. 여기서 가장 중요한 사항은 최대정격 이다. 모터에서 권고하는 전류 정격을 넘어 사용한다면 ESC는 열이 많이 발생하여 타 버리는 불상사가 발생한다. 확실하게 안정적으로 타 버리는 일이 없이 사용하려면 평균 사용 전류에 약 50%를 추가하여 선정하고 사용하기 바란다. 예를 들어 현재 사용 모터가 30A를 사용한다면 45A(30A+30A/2) 이상의 ESC를 사용하는 것이 좋다. 45A가 없을 시에 50A를 사용하면 좋을 것이다. 추가적으로 내압(전체 전원)이 높은 ESC 선정을 고려해야 한다. ESC가 내압이 높다는 것은 배터리 용량이 큰 것을 사용가능하다는 이야기도 된다.

4 브러시리스 모터(BLDC : Brushless DC Motor)

1) 용도 : 프로펠러에 직접적인 회전을 만든다.

2) 종류 : 결선방식(Y결선, 델타결선)과 극수에 따라 나눠진다. 토크와 회전(KV)에 따라 사용 용도가 달라진다.

여러 가지 장점으로 인해, UAV에서 추력용으로 사용되는 모터는 대부분 BLDC(Brushless DC Motor)를 사용하고 있다. 가장 큰 장점은 브러쉬(Brush)가 없기 때문에 반영구적으로 사용가능 하고 모터의 속도제어가 간단하다는 것도 한 몫을 하고 있다. 다만 복잡한 제어기(ESC)가 연결되어 FC가 신호를 줘야 하는 단점을 가지고 있다.

기계적인 관점에서 바라보면 모터는 스테이터(고정, Stator) 및 로터(회전, Rotor)로 구성되어 있고, 여기에다가 구리배선이 깔리고 로터에는 네오디뮴 자석이 장착되어 로터 축에 베어링으로 연결되어 있는 구조이며, 바깥쪽 네오디뮴이 장착된 로터가 회전하는 방식이다. 이러한 모습 때문에 RC 초창기에는 통돌이라고 불러지기도 하였다.

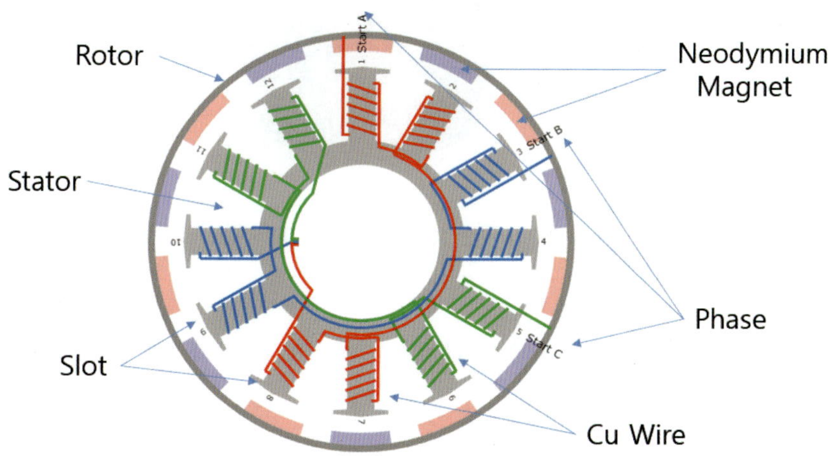

< 12 slot, Pole 14, 2 layer, Y 결선 BLDC 모터 >

사용할 BLDC를 선정할 때 중요한 것은 KV, 무게, 부하 전류, 최대 전류, 최대 전압으로 기체의 성능에 맞게 이 특징들을 잘 살펴서 선정해야 한다.

KV 중 K는 속도 상수를 이야기하므로 kV(kilo volt)와 혼돈하지 않기 바란다. K가 상수이므로 KV가 높을수록 더 빠르게 회전할 수 있다는 의미이다. BLDC 모터들은 위의 그림과 같이 네오디뮴 자석(Neodymium Manet)과 구리배선(Cu Wire)으로 구성되어 있다. 네오디뮴 자석의 수는 모터의 극수(pole)를 정의하고 이 극수가 많을수록 구리배선으로 감는 횟수가 증가한다. 감는 횟수에 따라 자기장도 증가된다. 자기장이 크면 모터는 가속하는 힘이 커져서 높은 회전을 만든다. KV가 높은 모터는 레이싱(Racing)용 드론에 많이 사용된다.

위에서 언급한 KV가 높다는 것은 극의 개수가 많다는 것을 의미하므로 좁은 공간에 구리배선을 감아야 하므로 선의 두께가 얇아 질수 밖에 없다. 선이 얇다는 것은 더 높은 전류가 흐를 수 없다는 것을 의미하기도 한다. 만약 높은 전류를 흘릴 경우 전선이 얇으면 전류에 의해 열이 발생하여 전선의 최대 전류 제한을 넘어서 오래두면 구리배선의 피복이 열화 되어 서로 쇼트(Short)가 되는 경우가 발생한다.

< T Motor U5, KV400, 3~8S, 10V Idle Current 0.3A, Max Current 30A, 195g >

KV가 적은 경우는 적은 극의 개수를 가지므로 더 두꺼운 구리 배선을 사용할 수 있다는 것을 의미한다. 그러므로 회전수는 적지만 높은 전류를 흘릴 수 있어 큰 프로펠러를 돌릴 수 있다. 이 경우는 탑재하중(Payload)이 많은 UAV 및 멀티콥터(MultiCopter)에서 호버링(Hovering)용 모터에 많이 사용한다. 농업 방제용 드론 같은 곳에는 대부분 KV가 약 200KV 미만의 것을 사용한다.

이러한 KV의 높고 낮음을 기준으로 모터를 선정할 경우 부하의 상태 및 기체의 특성에 따라 선정하는 것이 올바를 것이다.

모터의 선정에서 또 다른 중요한 것 중에 하나가 최소 무부하를 갖는 모터와 최대 전압을 가지는 모터를 선택해야 한다는 것이다. 모터 연결선에 최대 전압으로 전류 유입을 감소시켜 낮은 자기장을 발생하여 콤퍼스 왜곡을 감소시킬 수 있는 적절한 모터의 최대 전압을 선정해야 한다.

5 프로펠러(Prop : Propeller)

1) **용도** : 회전으로 직접 추력을 만든다.

2) **종류**

가) 재질에 따라 나눔 : Wood, APC, Fiber Class APC, Carbon, Wood+Carbon
나) 프롭 갯수에 따라 나눔 : 2엽, 3엽, 4엽 등

3) 길이와 피치에 따라 회전과 토크가 달라진다. 이에 따라 사용 용도도 달라진다.

프로펠러는 모터의 사양에 맞게 선정해야 한다. 선정 기준은 재질, 지름 및 프로펠러 날개의 개수 그리고 피치를 들 수 있다. 되도록 값싼 프로펠러 대신 비싸지만 정품을 사용하기를 권장한다. 값싼 프로펠러를 사용하다가 프로펠러 때문에 추락이 되었을 때 얼마나 당황하겠는가? 그리고 프로펠러는 파손될 수 있는 부속품이므로 항상 예비 부품을 준비해야 할 것이다.

최근에 프로펠러를 만드는 기술이 발전하여 프로펠러 밸런스(균형, balance)를 거의 잡을 필요는 없을 것으로 파악된다. 하지만, 프로펠러 불균형으로 인해 기체가 떨림이 생길 수 있다. 그러므로 장착하기 전에 한번쯤은 프로펠러 밸런싱(Balancing)을 해보기 바란다.

< Tarot 1455 Carbon Propellers >

➔ 재질(Material)

프로펠러의 종류들은 보통 재질에 따라 목재, 플라스틱, 강화 섬유 플라스틱, 카본, 목재에 카본을 덮은 카본 등으로 나눠진다. 모터에 부착된 약한 프로펠러들은 기체에 왜란(난

기류 및 강한 바람)에 의해 진동이 발생으로 효율을 손상시켜 기체 전체와 FC(Flight Control)에 영향을 줄 수 있어 비행성능에 좋지 않다. 그러므로 프로펠러의 선정하는 데 있어 중요한 요소는 단단하고 뻣뻣한 성질을 가진 프로펠러를 선택하기 바란다. 가볍고 뻣뻣한 정도를 가지고 비교해 보면 다음과 같다.

목재 < 플라스틱 < 강화 섬유 플라스틱 < 카본

하지만, 추력 및 기타 사용하는 용도에 따라 고정익 비행기의 추력으로 목재 프로펠러를 사용하는 경우도 있다. 한 예로 VTOL 기체의 전방 리프팅 및 추력으로 피치가 큰 목제 프로펠러를 사용하는 경우가 있다.

직경(Length)

프로펠러의 중요한 요소 중 하나가 프로펠러의 직경을 들 수 있다. 모터가 프로펠러를 돌릴 수 있는 힘이 있다면 프로펠러가 크면 클수록 들어 올릴 수 있는 힘이 커진다. 즉, 프로펠러의 직경이 크면 클수록 추력은 더욱 커진다는 이야기 이다. 아래의 공식은 추력 공식이다.

$$S = \sqrt[3]{2\rho F P^2}$$

S : 추력[N] ρ : 공기밀도(kg/m^3) F : 프로펠러의 면적(m^2)

P : 모터 샤프트에 대한 힘(W)

▲ 출처 : http://www.rc-network.de/magazin/artikel_02/art_02-0037/Standschub.pdf

피치(pitch)

나사(screw)가 한바퀴 회전할 때 전진하는 거리가 피치이듯이 프로펠러의 피치는 프로펠러가 한바퀴 돌 때 지면에서 이동한 거리를 말한다. 그런데 공기가 압축성이다 보니 실제 기체가 전진하는 거리는 달라진다. 프로펠러가 한바퀴 돌 때 이동한 거리는 프로펠러가 가지는 경사를 의미하므로 경사가 클수록 회전된 프로펠러의 이동거리는 더 커진다. 큰 피치를 가진 프로펠러는 공기를 더욱 가속을 시켜 더욱 많은 추력을 낸다. 공기를 가속한다는 것은 난기류가 더 많이 발생하여 소음이 많이 발생한다는 의미도 된다. 이와 같이 프로펠러 회전속도가 빠르다는 것은 더욱 더 많은 추력을 낼 수 있다는 의미이기도 하다. 한 예로 프로펠러들은 급격한 변화와 속도를 내야 하는 FPV 레이싱 드론들은 피치가 큰 프로펠러를 사용할 것이다.

만약, 조용한 드론을 설계하고자 한다면 우선 작은 피치와 직경이 긴 프로펠러를 추천한다. 이는 피치가 작아 난기류 발생이 적고 또한 직경이 길어 천천히 회전하여 소음이 적기 때문이다.

6 배터리(Battery)

1) 용도 : VTOL의 에너지 원

2) 종류

가) 리튬폴리머(Li-polymer) : 기본 셀당 전압 3.7V, 용량(mAh), 방전률 높음.

나) 리튬이온(Li-ion) : 18650으로 1개 셀 전압 3.7V, 용량(mAh), 방전률 낮음.

3) 용도에 따라 쓰임새가 다르다. 긴 시간 비행을 위해서는 리튬이온이 무게 대비 추력과 장 시간 비행이 가능하다.

최근에 UAV에 주로 사용하는 배터리의 종류는 보통 2가지로 나누어진다. 리튬폴리머(Li-polymer)와 리튬이온(Li-ion)이다. 그 중에 드론이나 UAV는 대부분 리튬폴리머를 많이 사용한다. 리튬이온은 방전율이 리튬폴리머보다 작아 멀티콥터(MultiCopter) 기체에는 많이 사용하지 않고 무인 고정익 비행기에서 추력으로 사용되는 추세이다. 배터리는 전압(셀 개수), 방전율(C Rating) 및 배터리 용량으로 선정할 수 있다.

➔ 배터리 전압(셀 개수)

배터리 전압(셀 개수)은 모터들이 회전을 할 수 있는 최대 비율을 제어하기 때문에 매우 중요한 요소이다. 위에서 언급한 BLDC 모터들은 KV가 주요한 인자 이므로 KV에 적합한 배터리가 선택이 되어야 한다. 한 예로 2,500kv BLDC 모터가 있다면 이 모터의 회전수는 1V에 대한 2,500rpm으로 회전한다. 만약 3 셀(Cell)을 가진 배터리로 구동한다면 27,500rpm(11.1v × 2,500kv)로 회전할 것이다. 실제 높은 전압(셀이 많은 배터리)을 가진 배터리를 이용하면 더 많은 회전수로 회전할 수 있다는 의미이다.

리튬폴리머 배터리는 셀(Cell)당 전압이 기본적으로 3.7V를 가지고 있다. 완전히 충전이 된 전압은 약 4.2V 전압을 가진다. 만약 기본적으로 3Cell을 가진다면 3.7V + 3.7V + 3.7V = 11.1V의 전압이 측정된다. 이렇게 전체 배터릴 셀은 셀의 상호연결 관계는 직렬로 연결되어 있다. 3S로 표시되어 S는 Serial의 약자로 이해하면 된다. 그러므로 3S는 3개의 셀이 서로 직렬로 연결되어 있다는 의미이므로 위의 식에서 전체 전압이 11.1V가 된다.

배터리의 무게는 배터리 셀의 연결된 개수에 의해 결정된다. 하나의 배터리가 더 많은 셀을 가질수록 배터리의 전압은 높아지겠지만 그 만큼 무게가 많이 나간다. 하늘을 나는 UAV 항공기 시스템에서는 무조건 무게를 줄여야 하는 것이 중요하기 때문에 배터리 무게도 신중하게 결정해야 한다.

➔ 배터리 방전율

배터리의 방전율은 무인항공기 시스템에서 중요한 요소 중에 하나이다. 이는 무인항공기가 더 많은 전력이 필요할 때 더 높은 출력 방전 뿐 아니라 연속적인 전기 흐름을 제공해야 하기 때문이다. 보통 방전율을 C라고 하며 capaciy(용량)의 줄임말이다. C는 배터리의 출력에 대한 최대 전류량의 추상적인 표현이다. 만약 배터리에 기록된 방전율 이상을 사용하면 배터리는 빨리 약화될 것이고 어느 경우는 발화가 일어날 수도 있다.

이 배터리 방전율의 계산의 예를 들어 보자. 1C는 자기가 가지는 용량(capacity)의 1배를 내줄 수 있다는 것이고, 20C는 자신의 용량의 20배를 내어줄 수 있다는 뜻이다. 내어준다는 것은 부하에 따라 전류량이 다르므로 부하가 많으면 많이 전류를 내어준다는 것이다. 만약, 배터리 용량이 20C이고 5,000mAh를 사용하는 배터리라면 5A × 20C = 100A 이다. 이 이야기는 순간적으로 100A 전류를 흐를 수 있다는 이야기이다. 다시 언급해보면 5,000mAh 배터리가 1C로 방전하다면 1시간 사용할 수 있다. 0.5C를 방전한다면 2시간 사용할 수 있다. 만약 10C로 방전한다면 6분 정도로 이 배터리를 사용할 수 있다는 것이다. 다시 예를 들어보자. 1000mAh 1C의 배터리는 1A × 1C = 1A 전류를 전압이 떨어지지 않고 1시간 방전을 할 수 있다. 그렇다면 1000mAh 10C의 배터리는 1A × 10C = 10A 전류를 6분 정도 방전할 수 있다는 이야기이다. 이 말은 방전율이 높으면 높을수록 사용할 수 있는 시간이 짧아진다는 것이다.

이해하기 쉽게 보통 큰 물통에 수도꼭지가 연결되어 있는 것을 예를 많이 든다.

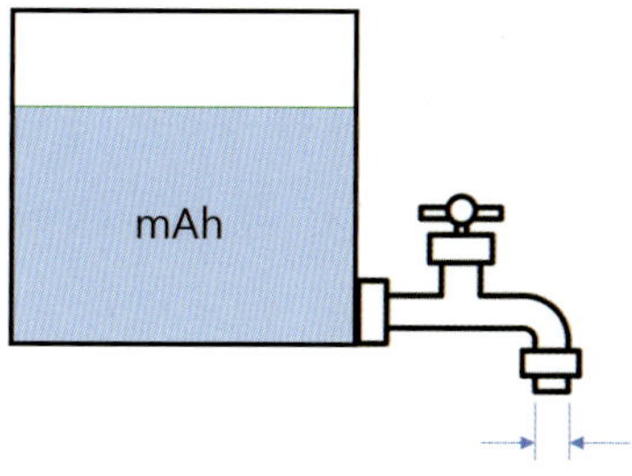

< 배터리와 수도꼭지의 관계 >

배터리 용량(mAh)은 물통 전체의 크기이고 방전율(C)은 수도꼭지의 입구의 크기로 생각하면 이해하기가 쉽다. 수도꼭지 입구가 크면 물통이 빨리 줄어들고 수도꼭지 입구가 작다면 늦게 들어드는 것과 같은 것이다.

➔ 배터리 용량

배터리 용량은 항속(비행)시간에 비례한다. 기체가 어떤 임무를 수행하려면 모터를 회전시켜 공중에 오래 머물러 있어야 한다. 모터들이 회전하는 시간이 많을수록 기체는 오래 하늘에 머문다. 그러므로 기체의 배터리 용량이 클수록 오래 공중에 머무는 것은 당연하다. 그러나 용량이 클수록 Cell 이 많아지므로 무게가 더 나가 무게 대비 비행시간은 좋지 않다. 또한 배터리에 셀이 많아지면서 열 축적이 발생하여 지속적이고 안전한 항속을 위해서 제대로 된 성능을 내지 못한다. 오래 비행하면 배터리 수명과도 연관이 생긴다. 그러므로 기체의 무게와 추력 및 비행시간을 고려하여 적절한 배터리 용량을 선정하는 것이 좋다.

7 텔레메트리(Telemetry)

1) **용도** : 주파수 범위에 따라 종류가 있다. 주로 기체의 정보를 GCS에 알려주고, GCS에서 기체의 모든 제어를 할 수 있다.

2) **종류**

가) 433MHz

나) 915MHz

다) 2.4GHz

라) 출력파워(10mW~1W)

원격측정(텔레메트리)은 무선통신을 통하여 FC와 GCS를 연결하는 매개체로서의 역할을 한다. FC의 모든 정보를 GCS에 MavLink를 통하여 전달하고 GCS의 기본 명령들을 MavLink를 통하여 FC에 전달하는 역할을 한다. 즉 기체(FC 내장)는 텔레메트리를 사용하여 GCS와 정보공유를 지원한다고 보면 된다.

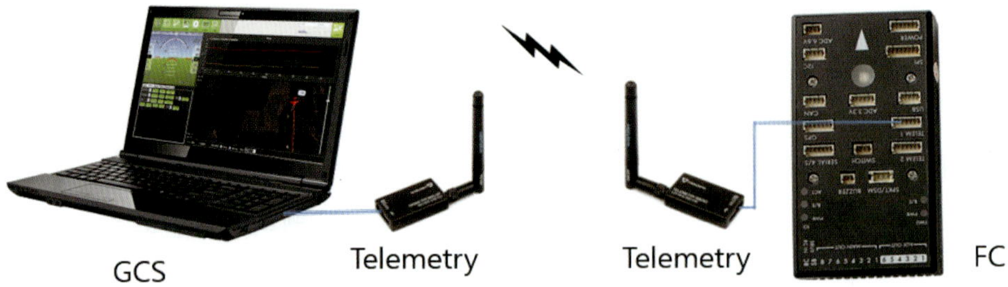

< GCS와 FC의 연결 >

이 텔레메트리는 단거리용과 장거리용으로 나눠진다.

< Holybro Telemetry Radio 433MHz >

단거리용으로는 10km 이하의 거리를 연결할 수 있는 것으로 블루투스(Bluetooth), 와이파이(WIFI), 지그비(XBee), SIK Radio 등을 사용한다. 요즘 시중에서는 SIK Radio를 FC모듈에 포함하여 판매되고 있어 더불어 많이 사용하고 있는 추세이다.

또한 CUAV Pixhack V5 FC 용 텔레메트리인 경우에 WIFI 모듈이 FC모듈과 같이 제공하여 WIFI 모듈 1개만 사용하여 GCS(PC 내장 WIFI)를 WIFI 모듈로 연결하여 사용되기도 한다.

장거리용(10km 이상)으로는 여러 모듈들이 존재하지만 여기서는 드레곤링크(DragonLink)사의 DragonLink, RF900 Radio 모뎀, Robsense SwarmLink 등을 둘 수 있다. 특히 DragonLink의 특징은 일반 조종기에 RC Radio로 연결하여 RC 조종기의 장거리(50KM)용으로 사용가능하고 더불어 블루투스가 드레곤링크에 내장되어 있어 GCS와 블루투스로 연결하여 텔레메트리로도 사용할 수 있는 특징을 지녔다. 다시 말하여 하나의 모듈을 가지고 RC Radio와 텔레메트리를 함께 사용할 수 있다는 것이다.

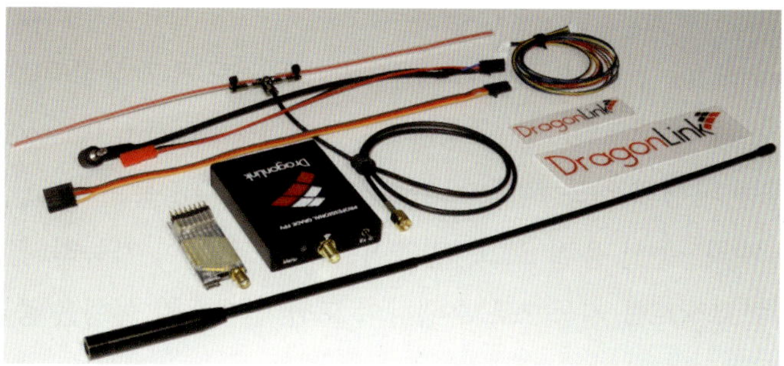

▲ 출처 : DragonLink

RF900 Radio Modem은 장거리 직렬통신용으로 설계된 900MHz, ISM 대역 무선 모뎀이다. 실제 보고된 거리는 15km 이상으로 통신이 된다. 특히 이 모듈을 사용할 때 주의할 것은 수신기 쪽의 RF900은 전력소비가 많아 따로 전력을 공급해야 한다. 이 모듈의 특징으로는 하드웨어는 Close되어 있고 소프트웨어는 Open되어 있어 SIK Radio 프로그램에서 설정할 수 있다. 사용가능한 주파수대는 EU와 USA에 따라 다르면 각각 EU지역은 868MHz ISM, USA 지역은 900MHz ISM을 사용한다. 통신 규약에 근거하여 지역에 맞는 모뎀을 사용하기 바란다.

종류로는 RFDesign Pty Ltd사의 RFD 900+ Modem과 jDrones사의 JD−RF900Plus와 Bask Aerospace사의 AeroLink Base를 들 수 있다.

< RFDesign Pty Ltd사의 RFD 900+ >

Robsense SwarmLink는 군집비행(Swarm)을 위한 모듈로써 지상국(GCS)에 1대와 여러 대의 기체를 연결하여 메시 네트워크를 구성할 수 있다. EasySwarm Personal Edition 소프트웨어와 같이 단일/다중 비행체 시동 해제(Disarm), 이륙(Take Off), 복귀(RTL), 내비게이션, 사용자 정의 군집비행 계획, 통신 품질 로그, 펌웨어 업데이트 등이 가능하다. 사용자 정의 군집비행 계획을 세워 프로젝트를 자동으로 수행하며 또한 언제든지 실행을 중지할 수도 있다.

▲ 출처 : Robsense SwarmLink

8 조종기(송신기, Transmitter)

조종기는 기체(vehicle)를 직접 제어하기 위한 도구이다. 조종자가 손으로 레버(key)를 움직이면 그 신호가 무선으로 기체에 위치한 수신기에 RF로 전달되고 또 수신기 출력 신호가 FC까지 전달되게 한다. 그러므로 조종기와 수신기는 서로 신호의 통신이 잘 이루어져야 제어가 원활히 이루어 질 것이다. 만약, 한 순간 통신이 이루어지지 않으면 수신기가 탑재된 기체는 추락하는 일이 벌어진다. 다시 말해서 조종기에 내장된 송신모듈과 수신기가 서로간의 간섭없이 조종기의 제어신호가 수신기에 잘 전달되고 받는 통신이 끊임없이 잘 이루어 져야만 한다.

1) 조종기 선택 조건

- 조종 감도(Quad Ball Bearing 짐벌(Gimbal) : 그립(Grasp) 감도 높음)
- 송수신모듈의 성능
- 셋팅의 편리함
- 외부 송신모듈 장착 가능 여부
- 지원 가능한 프로토콜(Multi protocol)
- 전력 소비율
- 내부 구조 꼼꼼함
- 가격 대비 성능 비
- 높은 수신감도율(RSSI)
- 배터리 전압 범위 및 사용가능 배터리
- 충분한 범위의 2.4GHz ACCST 주파수 호핑 무선 송신 모듈
- 오디오 음성 출력 (값, 알람, 설정 등)
- 진동 경보
- 오픈 소스 펌웨어 OpenTx 및 사용자 기반
- USB를 통한 플래시
- 높은 가시성 LCD 화면
- FrSky 수신기와 호환, 안정적이고 낮은 대기 시간 원격 측정 가능
- 소리, 음성, 모델 및 사용자 지정 스크립트를 저장하는 탈착식 MicroSD 카드

2) 사용할 만한 조종기의 종류

가) 타라니스(Taranis X9D Plus)

< Taranis X9D Plus >

나) 후타바(Futaba T18SZ)

< Futaba T18SZ >

다) 점프(Jumper T16)

< Jumper T16 >

9 수신기(Receiver)

- Telemetry 지원 여부
- S.Port 지원 여부
- PWM, SBUS 및 PPM sum 지원 여부
- 크기, 무게 및 출력포트 갯수
- 조종기의 송신모듈과의 호환성 문제(Bind)
- 바인딩 방법
- 신호의 수신율

수신기는 송신기와 같이 사용하는 장치로 기체를 운용하는데 없어서는 안 될 중요한 요소이다. 이 수신기는 아래 그림의 FC RC In 단자에 단일 직렬 신호 선(신호선, +5V, GND)으로 연결한다.

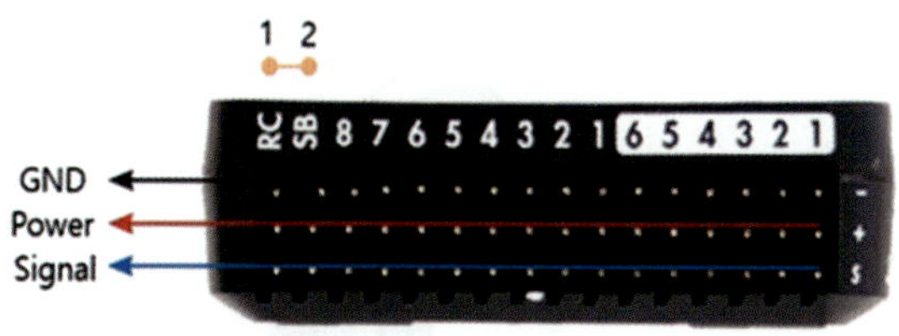

<FC의 RC In 단자>

수신기의 출력이 PPM-Sum 이나 SBUS 지원하는 수신기는 바로 FC의 RC In 단자에 연결할 수 있다. 만약, 수신기가 전형적인 PWM 신호 출력의 수신기라면 PPM 인코더를 사용하여 연결 할 수 있다. 이들 수신기가 FC의 RC In 단자에 연결되면 ArduPilot(FC 펌웨어의 한 종류)은 수신기 시스템의 프로토콜이 자동으로 감지한다.

ArduPilot 자동조정장치는 PPM-Sum 수신기, S-Bus 수신기, FPort 수신기, IBUS 수신기, Spektrum DSM/DSM2/DSM-X 위성수신기, MULTIPLEX SRXL 수신기, Graupner SUM-D 수신기와 호환이 된다.

Spektrum DSM/DSM2/DSM-X 수신기는 아래와 같은 FC의 수신기 연결 포트가 별도로 나와 있어 이곳에 연결하여 사용하여야 한다.

< Spektrum DSM/DSM2/DSM-X 수신기 >

아래 그림의 FrSky X 수신기는 FrSky Taranis 및 XJT 송신기 모듈과 호환된다. S.Bus 및 양방향 S.Port 원격 측정을 지원 한다. 이 수신기의 종류 중 일부는 수신기에 대한 단일 연결에서 S.Bus 및 S.Port 타입의 원격 측정을 결합한 FPort를 사용할 수 있다. 자세한 사항은 "Pixhawk에 Telemetry 매개변수 설정"에서 다시 설명한다.

< Frsky X4R 수신기 >

10 송신모듈과 수신모듈

장거리 비행의 경우 RC 링크(Link)는 계기 비행이든 시계 비행이든지 간에 중요한 부분 중에 하나이다. 장거리(Long Range)와 관련된 모듈은 FrSky 송신모듈(R9M)과 수신기(R9 Slim+)와 TBS Crossfire 송수신 모듈이 있다. 그 외에도 여러 가지가 있지만 여기서는 이들은 앞에서 언급한 Taranis 와 Jumper T16 조종기와 호환이 되면 가장 널리 사용되는 송/수신(TX, RX) 모듈이다.

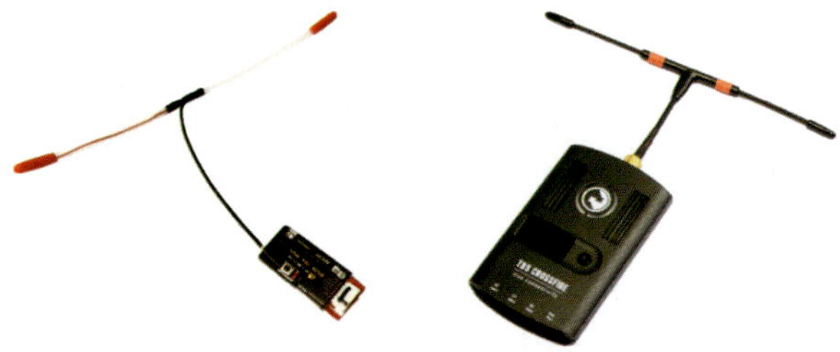

< TBS Crossfire 송 · 수신 모듈 >

R9 수신기는 FrSky R9M에서 여러 쇼핑몰(Banggood이나 HorusRC 등)에서 구할 수 있다. TBS Crossfire모듈은 Amazon, GetFPV, RMRC에서 구매 가능하다.

Frsky의 R9M의 수신기는 Crossfire에 비해 훨씬 저렴하며 가격의 절반에 불과하다. Crossfire는 2015년에 출시되었고 R9M은 2017년에 출시되었으므로 Crossfire는 기능과 안정성 면에서 선두를 달리고 있다. Crossfire의 대안으로 관심이 있는 사람들에게 R9 시스템은 선택하는 것이 좋을 것이다. 아래 표는 2가지 모듈 R9M과 Crossfire를 가격 및 성능 비교 하였다.

	R9M	R9M Lite	Crossfire TX	Crossfire Micro TX
Price	$60	$45	$208	$100
Frequency	915MHz (non-EU) 868MHz (EU)		915MHz (US, Asia, AU) 868MHz (EU)	
Smallest RX	R9MM ($20)		Crossfire Nano RX ($40)	
Output Power	10mW 100mW 500mW 1W	100mW	100mW-2W	25mW 100mW 250mW

< R9M과 Crossfire를 가격 및 성능 비교 >

대기 시간과 관련해서 Crossfire는 실제로 R9M보다 약간 빠르지만 특히 장거리 비행을 할 때 모든 사람들이 밀리 초 수준의 차이를 느끼지는 못한다.

장거리 비행을 하려면 어떤 시스템을 선택하든 문제가 되지 않지만 여전히 제한 요소는 비디오 링크(Video Link)이다. 이론적으로 1.2GHz 비디오 링크는 어떤 비디오 링크 보다 성능이 뛰어나다. 여기서 중요한 것은 비디오 링크를 선택할 때 RC 링크와 비디오 링크 서로간의 주파수 간섭을 최소화 하는 주파수대를 선택해야 한다.

왜 장거리는 900MHz인가? 2.4GHz는 무선 송신기가 사용하는 가장 일반적인 주파수이며 내장 TX모듈을 사용하면 Frsky Taranis에서 최대 1.6km 떨어진 Flysky TX에서 수백 미터의 범위에서 통신이 된다.

Frsky R9M 및 TBS Crossfire가 수 km를 할 수 있는 이유는 주파수가 훨씬 낮은 주파수, 즉 약 900MHz로 송수신되기 때문이다. 낮은 주파수는 장애물을 통과하는 데 더 좋지만 단점은 비교적 큰 안테나를 설치해야 한다. 운 좋게 이 두 모듈의 안테나는 소형 무인기 및 드론으로 쉽게 이동하고 설치할 수 있을 정도로 콤팩트 하다.

900MHz는 모든 국가에서 합법적이지 않다는 점을 명심하라. 그것이 휴대 전화의 주파수이기도하기 때문이다. 따라서 유럽에서는 868Mhz만 사용할 수 있고 다른 곳에서는 915Mhz만 사용할 수 있다. 사용하기 전에 해당 지역의 규정을 확인하기 바란다.

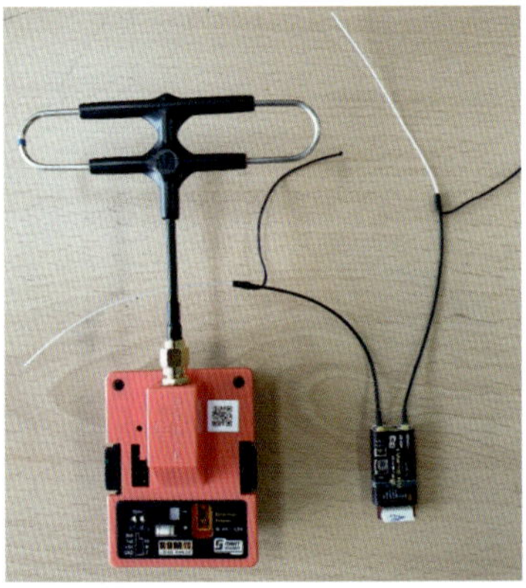

< Frsky R9M 송신모듈과 R9 Slim+ 수신모듈 >

2.3 소프트웨어

1 비행제어장치 소프트웨어(Firmware) : px4(2012) vs Ardupilot(2009)

Pixhawk 기반의 하드웨어(FC의 FMU)에 올라갈 소프트웨어는 크게 2가지로 나눌 수 있다. Ardupilot과 PX4 이다. 이 소프트웨어는 보통 펌웨어(Firmware)라고 불러지고 비행 스택이라

고도 한다. 그리고 이런 비행스택은 오픈 소스(Open Source)를 기반으로 프로그래밍 되어 누구나 사용할 수 있다. 몇몇의 GPL 및 BSD 라이센스만 지키면 상업용으로도 사용할 수 있다. 이러한 비행 제어 소프트웨어인 비행스택의 선택은 각각의 기능과 비행지원 및 라이센스 등에 대하여 적절한 선택이 이루어져야 할 것이다.

1) PX4 flight

2009년에 시작으로 스위스의 취리히 연방 공과대학교(ETHZ)의 컴퓨터 비전 및 기하학 연구소에서 주도 및 체계화되어 사용되기 시작했다. 현재 리눅스재단에서 아두파일럿(Ardupilot) 프로젝트로부터 이양 받아 드론코드 프로젝트로 운영 중 이다.

➔ Real Time OS 지원

NuttX 운영체제 기반의 소프트웨어이다. 이 NuttX는 표준 준수, 초소형 풋 프린터 설계보드 중심의 RTOS이다. 또한 BSD 라이센스를 가진다.

➔ 버전 별 선택

펌웨어는 기본적인 4가지를 선택할 수 있다. 안정된(Standard) 버전은 가장 많은 테스트를 거친 버전으로 가장 작은 버그와 가장 안정된 버전으로 처음 접하는 유저들은 이것을 선택 하면 될 것이다. 베타(Beta) 버전은 안정된 버전이 나오기 전에 새 버전으로 베타 테스트에 참여할 경우 사용하는 버전으로 생각하면 쉬울 것이다. 이 버전은 숨겨진 버그가 존재할 수 있으니 가급적이면 사용하지 않는 것이 좋다. 개발자 버전은 현재 전 세계 개발자들이 특정한 추가 모듈에 대하여 새로운 기능을 넣어 올려놓은 버전으로 어제 동작했던 기능이 오늘 동작 안할 수 있다. 이 버전을 사용할 경우 최대한 주의를 요한다. 일반 사용자들은 사용하지 않기를 바란다. 네 번째 사용자 버전은 직접 소스를 수정하여 자신만의 펌웨어를 FC에 올리고 싶을 때 이것을 선택하고 Upload하여 사용하면 된다. 버전 별 선택은 FC에 "펌웨어 Upload"할 때 다시 언급을 할 것이다.

① standard version(stable)

② Beta Testing(beta)

③ Developer Build(master)

④ Custom firmware(사용자가 직접)

➔ 비행스택 지원 종류

PX4 비행스택은 아래의 Ardupilot 비행스택과 같이 다양한 비행스택 들을 지원한다.

Ardupilot 비행스택 지원 참조

2) Ardupilot flight

2009~2013년 ST Micro 기반 Pixhawk에 이식 된 이후에 널리 채택되었다.

➔ Real Time OS 지원 형태에 따른 펌웨어 선택

ChibiOS 기반의 RTOS를 지원한다. ChibiOS는 무료이며 컴패트하고 속도가 빠르고 효율적 RTOS이다. 라이센스는 GPL라이센스 v3이므로 상업용으로 사용하려면 공개해야 한다. 아직 미완성기능이 있다.

➔ 비행스택의 지원 종류

Ardupilot은 아래와 같이 다양한 비행스택을 지원한다.

① 멀티콥터(MultiRotor) : ArduCopter
② 헬리콥터(Heli) : ArduCopter
③ 비행기(Plane) : ArduPlane
④ 로버(Rover) : ArduRover
⑤ 수중드론(Sub) : ArduSub(ChibiOS에는 없음)
⑥ 안테나 추적기(Antenna Tracker) : AntennaTracker

3) 소프트웨어 스택 선택

Pixhawk(FC)에 소프트웨어 스택은 아래 2종류가 올라갈 수 있다. 이 펌웨어 파일은 확장자가 순서대로 PX4는 PX4이고 ArduPilot은 APJ이다. 또한 RTOS는 PX4는 NuttX를 사용하고 Ardupilot은 ChibiOS를 사용한다.

- *.px4는 Nuttx(이전 OS, 저 성능) 펌웨어 이다. ardupilot에서 이전에 사용했던 확장자 형식이며 확장자 apj과 동일한 json 형태의 파일 구조를 갖는다.
- *.apj는 ChibiOS(새로운 OS, 고 성능) 펌웨어 이다. Ardupilot 호환되는 GCS에서 로드 할수 있는 펌웨어가 포함되어 있는 "Ardupilot JSON" 형식의 펌웨어를 의미한다.
- *.hex : 이 확장자를 갖는 파일은 DFU 로딩 도구를 사용하여 로드하기 위한 intel hex 형식의 펌웨어이다. Ardupilot 호환 부트로더와 함께 제공되지 않는 보드에 사용된다.
- _with_bl.hex : 이 파일은 부트로더가 내장되어 있는 파일 형식이다. 앞에 설명한 hex 파일이 변형이라고 보면 된다. DFU 로딩 도구를 사용하여 부트로더와 Ardupilot 펌웨어를 한 번에 설치 할 수 있다.

4) 라이센스 : BSD 3-Clause vs. GPLv3

px4 와 ArduPilot stack은 오픈소스 기반으로 공개되어 있지만 오픈소스 라이센스에 대한 공개범위가 다르다. 만약 FC의 stack를 직접 빌드하여 사용하고자 한다면 상업화 할 경우 공개 범위를 인지하고 개발하여야 향후 법적인 불이익을 피할 수 있다.

	BSD 3-Clause	GPLv3
	BSD 3-Clause	GNU General Public License, version 3
Website	opensource.org/licenses/BSD-3-Clause	www.gnu.org/licenses/gpl-3.0.html
Proprietary compatibility	✓ Yes	✕ No
Freely linkable	✓ Yes	✕ No
More		
Category	License	License
Patent grant	✕ No	✓ Yes
GPL compatible	✓ Yes	✓ Yes
Release with a different license	✓ Yes	✕ No
Copyleft source	✕ No	✓ Yes
Exportar a Excel las personas relacionas con la solicitud	✓ Yes	?

< BSD 3-Clause vs. GPLv3 >

ardupilot은 현재 GPLv3 라이센스를 사용하여 소스를 공개하고 있으며 px4 stack인 경우는 BSD 3-Clause 라이센스를 사용하고 소스를 공개하고 있다. 아래는 두 라이센스의 공개 범위의 차이는 아래 표에 표시되어 있으니 참고 바란다.

ardupilot : https://github.com/ArduPilot/ardupilot/blob/master/COPYING.txt
https://github.com/PX4/Firmware/blob/master/LICENSE

5) 소프트웨어 아키텍처(Architecture)

➔ PX4 아키텍쳐

아래 그림은 센서에 대한 추정과 제어 아키텍쳐를 나타난 것이다. 위치추정을 위하여 관성센서와 GPS 그리고 컴퓨터 비젼의 Data를 받아 위치를 추정하고 이 추정된 위치로 네비게이션하며 자세제어 추정과 위치 제어를 하도록 소프트웨어로 구성되어 있다. PX4 flight stack은 가이던스, 네비게이션 그리고 제어 알고리즘을 합친 개념이다. 자세와 위치에 관한 추정 뿐만 아니라 고정익, 멀티로터, VTOL에 관한 제어기도 포함된다.

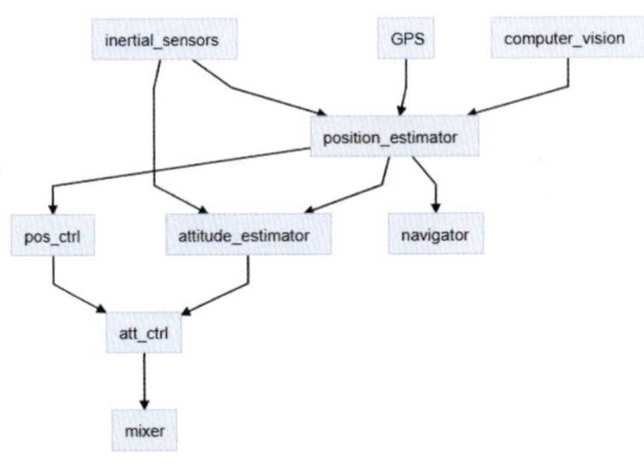

< Estimation and Control Architecture for PX4 flight stack >

▲ 출처 : Dronecode

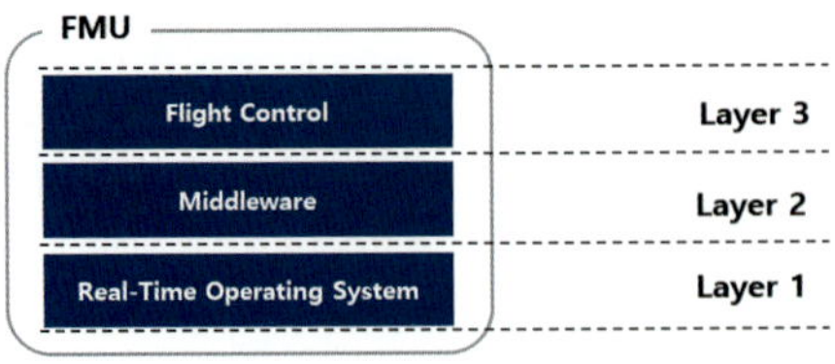

< PX4 비행제어 아키텍쳐 >

Layer 1 : RTOS(Real-Time Operating System : 실시간 운영 체제)

실시간 운영 체제는 기본 펌웨어 추상화 및 동시성을 제공하는 비행 스택(펌웨어)의 핵심이다. 실시간 시스템은 비행 제어 작업이 일정 시간 내에 완료될 수 있도록 보장하고 UAV의 안전 및 시간 결정적인 성능에 필수적이므로 비행 제어 성능 및 안전에 아주 중요하다. NuttX라는 실시간 운영 체제를 사용하는데, 이는 매우 광범위하고 구성 가능하게 설계되었다.

Layer 2 : Middleware(미들웨어)

미들웨어는 비행 제어와 관련된 도구, 드라이버 및 라이브러리의 모음이다. 센서 및 기타 주변 장치를 처리하는 장치 드라이버가 포함되어 있다. 또한 RC 프로토콜, 수학 유틸리티 및 제어 필터와 같은 비행 제어 라이브러리도 포함되어 있다.

Layer 3 : Flight Control(비행 제어)

비행 제어 계층은 작업의 핵심이다. 이 계층에는 모든 명령 및 제어 루틴이 포함이 된다. 상태 추정, 비행 제어, 시스템 교정, 원격 측정, 모터 제어 및 기타 비행 제어 측면과 같은 것들이 이 계층에 존재한다.

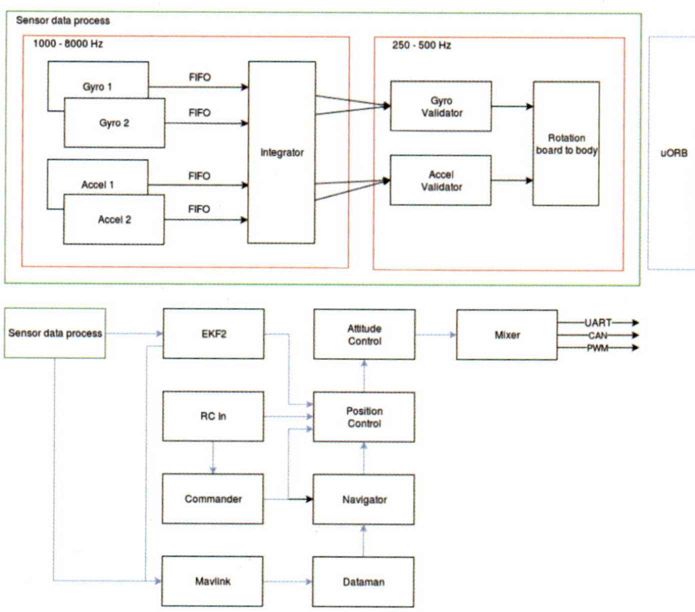

<상위 레벨 소프트웨어 아키텍쳐>

▲ 출처 : Dronecode

6) ArduPlane 소프트웨어 아키텍쳐

아래의 Loop를 실행하면 다음과 같다. 기체의 헤딩을 Update한다. 조종기 입력 제어에 따른 수신기 값을 읽어 온다. 위치 와 자세제어 및 네비게이션을 update한다. 그중에 L1과 TESC를 실행한다. 자제와 고도를 적절하게 한다. 비행모드와 RC채널을 읽고 롤과 피치 및 스로틀을 L1과 TECS로부터 계산된다. 롤과 피치를 안정적으로 제어한다. 서보 채널을 입력으로 PWM을 출력하다. HAL 단계를 거쳐 실제 PWM을 출력포트로 내보낸다.

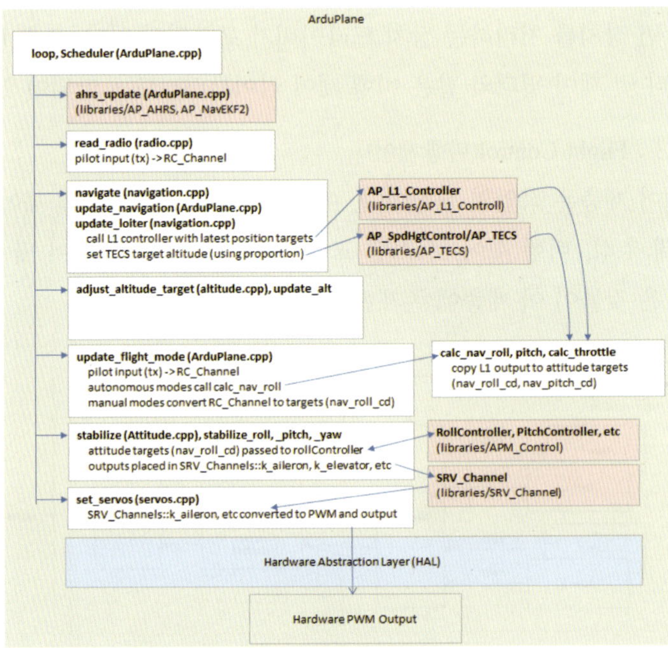

< ArduPlane 소스기능에 따른 소프트웨어 아키텍쳐 >

▲ 출처 : Dronecode

7) Plane Controller 내부 구조

위에서 언급한 비행제어기로서 고정익 비행기의 위치제어기를 나타낸 것이다. 아래의 TESC(Total Energy Control System)는 총 에너지 제어 시스템으로 AirSpeed 센서로부터 대기속도와 고도 센서로부터 고도 설정 값을 입력 받아 스로틀과 피치 각도 출력 값을 출력한다. 그러므로 항공기 피치 각도가 제어된다. L1은 비행경로 상에 대상위치 지정하여 롤을 제어하여 경로를 비행 경로에 놓게 지정한다. 즉 롤 각도를 제어한다. L1의 이름은 현재 기체와 대상 위치를 가죽끈(Leash)으로 연결하여 정한 것으로 생각된다.

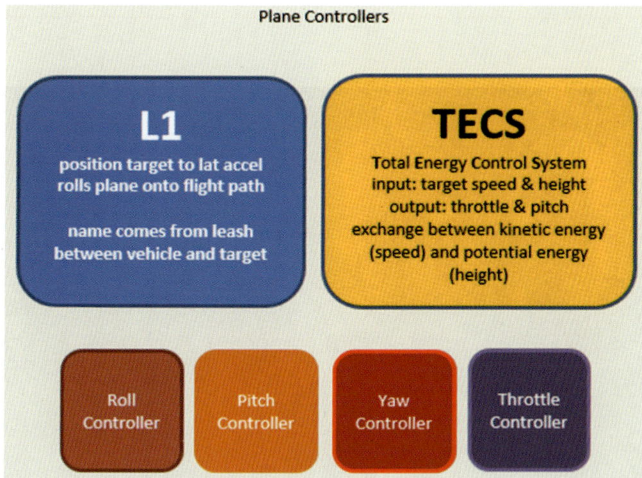

<고정익 위치 제어>

▲ 출처 : Dronecode

2 지상제어 소프트웨어 GCS(지상관제소 : Ground Control Software)

GCS는 드론의 비행 통제, 임무 계획, 실시간 제어, 영상 처리, 영상 저장 등의 작업을 처리하는 지상 관제 또는 지상 제어 소프트웨어 및 하드웨어를 의미한다. 현재 픽스호크(Pixhawk)를 지원하는 다양한 GCS 소프트웨어가 현재 나와 있다. 여기서는 그 중 오픈소스 기반의 GCS 소프트웨어 몇 개를 소개하고자 한다.

1) QgroundControl

QGroundControl은 PX4 및 Ardupilot 기반의 autopilot을 설정하고 비행시킬 수 있는 어플리케이션이다. 크로스 플랫폼으로 주요 운영체제를 지원하고 있다.

모바일 : 안드로이드, iOS
데스크 탑 : Windows, Linux, Mac OS

다운 받는 곳은 아래와 같다.

https://docs.qgroundcontrol.com/en/getting_started/download_and_install.html

< QGround Control Map 화면 >

ArduPilot 및 PX4 Pro 기체의 설정 및 구성을 위하여 다음과 같은 기능을 제공한다.

- PX4 및 ArduPilot 비행을 지원(MAVLink 프로토콜을 사용하여 통신)한다.
- 자율 비행을 위한 임무 계획을 수립할 수 있다.
- 기체 위치, 비행 트랙, Waypoint 및 기체 계기를 보여주는 비행지도가 표시된다.
- Display 오버레이를 통한 비디오 스트리밍이 가능하다.
- QGC(QGroundControl)는 Windows, OS X, Linux 플랫폼, iOS 및 Android 장치에서 실행 가능하다.

2) Mission Planner

Mission Planner는 Ardupilot 의 오픈 소스 autopilot 프로젝트에서 제공하는 모든 기능을 제공하는 지상국 어플리케이션이다. 이 책에서는 Mission Planner 기반으로 설정 및 매개 변수 수정을 설명하였다. 아래의 URL에서 프로그램을 다운 받을 수 있다.

https://ardupilot.org/planner/docs/mission-planner-installation.html

< Mission Planner Flight Data 화면 >

Mission Planner는 기체의 설정 및 구성을 위하여 다음과 같은 기능을 제공한다.

- Google Maps 연동과 연동이 된다.
- Drop Down 메뉴에서 미션 명령을 수행할 수 있다.
- Mission log 파일을 다운로드하여 분석할 수 있다.
- 기체에 대한 APM 설정 및 구성을 할 수 있다.
- PC 비행 시뮬레이터와 HIL UAV 시뮬레이터를 구성한다.
- 기본적인 운영체제는 윈도우기반이다. 일부 OS X에서도 사용가능하다.

3) MAVProxy

다운 받는 곳은 아래와 같다.

https://firmware.ardupilot.org/Tools/MAVProxy/

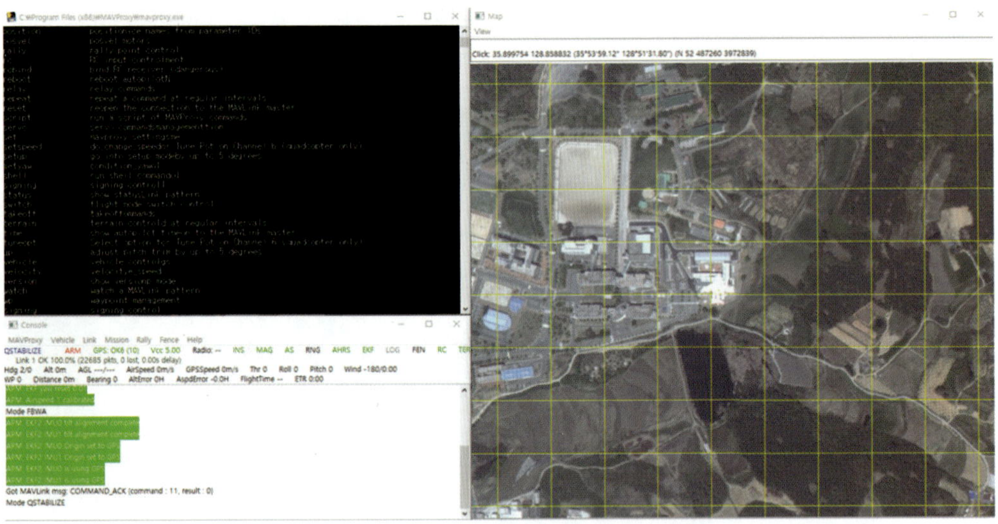

< MAVProxy, Console, Map 화면 >

MAVProxy는 다음과 같은 특징이 있다.

- MAVProxy는 CanberraUAV 에 의해 처음 개발되었다.
- MAVLink 프로토콜을 지원하는 GCS이다.
- 기본 환경은 콘솔 기반 프로그램이다.
- 파이썬(Python), 파이시리얼(Pyserial) 과 같이 POSIX OS 기반에서 실행된다. POSIX OS 기반은 Linux, Windows, OS X 등에서 실행된다.
- 컴패니언 컴퓨팅 및 다중 데이터 링크를 사용한다.

4) APM Planner

APM Planner는 Windows, Mac OSX 및 Linux에서 실행할 수 있는 APM 및 PX4/Pixhawk을 포함한 MavLink 기반 autopilot장치를 위한 오픈소스 지상국 응용 프로그램이다. 아래는 필요한 프로그램을 다운 받는 곳이다.

https://ardupilot.org/planner2/docs/install-windows.html

APM Planner는 다음과 같은 특징이 있다.

- Windows, Mac OS X 및 Linux에서 실행
- APM 및 PX4/Pixhawk을 포함한 MAVlink 기반 자동 조종 장치
- Open Source Ground station 응용 프로그램

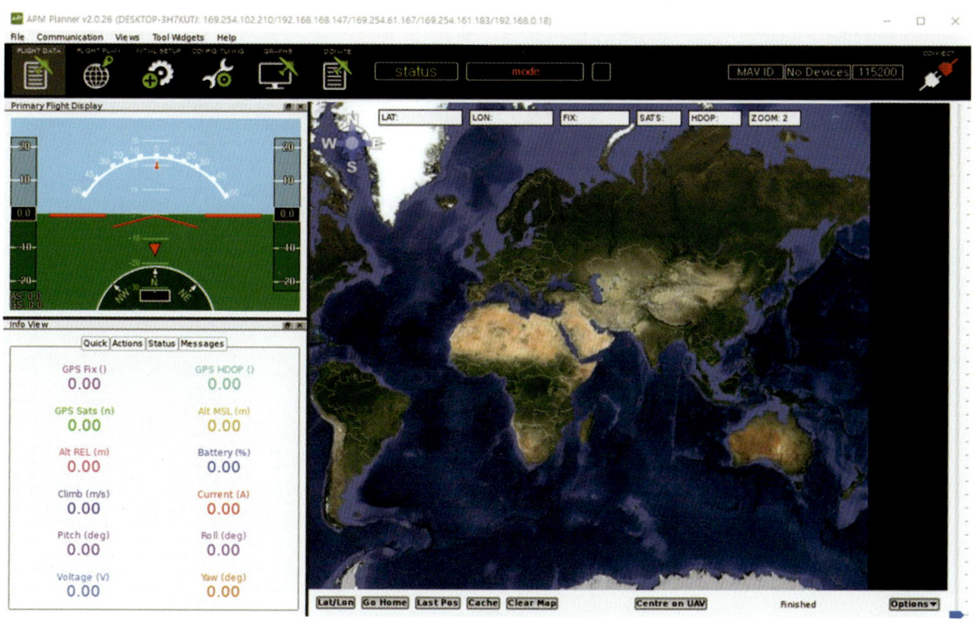

<APM Planner Main 화면>

CHAPTER 03

FC(Flight Control) 포트의 입/출력 신호

CHAPTER 03

CHAPTER 03

FC(Flight Control) 포트의 입/출력 신호

3.1 픽스호크(Pixhawk)란?

1 Pixhawk의 시작

PIXHAWK는 학생프로젝트 팀 이름이다(현재 비행제어장치(FC)를 의미한다)

11년 전(2008년) "Pixhawk"는 ETH Zurich(스위스 취리히 공대)의 학생 프로젝트로 시작하였다(Lorenz Meier). 오늘날 이 팀은 무인 항공 산업에 큰 영향을 미치게 될 것이라는 것을 거의 생각하지 못했다. 무인 항공 업계에서 비행 제어 하드웨어 및 자동 조종 소프트웨어에 대해 오늘날 가장 많이 사용되는 표준 인 MAVLink, Pixhawk, PX4 및 QGroundcontrol을 제작하였으며 관련 소스를 오픈 소스로 출시하였다. 이것은 개별 기업 발전을 능가하는 매우 성공적인 오픈 소스 프로젝트에 관한 이야기의 시작이었다.

2 Pixhawk란 무엇인가?

간략히 설명하면 다음과 같이 몇 가지로 간략하게 설명 할 수 있다.

- 교육, 취미, 개발자 커뮤니티를 통해 쉽게 사용가능하다.
- 고품질, 저비용 자동 비행 장치이다.
- 하드웨어 디자인의 표준을 제공한다.

- 독립적인 공개 하드웨어 프로젝트이다.
- Pixhawk는 PX 4® 및 ArduPilot®의 비행 스택을 지원한다.

3.2 Px4와 Ardupilot

1 Px4란 무엇인가?

"THE PROFESSIONAL AUTOPILOT"이다.

- 무인 항공기 및 기타 무인 기체를 위한 오픈 소스 비행 제어 소프트웨어이다.
- 무인 항공기 개발자가 기술을 공유하여 무인 항공기 애플리케이션을 위한 맞춤형 솔루션을 개발할 수 있는 유연한 도구 세트를 제공한다.
- 무인 항공기 하드웨어 지원 및 소프트웨어 스택을 제공하는데 필요한 표준을 제공 하여 생태계가 확장 가능한 방식으로 관련 하드웨어 및 소프트웨어를 구축하고 유지 관리 할 수 있도록 한다.

2 Ardupilot이란?

신뢰할 수 있는 오픈소스 자동비행 소프트웨어이다.

- 가장 진보적이고 완벽한 기능을 갖춘 신뢰할 수 있는 오픈소스 자동비행 소프트웨어 이다.
- 다양한 전문 엔지니어와 컴퓨터 과학자 팀에 의해 5년 이상 개발되었다.
- 기존의 비행기, 멀티로터 및 헬리콥터 에서부터 보트 및 심지어 잠수함까지 모든 상상할 수 있는 비히클(비행체, Vehicle) 시스템을 제어할 수 있는 유일한 자동 조종 소프트웨어 이다.
- 쿼드 플레인(quad-planes) 및 복합 헬기 (compound helicopters)와 같은 새로운 신형 비행체 유형에 대한 지원 기능이 추가되었다.

3.3 비행제어 장치의 종류

Pixhawk 기반의 비행제어 장치들을 아래와 같이 나열하였다. Pixhawk는 누구나 사용할 수 있는 독립적인 개방형 하드웨어 프로젝트 이다. 아래의 설계 보드들은 이진호환으로 동일한 펌웨어 실행이 가능하게 설계되었다. 각 설계의 명칭들은 FMUvX를 사용하였다. FMU는 Flight Management Unit의 약자이다. FMUvX는 FMUv1, FMUv2, FMUv3, FMUv4 등으로 명명되어 사용한다. 여기서 v 뒤의 숫자는 높을수록 최신의 버전이지만 성능이 향상되었다는 것은 아니다. PX4 사용자는 FMU 버전에 대하여 자세히 알 필요는 없다. 그 이유는 QGroundControl에서 자동으로 하드웨어 버전에 맞는 펌웨어를 다운 받기 때문이다. 그러나 ArduPilot으로 펌웨어를 사용자로 올릴 때는 필요할 것이다. 개발자들은 사용자 지정 하드웨어를 빌드(컴파일)하는데 필요하므로 FMU 버전을 알아야 한다.

Pixhawk 4

Manufactured by Holybro, and based on FMUv5, the Pixhawk 4 is the latest update to the successful family of Pixhawk flight controllers.

Pixhawk 4 Mini

Manufactured by Holybro, and based on FMUv5, the Pixhawk 4 mini is a compact autopilot with abundant performance features.

MindRacer

Manufactured by Airmind, and based on FMUv4, the MindRacer is incredibly lightweight and is stackable with an optional power distribution board and isolated IMU rack.

MindPx

Manufactured by Airmind, and based on FMUv4, the MindPx has built-in isolated IMU redundancy and 16 PWM output channels.

Pixhawk 3 Pro

Manufactured by Drotek, and based on FMUv4, the Pixhawk 3 Pro is intended for space constrained applications with sufficient I/O for most applications without expansion and can function as a modular multi-board flight controller.

mRo PixRacer R14

Manufactured by mRobotics, and based on FMUv4, the mRo PixRacer R14 is sized for FPV racing but has all the inputs necessary for a fully featured autopilot system and has built in WiFi for convenience.

Pixhack V3

Manufactured by CUAV, and based on FMUv3, the Pixhack V3 has a vibration dampened IMU with redundant sensors and is intended for commercial systems.

mRobotics-X2.1

Manufactured by mRobotics, and based on FMUv3, the mRobotics-X2.1 has nearly identical connectivity to the Pixhawk 1 and features a smaller footprint with updated sensors.

mRo Pixhawk

Manufactured by mRobotics, and based on FMUv3, the mRo Pixhawk is a hardware compatible replacement for the Pixhawk 1.

Pixhawk 2 (The Cube)

Manufactured by ProfiCNC, and based on FMUv3, the Pixhawk 2 includes connections for a companion computer and has built-in IMU vibration isolation.

DroPix

Manufactured by Drotek, and based on FMUv2, the DroPix includes integrated Linux-like programming environment and an integrated backup system for in-flight recovery.

Pixfalcon

Manufactured by Holybro, and based on FMUv2, the Pixfalcon is derived from the Pixhawk 1 and is optimized for space-constrained applications.

HKPilot32

Manufactured by Hobbyking, and based on FMUv2, the HKPilot32 is software compatible with the Pixhawk 1 and physically similar but is not connector compatible.

여기서 버전에 따라 메인프로세스가 어떤 것이 들어 있는지 살펴 볼 필요가 있다.

FMUv2는 STM32F427VI 프로세서가 있는 단일 보드이고 Pixhawk 1, HKPilot32, Pixfalcon, DroPix 등에 사용되었다. FMUv3는 FMUv2와 동일하지만 사용 가능한 플래시가 2MB로 두 배이고 Pixhawk 2, Pixhack v3, mRo Pixhawk등에 사용하고 있다. Pixhawk Mini는 현재 단종 되었다. FMUv4는 RAM 증가 더 빠른 CPU를 채택하였고 더 많은 직렬 포트가 제공되었다. Pixracer은 IO 프로세서 없이 설계하였다. FMUv4−PRO는 RAM이 약간 증가하였고 더 많은 직렬 포트가 제공하였다. Pixhawk 3 Pro에 높은 IO 프로세서 가 탑재되었다. FMUv5는 새로운 프로세서(F7)를 설계하였고 처리 속도가 훨씬 더 빨라졌다. 그리고 더 많은 RAM 용량과 더 많은 CAN 버스로 구성되었다. 이 버전에 탑재된 메인프로세스는 Pixhawk 4, CUAV v5, CUAV V5 +, CUAV V5 nano등에 사용하고 있다.

3.4 Pixhawk 외부 연결 및 Pin Out

1 Pixhawk 1(ver 2.4.6) 외부 연결

아래 그림은 Pixhawk 1에 대한 외부 장치를 연결하는 컨넥터 및 핀 외부 장치 연결을 설명하는 것이다.

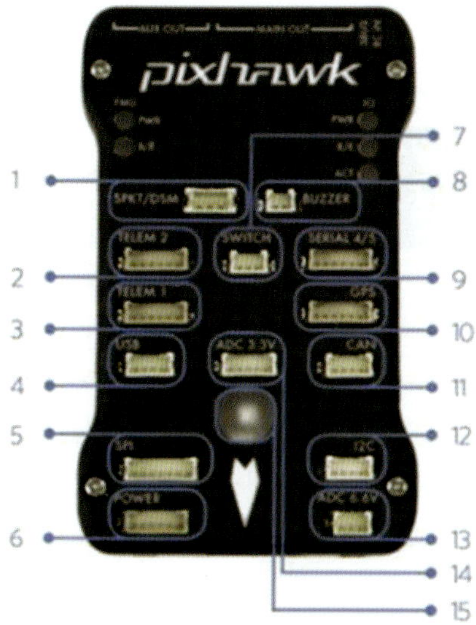

1 Spektrum DSM receiver
2 Telemetry (on-screen display)
3 Telemetry (radio telemetry)
4 USB
5 SPI (serial peripheral interface) bus
6 Power module
7 Safety switch button
8 Buzzer
9 Serial
10 GPS module
11 CAN (controller area network) bus
12 I²C splitter or compass module
13 Analog to digital converter 6.6 V
14 Analog to digital converter 3.3 V
15 LED indicator

1 Input/output reset button
2 SD card
3 Flight management reset button
4 Micro-USB port

< Pixhawk 1(2.4.6) Pin Out >

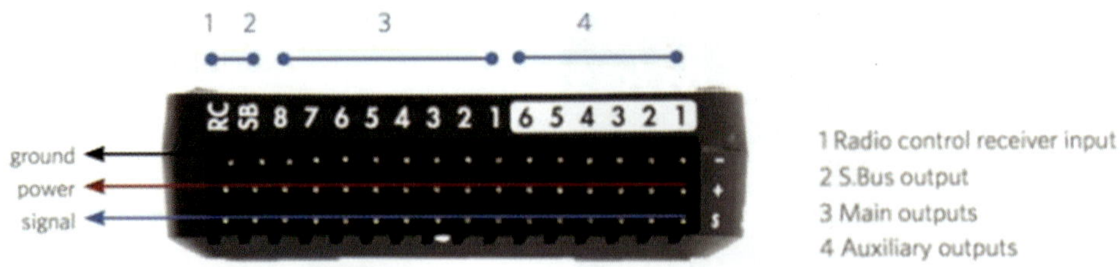

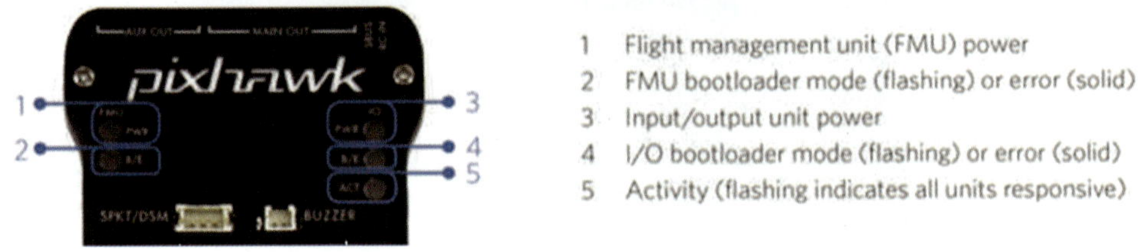

2 Pixhawk 1(ver 2.4.6) Pinout

아래 그림은 Pixhawk 1(2.4.6)에 대한 출력 및 입력 핀을 설명한 것이다. 아래 그림에서 연결 컨넥터들이 각각 분리되어 있지만 특성이 같은 신호를 다시 정리하여 보면 몇 가지 부분으로 나눠진다.

Serial 1 (Telem 1) and Serial 2 (Telem 2) Pins: 6 = GND, 5 = RTS, 4 = CTS, 3 = RX, 2 = TX, 1 = 5V.

Pixhawk connector pin assignments

TELEM1, TELEM2 ports

Pin	Signal	Volt
1 (red)	VCC	+5V
2 (blk)	TX (OUT)	+3.3V
3 (blk)	RX (IN)	+3.3V
4 (blk)	CTS	+3.3V
5 (blk)	RTS	+3.3V
6 (blk)	GND	GND

I2C

Pin	Signal	Volt
1 (red)	VCC	+5V
2 (blk)	SCL	+3.3 (pullups)
3 (blk)	SDA	+3.3 (pullups)
4 (blk)	GND	GND

GPS port

Pin	Signal	Volt
1 (red)	VCC	+5V
2 (blk)	TX (OUT)	+3.3V
3 (blk)	RX (IN)	+3.3V
4 (blk)	CAN2 TX	+3.3V
5 (blk)	CAN2 RX	+3.3V
6 (blk)	GND	GND

ADC 6.6V

Pin	Signal	Volt
1 (red)	VCC	+5V
2 (blk)	ADC IN	up to +6.6V
3 (blk)	GND	GND

ADC 3.3V

Pin	Signal	Volt
1 (red)	VCC	+5V
2 (blk)	ADC IN	up to +3.3V
3 (blk)	GND	GND
4 (blk)	ADC IN	up to +3.3V
5 (blk)	GND	GND

SERIAL 4/5 port - due to space constraints two ports are on one connector.

Pin	Signal	Volt
1 (red)	VCC	+5V
2 (blk)	TX (#4)	+3.3V
3 (blk)	RX (#4)	+3.3V
4 (blk)	TX (#5)	+3.3V
5 (blk)	RX (#5)	+3.3V
6 (blk)	GND	GND

CAN

Pin	Signal	Volt
1 (red)	VCC	+5V
2 (blk)	CAN_H	+12V
3 (blk)	CAN_L	+12V
4 (blk)	GND	GND

SPI

Pin	Signal	Volt
1 (red)	VCC	+5V
2 (blk)	SPI_SCK	3.3V
3 (blk)	SPI_MISO	+3.3V
4 (blk)	SPI_MOSI	+3.3V
5 (blk)	!SPI_NSS	+3.3V
6 (blk)	!GPIO	+3.3V
7 (blk)	GND	GND

POWER

Pin	Signal	Volt
1 (red)	VCC	+5V
2 (blk)	VCC	+5V
3 (blk)	CURRENT	up to +3.3V
4 (blk)	VOLTAGE	up to +3.3V
5 (blk)	GND	GND
6 (blk)	GND	GND

Console Port

The system's serial console runs on the port labeled SERIAL4/5. The pinout is standard serial pinc to connect to a standard FTDI cable (3.3V, but it's 5V tolerant).

Pixhawk		FTDI	
1	+5V (red)		N/C
2	Tx		N/C
3	Rx		N/C
4	Tx	5	Rx (yellow)
5	Rx	4	Tx (orange)
6	GND	1	GND (black)

Spektrum/DSM Port

The Spektrum/DSM port is for connecting Spektrum DSM-2/DSMX receiver modules.

Pin	Signal	Volt
1 (white)	Signal	+3.3V
2 (black)	GND	GND
3 (red)	VCC	+3.3V

SWITCH

Pin	Signal	Volt
1 (red)	VCC	+3.3V
2 (blk)	!IO_LED_SAFETY	GND
3 (blk)	SAFETY	GND

< Pixhawk Connector Pin Assignments >

POWER 연결 컨넥터 부분, 시리얼(Serial) 부분, 센서 및 외부 모듈 부분, CAN 부분, 스위치 부분, ADC 부분으로 나눠진다.

첫 번째 POWER 부분은 Pixhawk에 전원(+5V)을 공급하는 역할을 한다. 핀 번호를 보면 1, 2번 핀은 VCC와 5, 6번 핀은 GND가 실제 전원이 공급되는 단자이다. 그 외에 3번 핀은 기체의 출력 부하의 전류를 센싱하여 Pixhawk에 알려주는 핀이고 4번째 핀은 부하의 전압을 Pixhawk에 알려주어 GCS의 HUD 화면에 전압과 전류를 모니터링하게 할 수 있다.

두 번째 시리얼 부분이다. 이 부분은 Serial 0번부터 Serial 5번까지 총 6개의 시리얼 포트를 Pixhawk는 지원한다. 여기서 Serial 0번은 USB를 의미한다. USB는 내부적으로는 Serial 통신을 하기 때문에 Serial로 취급할 수 있다. 더 자세한 사항은 다음 장의 "PC와 Pixhawk 와의 통신" 이해하면 될 것이다. Serial 1번과 2번은 TELEM1과 TELEM2를 의미하고 Serial 3은 GPS를 의미한다. GPS는 시리얼로 통신하기 때문에 이 단자에 연결하면 된다. Serial 4와 5는 실제 Serial 4/5를 한 포트에 같이 넣었다. 이 시리얼 포트는 시리얼 통신이 되는 장치를 여기에 연결하여 사용된다. 시리얼 핀을 살펴보면 VCC와 GND는 연결된 장치에 전원을 공급하고 RX는 "Receiver To Data"로 Pixhawk에 수신되는 Data를 받는다. TX는 "Transmitter to Data"로 Pixhawk가 Data를 다른 장치에 보내는 단자이다. 장치 입장에서는 반대(TX(Pixhawk) –〉 RX(Other Device), RX(Pixhawk) 〈– TX(Other Device))가 될 것이다. 그 외 시리얼 핀 단자(CTS, RTS)는 사용 하지 않아도 무방하다.

세 번째는 센서 및 외부 모듈 부분으로 I2C와 SPI를 이야기 한다. I2C는 장치에 VCC, GND로 전원을 공급하고 SDA, SCL 로 신호를 주고 받는다. SDA는 "Serial DAta" 약자이고 SCL은 "Serial CLock" 약자 이다. 이 핀들은 외부에 I2C를 지원하는 장치와 연결 할 경우 서로 같은 종류 끼리 연결 되어야 한다. SDA〈–〉SDA, SCL〈–〉SCL 이렇게 연결되어야 한다. I2C에 연결하는 장치로는 "Air Speed Sensor"와 GPS 내부에 있는 컴퍼스 센서가 주로 연결된다. I2C 지원하는 장치도 연결이 가능하다. I2C 확장 보드를 이 포트에 연결하여 I2C 지원하는 다른 장치도 추가적으로 연결 할 수 있다. SPI도 I2C와 마찬가지로 센서 모듈 들이나 다른 SPI 지원 장치를 연결하여 사용할 수 있다. I2C와 마찬가지로 연결 핀들은 같은 이름의 단자에 연결해야 한다.

네 번째는 CAN 통신 포트로 CAN 지원하는 장치를 여기 연결하면 된다. 한 예로 최근에 GPS도 CAN을 지원하므로 Serial이 아닌 CAN 통신으로 연결이 가능하여 이 포트에 연결하면 된다. CAN 통신은 자동차에 ECU와 통신하기 위해 고안된 것으로 안정성이 검증된 통신 방식이다. 무인항공기 부분에서도 안정성이 검증된 통신방식을 사용하기 때문에 CAN 통신이 사용된 것으로 보여 진다.

다섯 번째 스위치 포트와 ADC 포트이다. 이 중 스위치 포트는 외부에 Safe key를 연결하는 단자로 시동하기 전에 기체가 Ready 상태로 전환하는 스위치이다. Pixhawk2 일 경우는 이 스위치 기능이 GPS 단자에 포함이 되어 있어 사용하지 않아도 된다. 하지만 Pixhawk1 인 경우는 꼭 달아 주어야 한다. 굳이 달지 않고 싶으면 매개변수를 수정하여 사용하지 않아도 된다. ADC 포트는 아날로그 장치를 여기에 연결하여 사용할 수 있다.

3 Pixhawk 1(ver 2.4.6)의 사양

- STM32F427 32비트 기본 마이크로 컨트롤러, 168MHz, 252MIPS, 부동 소수점 장치가있는 Cortex M4 코어.
- 2MB의 플래시 프로그램 메모리 및 256KB의 RAM.
- STM32F103 백업 페일 세이프 32 비트 코 프로세서는 수동 복구를 제공하며 자체 전원 공급 장치가 있다.
- 데이터 로깅을 위한 마이크로 SD 메모리 카드의 소켓.
- 방향 결정을 위한 3축 16비트 ST Micro L3GD20H 자이로 센서.
- 가속도 및 자이로 MPU6000 센서.
- 나침반 방향 결정을 위한 3축 14비트 가속도계 및 나침반 LSM303D 센서.
- 원할 경우 자동 전환 기능이 있는 외부 나침반 제공.
- 고도 측정을 위한 MEAS MS5611 기압 센서.
- 배터리 상태 결정을 위한 내장 전압 및 전류 감지.
- 절대 위치 결정을 위한 외부 장착형 GPS 장치 연결.

CHAPTER 04

기본 VTOL 센서 보정

CHAPTER 04

4.1 ··· GCS 및 Ardupilot firmware 다운과 설치

❶ Mission Planner 다운로드 및 설치

❷ Firmware 업로드

4.2 ··· 센서 캘리브레이션

❶ 가속도 캘리브레이션

❷ 컴퍼스 캘리브레이션

1) General Compass Settings
2) Compass #1, #2, #3
3) Onboard Mag Calibration or Mission Planner Mag Calibration

❸ 라디오 캘리브레이션(Radio Calibration)

❹ 비행모드(Flight Modes)

❺ 페일세이프(FailSafe)

1) 배터리 FailSafe
2) 라디오 FailSafe
3) GCS FailSafe

❻ Battery Monitor 설정

❼ SIK Radio 설정

❽ Airspeed 설정

❾ Motor Test

❿ ESC 캘리브레이션

⓫ GPS 확인

⓬ 카메라 셔터 확인

⓭ Micro SD card 확인

CHAPTER 04

기본 VTOL 센서 보정

4.1 GCS 및 Ardupilot firmware 다운과 설치

공식 펌웨어는 세 가지 버전(안정된 버전/베타 버전/개발자 버전)으로 나눈다. 안정(stable) 버전은 가장 많은 테스트를 거친 버전으로 가장 작은 버그를 가지고 있는 버전으로 새로운 사용자에게 권장하는 버전이다. 베타(beta) 버전은 안정적인 버전을 출시하기 전에 새 버전이 베타 테스트에 참여할 경우 선택하는 버전이다. 테스트 후 지속적으로 업데이트가 되므로 일부 개발 기간 동안은 베타 버전과 안정버전이 동일 수준일 때도 있다. 개발자 버전은 git 소스의 최신 버전을 의미한다. 어제 정상 동작했던 부분이 오늘 작동하지 않을 수 있으므로 이 펌웨어를 사용한다면 최대한 주의하여 사용해야 한다.

일반적으로 최신 버전에는 더 많은 업데이트 된 기능들이 있고, 일부 알려진 버그들이 수정되어 있지만 알 수 없는 버그가 있을 수 있으므로 주의해야 한다. 만약 출시할 제품 또는 안정된 상태를 원한다면 최신 버전으로 계속 업그레이드 하기 보다는 테스트 당시 안정적인 버전을 사용하는 것이 좋다. 버전을 업데이트 하고자 한다면 충분한 테스트를 거친 후 사용해야 한다.

1 Mission Planner 다운로드 및 설치

비행 제어장치(FC)에 펌웨어를 설치하거나 설정을 변경하려면 지상제어소프트웨어(GCS : Ground Control Station) 프로그램을 설치하여 비행제어장치(FC)에 펌웨어(firmware)를 업로드 시켜 기본 설정을 해야 한다. GCS 프로그램으로는 Qgroundcontrol, Mission Planner, APM Planner

등 여러 가지가 있다. 여기서는 Mission Planner를 이용하여 업로드 및 설정을 사용하겠다.

Mission Planner는 공식 페이지(http://ardupilot.org/planner/)에서 다운로드 받을 수 있다. Windows 버전의 다운로드 페이지는 (http://ardupilot.org/planner/docs/mission- planner-installation.html)이다. 인스톨 파일을 다운을 받고 PC에 설치한다. 설치가 마무리 하였으면 Pixhawk를 PC와 연결하여 firmware를 업로드 시킨 후 안정된 비행제어 기능을 사용하려면 매개변수 설정이 꼭 필요하다. 우선, firmware를 업로드 시키는 것을 먼저 해야 한다.

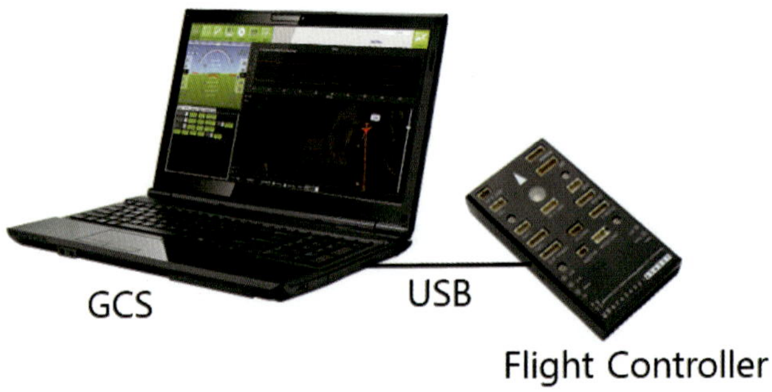

< GCS와 Flight Controller 연결 >

2 Firmware 업로드

일반적으로 Pixhawk(FC)는 USB를 통하여 PC와 연결한다. 그러므로 통신을 하기 위해서는 PC가 USB 지원이 되어야 한다(요즘 PC의 마더 보드(mother board)는 시리얼 통신 포트가 지원하지 않고 다만 USB 포트와 ethernet 포트가 존재한다). Pixhawk FMU의 MCU에는 외부 장치와 시리얼 통신하기 위해 UART 출력 포트가 존재한다. 이 UART 포트는 Pixhawk의 내부 MCU출력의 시리얼 포트를 외부의 통신을 지원하기 위해서 Pixhawk 보드 자체에 UART to USB 모듈(변환 모듈)을 하드웨어적으로 만들어 놓았다. 그러므로 PC와 USB를 통하여 시리얼 통신을 하게 된다.

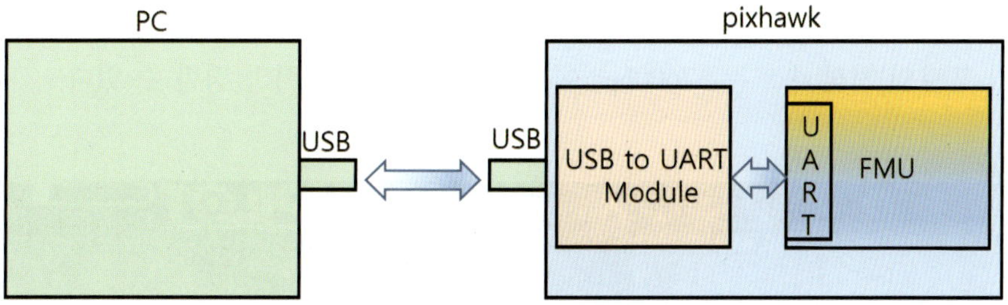

< PC와 Pixhawk 와의 통신 >

이와 같이 Pixhawk가 PC와 통신하기 위해서는 PC에 "UART to USB" 모듈을 인식하기 위한 디바이스 드라이버(Device driver)가 설치되어야 한다. Pixhawk를 PC에 USB 포트에 연결하면, Windows10 이상이고 인터넷과 연결 되어 있다면 기본 드라이버가 올라온다. 일반적으로는 드라이버가 정상 동작하지만 USB to UART를 사용하는 다른 장비를 연결해서 사용한 경우가 있다면 동작하지 않는 경우를 만날 수 있다. 만약, 드라이버가 인식이 안 되면 CP2102 VCP driver를 수동으로 설치해야 한다.

제어판 → 장치관리자 → 포트(COM&LPT)를 확인하면 "Com Port"가 인식된 것을 확인할 수 있다. 필자의 PC에서는 COM17 이 인식되었다. windows마다 환경이 달라서 COM 번호는 다를 수 있다.

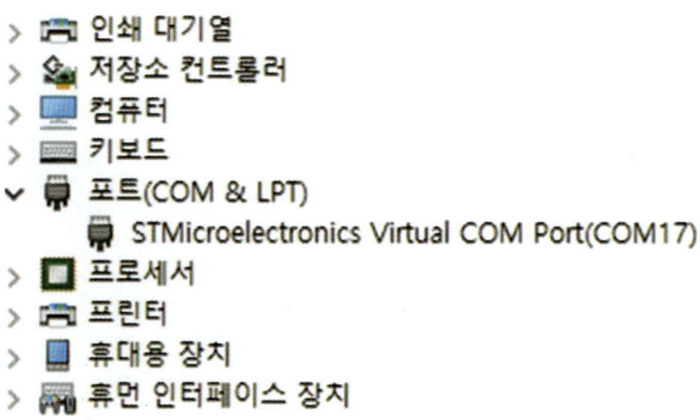

< COM Port 인식 >

인식이 되었으면 이제 Mission Planner와 연결하자! PC와 Pixhawk를 USB 케이블로 연결하고, 장치관리자에서 Com Port로 인식되었으면 아래의 그림에서 노란 사각형이 표시된 부분을 1 → 2 순서로 Com Port를 찾아 연결한다. 시리얼 통신 속도(Baud Rate)는 115200 bps로 설

정한다. Pixhawk의 Serial0에 연결된 USB포트는 기본적으로 115200bps이다. 참고로 텔레메트리 포트의 기본 속도는 57600bps 이다. 이 값도 설정에서 변경할 수 있다.

< ArduPilot 연결 >

연결이 순조롭게 되면 아래와 같이 pixhawk의 매개변수를 PC로 읽어 오는 것을 볼 수 있다.

< ArduPilot 연결(매개변수 읽어 들임) >

연결 후 아래의 그림과 같이 1 → 2 을 클릭하고 메시지가 보이면 3번을 클릭한다.

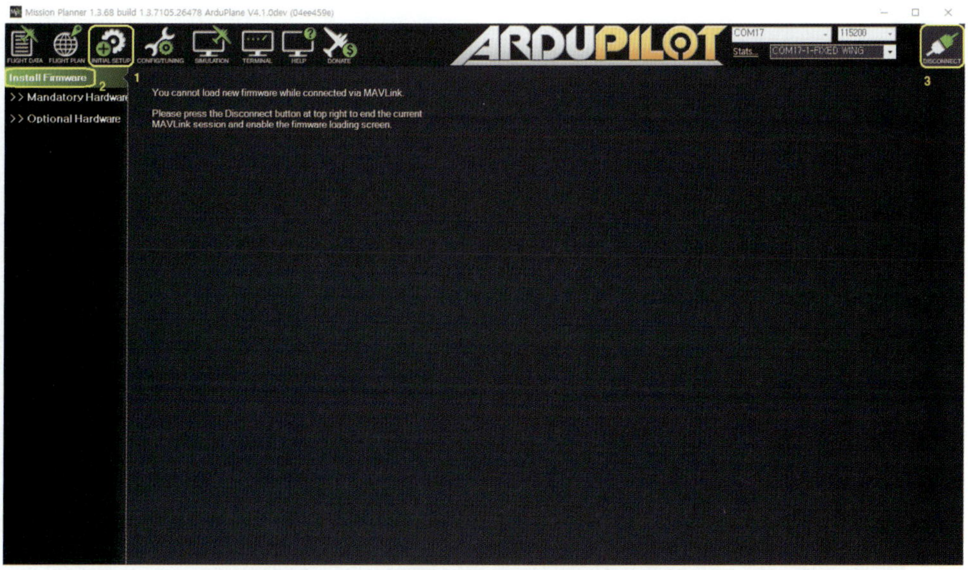

< 펌웨어 올리는 순서 >

안정적인 버전을 플래시 하려면 다음과 같이 1(비행기 아이콘)을 클릭한다. Plane를 선택한 이유는 Ardupilot에서 VTOL의 기본 베이스가 비행기로 되어 있기 때문이다.

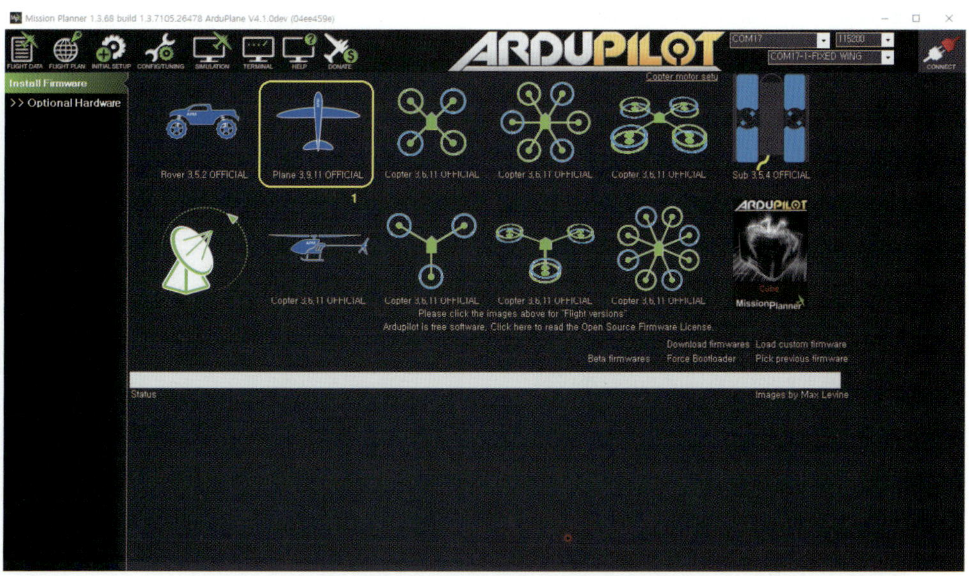

< VTOL 셋팅을 위한 Plane 펌웨어 선택 >

안정된 버전을 업로드 할 것이냐고 묻고 있다. Yes 클릭한다.

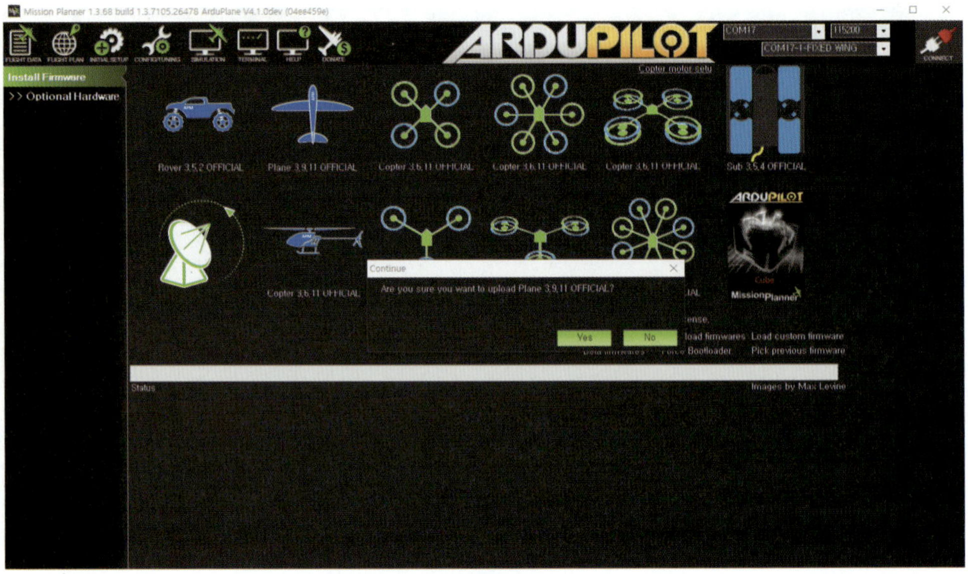

< 안정된 버전 업로드 >

인터넷이 연결되어 있으면 아래와 같이 firmware 파일을 다운로드 한다.

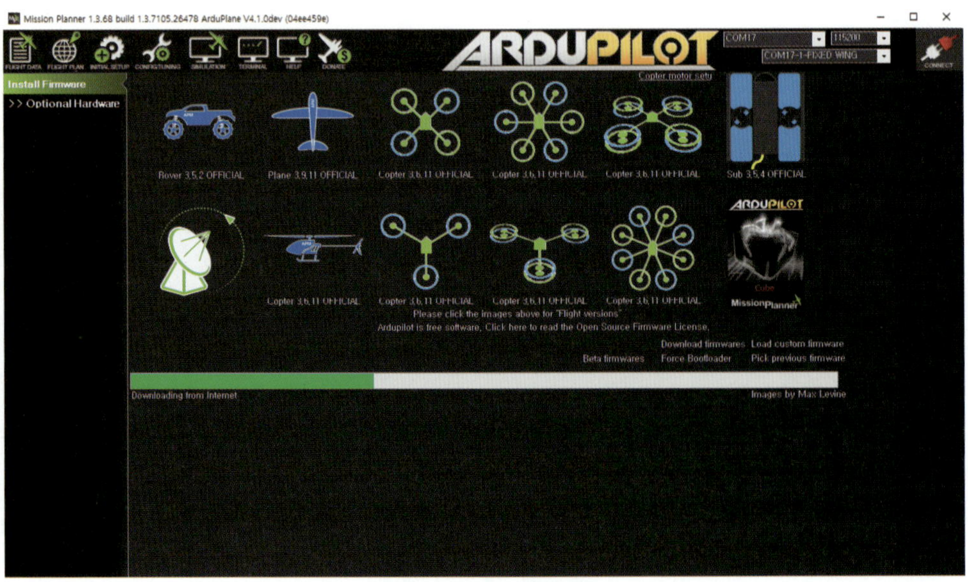

< 펌웨어 파일 다운로드 >

인터넷으로 다운로드하고, Pixhawk에 이미 업로드 된 이전 버전을 지우고 새로 다운받은 firmware를 업로드 한다.

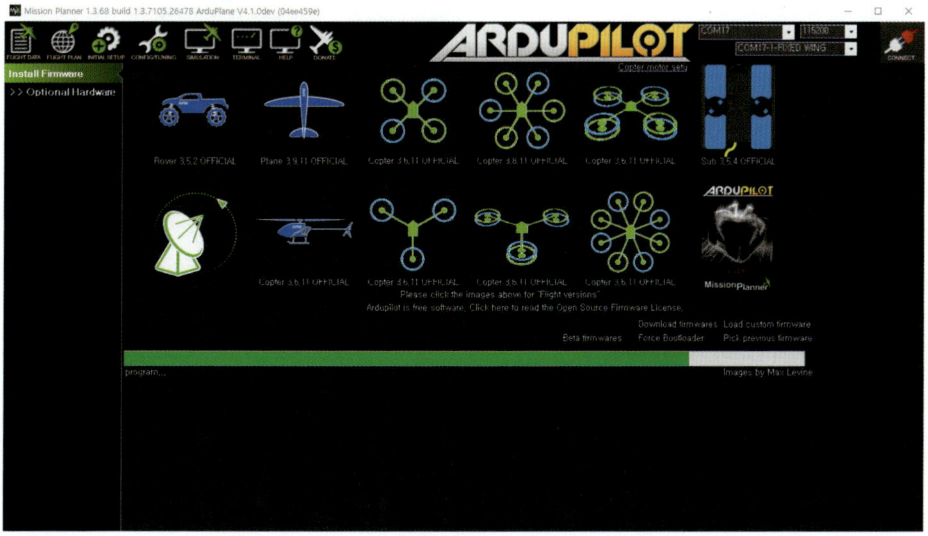

<펌웨어 업로드 중>

펌웨어 업로드가 끝나면 아래와 같은 메시지가 나온다. Pixhawk에 부저(buzzer)가 연결되어 있으면 부저로부터 음이 들리고 멈출 때 까지 OK 버튼을 클릭하지 않는다. 음이 멈추면 OK를 클릭한다.

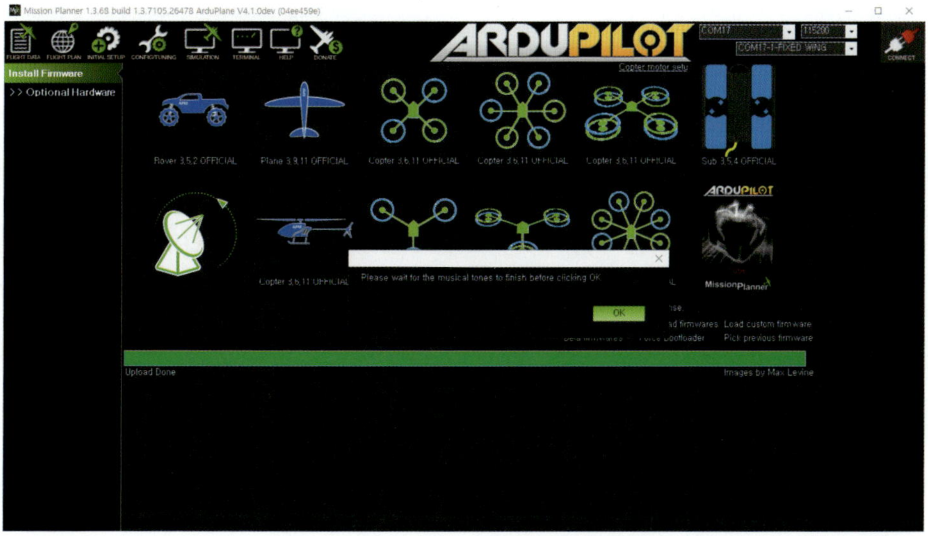

<펌웨어 업로드 완료 후 음 출력 완료 대기 중>

만약 개발자(DEV) 버전을 설치하려면 펌웨어 다운로드를 클릭하여 공식 다운로드 펌웨어 페이지(http://firmware.ardupilot.org/)를 열 수 있다. 개발자 버전은 날짜 별로 정렬되며 지원되는 비행 제어 보드(FC)로 구분되어 따로 정리되어 있다. Pixhawk2를 사용하는 경우 PX4 또는 FMUV3(ChibiOS)이다. 다운로드 하려는 펌웨어를 찾으려면 마우스 오른쪽 단추로 → 대상 저장 (또는 다른 이름으로 링크 저장)을 눌러 펌웨어를 다운로드 한다.

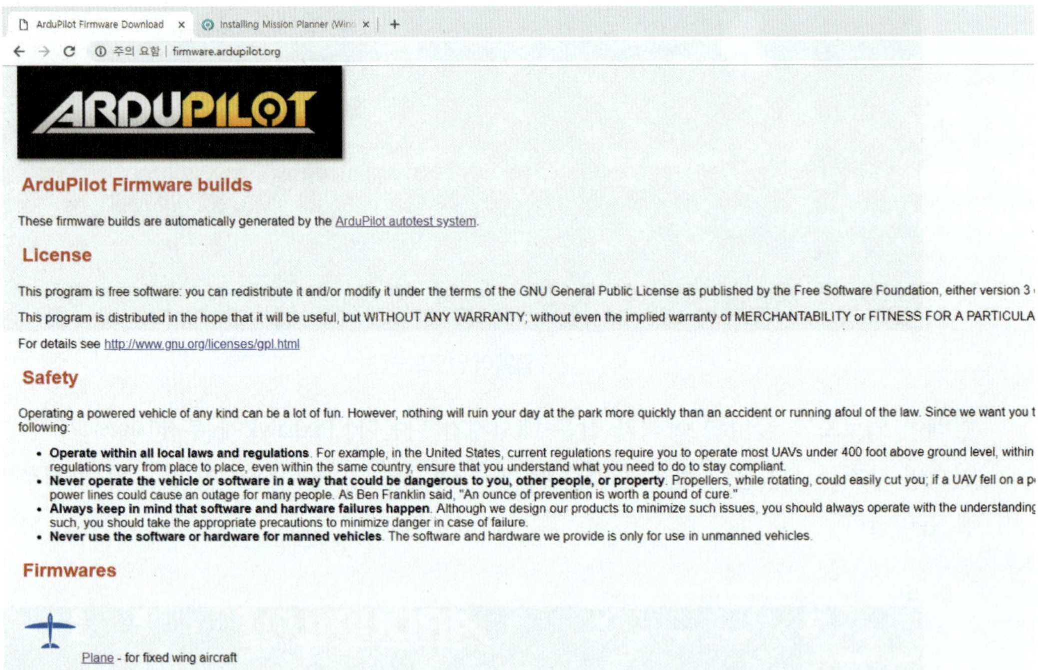

<개발자 버전 링크>

PC에 다운 한 후 아래 그림과 같이 1번 'Load custom firmware'로 업로드 시켜야 한다. Mission Planner의 파일 업로드는 확장자가 *.apj이다.

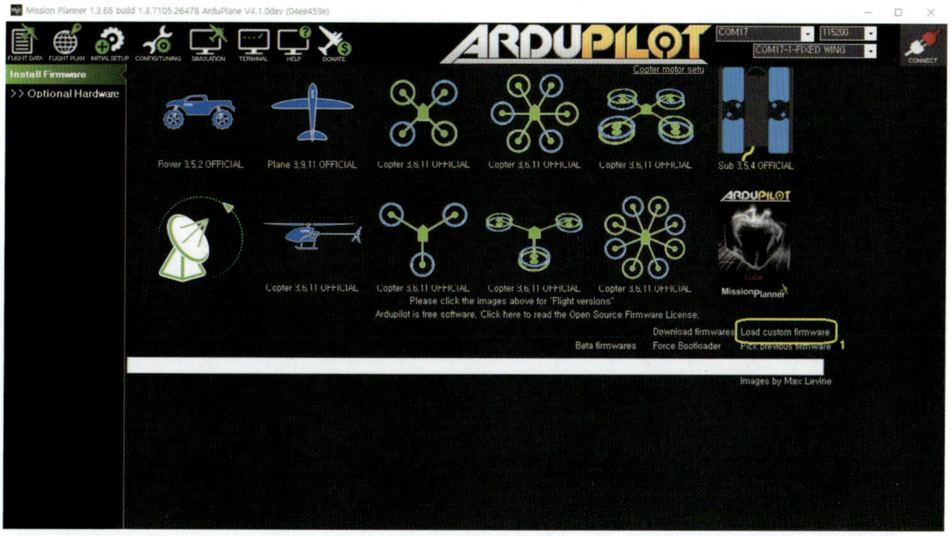

<사용자 버전 펌웨어 올리기>

➔ 매개 변수 재 설정(공장 초기 값 복원)

Firmware가 정상적으로 Upload 되었으면, 초기에 Mission Planner에 연결된 Parameter들이 있으므로, 이것을 재설정을 해 줘야 한다. 펌웨어를 처음 플래시 할 때는 첫 번째 펌웨어를 교체 한 후 매개 변수 메모리의 값을 예측할 수 없으므로 매개 변수를 재설정해야 한다.(처음 한번만 수행하면 앞으로는 재설정할 필요 없다). 재설정 방법(Reset to Default)은 매우 간단하다. 아래 그림에서 1 → 2 → 3(기본 값으로 재설정)을 누른 다음 재부팅하면 된다.

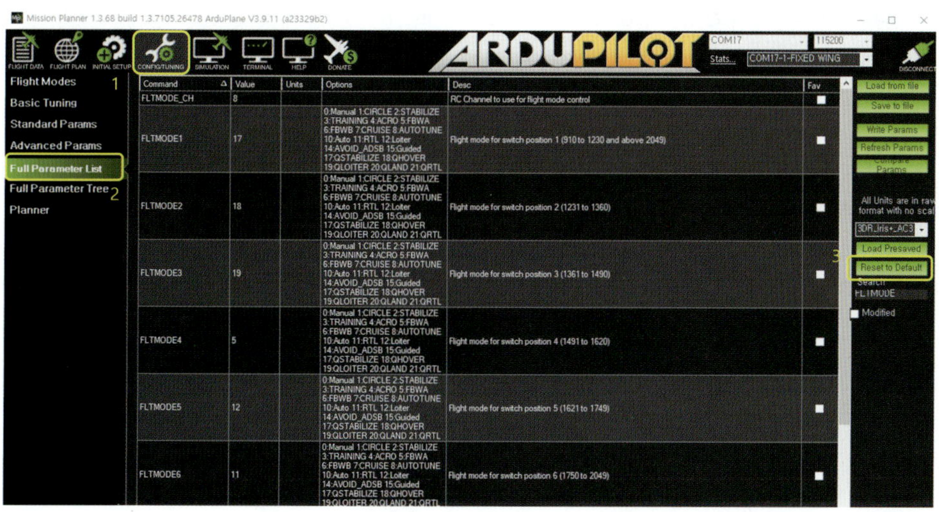

<매개변수 재설정>

4.2 센서 캘리브레이션

1 가속도 캘리브레이션

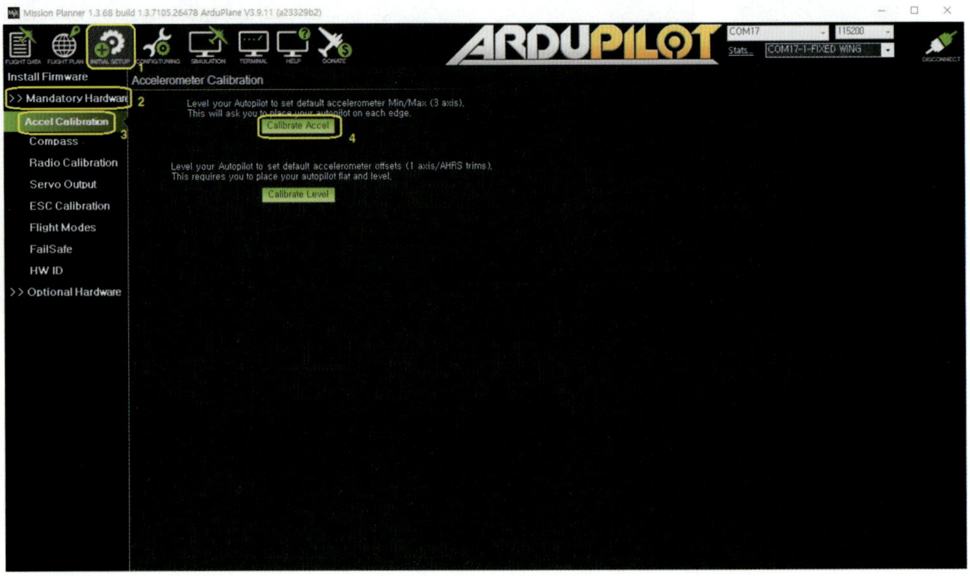

< 가속도 캘리브레이션 시작 >

가속도 캘리브레이션은 비행체의 6 방향(상, 하, 좌, 우, 위, 아래)을 기체를 돌리면서 해야 하므로 아래 그림에서 나오는 지시를 따라 한다. 아래의 그림과 같이 1 → 2 → 3을 차례로 클릭한다. 마지막으로 4번을 클릭하여 메시지를 확인한다. 처음 시작할 때 꼭 북쪽으로 놓고 시작한다. 북쪽 방향은 실제 나침반(스마트폰 앱 : 나침반)을 북쪽을 가리키고 기체의 코(앞쪽) 방향이 북쪽을 향하게 하여 시작한다.

Pixhawk의 레벨(LEVEL)이 설정되면 완료 후 [ENTER]를 누르거나 화면에서 [Done]을 클릭하라.

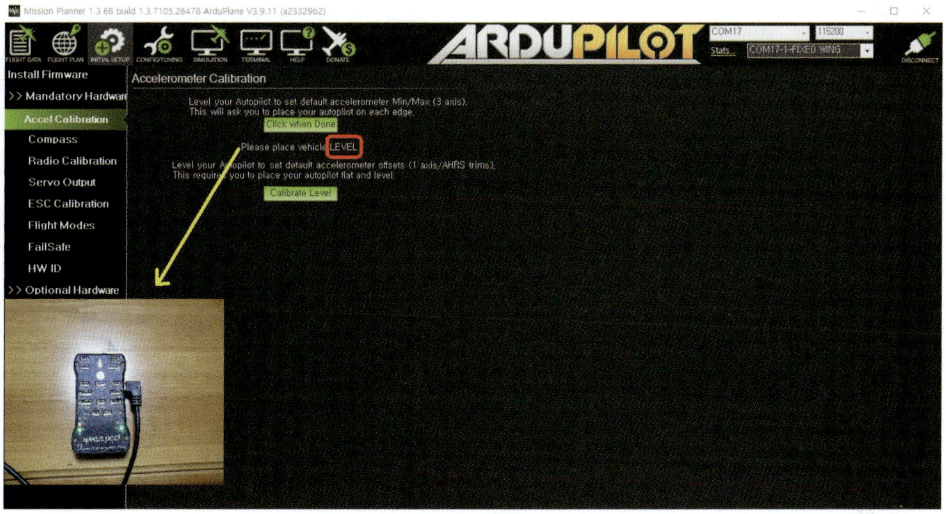

<LEVEL 설정>

비행 컨트롤러를 왼쪽에 놓고 완료되면 [ENTER]를 누르거나 화면에서 [Done]을 클릭하라.

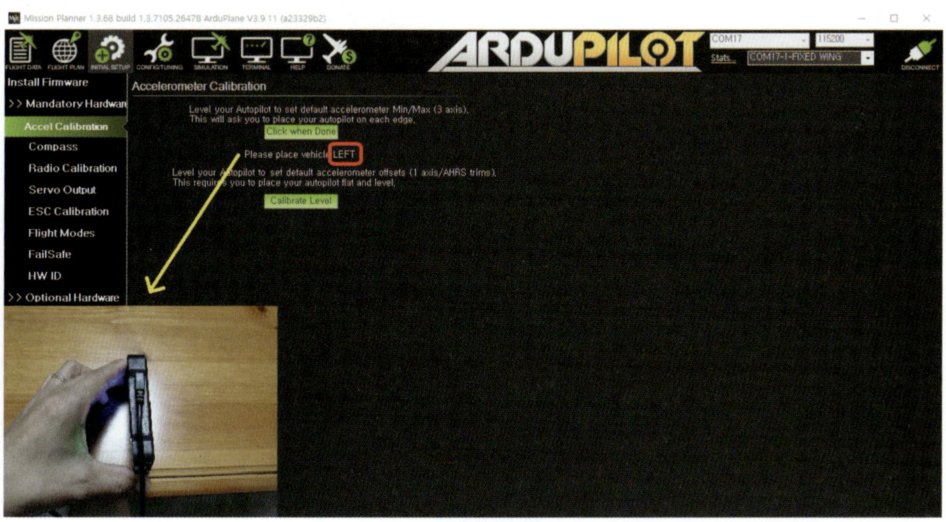

<LEFT 설정>

비행 컨트롤러를 오른쪽에 놓고 완료되면 [ENTER]를 누르거나 화면에서 [Done]을 클릭하라.

< RIGHT 설정 >

Nose(기체의 앞부분)가 내려간 상태에서 [ENTER]를 누르거나 화면에서 [Done]을 클릭하라.

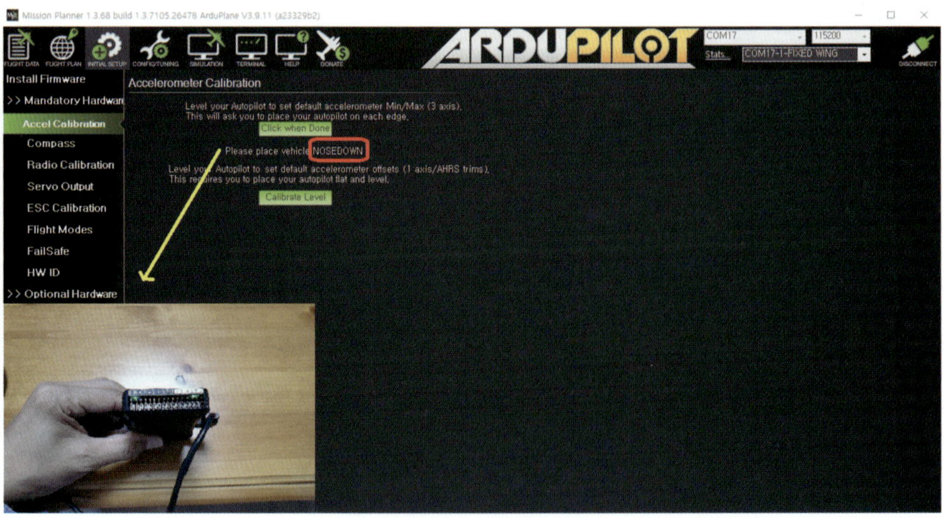

< NOSEDOWN 설정 >

Nose 를 올리거나 [ENTER]를 누르거나 화면에서 [Done]을 클릭하라.

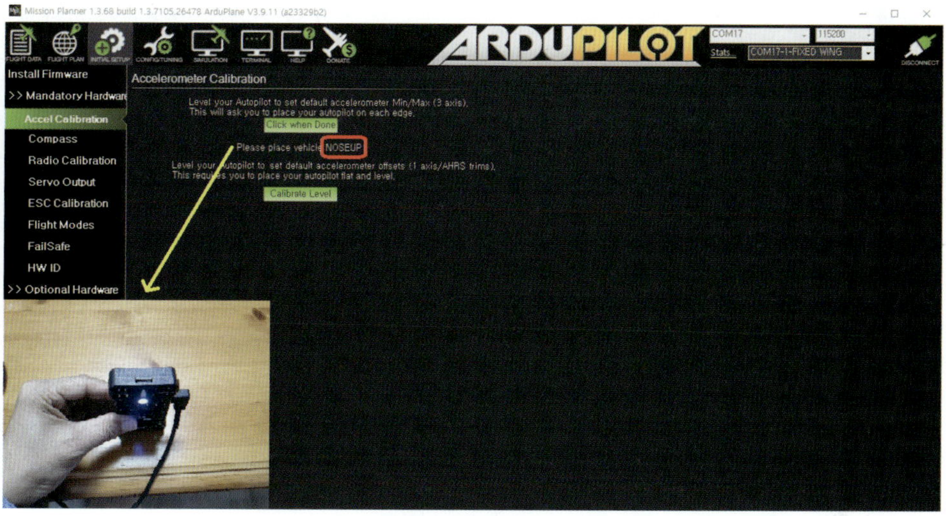

< NOSEUP 설정 >

비행 컨트롤러를 뒷면에 놓고 완료되면 [ENTER]를 누르거나 화면에서 [Done]을 클릭하라.

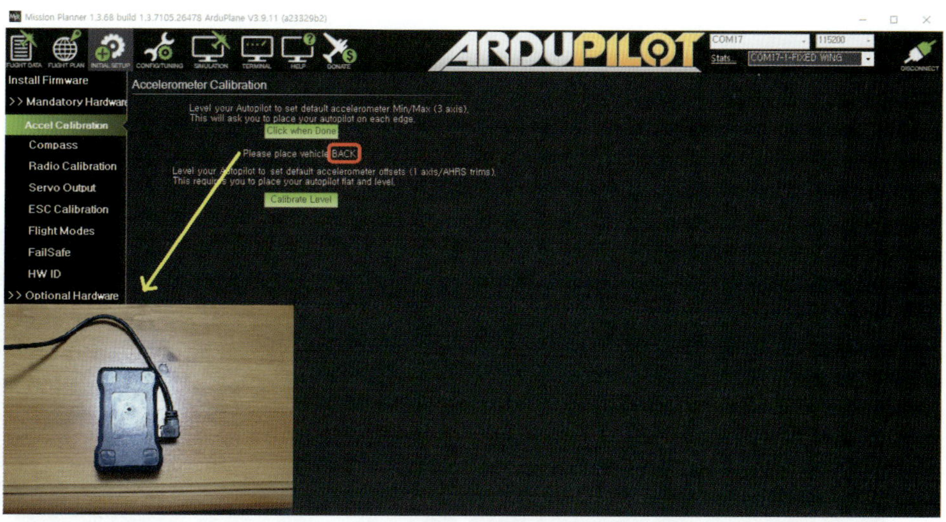

< BACK 설정 >

이상 없이 정상적으로 완료가 되었으면 “Calibration successful”라는 메시지가 뜬다.

< Calibration Successful >

수평 캘리브레이션(Calibrate Level)은 작은 각도의 미세 조종이다. FC를 기체의 장착하고 난 후에 한번 해주는 것이 좋다. 이를 통하여 비행경로 편차를 줄일 수 있다(교정은 기체 수준에 따라 보정된다).

2 컴퍼스 캘리브레이션

아래 그림과 같이 1 → 2를 차례로 클릭한다. 2번은 비행컨트롤러가 Pixhawk일 때이다.

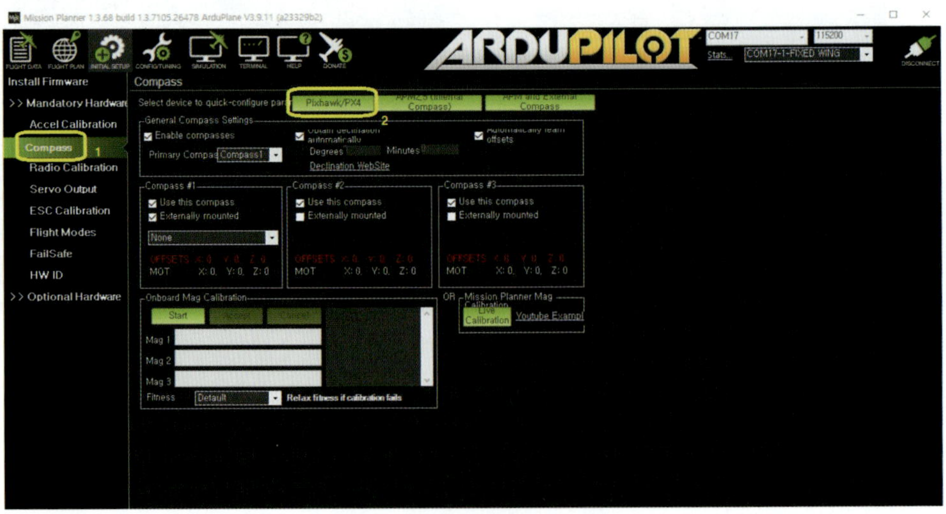

< 컴퍼스 캘리브레이션 순서 >

1) General Compass Settings

< General Compass Settings >

① Primary Compass : 첫 번째 컴퍼스를 선택한다.

② Declination : 체크 박스 2번째에 편위를 나타내는 것으로 진북과 자북의 차이를 자동으로 할 것이냐 수동으로 직접 기입할 것이냐를 말한다.

2) Compass #1, #2, #3

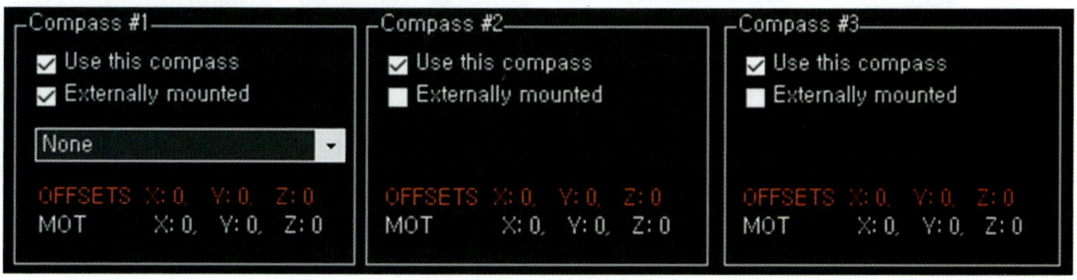

< Compass #1, #2, #3 설정 >

- 일반적으로 컴퍼스(지자계 or 나침반) 센서는 Pixhawk1 은 2개 (내장 1 + GPS 1) 를 가지고 있다. Pixhawk2 는 3개(내장 2 + GPS 1)를 가지고 있다. 센서는 FC버전 및 Cube에 따라 다를 수 있으므로 HW ID를 참조하여 동작 여부를 확인한다.
- Compass #1은 사용하고, 외부 마운트에 장착된 것을 사용하겠다.

일반적으로 외부 마운트 GPS 모듈에는 컴퍼스 센서를 같이 설계하여 하나의 기판에 모듈화 시켰다. GPS에 내장되어 있는 컴퍼스 센서는 외부의 자장의 영향을 최소화한 거리에 있어 간섭으로부터 자유로워 "Compass #1"으로 많이 사용한다. 즉, GPS모듈에 컴퍼스 센서를 #1으로 하고, 비행 제어 장치 내에 있는(Pixhawk 내부) 컴퍼스 센서를 #2로 설정한다. Pixhawk 2의 경우 #3가 내부에 하나 더 있다(무조건은 아니다. FC버전에 따라 다른 경우도 있다). 여기서는 Pixhawk 1을 사용하므로 #3은 uncheck 한다.

- "None" 클릭 해보면 첫 번째 #1 컴퍼스의 방향을 선택할 수 있다. 일반적으로는 None을 선택하면 된다(방향 선택(AHRS_ORIENTATION)은 "FC 장착 위치 매개변수 설정"에서 정할 수 있다).

3) Onboard Mag Calibration or Mission Planner Mag Calibration

아래 그림에서 1번 (Start 아이콘)을 클릭한다.

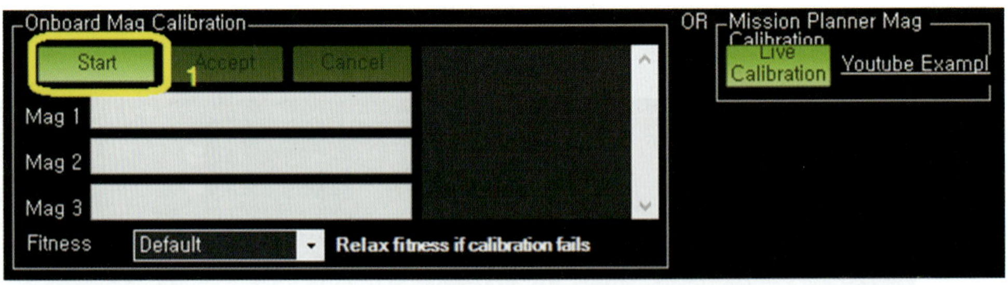

<Onboard Mag Calibration>

컴퍼스(지자계) 센서의 보정하는 방법은 아래와 같이(① Onboard Mag Calibration 와 ② Mission Planner Mag Calibration) 2가지 방법을 제공하고 있다. 아래의 두 가지 캘리브레이션 중 ①이 더 올바른 Data를 획득 한다고 한다. 필자가 느낀 바로는 어떤 것이 좋은 것이다고 말할 수 없는 것 같다.

컴퍼스 센서 캘리브레이션은 셋팅 초기에 하고 그 다음에는 현장에서 비행하기 전에 하는 것이 좋다. 중요한 것은 처음부터 기체의 헤딩을 꼭 북쪽으로 보고 아래와 같이 한다. 일반적으로 야외에서 컴퍼스 캘리를 수행할 경우 지자계에 외부 영향을 최소화하기 위해서는 몸에 철성분이 있는 것을 제거하고 기체 지지대나 기체로부터 멀리 떨어져 수행하는 것이 좋다.

① Onboard Mag Calibration

기체를 y축 방향(기체의 전방)을 기준으로 하여 놓고 시작한다. "1"(Start 버튼)을 클릭한다. 가속도 보정하는 방법으로 한다. 각 방향을 차례로 행하는데 시계 반대 방향으로 한바퀴 돈다.

예를 들어 level 방향(1)으로 놓고 시계 반대 방향으로 한 바퀴(or 두 바퀴) 돌고, 그 다음 Left 방향(2)으로 놓고 시계 방향으로 한 바퀴(or 두 바퀴) 돈다. 그 다음 Right(3) 방향으로 놓고 한 바퀴(or 두 바퀴) 돈다. 그 다음 NoseDown(4)로 하고 한바퀴(or 두 바퀴) 돈다. 그 다음 Nose Up(5)하여 반시계 방향으로 한 바퀴(or 두 바퀴) 돈다. 그리고 Back(6)하여 반시계 방향으로 한 바퀴(or 두 바퀴) 돈다.

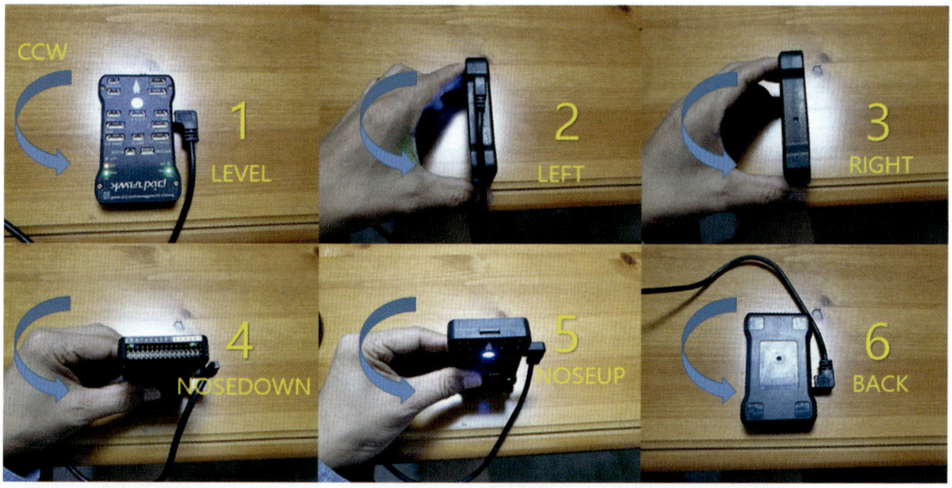

< Mag Calibration 순서 >

컴퍼스 센서가 2개가 있으면, Mag 1, Mag 2가 순차적으로 Bar가 오른쪽으로 가는 것이 보일 것이다. Bar에 색상이 다시 처음으로 간다면 처음부터 다시 동일한 과정을 반복하고, Success 100%가 나올 때 까지 자유롭게 방향을 돌린다.

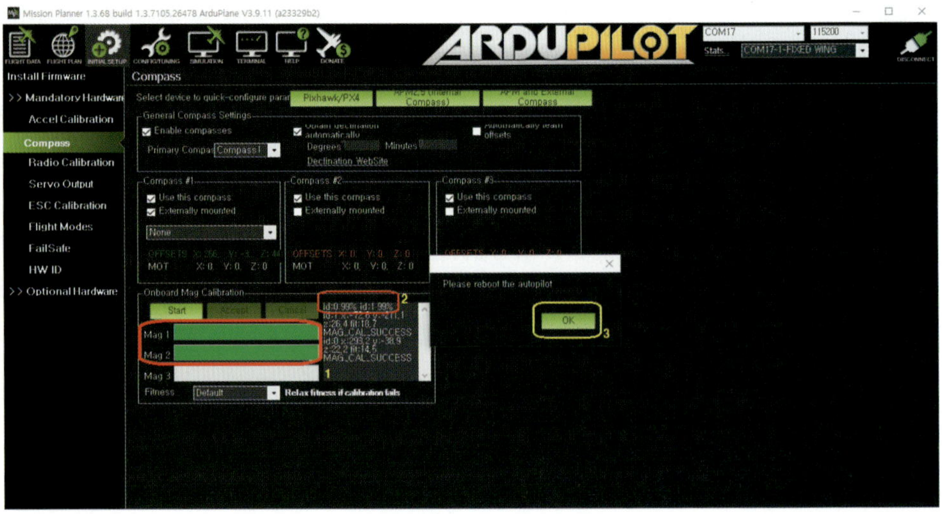

<Mag 성공적인 캘리브레이션>

Mag1과 Mag2의 Bar가 99%까지 완료하면 자동적으로 작은 window가 생기고 리부팅 하라는 메시지가 창에 표시 한다. 3번을 클릭하고 재부팅 하자. 전원을 빼고 다시 연결한다.

재부팅 후 컴퍼스 캘리브레이션 화면으로 다시 돌아가면 아래와 같이 녹색으로 각 축의 Offset 값이 설정된 것을 볼 수 있다. 만약, 주황색이나 적색이 나오면 센서 보정이 잘못된 것이다. 천천히 처음부터 다시 해보기 바란다.

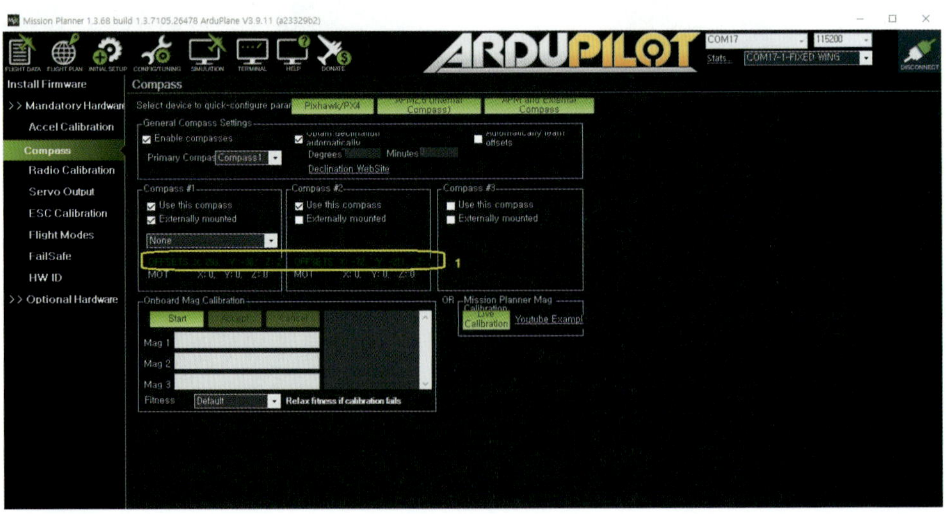

<Mag Offset 표시>

주의할 점은 성공적으로 보정하기 위해서는 주위에 자장이 있는 곳에서 하지 말고, 몸에 전자기가 같은 물체를 가지고 있지 않아야 성공 할 수 있다. 내부(FC에 내장된) 컴퍼스인 경우 기체 내부에서 발생하는 자장에 영향으로 보정에 실패하는 경우가 많다. 이럴 경우 최대한 영향을 받지 않도록 내부 배선을 자기장으로부터 정리하고 하는 것이 중요하다.

위의 그림에서 보인 방법은 방법론을 말하기 위하여 FC만 있는 상태에서 수행한 것이고 실제는 기체를 완전히 조립된 상태에서 실행해야 최적의 값을 얻을 수 있다. 오류 메시지가 많이 나오고 컴퍼스 보정이 잘 안되면 내부 컴퍼스를 선택하지 않고 외부 컴퍼스 센서(GPS 내장 컴퍼스 센서) 만으로 하여도 된다. 적어도 컴퍼스는 기체에 하나만 있어도 무방하다. 일반적인 컴퍼스 오류 메시지는 다음과 같다.

- 컴퍼스 상태 : 컴퍼스가 0.5초 동안에 신호를 보내지 않을 경우
- 컴퍼스 변형 : 다른 관성센서와 방향이 일치 하지 않을 경우(HUD 화면 EKF를 클릭)
- 컴퍼스 보정 안됨 : 컴퍼스 보정 필요
- 컴퍼스 오프셋이 높음 : 자기 간섭 가능성(컴퍼스 중 하나가 600이상 오프셋 가짐)

② Mission Planner Mag Calibration

< Mission Planner Mag Calibration >

이 방법은 실시간 그래프에 찍힌 방향을 보고 직관적으로 알 수 있는 방법이다. 수행 방법에 대해서는 Youtube 동영상이 연결되어 있어 "Youtube Example"을 클릭하면 수행하는 영상을 볼 수 있다. 이 과정을 실행하기 위해서는 "Live Calibration" 아이콘 클릭한다.

보정하는 방법은 앞에서 한 것과 마찬가지고 하고, Mag Calibration 순서로 하고, 무작위로 기체를 회전시킨다. 위의 그림처럼 "1"번 클릭하면 아래와 같이 시작된다.

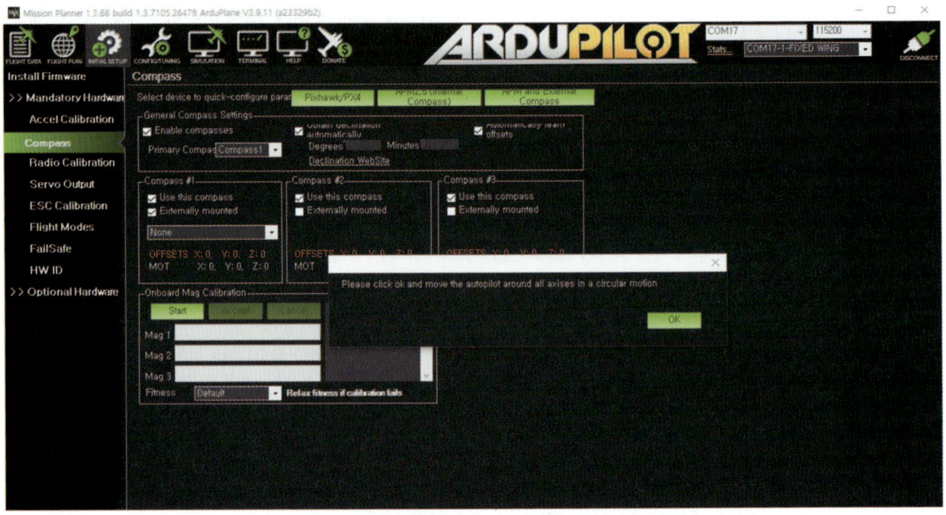

<Mission Planner Mag Calibration 시작>

아래에 1번처럼 Use Auto Accept를 Uncheck하고 시작한다. 이 uncheck는 완벽한 보정을 위해 체크하는 것이다. 만약 "Uncheck"를 하지 않으면 보정하는 도중 자동으로 저장되어 완료되었는지 확실한 느낌이 오지 않는다.

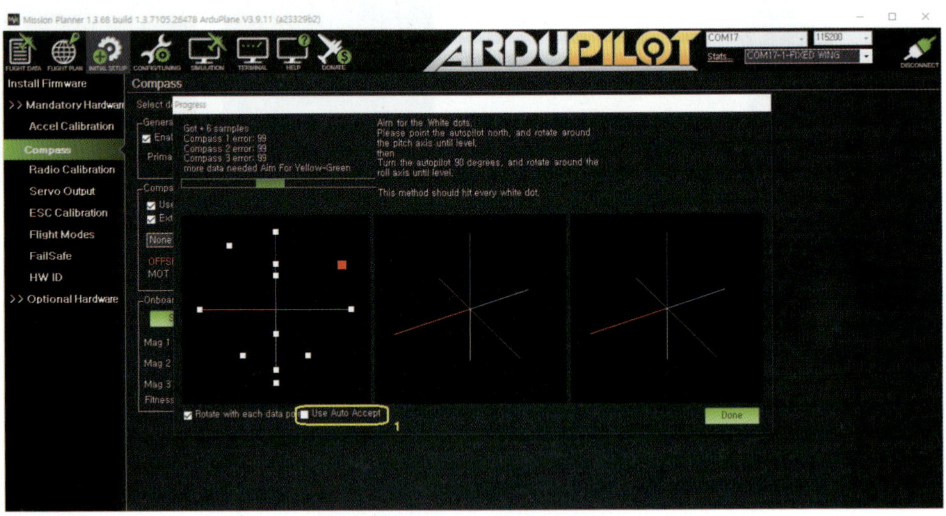

<Use Auto Accept 체크 안함>

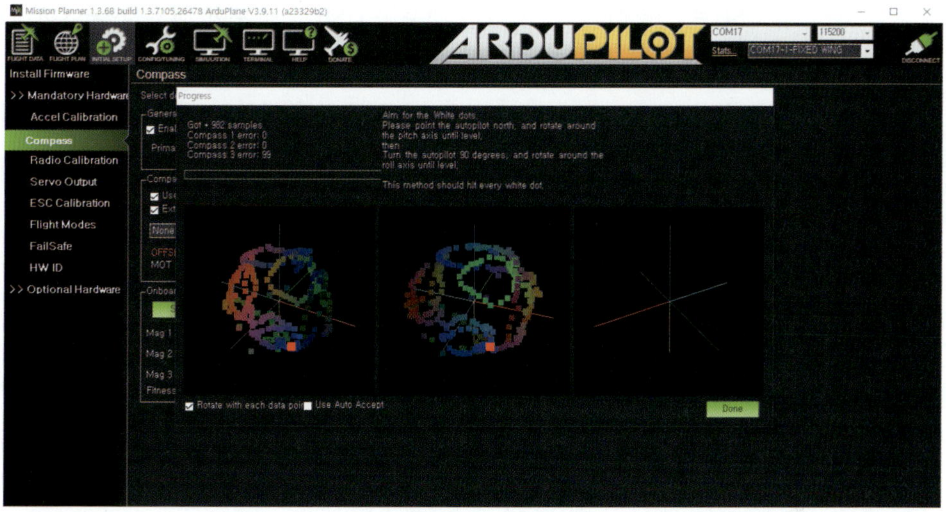

<Compass 1,2의 보정 중>

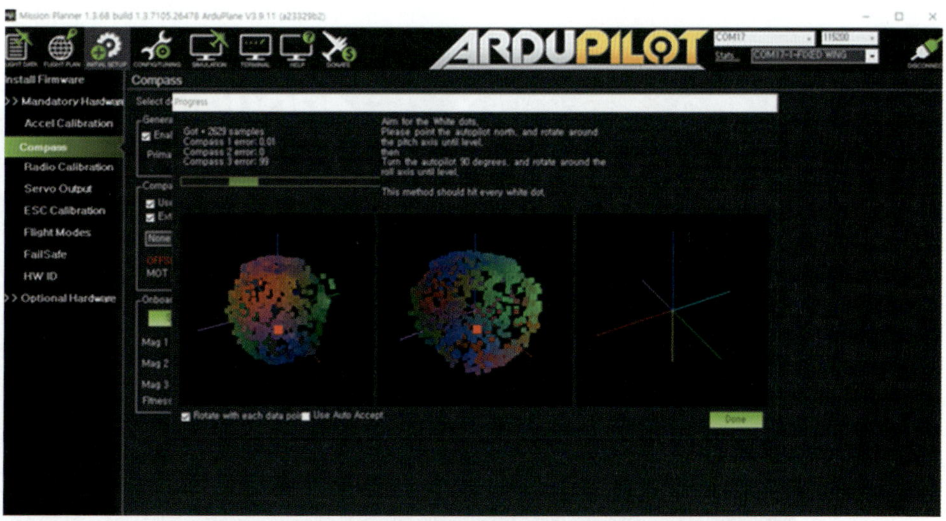

<Compass 1,2 보정 완료 중>

마찬가지로 보정이 완료된 후 재부팅하고 다시 접속한다. 컴퍼스 보정은 위에서 소개한 2가지 방법 중 하나를 선택하여 진행하면 된다.

컴퍼스(Compass)는 설치가 완료된 후 보정해야 하는 것이 일반적이지만, 비행 제어기에 임시로 부착하여 먼저 보정하고 기체 설치에 문제가 없는지 확인하는 방법도 많이 사용된다. 그러나 기기를 설치 한 후에도 위에서 설명한 방법으로 다시 보정해야 하며, USB로 연결하여 보정 하는 경우는 USB가 충분한 전원을 공급하지 못할 수 있기 때문에 설치 후 배터리 전원을 사용하여 보정하는 것이 좋다. 또한 텔레메트리를 통하여 연결할 경우 USB 선의 간섭을 안 받고 보정할 수 있기 때문에 훨씬 쉽게 보정이 가능하다. USB가 연결된 상태에서 진행한다면 진행 중 USB 케이블이 보정에 방해되므로 꼭 텔레메트리를 연결한 무선 상태에서 보정하기 바란다.

보정하기 전에 모든 매개 변수를 진행하여 나침반 ID가 올바른지 확인하라. 나침반 ID 확인은 초기 셋업 메뉴에서 하드웨어 ID(HW ID) 메뉴에서 알 수가 있다. Pixhawk2 Cube, Pixhack-V3, UAVS-V3 에는 내부에 2개의 Compass가 내장되어 있다(일반적으로 Pixhawk에는 1개의 Compass가 내장되어 있다). 위에서 언급 했듯이 GPS 모듈에 외부 나침반을 연결되어 있다면 Compass가 한 개 더 추가가 된다. 아래 그림과 같이 Compass는 2개 사용하고 있다는 것을 알 수 있다.

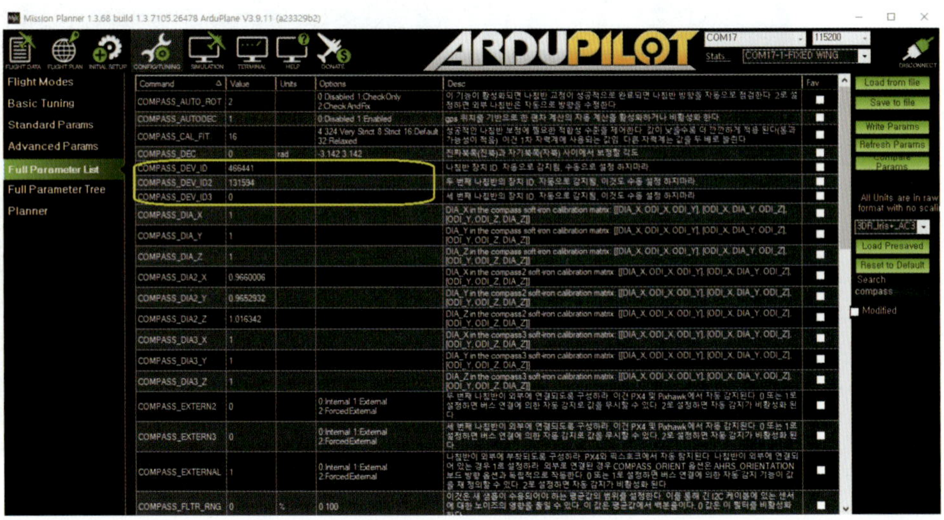

< Compass Device ID >

➔ 컴퍼스(Compass) 간섭 정보

수직 이륙 및 착륙 고정익(VTOL)는 로터 모드에서 큰 전류(피크치 60A 이상)를 가지며 쿼드콥터 날개에 집중되어 있기 때문에 컴퍼스(Compass) 간섭 문제를 피하기가 어렵다. 현재 자기장 간섭을 제거 할 수 없으면 두 개만 비활성화 할 수 있다(내장 나침반, 외부 나침반 1개 또는 외부 나침반 2개). 간섭이 심할 경우 외장만 사용하고 내장 나침반은 사용하지 않는 것도 한 방법이다(앞에서 언급).

➔ **컴퍼스(Compass) 설치 방향 정보**

새 펌웨어는 나침반의 방향을 자동으로 인식하므로 보정 페이지에서 방향을 설정할 필요가 없다.

주의 할 것은 새로운 장소에서 비행을 할 경우 다시 캘리브레이션을 하는 것이 좋다. 올바른 캘리브레이션 하기 위해서는 위에서 언급했듯이 정육면(정육각형의 6면의 방향)의 모든 방향으로 회전을 하여야 한다. 캘리브레이션이 끝났으면 꼭 리부팅이 필요하다.

3 라디오 캘리브레이션(Radio Calibration)

라디오 캘리브레이션은 아래 그림과 같이 1 → 2 → 3 순서로 시작한다.

<Radio Calibration 설정>

우선, 라디오 캘리브레이션을 시작하려면 조종기가 수신기하고 바인딩 되어있어야 한다. 그리고 수신기는 Pixhawk의 RCIN 포트에 연결되어 있어야 한다. 수신기와 송신기의 바인딩은 제품마다 다를 수 있으므로 꼭 송신기 매뉴얼과 수신기 매뉴얼을 참조하기 진행해야 한다.

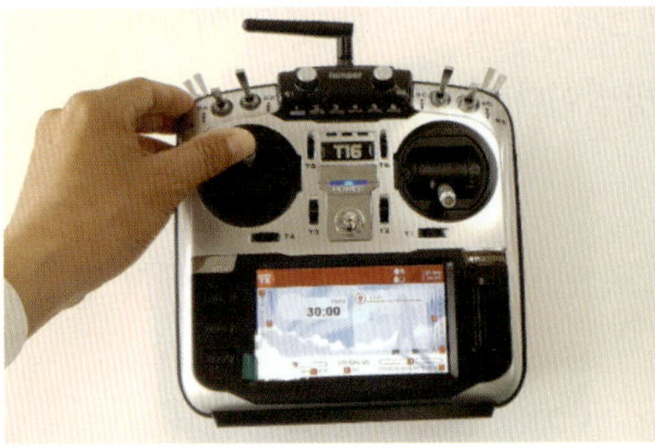

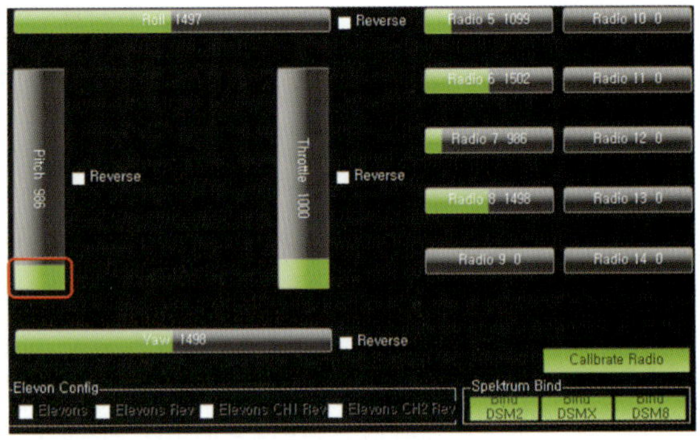

< Mode 1, Elevator Stick Up >

라디오 캘리브레이션 하기 전에 조종기의 각각의 Key(Roll, Pitch, Throttle, Yaw)가 방향이 맞는지 꼭 확인해야 한다. 만약 레버 방향이 맞지 않으면 위의 Reverse를 체크하는 것이 아니라 조종기에서 방향을 먼저 바꿔야 한다(조종기 매뉴얼을 확인하여 Reverse 시킨다). 이렇게 FC 설정을 바꾸는 게 아니라 조종기 설정을 바꾸는 이유는 대부분 자동비행 자세(기체를 움직였을 때 실제 타면의 방향과 반대여야 한다)를 기준으로 맞혀 놓고 레버의 방향을 맞혀야하기 때문이다.

여기서 중요한 것은 Pitch 방향을 조종기 레버 방향과 반대여야 한다. 즉, 조종기 Pitch key를 위로 올리면 Mission Planner의 Bar는 아래로 내려가야 하고, 조종기의 Pitch key를 아래로 내리면 Bar는 올라가야 한다.

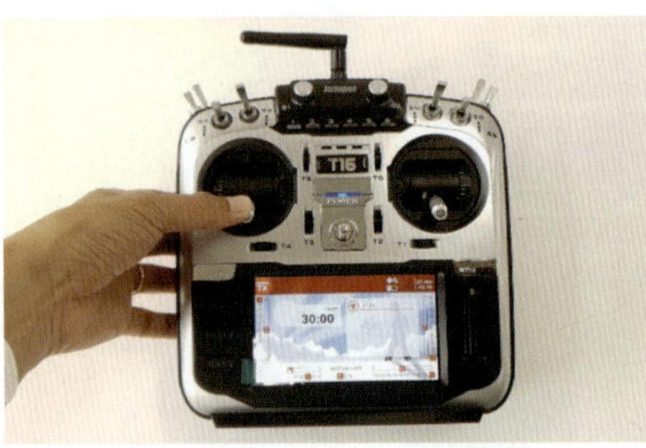

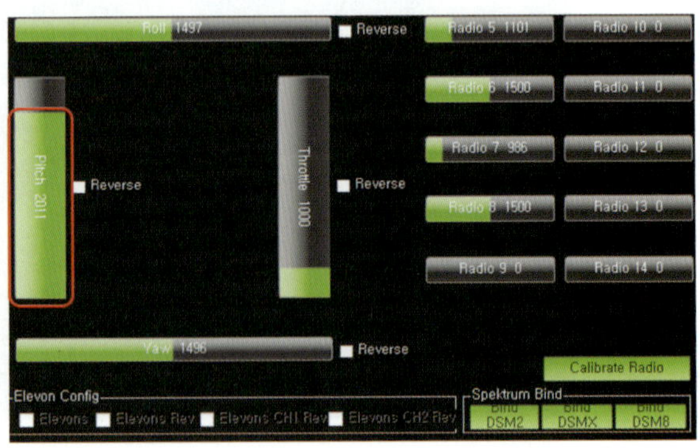

< Mode 1, Elevator Stick Down >

조종기의 Key(Roll, Pitch, Throttle, Yaw)가 방향이 맞는지 꼭 확인이 되었다면, 위 그림("Radio Calibration 설정")에서 "Calibrate Radio" 아이콘("3"번)을 클릭한다. 클릭 후 아래 그림과 같이 팝업 윈도우에 "조종기와 수신기는 Power On상태여야 하고, Motor는 전원을 연결하지 말고, 프로펠러는 장착하지 말라"는 확인 메시지가 화면에 표시된다.

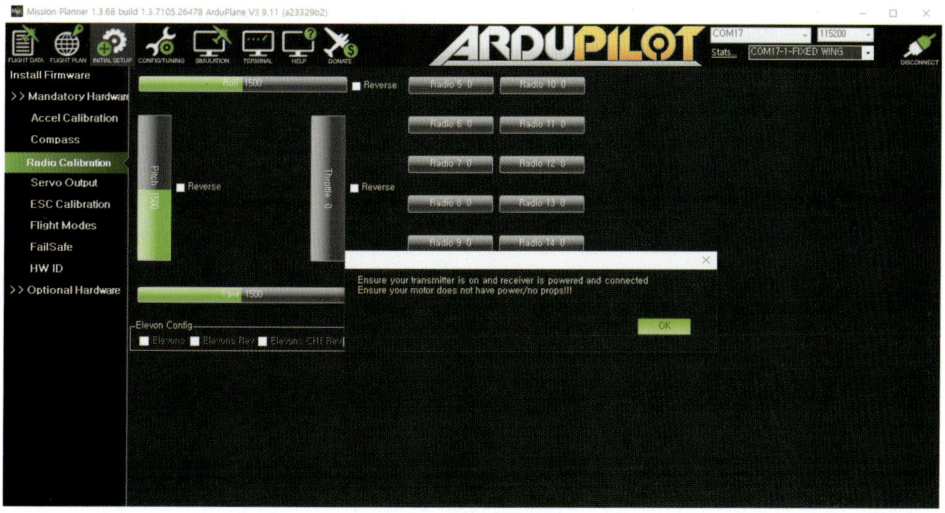

< Radio Calibration 준비 >

아래 그림에서 팝업 메시지는 "조종기의 모든 스틱과 스위치를 이동 할 수 있는 최대/최소로 위치로 움직여라"라는 메시지이다. 이렇게 하면 실시간으로 최대/최소 위치가 표시되면서 적색 Bar가 생긴다.

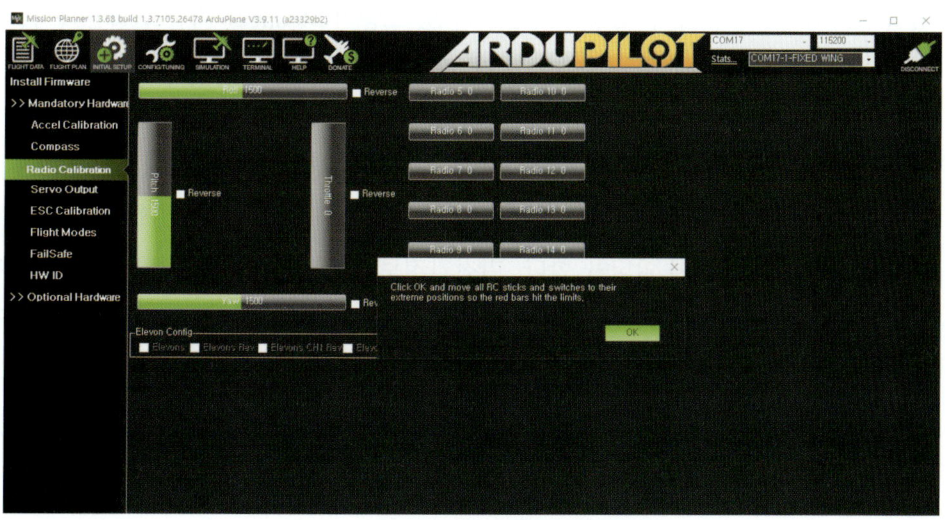

< 조종기 스틱과 스위치를 최대/최소 설정 >

그리고 기본 key 이외의 모든 조종기의 레버 Key를 움직이면 Radio 5~14까지 Bar가 생긴다. Radio 5~14까지 Bar가 생기기 위해서는 기본적으로 조종기에 채널에 해당하는 Key가 할당이 되어 있어야 한다.

끝났으면 Key를 원위치 시키고 완료 Key를 누른다. 그러면 몇 초(~10초) 후에 할당된 Key에 대한 Min/Max 값이 표시되고 확인("OK")키를 클릭하면 FC의 EEPROM에 저장이 된다. 앞으로 이 값을 바탕으로 조종기의 Key 신호가 FC에 전달이 되고 FC는 위에 저장된 값을 기준으로 다른 동작에 사용된다.

4 비행모드(Flight Modes)

비행모드를 설정하기 위해서는 아래 그림과 같이 "1" → "2" 순서로 클릭한다. 그리고 "3"번에서 Flight Mode 1~6에 각각 mode별 기능을 선택을 한다. 선택을 하고 나서 "4"번을 클릭하여 비행모드를 저장한다.

각각의 6개의 비행모드는 조종기 key에서 사용하지 않는 key에 할당해야 한다. 비행모드 1(Flight Mode 1)은 QSTABILIZE로 설정하였다. 이 모드는 지상에서 이륙을 멀티로터로 비행해야 하므로 설정하였다. 멀티로터로 이륙을 하고, 전이(Transition)하면 비행기로 비행한다. 조종기의 key 할당은 매우 중요하다. 일반적으로 조종기에는 한 개의 key가 3단계로 이루어져 있어 만약 6개 모드를 전부 할당하고자 한다면, 조종기 Mixing을 기능을 활용하여 조종기 key 2개를 조합해 6개의 단계로 사용해야 한다. 우선은 아래의 그림과 같이 비행모드1("Flight Mode 1")은 QSTABILIZE로 하고, 비행모드2("Flight Mode 2")는 QHOVER로 한다. 그리고, 비행모드 3("Flight Mode 3")은 QLOITER로 설정한다. 이 3개의 채널은 멀티로터에 조종기 key를 할당하고 뒤 3개 채널은 비행기 일 때 key를 할당하기 위해서다. 비행모드 4("Flight Mode 4")은 FBWA로 조종기의 다른 key에 할당을 한다. 마찬가지로 Loiter는 5번째 비행모드("Flight Mode 5")이고 RTL은 6번째 비행모드("Flight Mode 6")이다. 4, 5, 6번째 비행모드는 비행기 일 때의 비행모드로 보면 된다. 추가적인 설명은 "고정익비행모드 설명" 장에서 상세히 설명하겠다.

여기서 비행모드채널(Flight Mode Channel)은 기본적으로 8CH이 설정되어 있다. 여기서 우리는 5CH로 변경하자. 기본적인 8CH을 사용하여도 상관없다. 그러나 필자는 채널 순서대로 할당하였기에 나중에 기억하기가 쉽다.

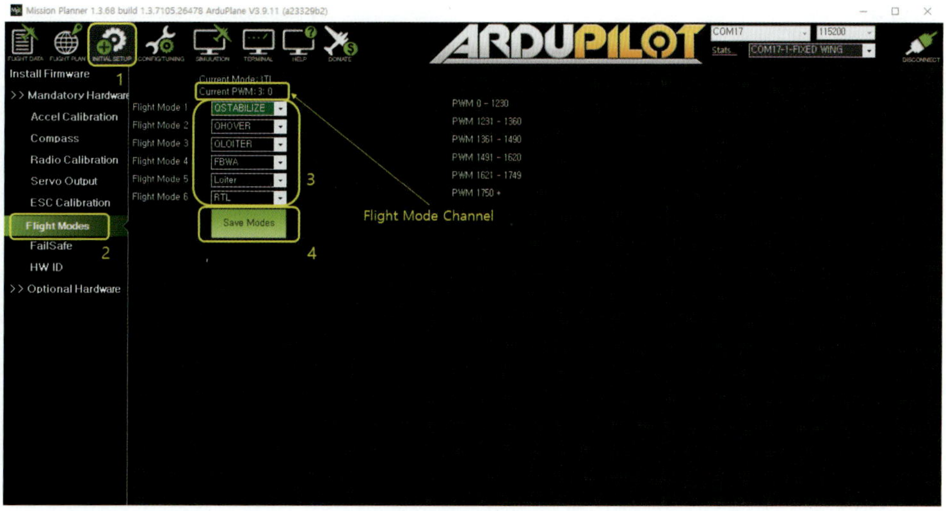

< Flight Mode 설정 >

비행모드 채널("Flight Mode Channel") 변경하는 방법은 아래 그림에서 "1" → "2" → "3" 순서로 한다. 아래의 그림과 같이 "CONFIG" → "Full Parameter List" → "Search" → "Write Params" 순서로 하고 Search순서에서 "FLTMODE_CH" 매개변수를 검색한다. 문자와 관련이 있는 매개변수가 검색이 아래와 같이 검색이 된다. 검색은 실시간으로 하므로 글자를 천천히 넣기 바란다. FLTMODE_CH 에 value를 클릭하고 숫자 "5"를 넣고(5번 채널) "4"번 "Write Params"을 클릭하여 저장한다. 저장하고 메시지 창에서 "success"가 나와야 FC에 설정된 매개변수가 저장된다.

이 비행모드는 조종기의 채널 5번에 key를 6단계 할당해야 할 것이다. 조종기 key 할당은 조종기에 관련 장에 상세히 설명한다.

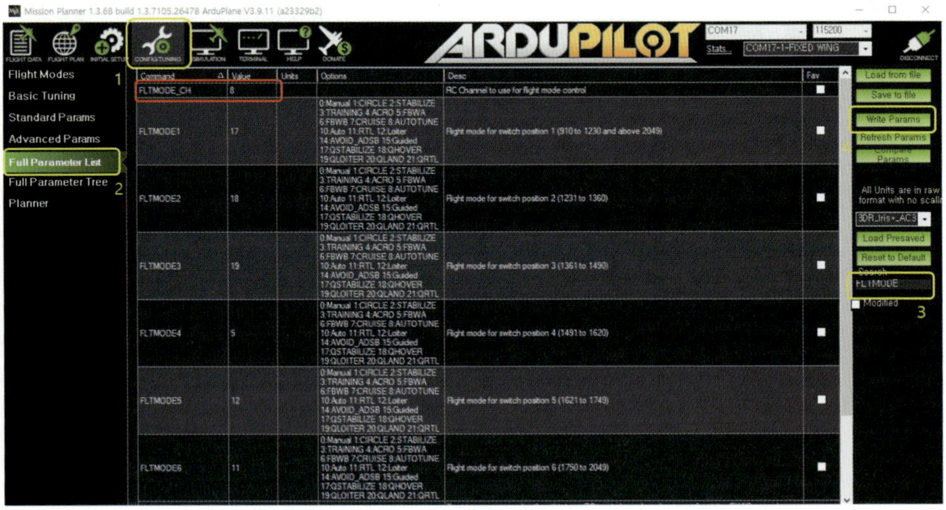

< Flight Mode Channel 설정 변경 >

비행모드를 간단히 설명하면 다음과 같다.

➔ 고정익에서 비행모드 설명

- STABILIZE Mode(안정화 모드)

  가장 간단하고 안정된 RC 비행 제어 모드이다. 레버를 내버려 두면 비행기가 수평을 유지한다. 안정화 모드에서는 자동으로 수평을 잡기 때문에 롤(Roll)과 루프(Loop)와 같은 기동을 할 수는 있지만 비행기 자체가 이러한 기동을 어렵게 만든다. 조종사는 간단한 조작만으로 비행기가 스스로 수평을 잡고 날아가기를 원한다. 안정화 모드에서 스로틀은 THR_MIN 및 THR_MAX로 설정된다. 안정화 모드는 제어 루프 조정에 사용할 수 있는 좋은 모드는 아니다. FLY BY WIRE A(FBWA)를 사용하는 것이 훨씬 조종이 쉽다.

  QSTABILIZE Mode는 VTOL에서 멀티로터에서 사용하는 모드로 고정익에서 STABILIZE모드와 비슷하다.

- FBWA Mode(FLY BY WIRE_A)

  FBW(Fly By Wire : 전기식 조종 장치)의 A모드는 보조 비행에 가장 많이 사용되는 모드이며 경험이 부족한 조종사를 위한 최상의 모드이다. 이 모드에서 비행기는 컨트롤 스틱으로 지정된 롤과 피치를 유지할 것이다. 따라서 에일러론 스틱을 오른쪽으로 밀고 있으면 비행기가 피치 레벨은 그대로 유지하고 LIM_ROLL_CD(cm 단위)에 지정된 각도만큼 오른쪽으로 기울게(뱅크) 된다.

롤의 날개 면이 LIM_ROLL_CD에 지정된 한계를 넘어갈 수 없고, 설정된 LIM_PITCH_MAX /LIM_PITCH_MIN 값 이상으로 피치의 날개 면에 피치를 할 수 없다. 레벨 피치를 유지한다고 해도 비행기가 고도를 유지할 수 있는 것은 아니다. 특정 고도에서 비행기가 얼마나 많은 양을 얻는지는 비행속도에 달려 있는데, 이 속도는 주로 스로틀에 의해 제어된다. 따라서 고도를 높이려면 스로틀을 올리고 고도를 낮추려면 스로틀을 낮춰야 한다. 만약, 비행기가 고도 유지를 원한다면 FlyByWireB 모드를 사용하여야 한다.

FBWA 모드에서 스로틀은 수동으로 제어되지만 THR_MIN및 THR_MAX설정에 의해 제한된다. FBWA 모드에서 러더(방향타)는 수동 제어와 사용자가 구성한 롤에 대한 러더(방향타) 믹싱에 모두 적용된다. 따라서 방향 조정을 위해 러더(방향타)를 사용할 수 있으며 자동으로 회전하는 것을 조정하는 데 사용된다.

- FBWB Mode (FLY BY WIRE B)

FBWB 모드는 FLY BY WIRE A (FBWA)와 유사하지만 비행기는 자동으로 고도를 유지시켜 주는 모드이다. Roll 컨트롤은 FBWA와 동일하며 고도는 엘리베이터를 사용하여 제어된다. 목표 비행 속도는 스로틀을 사용하여 제어된다.

FBWB 모드에서 고도를 제어하려면 엘리베이터를 사용하여 고도를 변경하면 된다. 엘리베이터를 중앙에 두면 비행기가 현재 고도를 유지하려고 한다. 엘리베이터를 움직이면 엘리베이터는 엘리베이터를 얼마나 key가 이동하는지에 비례하여 고도를 얻거나 잃게 된다. 전체 엘리베이터 편향을 위해 얼마나 많은 고도를 얻으려고 하는지는 FBWB_CLIMB_RATE 매개 변수에 따라 달라지며, 기본 값은 2m/s 이다. 2m/s는 상당히 느린 변화이므로, 많은 사용자는 고도 변화를 보다 신속히 동작하기 위해 FBWB_CLIMB_RATE를 더 높은 값으로 올리고 싶어 한다.

엘리베이터 스틱을 뒤로 당기거나 앞으로 밀 때 기체가 내려갈지 올라갈지 필요에 따라 FBWB_ELEV_REV 매개 변수의 설정에 따라 다르다. 기본 값은 엘리베이터를 당겨 비행기가 상승한다. 이것은 RC 모델에 대한 정상적인 응답 방향에 해당한다. 만약, 뒤집기가 더 편한 경우 FBWB_ELEV_REV를 1로 설정하면 엘리베이터가 FBWB 모드에서 반대로 전환하면 된다.

엘리베이터 스틱은 피치를 제어하지 않으며 목표 고도를 제어한다. 요청 된 오르막 또는 강하율을 달성하는 데 사용되는 피치의 양은 TECS 튜닝 설정에 따라 다르지만 일반적으로 자동 조종 장치는 비행기를 상당히 평평하게 유지하려고 시도 할 것이고 주로 스로틀을 높이거나 낮추어 올라갈 것이다. 이것은 FBWA 모드로 비행하는 데 익숙한 사람들에게 당황할 수 있다. FBWA 모드에서는 피치를 훨씬 더 직접 제어된다.

비행속도 센서가 있는 경우 스로틀은 ARSPD_FBW_MIN 에서 ARSPD_FBW_MAX 까지의 범위에서 목표 속도를 제어한다. 스로틀이 최소인 경우 비행기는 ARSPD_FBW_MIN에서 비행하려고 한다. 최대 인 경우 ARSPD_FBW_MAX에서 비행을 시도한다.

만약 비행속도 센서가 없다면 스로틀은 비행기의 목표 스로틀을 설정하고, 비행기는 원하는 고도를 유지하기 위해 스로틀을 해당 설정 주위로 조정할 것이다. 스로틀 스틱을 사용하여 목표 스로틀을 계산 된 것 이상으로 밀어 올려 더 빨리 날 수 있다.

FBWA와 마찬가지로 러더(방향타)는 수동 조정과 회전 좌표에 대한 자동 조종과 결합되어 있다. 또한, 일반적으로 바람이 심한 경우, 일반적으로 FBWB보다 좋기 때문에 CRUISE 모드를 살펴 봐야한다. CRUISE 모드에서 기체는 에일러론 스틱으로 어떤 롤 key도 입력하지 않을 때 날개를 평행하게 하여 원하는 직진 기준 방향으로 비행을 유지할 것이다.

- AUTO Mode

AUTO 모드에서 비행기는 지상국이 설정 한 임무(GPS 웨이포인트 및 기타 명령)를 따른다. AUTO 모드로 전환하면 미션을 리셋하지 않는 한, 마지막으로 수행 한 미션 순서부터 Plane이 계속된다.

AUTO 비행에서는 기본적으로 파일럿이 "스틱 믹싱"을 사용하여 비행기의 비행에 영향을 주며 에일러론, 엘리베이터 및 러더 입력이 자동 조종 장치 제어를 무시할 수 있는 방향으로 비행기를 조종 할 수 있다. 이 기능의 사용 가능 여부는 STICK_MIXING 옵션에 의해 결정된다. 기본적으로 스틱 믹싱은 FLY BY WIRE A(FBWA) 모드와 동일하게 작동한다.

- RTL Mode (Return To Launch)

RTL 모드에서 비행기는 원래 위치(홈 위치, 비행기가 기동 한 지점 - GPS lock이라 가정)로 돌아간다. 홈 위치에 도달하면 다른 지시가 있을 때까지 Loiter로 기다린다. 또는 설정된 형태에 따라 다른 동작을 한다. AUTO 모드에서와 마찬가지로 스틱 믹싱을 사용하여 이 모드에서 항공기를 수동으로 전환할 수도 있다. RTL 모드의 목표 고도는 ALT_HOLD_RTL 매개 변수(센티미터)를 사용하여 설정된다. 또는 홈 위치가 아닌 랠리(Rally) 포인터로 돌아오도록 비행기를 구성할 수도 있다.

- LOITER Mode

  LOITER 모드에서 비행기는 로이터를 시작한 지점을 중심으로 원을 그리며 입력 한 고도에서 고도를 유지한다. 원의 반지름은 WP_LOITER_RAD 매개 변수로 제어되지만 NAV_ROLL_CD와 NAVL1_PERIOD 네비게이션 튜닝에 의해 제한된다. RTL(Return To Launch) 및 AUTO 모드와 마찬가지로 스틱 믹싱을 사용하는 경우 LOITER에서 다른 비행을 전환할 수 있다.

아래 설명은 각 비행모드를 사용할 때 주의 할 점이다. 이 설명은 Auto, RTL, Loiter Mode에서 적용이 된다. "홈" 위치는 항상 비행기의 실제 GPS 이륙 위치로 간주된다.

비행모드에서 주의할 점

1. RTL, Loiter, Auto 등과 같은 GPS 신호에 종속된 모드가 정상적으로 작동하려면 이 모드를 실행하기 전에 GPS lock을 획득하는 것이 매우 중요하다.
2. 비행기에 대한 홈 위치는 비행기가 GPS lock을 획득할 때 초기에 설정된다. 자동 항법 장치가 해제되면 계속해서 업데이트 된다.

- 비행기에서 RTL을 실행하면 GPS lock을 획득 한 경우 Home 위치로 돌아간다.
- 랠리 포인트 사용하면 RTL에서 시작위치(Home)로 직접 돌아가지 않을 수 있다.

아래 표는 비행모드 별 동작 상태를 나타내었다.

모드	롤	피치	스로틀	GPS	송신모듈 유무	요약
MANUAL	–	–	–		Y	제어면 수동제어, 수신기 PWM 신호 서보 및 ESC에 바로 전달
FBWA	s	s	–		Y	롤과 피치 스틱입력에 따름, 최대 한계 설정

FBWB	s	A	SPD	Y	Y	FBWA와 유사하지만 고도와 속도는 자동으로 제어
CRUISE	A	A	SPD	Y	Y	FBWB와 유사하지만 지형과 코스를 추적한다.
STABILIZE	+	+	–		Y	스틱해제 시 자동으로 날개수평조정
AUTOTUNE	s	s	–		Y	FBWA와 유사하지만 비행 중에 자세튜닝을 학습한다.
TRAINING	+	+	–		Y	롤과 피치의 한계까지 수동제어
ACRO	+	+	–		Y	자세 제한이 없는 속도 제어모드
Q(Copter Modes)	s	s	A	Y	Y	모드에 따라 다름. QuadPlane 설명참조
AUTO	A	A	A	Y		임무수행
LOITER	A	A	A	Y		이 모드 진입 한 곳에 Circle 한다.
CIRCLE	A	A	A			기체를 부드럽게 선회 비행 한다.
GUIDED	A	A	A	Y		GCS에서 사용자가 정의한 곳으로 비행한다.
RTL	A	A	A	Y		홈 또는 랠리포인터에서 선회한다.
LAND (AUTO)	A	A	A	Y		착륙으로 자동임무의 마지막 부분

위 표에서 "롤", "피치", "스로틀", "GPS", "송신모듈유무"에 대한 정의는 아래 표와 같다.

정 의	설 명
–	비행 제어타면과 스로틀 수동 제어
+	안정화된 제한 또는 도움으로 수동 제어
s	제한이 있는 안정된 제어
A	자동 제어
SPD	속도 조절

VTOL에 대한 비행 모드가 고정익일 때 기능은 유사하다. 멀티콥터일 때 추가적인 모드가 적용된다. 조종기 모드 설정에서 다시 설명을 할 것이다.

5 페일세이프(FailSafe)

페일세이프 설정은 아래 그림과 같이 "1" → "2"를 클릭한다. 페일 세이프설정 메뉴에 들어가면 아래와 같이 "고정익/멀티로터에서 프로펠러(프롭)가 연결되어 있지 않아야 한다."는 메시지가 팝업 된다.

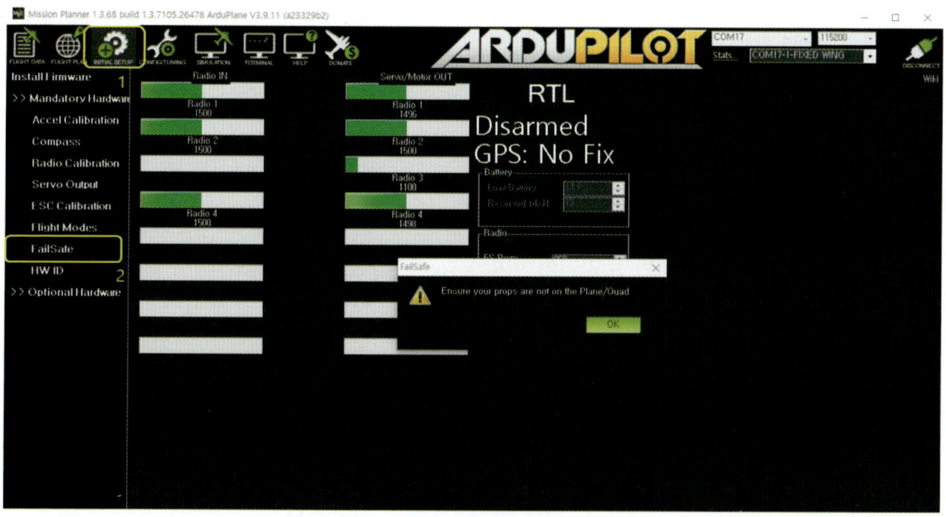

< Fail Safe 설정 >

1) 배터리 FailSafe

Battery는 "Optional Hardware"메뉴의 "Battery Monitor"의 설정에서 전압, 전류가 활성화된 상태에서 해야 한다. 활성화가 안 되어 있으면 FailSafe메뉴의 Battery 설정 값을 넣을 수가 없다(회색으로 보이고 클릭이 안 된다). 즉 하드웨어적으로 기체에 동작하는 전원모듈 올바르게 설치되어 있고 설정 값도 정확히 설정되어 있어야 한다는 것이다(전원모듈 설정은 Option Hardware의 Battery Monitor설정에서 설정할 수 있다).

활성화가 되었다고 하면 Low Battery 는 기체가 운행하고 있을 때 배터리 소모가 되는 가장 낮은 배터리 전압을 넣는 곳으로 10초 이상 이 전압이 아래로 떨어지거나 예상 용량이 구성 가능한 임계 값 아래로 떨어질 경우 자동으로 기체는 RTL, SmartRTL 또는 Land 모드 로 전환하여 FailSafe가 구성되고 수행된다.

Reserved MAH는 배터리 용량을 나타낸 것으로 배터리가 6S, 10000mAh라면 2000mAh로 기입한다면 2000mAh가 될 때 FailSafe가 걸리는 것이다. 일반적으로 전체 용량의 20~30%로 설정하는 것이 바람직하다.

참고로 Ardupilot 4.0 이상은 최대 10개의 배터리 전원 모니터를 지원한다(Battx_Monitor).

➔ 배터리 FailSafe 동작 설정

동작 시작은 파워 모듈의 설정이 완료되고 FailSafe가 활성화되면, 설정이 올바르게 되었다면 주 배터리의 배터리 FailSafe가 작동한다.

- 전압은 10초 이상 BATT_LOW_VOLT 매개 변수(이전 버전은 FS_BATT_VOLTAGE)에 정의된 전압 아래로 떨어지면 FailSafe가 동작한다. 기본 전압은 10.5V이다. 0으로 설정하면 전압 기반 트리거가 비활성화 되어 FailSafe가 동작하지 않는다.
- Reserved MHA는(남은 용량)는 BATT_LOW_MAH 매개 변수(이전 버전에서는 FS_BATT_MAH) 아래로 떨어지면 FailSafe가 동작한다. 배터리 전체 용량의 20%를 선택하는 것이 좋다(예 : 5000mAh 배터리의 경우 "1000"). 0으로 설정하면 용량 기반 트리거가 비활성화 되어 FailSafe가 동작하지 않는다. 여기서 전압, 전류 선택 중 전압이 활성화 되면 전압만 사용된다.

➔ 배터리 FailSafe가 걸린 경우 동작

- 주 배터리 전압 부족하면 부저가 울린다.
- LED가 노란색으로 깜박인다.
- 텔레메트리(원격 측정)가 연결된 경우 GCS의 HUD에 "Low Battery!"가 표시된다.

➔ 배터리 FailSafe로 인한 동작

- 이미 Disarmed 되어있거나 RTL 또는 Land 모드로 실행한 경우 기체는 배터리 Fail-Safe 동작을 하지 않는다.
- 기체가 지상에서 Stabilize 모드 또는 Acro 모드이고 조종기 스로틀이 최대 아래로 내려갔거나(0) 지상에 착륙되어 있는 경우는 모터가 Disarmed 된다.
- Copter-3.6 이상의 펌웨어 버전인 경우 BATT_FS_LOW_ACT 매개변수를 사용한다(Copter-3.5 이하의 경우 FS_BATT_ENABLE 매개 변수 사용).

➔ BATT_FS_LOW_ACT 매개변수 설정

- 0 : None - 어떤 동작도 수행되지 않는다.
- 1 : Land - 기체가 Land 모드로 전환 된다.
- 2 : RTL - RTL의 기능이 가능하면 기체가 이륙 후 복귀 모드(RTL모드)로 전환되지만 가능하지 않은 경우는(위치 추정이 양호하지 않는 경우) 기체가 바로 착륙(Landing)한다.
- 3 : SmartRTL 또는 RTL - 이 명령이 가능한 경우는 SmartRTL 모드로 전환되지만 가능하지 않은 경우(SmartRTL의 위치 버퍼가 가득 차서) 기체는 RTL 모드로 전환된다. RTL도 가능하지 않은 경우(좋은 위치 추정이 없기 때문에) 기체는 바로 Land모드로 전환된다.
- 4 : SmartRTL 또는 Land - 기체가 이 명령이 가능한 경우 SmartRTL로 전환된다. 가능하지 않는 경우(SmartRTL 순위 버퍼가 가득 차서) 기체는 Land모드로 전환된다.
- 5 : Terminate - 기체가 모터를 disarm한다. 이것은 대부분의 경우 사용해서 안 되는 위험한 옵션이다.

모든 FailSafe와 마찬가지로 사용자는 비행 모드 스위치를 다른 모드로 변경하여 기체를 다시 제어할 수 있다. 2단계로 FailSafe를 설정하지 않으면 배터리 FailSafe가 다시 트리거 되지 않는다("2단계 FailSafe" 내용 참조).
FS_OPTIONS의 매개변수에서 중에 아무것도 설정되지 않은 경우 구성된 대로 BATT_FS_LOW_ACT 또는 BATT_FS_CRT_ACT 옵션을 실행한다.

참조

- Bit Mask의 Bit 3번째는 배터리 FailSafe 동안에 수행된 작업에 영향을 준다. 이 매개 변수는 GCS 및 라디오 FailSafe와 함께 작동하므로 이 매개 변수를 설정할 때 모든 옵션을 고려해야 한다.
- FailSafe 조치가 "NONE"으로 설정되어 있어도(예 : BATT_FS_LOW_ACT=0) 부저가 울리고 LED가 노란색으로 깜박인다. 배터리 FailSafe를 완전히 비활성화 하려면 BATT_LOW_VOLT 및 BATT_LOW_MAH를 0으로 설정한다.
- 배터리 FailSafe가 동작하면 자동 조종 장치가 재부팅 될 때까지 재설정할 수 없다.

2단계 FailSafe

Copter-3.6 이상에는 2단계 배터리 FailSafe가 포함되어 있다. 이를 통해 배터리 전압 또는 남은 용량이 더 낮은 임계 값 아래로 떨어지면 후속 조치를 설정할 수 있다.

- BATT_CRT_VOLT – 2번째(더 낮은) 전압 임계값을 설정한다. 비활성화하려면 0으로 설정한다.
- BATT_CRT_MAH – 2번째(더 낮은) 전류용량 임계값을 설정한다. 비활성화하려면 0으로 설정한다.
- BATT_FS_CRT_ACT – 수행할 2번째 조치를 설정한다. 이 설정은 BATT_FS_LOW_ACT = 2(RTL) 및 BATT_FS_CRT_ACT = 1(Land)으로 한다.

고급 설정

- BATT_FS_VOLTSRC를 사용하여 원래 배터리 전압 또는 낮은(떨어진) 전압 사용 여부를 구성할 수 있다.
- BATT_LOW_TIMER 은 FailSafe가 트리거 되도록 전압이 임계값보다 얼마 동안 낮아야 하는지에 대한 시간을 구성할 수 있다(기본 값은 10초다).
- BATTx_ 매개변수는 다른 배터리에서 FailSafe를 트리거 하도록 설정할 수 있다.

2) 라디오 FailSafe

Radio는 수신기와 조종기의 송신모듈 간의 신호가 제대로 통신이 되는지를 체크하는 것으로 통신상태에 따른 FailSafe를 설정하는 것이다. 송신기의 신호가 공중파를 통해 수신기로 이동하고 수신기에서는 PWM출력을 FC로 보낸다. 이때 FC에서 수신기의 신호가 PWM 신호 기준치 보다 낮게 950us되면 FailSafe가 걸리는 것이다. 보통 PWM 기준치는 1000us ~2000us이다. 조종기의 스로틀 예를 들면 최소 스로틀 key의 값은 약 1000us 이고 최대치는 2000us이다. 그러므로 950us 라면 수신기 입장에서 송신기에서 신호가 오지 않았다는 것이다. 그러므로 통신이 이루어지지 않았으므로 FailSafe가 걸리는 것이다. 이와 같이 라디오 FailSafe는 송신기의 스로틀의 기반으로 하여 예전에는 "Throttle FailSafe"라고 했다.

➔ 라디오 FailSafe 발생

활성화되고 올바르게 설정된 경우 다음과 같은 경우 라디오 FailSafe가 발생된다.

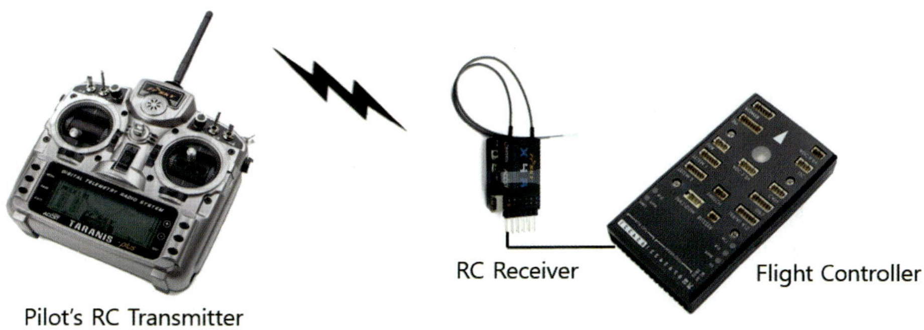

- 조종자가 RC 송신기를 0.5 초 이상 끊어지면 발생한다.
- 기체가 RC 범위를 벗어나 비행하고 신호가 0.5 초 이상 손실되면 발생한다.
- 조종자가 스로틀 채널을 송신기에서 FS_THR_VALUE 아래로 내려가면 발생한다.
- 수신기의 전원이 끊어지면 발생한다.
- 수신기를 자동 조종 장치에 연결하는 전선이 끊어졌을 경우 발생한다.

➔ 라디오 FailSafe가 걸린 경우 동작

라디오 FailSafe가 트리거 되면 아무것도하지 않고 즉시 착륙하는 Land 명령어와 RTL 또는 SmartRTL을 수행하도록 매개 변수를 통해 기체를 구성할 수 있다. 또는 Auto

모드 미션에서 failsafe를 우회하거나 이미 착륙 단계에 있는 경우 착륙을 계속하도록 구성할 수도 있다.

- 기체가 Disarmed되면 failsafe가 작동하지 않는다.
- 기체가 Armed 되어 있고 착륙 되어 있는 경우 기체는 즉시 Disarmed 된다.
- 기체가 Stabilize 모드 또는 Acro 모드로 설정되어 있고 스로틀 입력이 최소 인 경우 기체는 즉시 Disarmed 된다.
- 그렇지 않으면 기체는 아래 설명 된 매개 변수에 구성된 대로 조치를 수행한다.

만약, FailSafe가 걸린 상태에서 송신기와 수신기 다시 연결 되어 FailSafe가 해제되면 기체는 예전의 FailSafe 모드로 유지가 된다. 반면, FailSafe가 트리거되기 전에 활성화 된 비행 모드로는 자동으로 돌아가지 않는다. 예를 들어 FailSafe가 발생했을 때 기체가 Loiter에 있었고 비행 모드가 자동으로 RTL로 변경되면 송신기와 수신기가 다시 연결이 된 후에도 기체는 RTL로 유지된다. 조종자가 Loiter모드로 제어를 다시 받으려면 비행 모드 스위치를 다른 위치로 변경 한 다음 다시 Loiter로 변경해야 제어권을 받을 수 있다.

3) GCS FailSafe

GCS의 FailSafe는 GCS와 접속이 끊어졌을 때 기체의 작동 방식을 제어한다. GCS의 FailSafe는 마지막 MAVLink 하트비트(heartbeat) 이후 시간을 모니터링 하여 5초 이상 하트비트가 수신되지 않으면 GCS FailSafe 이벤트가 매개변수 설정에 따라 트리거 된다. 만약, GCS가 하드웨어적으로 연결되어 있지 않으면 GCS FailSafe는 매개변수 설정에 관계없이 비활성화 상태로 유지된다.

➔ GCS FailSafe 걸리는 경우

- 작업자가 GCS에 연결된 텔레메트리(원격 측정 라디오)를 끄거나 분리했을 때 발생한다.
- 기체가 GCS의 텔레메트리 원격 측정 무선 범위를 넘어 이동하였을 때 발생한다.
- 텔레메트리 양쪽 끝에 있는 GCS 원격 측정 라디오의 전원이 꺼졌을 때 발생한다.
- GCS 텔레메트리의 자동 조종 장치 또는 지상 장비에 연결하는 전선이 분리되었을 때 발생한다.

GCS 동작 설정 방법

GCS FailSafe가 트리거 되면 어떤 동작도하지 않고 즉시 착륙, RTL 또는 SmartRTL을 수행하도록 매개 변수를 통해 기체를 구성할 수 있다. 또한 자동 모드 미션에서 FailSafe를 우회하거나 조종자 제어 모드에서 FailSafe를 우회하거나 이미 착륙 단계에 있는 경우 착륙을 계속하도록 구성할 수도 있다.

- 기체가 Disarm되어 있으면 FailSafe가 작동하지 않는다.
- 기체가 Arming 되어 지상에서 있는 경우 기체는 즉시 disarm된다.
- 기체가 Stabilize 또는 Acro 모드로 설정되어 있고 스로틀 입력이 최소이면 기체가 즉시 disarm 된다.

다른 방법으로 매개 변수 수행

다른 방법으로 기체를 아래 설명 된 매개 변수에 구성된 대로 조치를 수행할 수 있다. FailSafe가 해제되면(예 : GCS 재 연결 및 MAVLink 하트비트 복원) 기체는 FailSafe 모드로 유지된다. FailSafe가 트리거되기 전에 활성화 된 경우 비행 모드로 자동 복귀하지 않는다. 이는 예를 들어, FailSafe가 발생했을 때 기체가 Loiter에 있었고 GCS가 다시 연결된 후에도 비행 모드가 자동으로 RTL로 변경되면 기체는 RTL로 유지된다. 조종사가 Loiter로 제어를 다시 받으려면 비행모드 스위치를 다른 위치로 변경 한 다음 다시 Loiter로 변경해야 한다. 이것은 다시 연결된 GCS를 통해서도 가능하다.

GCS FailSafe 설정

Mission Planner의 전체 매개 변수 목록에서 FS_GCS_ENABLE 매개 변수를 아래와 같이 설정한다.

- Disabled(value 0)는 GCS FailSafe가 완전히 비활성화 된다.
- Enabled Always RTL(value 1)은 기체를 RTL 모드로 전환한다. GPS를 이용한 위치를 사용할 수 없는 경우 기체는 바로 Land 모드로 변경된다.
- 활성화 된 Auto 모드에서 미션 수행(4.0 이상에서 사용되지 않음)(value 2)은 Auto 모드 미션의 FailSafe를 무시한다. 그렇지 않으면 Enabled Always RTL 과 동일하게 작동한다.

이 옵션은 Copter 4.0 이상에 더 이상 존재하지 않는다. 대신 이 함수에 대한 FS_OPTIONS 매개 변수를 참조하라. Copter 4.0 이상 버전에서 이 값을 설정하면 자동으로 변환되어 값 1(항상 RTL)로 설정되고 FS_OPTIONS 비트 마스크는 "GCS FailSafe에서 Auto모드가 계속 수행 된다"에 대해 비트(1)를 포함하도록 수정된다.

- 활성화 된 SmartRTL 또는 RTL(value 3)은 기체를 SmartRTL 모드로 전환한다. SmartRTL을 사용할 수 없으면 기체가 대신 RTL 모드로 전환된다. GPS 위치를 사용할 수 없는 경우 기체는 바로 Land 모드로 변경된다.
- 활성화 된 SmartRTL 또는 Land(value 4)는 기체를 SmartRTL 모드로 전환한다. SmartRTL을 사용할 수 없으면 기체는 바로 Land 모드로 전환된다.
- Enabled Always Land(value 5)는 기체를 Land 모드로 전환한다. 사용할 수 없는 값(실수로 99를 매개 변수 값으로 입력 한 경우)은 항상 RTL 사용 과 동일하게 작동한다.

➔ 위의 사항 중 어느 것도 설정되지 않은 경우 구성된 대로 **FS_GCS_ENABLE** 옵션을 실행한다.

➔ FS_OPTIONS의 매개변수 설정

FS_OPTIONS 매개변수(Copter-4.0 이상)는 라디오, **GCS**, **Battery FailSafe**의 표준 동작을 수정하여 그 중에 하나 또는 그 이상을 선택하는 **Bit Mask** 매개 변수이다. **Mission Planner** 전체 매개 변수 목록 또는 전체 매개 변수 트리에서 확인란 팝업 창을 사용하면 이 매개 변수(**Bit Mask**)를 쉽게 설정할 수 있다. 인터넷에 연결되어있는 동안 도움말 베타 업데이트 '확인'으로 이동하여 최신 매개 변수 정의를 먼저 가져 와야 한다. **FS_OPTIONS** 비트는 다음과 같다.

- 비트 0 설정 : 라디오 FailSafe에서 Auto 모드 인 경우
- 비트 1 설정 : GCS Failsafe에서 Auto 모드 인 경우
- 비트 2 설정 : 라디오 FailSafe에서 Guided 모드 인 경우
- 비트 3 설정 : 어떤 failsafe에서 착륙 한 경우
- 비트 4 설정 : GCS Failsafe에서 조종자가 제어한 경우

6 Battery Monitor 설정

Battery Monitor 설정은 아래 그림에서 "1" → "2" → "3" 순서로 클릭한다. "4"번은 Monitor될 전압과 전류를 선택하고 Sensor는 Other로 선택한다. 이렇게 하는 이유는 "5"에 측정 전압("7")과 전류("8")를 넣어 직접 계산하자는 의도다. HW버전은 Cube 나 Pixhawk를 선택한다. "6"번은 기체에 탑재할 배터리 용량을 넣는다. 이 값은 배터리 표면에 표시되어 있다. "7"번 전압 값과 "8"번 전류 값은 전력량 표시기(전압/전류 표시)를 이용하여 직접 측정하여 기입한다. 특히 "8"번 전류는 프로펠러(프롭)을 역으로 연결하고 배터리를 연결하고 조종기의 스로틀을 최대로 올려 전류가 10A이상이 될 때 전류를 측정하여 기입한다. 이렇게 하는 이유는 정밀도를 높이기 위해서다. 이렇게 설정이 되면 FailSafe에서 Battery 관련 표시가 활성화 될 것이다. 설정하고 난 후 꼭 부팅을 하여 Flight Data메뉴의 HUD 화면에서 확인하기 바란다. 와트메터 표시와 맞지 않으면 다시 기입한다.

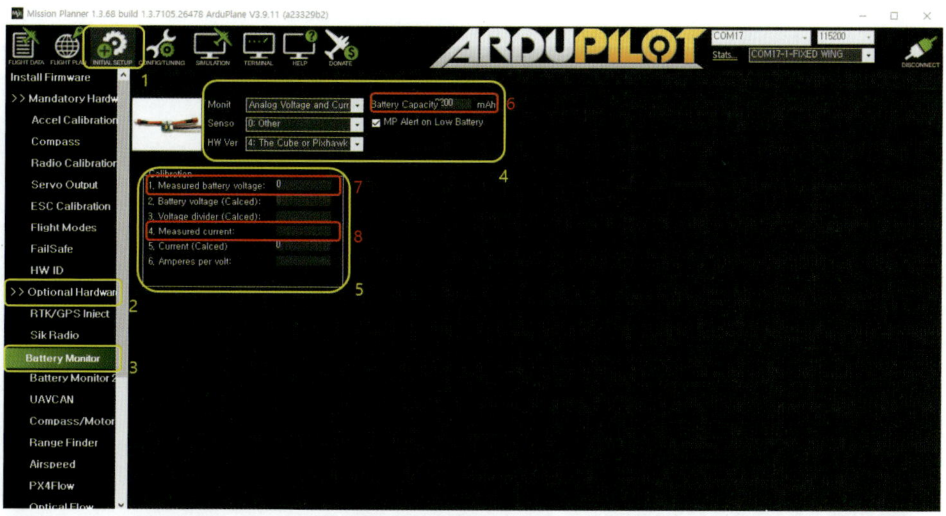

<Battery Monitor 설정>

아래와 같이 FLIGHT DATA 탭의 HUD 화면에서 배터리와 전류량이 표시되어 있다. 현재는 적색글자로 표시되었는데 정상적이면 흰색글자로 표시된다. 아래는 와트메터(Watt Meter)이다.

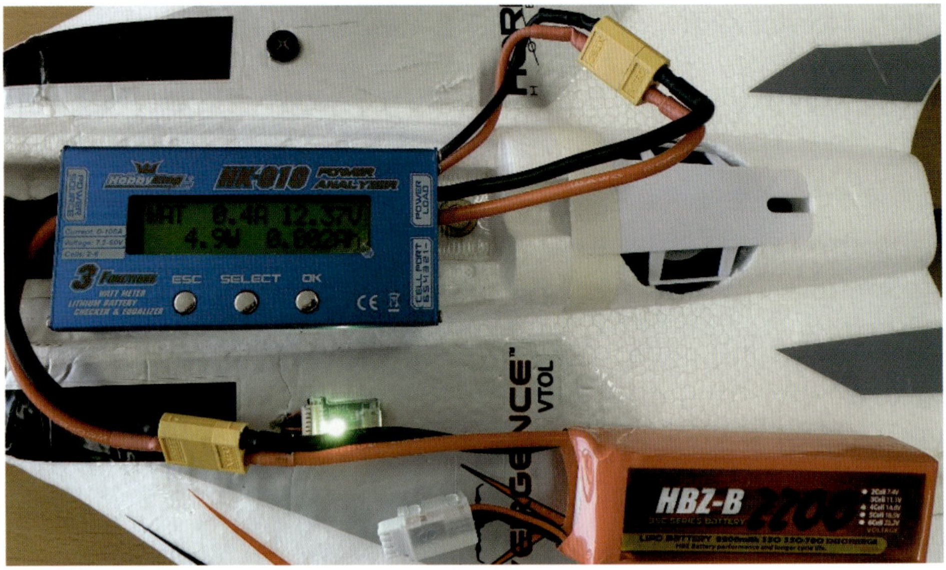

< 화트메터(Watt meter)와 기체의 연결 >

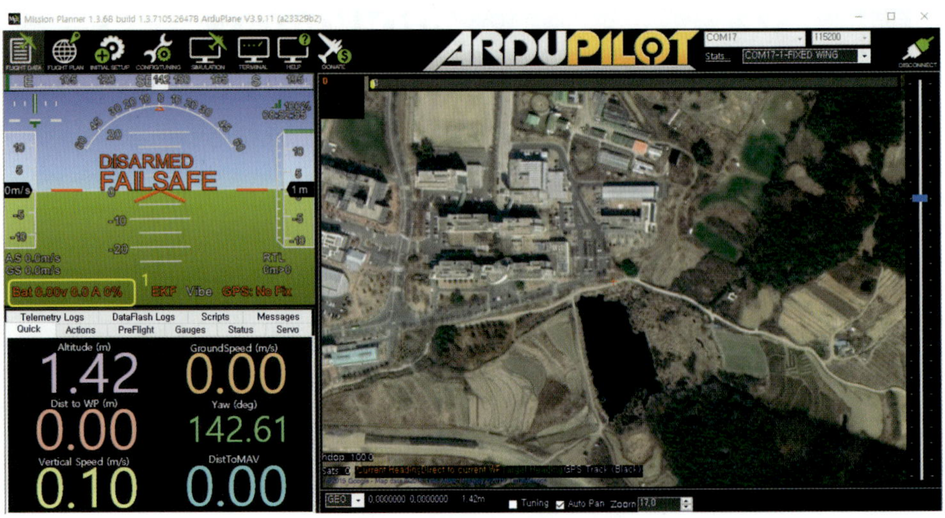

< 배터리(Battery) 설정 표시(미 설정 상태) >

- 배터리 모니터 설정 후 HUD Display를 자주 관찰하여 배터리 사용 시 과방전하지 않도록 주의하여 사용하여야 한다. 보통 6S의 배터리 경우 최소 방전 전압이 22.2V이고 완전히 충전한 전압은 25.2V이다. 장시간에 배터리를 보관할 경우 23V로 충전 · 방전하고 보관

한다. 배터리 관리를 잘 해야 배터리 수명이 오래갈 것이다. Convergence VTOL 인 경우는 3S를 사용하므로 아래와 같은 전압이 다를 수 있다.

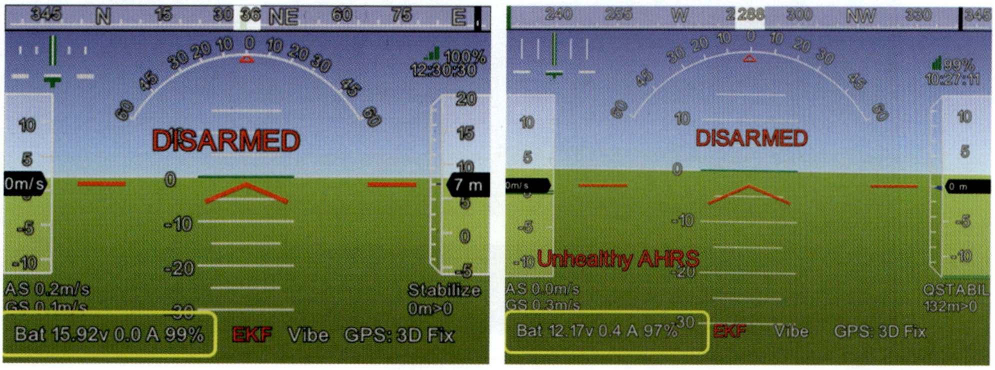

< 배터리 정상 표시 상태 >

위 그림의 왼쪽은 4S 배터리를 표시한 것이고, 오른쪽은 Convergence VTOL 배터리 3S를 연결한 것이다. GPS는 Fix 된 상태를 보여 준다.

7 SIK Radio 설정

SIK Radio 설정은 아래 그림에 표시한 것과 같이 “1” → “2” → “3” 순서로 들어간다. 우선 텔레메트리를 PC에 USB로 연결한다. 장치관리자에서 COM 포트 확인하고 “4”번에서 선택하고, 보레이트 57600을 선택한다. 오른쪽 connect 아이콘을 클릭하지 않는다. 그리고 “5”번을 클릭하여 텔레메트리의 정보를 PC쪽의 SIK Radio 메뉴로 가져 온다. 그리고 Net ID를 변경한다. 기본은 25이다. 적절한 값을 기입한다. 그리고 “7”번을 클릭하여 Net ID 변경된 값을 적용한다. 또 다른 텔레메트리를 PC에 연결하여 똑같은 방법으로 셋팅을 한다.

다른 셋팅 방법은 다음과 같다. Local에 지상 텔레메트리가 연결되어 있고, 기체 Air쪽 즉, Remote에 텔레메트리가 연결되어 있다면, Local에서 “5”번을 클릭하면 Local과 Remote 값들이 다 올라온다. “6”번에 Net ID를 기입한다. Local의 값을 Remote로 전송하여 복사하고 싶으면 “8”번을 클릭한다. 그리고 “7”번을 클릭하여 Local과 Remote 모두 저장한다.

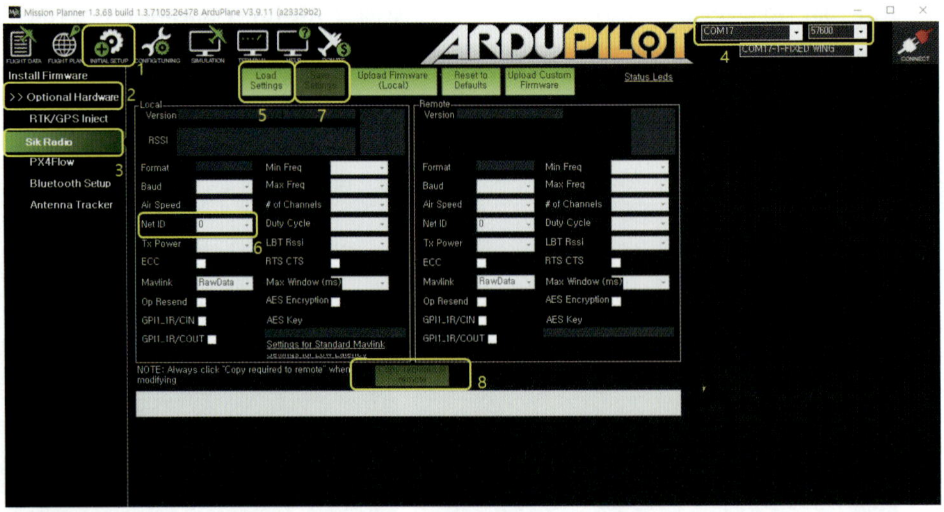

< SIK Radio 설정 >

아래 그림은 SIK Radio(Telemetry)를 PC와 USB로 연결된 것이다.

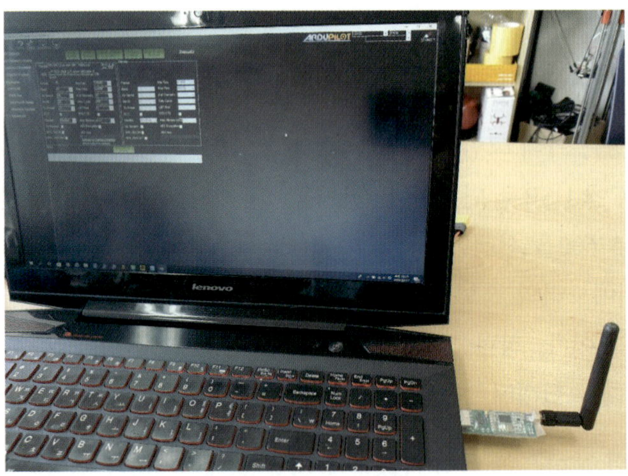

< SIK Radio를 pc에 연결 >

아래 그림은 PC(Local)에 USB로 물려 있는 SIK Radio값을 Load하여 표시한 그림이다.

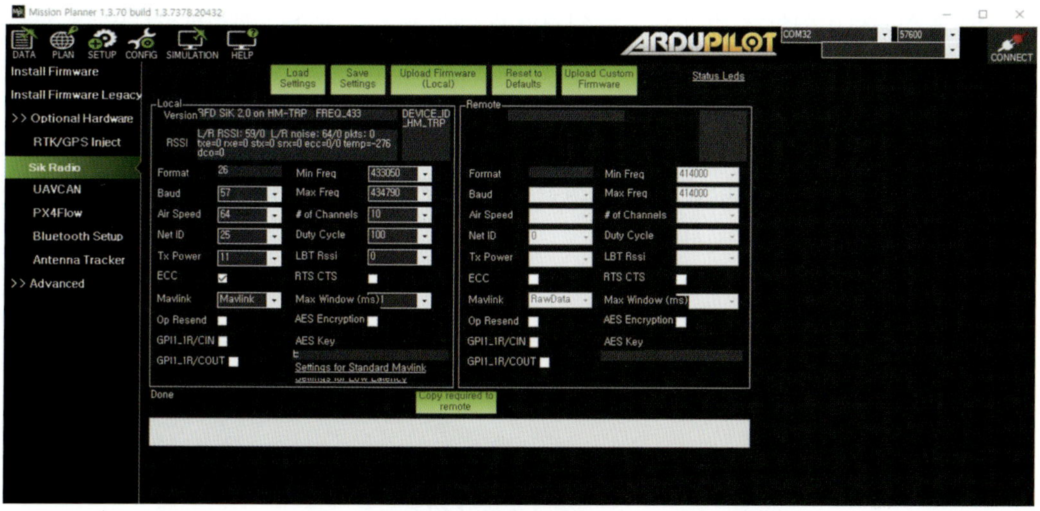

＜Sik Radio 실제 Load＞

8 Airspeed 설정

비행속도센서(Airspeed) 설정은 아래 그림과 같이 "1" → "2" → "3"순으로 선택하고, "4"에서 사용을 체크한다. 이 책에서는 아래와 같이 "아날로그"를 선택하고 센서는 "I2C-MS4525D0"를 선택하였다.

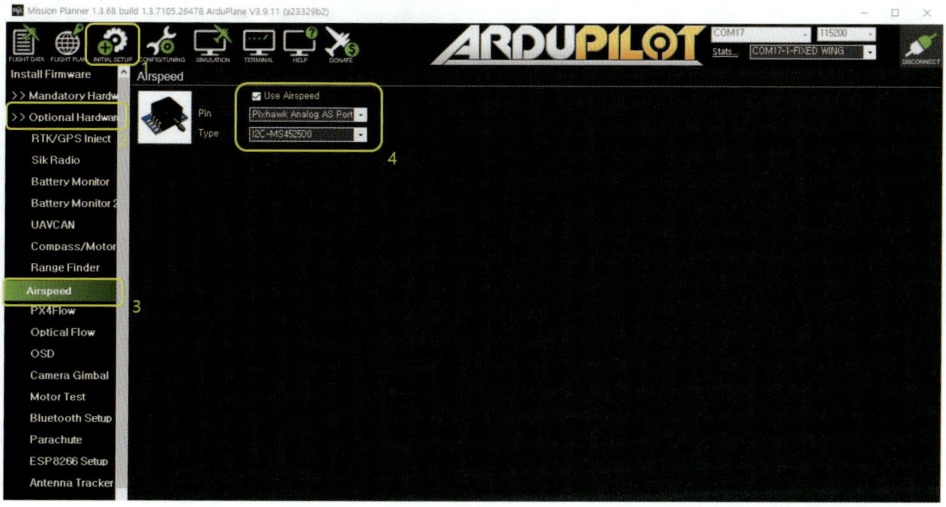

＜Airspeed 설정＞

위에 Airspeed 센서를 아날로그로 선택하고 센서를 I2C-MS4525D0를 선택하는 것은 Full Parameter List에서도 설정할 수 있다. 다음 page에 "ARSPD 관련 매개변수 수정" 그림에서 설명을 한다.

기체에 FC와 Air Speed Sensor를 고정한 후 설정해야 한다. 아래 그림은 기체에 고정하기 전에 Test 하는 방법을 표시하였다.

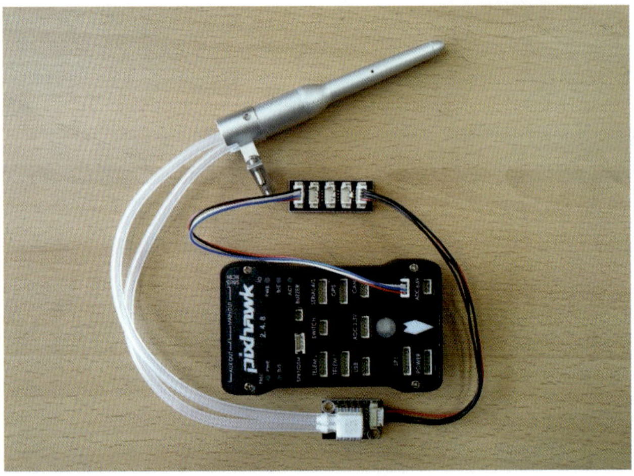

< Airspeed FC와 연결 예 >

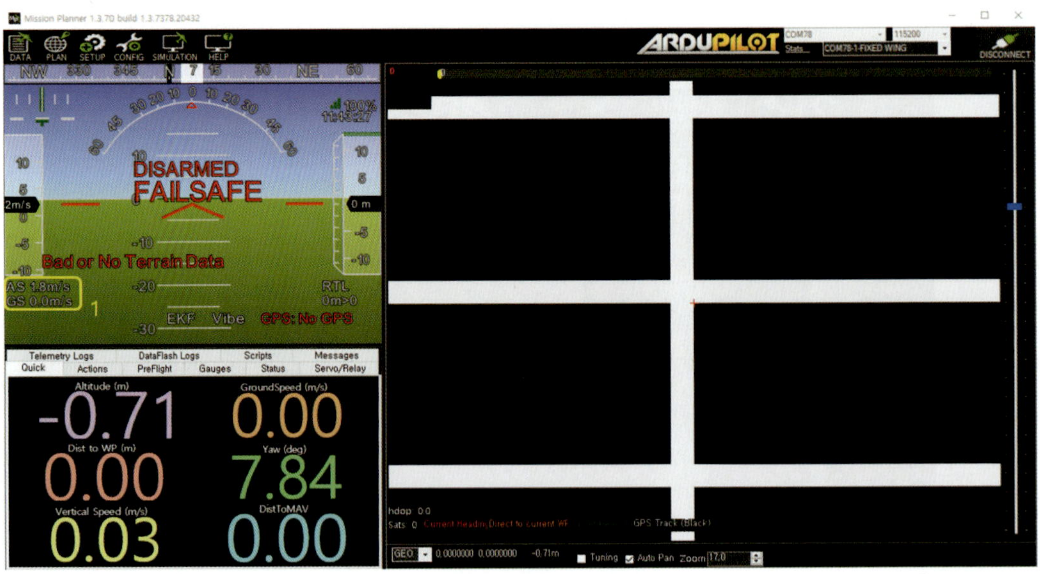

< Airspeed 값 확인(3 이하로 표시되면 정상) >

➔ Air Speed(풍속계) 센서 확인

- 4525D0 풍속계는 I2C 인터페이스를 사용하고 FC에 I2C 포트에 연결하여 구성한다. 풍속계 보정은 바람이 없을 때 풍속과 저속의 차이를 관찰하는 것이다. 대기 속도가 저속보다 높으면 비율을 낮추고 대기 속도가 저속보다 낮으면 비율을 높인다.
- 공기 속도 연장 튜브를 사용하면 ARSPD_RATIO=1.59가 더 적합하다. 만약 연장튜브를 사용하지 않으면 Default 값으로 사용해도 무방하다. 연결 튜브들은 동적 압력 튜브를 사용해야 한다.
- HUD(메인 인터페이스)에서 교정 대기 속도가 완료되면 정상 대기 속도가 3 내에서 변동하는 것이 정상이다.

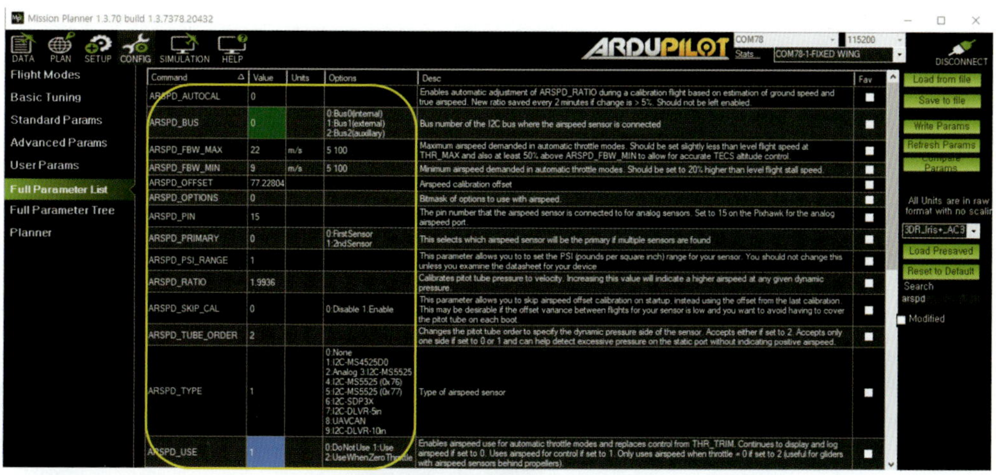

<ARSPD 관련 매개변수 수정>

ARSPD_TYPE	1		0:None 1:I2C-MS4525D0 2:Analog 3:I2C-MS5525 4:I2C-MS5525 (0x76) 5:I2C-MS5525 (0x77) 6:I2C-SDP3X 7:I2C-DLVR-5in 8:UAVCAN 9:I2C-DLVR-10in
ARSPD_USE	1		0:DoNotUse 1:Use 2:UseWhenZeroThrottle

<Airspeed Sensor 매개변수(I2C–MS4525D0) 사용 설정>

기체에 Airspeed sensor가 장착이 완료 되고 신호선도 pixhawk에 연결되었다면 Airspeed Sensor 캘리블레이션을 해 주어야 한다. 아래 그림은 캘리브레이션 메뉴를 표시하였다. 먼저 "FLIGHT DATA" 메뉴에 간다. 그리고 아래 Tab 메뉴에서 "Actions" Tab을 클릭한다.

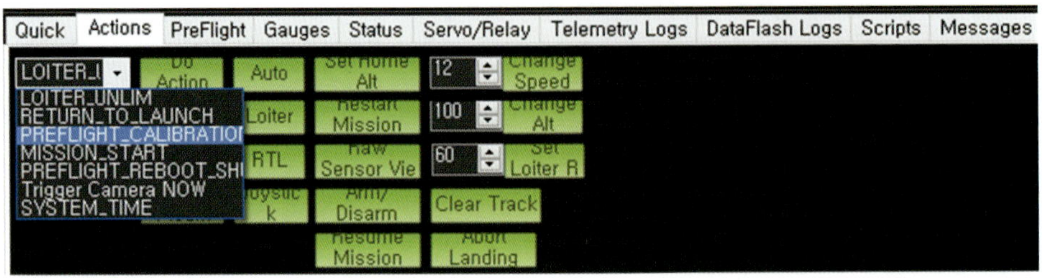

< Actions Tab 메뉴에서 Pull Down 메뉴 >

그 다음 Pull Down 메뉴 화살표를 클릭하면 위와 같이 나오고 "PREFLIGHT_ CALIBRATION"을 클릭하면 자동적으로 Air Speed Sensor가 캘리브레이션 된다. 확인은 HUD 화면에서 AS 값을 3 이하 값으로 움직이면 이상이 없다는 것이다. Air Speed Sensor 앞 부분에 바람을 불어보기 바라다. AS 값이 급격한 값으로 상승하면 정상이다.

< Preflight Calibration 설정 화면 >

9 Motor Test

일반적으로 VTOL 형태의 기체는 QuadCopter 형태의 모터를 사용한다. 이때 이 모터의 회전 방향과 동작 상태를 Test 할 수 있다. "SETUP" → "Optional Hardware" → "Motor Test" 순으로 메뉴에 진입한다.

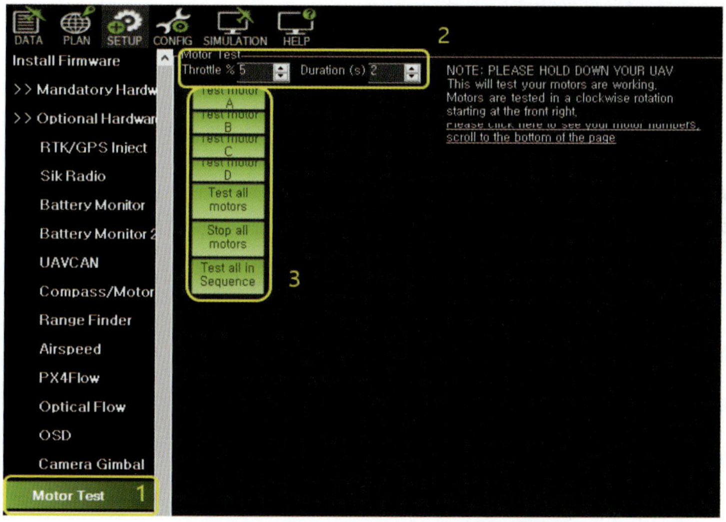

< VTOL에서 Quad형태의 모터 Test(회전방향 및 동작 Test) >

Motor Test에서 Throttle는 조종기의 실제 스로틀 레버의 크기를 나타낸 것이고, Duration은 레버를 올린 시간을 나타낸 것이다. 만약, 모터가 회전을 하지 않으면 Throttle 값을 20% 정도 올리고 동작시키면 회전을 할 것이다.

만약, Quad형태의 VTOL 이라면 실제 모터 번호와 위의 A, B, C, D 번호가 순차적으로 일치하지 않는다. 모터 Test할 때 주의하기 바란다.

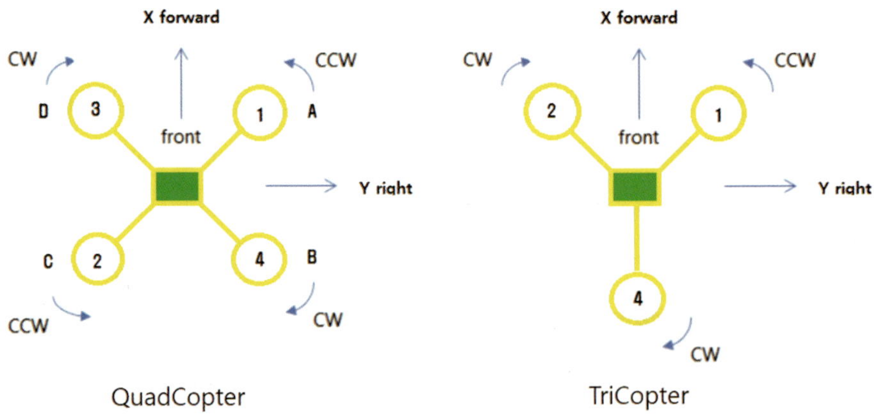

<모터 번호와 A, B, C, D 번호와의 상간관계>

위에 그림을 보듯이 QuadCopter 일 때 모터 1번은 A, 모터 2번은 C, 모터 3번은 D, 모터 4번은 B이다. 만약 tricopter 이면 또 달라진다. 나중에 모터 번호는 tilt될 모터를 계산할 때 중요하다.

Multicopter Motor 1 = 순방향 회전

Multicopter Motor 2 = 역전 회전

Multicopter Motor 4 = 역전 회전

<실제 기체의 모터 회전 방향>

여기서 TriCopter의 4번 모터는 어느 방향으로도 가능하다. 그러나 여기서는 시계 방향으로 설정하였다. 프로펠러의 회전으로 풍향이 기체 아래쪽으로 빠지도록 모터의 회전방향을 정하면 된다.

⑩ ESC 캘리브레이션

VTOL 캘리브레이션은 일반적인 QuadCopter의 캘리브레이션 과는 현저히 다르다. 그 설정을 아래와 같이 하기 바란다. 대부분 기체 조립이 완성된 상태에서 해야 하지만 설명을 위해 아래와 같이 연결되었다고 가정한다.

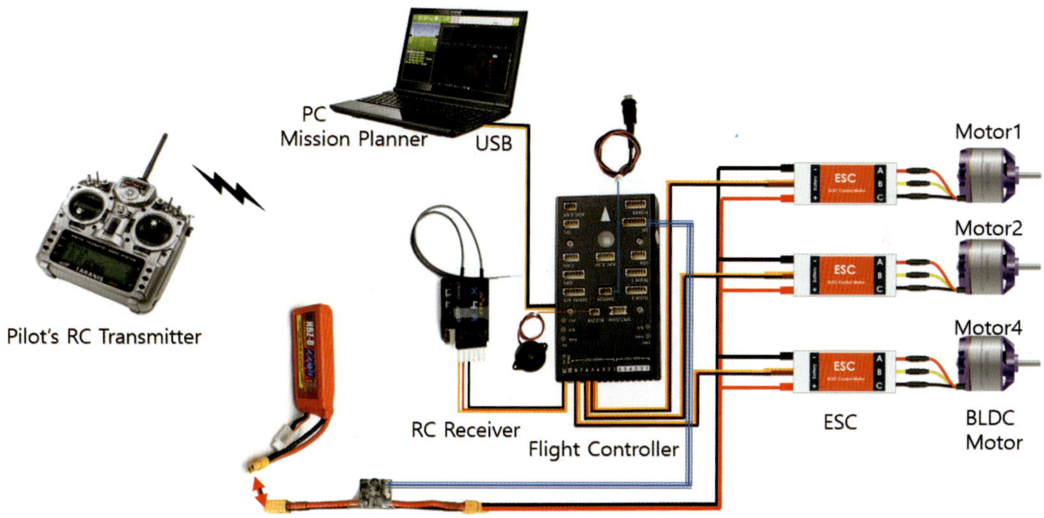

< VTOL ESC 캘리브레이션 연결도 >

우선, 주의할 것은 프로펠러(프롭)를 모터로부터 제거한다. 프로펠러를 제거 하지 않으면 실수로 모터가 회전하여 다치게 할 염려가 있기 때문이다. 그리고 처음에는 배터리를 분리하여 시작해야 한다. 또한 텔리메트리도 사용하지 않고 Pixhawk 본체와 PC를 USB케이블을 연결하고 시작한다. 물론, 조종기는 켜 둔다. 마지막으로 미션플래너도 실행시키고 FC와 연결한 상태에서 아래와 같이 순서대로 수행을 한다. 시작은 QSTABILIZE 로 시작해야 제대로 된 설정이 된다.

연결된 상태에서 아래와 같이 순서대로 실행을 한다.

Command	Value	Units	Options
Q_ESC_CAL	1		0:Disabled 1:ThrottleInput 2:FullInput

1. Full List Parameter 메뉴에서 Q_ESC_CAL을 1로 한다.
2. Safety switch를 적색 LED가 켜질 때(LED가 깜박이지 않고 Sold된 상태의 LED)까지 꾹 누른다. 이때 USB전원만으로 FC가 on 상태여야 하며 배터리는 인가하지 않은 상태여야 한다. 그리고 스위치 상태는 BRD_SAFETYENABLE=1 설정된 상태여야 하며 이 값이 default 값이다.
3. 조종기를 이용하여 Arming 으로 시동을 건다(같은 동작 방법으로 Mission Planner의 비행데이터 메뉴에서 실행 탭에서 탑재/미 탑재(ARM/DISARM)을 클릭 하여 시동을 걸 수 도 있다).
4. 조종기에 스로틀을 최대로 올린다.
5. 배터리를 연결한다. "디디~디" 모터에서 소리가 들리면 재 빨리 스로틀을 아래로 내린다. 그러면 "디디디디디~디" 소리가 들린다. 결과적으로 ESC 캘리브레이션이 성공적으로 끝난 것이다(변속기에 따라 소리가 다르거나 안 들릴 수 있다) 여기서 바로 조종기 스로틀을 조금 올려보면 로터 모터가 동시에 회전하는 것을 확인할 수 있을 것이다.
6. 배터리를 뺀다. 그리고 USB 케이블을 PC(Mission Planner)로부터 제거한다.

이 상태가 ESC 캘리브레이션이 완료된 것이다. 이제 Test 해 본다.

7. 배터리를 다시 연결하고, safety switch를 오래 누른다(LED가 Sold 상태가 될 때 까지 누른다). 스로틀은 아래로 내려 있는 상태로 다시 rudder key를 오른쪽으로 밀면 시동을 켜 본다(arm). Arm 상태에서 스로틀을 올려본다. 모터들이 같이 동시에 회전하면 캘리브레이션이 정상적으로 잘 된 상태이다. 만약, 모터 하나라도 늦게 회전하면 처음부터 다시 캘리브레이션 하기 바란다.

Q_ESC_CAL를 다시 0으로 설정하지 않아도 부팅 후 자동적으로 Q_ESC_CAL는 0으로 리셋 된다. 시동을 걸면 모터가 도는 것을 idle speed 라고 하는데 Q_M_SPIN_MIN 값을 바꿔주면 idle 속도를 설정할 수 있다. 기본적으로 0.04이다. 0으로 설정을 하면 시동을 걸어도 모터가 돌지 않는다. 시동이 건 상태에서 스로틀을 올려야만 모터가 회전하게 된다.

11 GPS 확인

위성수신기들이 정상적으로 GPS 수신기에 수신되는지를 확인하기 위한 방법이다. 실내에 연결되어 있으면 위성들이 수신되지 않거나 위성 수가 적고 EKF 적색이 사라지지 않으며 GPS가 Lock 되지 않는다. 이때는 적색 글자로 "GPS:No Fix" 상태를 표시한다. 추가로 언급하면 이 상태는 FC와 GPS는 정상적으로 연결되어 있지만, 위성으로부터 수신이 덜 된 상태를 나타낸다. 만약 "GPS:No GPS"는 메시지는 GPS가 기체와 통신이 이루어지지 않는 상태를 나타내며 이는 GPS가 고장이거나 GPS와 기체 사이에 통신 설정 및 통신선이 문제가 발생할 확률이 높다.

확인은 HUD 화면 오른쪽 아래 EKF 글자를 클릭하면 "EKF Status" 창이 뜬다. 여기서 Flags에 GPS 상태를 알 수 있다.

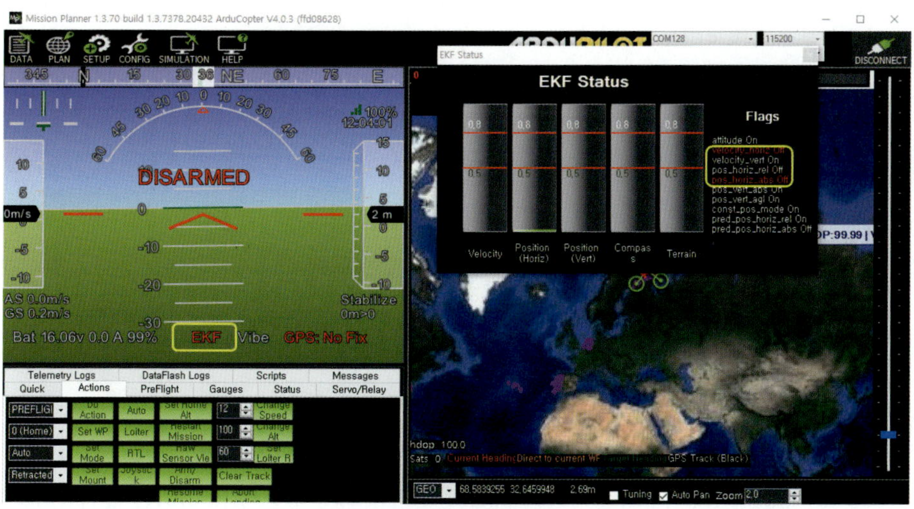

<GPS설정화면>

아래 그림은 GPS가 rock된 상태를 나타낸다.

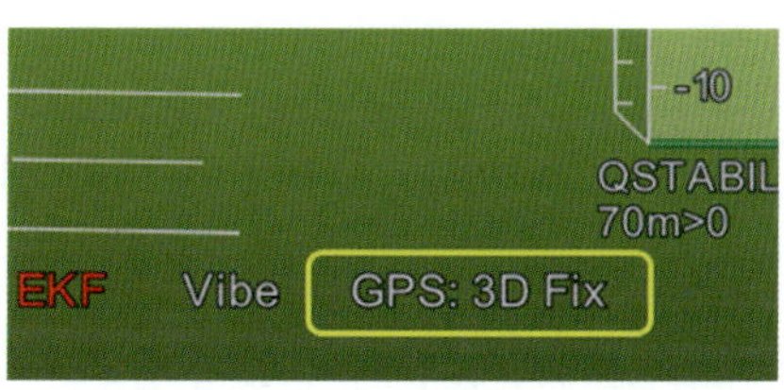

<위성으로부터 수신이 정상적인 상태>

HUD 화면에서 "GPS:3D Fix"로 표시되면 이 상태는 GPS가 위성으로부터 정상적인 수신 상태를 나타난 것이다. 이 상태에서 기체를 운용해야 한다.

➔ GPS 수신기 설명

- GPS 정밀도
  - 대부분의 GPS 수신기는 GPS L1 채널(1575.42 MHz)에서 의사 주황색 데이터(C/A 코드)를 사용하며 미터(m) 정확도를 위해 SBAS DGPS 보정을 수신하도록 선택할 수도 있다.
  - 고가의 고급 GPS 수신기는 실시간 로컬 전리층 보정을 위해 이전 방법에 더하여 반송파 위상 평활화, RTK(반송파 위상 보정) 및 L2채널 P(Y) 코드 반 코딩 추적(1227.60 MHz)을 사용할 수 있다. 센티미터 또는 밀리미터 정확도를 가진다.
  - 일부 고급 GNSS 수신기는 DGPS 및 RTK 보정을 결합하는 동시에 다른 GNSS 위성(GLONASS 및 GALILEO) 및 기타 채널(L2C, L5, etc)을 수신하여 정확성과 고정된 안정성을 향상시킬 수 있다.
  - 군용 GPS 수신기는 L1 및 L2 채널에서 사용 가능한 P(Y)코드를 디코딩 할 수 있어 다른 GPS수신기에 비해 10배의 실시간 정확도를 제공한다.
- GPS 다중 경로
  - 다중 경로는 GPS 위치 지정 오류를 감지하고 보상하기 어렵게 만든다. 동시에 더 가시적인 위성을 사용하면 여러 경로를 필터링하는 데 여러 GNSS 수신기가 더 적합하다.
- GPS 간섭 신호 전파
  - 전리층 장애 및 자기 폭풍(태양 활동)으로 인해 신호가 지연될 수 있다. 이것은 SBAS 및 L1/L2 디코딩을 사용하여 부분적으로 보상 될 수 있다.
  - L1 및 L2 채널을 동시에 디코딩하면 차등 기술을 통해 전리층의 실시간 보정을 실제로 실현할 수 있다. SBAS 브로드 캐스트 전리층 보정과 달리 이 방법은 전리층의 로컬 조건과 더 잘 일치할 수 있다.

12 카메라 셔터 확인

카메라 셔터는 아래와 같이 릴레이(Relay) 트리거 모드를 선택하고 비행 제어 매개변수를 올바르게 구성해야 한다. 만약, 릴레이 트리거 모드를 사용하지 않는다면 8.10장 "맵핑 카메라 트리거 설정 및 테스트"에서 상세히 설명되어 있어 참조 바란다.

- CAM_DURATION = 2는 높은 수준의 지속 시간이 0.2S임을 의미한다.
- CAM_RELAY_ON = 1 기본적으로 1 개의 낮은 레벨, 높은 레벨의 트리거
- CAM_TRIGG_TYPE = 1 카메라는 릴레이 트리거 모드를 사용한다.
- RELAY_PIN = 54 AUX5 채널은 릴레이 채널이다.

Command	Value	Units	Options
CAM_AUTO_ONLY	0		0:Always 1:Only when in AUTO
CAM_DURATION	2	ds	0 50
CAM_FEEDBACK_PIN	-1		-1:Disabled 50:AUX1 51:AUX2 52:AUX3 53:AUX4 54:AUX5 55:AUX6
CAM_FEEDBACK_POL	1		0:TriggerLow 1:TriggerHigh
CAM_MAX_ROLL	0	deg	0 180
CAM_MIN_INTERVAL	0	ms	0 10000
CAM_RC_TYPE	0		
CAM_RELAY_ON	1		0:Low 1:High
CAM_SERVO_OFF	1100	PWM	1000 2000
CAM_SERVO_ON	1300	PWM	1000 2000
CAM_TRIGG_DIST	0	m	0 1000
CAM_TRIGG_TYPE	1		0:Servo 1:Relay
CAM_TYPE	0		0:Default 1:BMMCC
RELAY_PIN	54		-1:Disabled 49:BB Blue GP0 pin 4 50:AUXOUT1 51:AUXOUT2 52:AUXOUT3 53:AUXOUT4 54:AUXOUT5 55:AUXOUT6 57:BB Blue GP0 pin 3 113:BB Blue GP0 pin 6 116:BB Blue GP0 pin 5

< 카메라 셔터 매개변수 설정 >

13 Micro SD card 확인

- FC에 사용하는 SD card는 적절한 용량(32GByte 이하)의 것을 사용하고 속도가 빠른 class를 사용해야 한다. 보통 Class 10 이상은 속도가 빠르다. 만약 잘못된 SD card를 사용할 경우 BAD Log나 잘못된 파일이 생성한다. 생성된 파일은 읽을 수 없는 경우가 생긴다.

< SanDisk Ultra Class 10 SD Card >

- SD Card에 담겨 있는 log파일(*.bin)은 직접 SD Card를 추출하여 사용한다. USB로 사용하여 pc에서 읽을 경우 시간이 오래 걸린다.

<FC 장착 위치>

CHAPTER 05

VTOL 기체 구성품

CHAPTER 05

5.1 ··· 제작하고자하는 VTOL 기체의 사양

1. 기체 : E–Flite Convergence VTOL
2. 비행 제어 장치(FC)
3. GPS Module
4. 모터(BLDC Motor & ESC & Prop)
5. 배터리 : Li–Poly 2200mA 3S
6. Telemetry : 433Mhz Telemetry
7. UBEC +5V, 3A 이상
8. 전원 분배 보드(PDB Board)
9. 서보 모터

5.2 ··· 배선 방법

1. Air Part(기체)
   1) 배선
   2) PWM출력 연결
   3) PWM과 매개변수 설정 관계
2. Ground Part(GCS)

5.3 ··· 비행기 구조와 명칭

CHAPTER 05

VTOL 기체 구성품

5.1 제작하고자하는 VTOL 기체의 사양

기체의 형식은 Tilt Rotor Type으로 tricopter 타입을 정하였다. 이 타입은 틸트로터의 기능과 tricopter의 기능이 같이 있는 구조로 되어 있다. 이 기체는 구하기 쉽고 가격이 싸고, 쉽게 개조가 가능한 타입이다. E-Flite Convergence VTOL이라는 폼 기체이며 RC형태로 되어 있다. 이 기체 자체는 임무비행은 수행되지 않은 VTOL 조종 연습용 기체라고 보면 된다. 그러나 이 기체에 기존 FC를 제거하고 임무가 가능한 Pixhawk와 소형 임무장비를 탑재하여 임무가 가능한 기체를 개조 및 제작하자고자 한다.

- 기존 것 사용할 부품

기체(Body)	E-Flite Convergence VTOL
모터(BLDC Motor & ESC & Prop)	기존에 장착 된 부품 사용

- 추가 준비할 부품

비행제어장치(FC)	Pixhawk 2.4.6 + ArduPlane V3.9.1 - FC 교체
GPS	u-blox M8 engine - 추가 장착
배터리	Li-Poly 2200mA(or 2500mA) 3S
Telemetry	433Mhz Telemetry - 추가 장착
UBEC	UBEC +5V 3A 이상 - 추가 장착
Power Distribute Board	PDB Board - 추가 장착

1 기체 : E-Flite Convergence VTOL

특징

이 비행체는 챔피언 파일럿 Mike McConville이 디자인하였다. 기체에 대한 기본적인 사양은 다음과 같다.

- Wingspan : 650mm / 25.6in
- Flying Weight : Around 771g(1.7 lbs)
- Wing Area : 291 sq in(1883 sq cm)
- Power System : 2210-1450Kv Main, 2730-1550Kv tail BLDC Motors
- Speed Control : N/A
- Servos : metal gear
- Required Battery : 3 Cell 11.1V 2200mAh-3000mAh LiPo with XT60 connector
- Rudder : Option
- Ailerons : Yes
- Hinge Type : Nylon
- Material : Z-Foam
- Flight Time : About 6-8 Minutes

2 비행 제어 장치(FC)

하드웨어 버전은 Pixhawk 2.4.6을 기반으로 한 Holybro 사의 Pix32 모델로 패키지 제품을 사용하였다. Pixhawk Mini를 사용하여도 가능하다. Convergence에 사용 가능한 FC는 PWM 출력이 7개 이상인 것을 선택해야 그 기능을 제대로 사용할 수 있다. PWM 출력이 7개 이상을 필요한 이유는 에어러론 1개, 엘리베이터 1개, 스로틀 1개, 틸트 서보 좌 1개, 틸트 서보 우 1개, quad일 때 모터 M1, M2, M4 각각 1개를 연결하기 때문이다.

<Pixhawk 1(ver 2.4.6, Pix32)>

구성품

- Pix32 autopilot
- Buzzer
- Power module with XT60 connectors and 6-position connector cable
- Extra 6-position cable
- Micro USB cable
- SD card and USB adapter
- 3-wire servo cable
- Safety switch*1

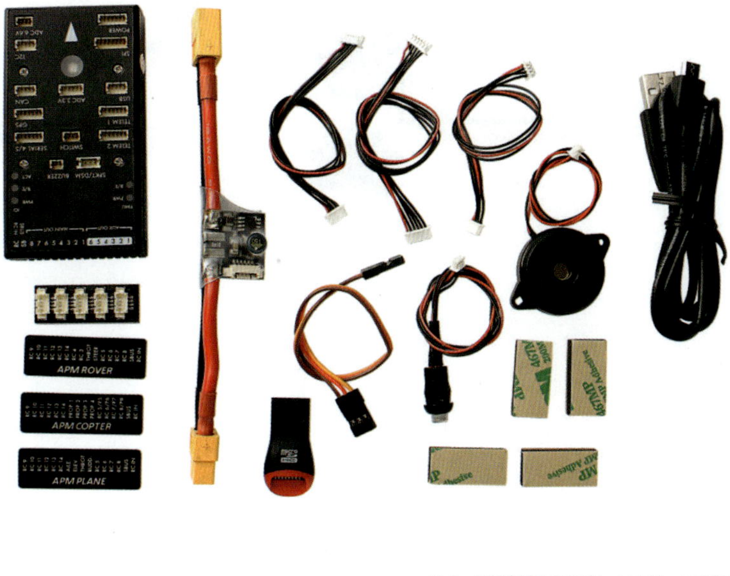

3 GPS Module

이 GPS 모듈은 컴퍼스가 내장된 u-blox M8 엔진이 들어 있다.

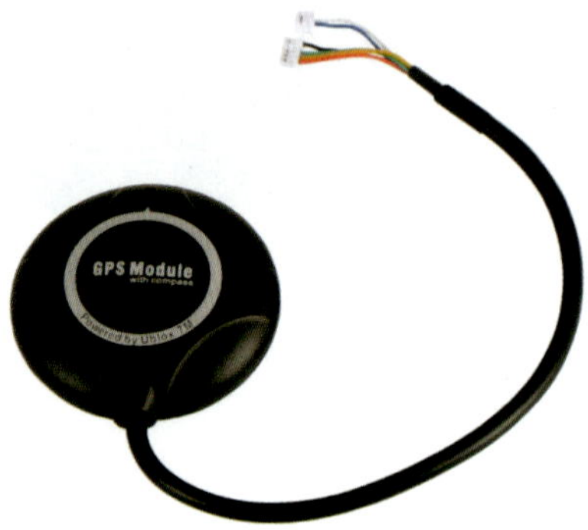

4 모터(BLDC Motor & ESC & Prop)

2210~1450Kv Main Motor 2개, 2730~1550Kv Tail Motor 1개 사용하였으며 기존에 탑재되었던 부품을 그대로 사용하였다.

5 배터리 : Li-Poly 2200mA 3S

배터리는 리튬폴리머를 사용하며 공간제약 상 크기가 작고 3S 정도의 전압을 가져야 하므로 Li-Polymer Battery 2200mA 3S을 선택하였다.

6 Telemetry : 433Mhz Telemetry

추가 장착으로 기체에 1개(Air), GCS(Ground)에 각각 1개 씩 필요하다.

7 UBEC +5V, 3A 이상

FC의 주전원 이외의 2차 전원을 PWM 출력 쪽에 공급이 필요하다. 서보의 구동을 위한 전력용으로 사용한다. 내부적으로 스위칭 레귤레이터를 사용하므로 자기장 간섭의 주요인이 되기 때문에 EKF 에러를 유발한다. 그러므로 FC와의 이격거리를 두기 바란다.

8 전원 분배 보드(PDB Board)

- 전원보드에 BEC(+5V 레귤레이터)가 내장된 것을 사용하여도 무방하다. 그러면 위의 UBEC은 사용하지 않아도 될 것이다.
- 아래 오른쪽 보드는 위에 제시한 UBEC과 전원분배 보드 기능이 같이 내장된 보드이다. 이 보드를 사용하면 공간절약 면에서 더 효율적이다.

9 서보 모터

→ 서보 모터는 기체의 타면(제어면)에 링키지로 연결하여 타면을 제어하는 역할을 한다. 엘레본(Elevon) 날개에 각각 1개씩 신호를 주어 엘레본 기능을 수행한다. 또한 전방 모터 2개에 틸트 기능도 수행한다.

5.2 배선 방법

1 Air Part(기체)

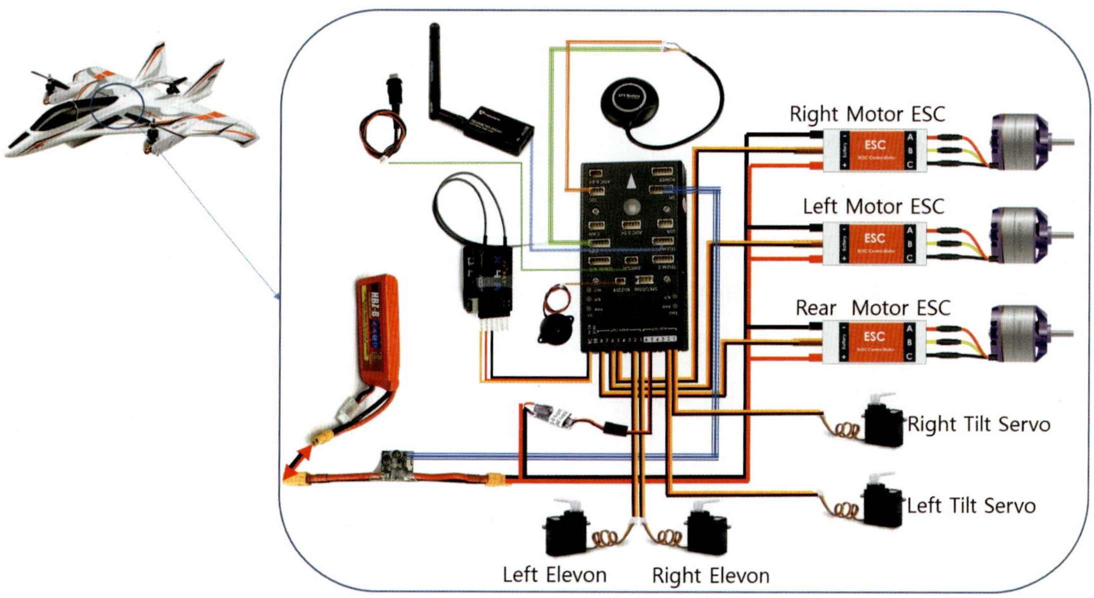

1) 배선

실제로 배선이 기체에 탑재되면 어떻게 배선되는지 이해하기 힘들다. 간단히 그림으로 흐름을 보면 전체적인 배선은 위의 그림과 같이 기체에 배선을 하였다

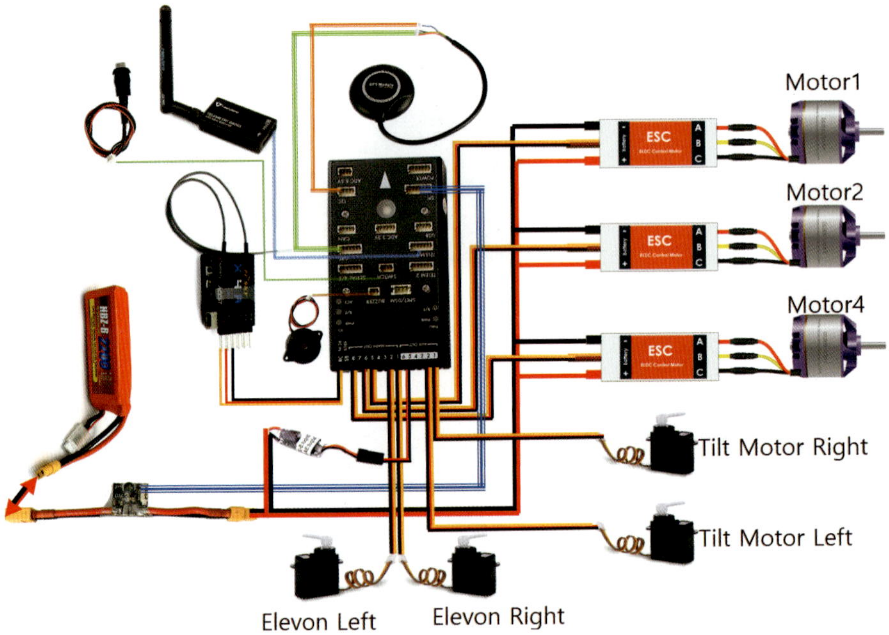

< E-Flite Convergence VTOL 전체 배선도 >

➔ 배선에 대한 주의 할 점

일반적으로 기체를 비행 하다 보면 간혹 추락하는 사고가 발생한다. 추락한 후 로그를 분석해 보면 원인을 알 수가 없는 경우가 생긴다. 확인되는 내용 중 기계적인 문제로 추락을 한 경우 배선불량으로 인하여 생기는 경우가 간혹 있다. 전기회로 배선은 여러 추락 원인 중 간과하기 쉬운 것 중에 하나다.

여러 가지 배선에 대한 파워 모듈의 조건들을 제시하고자 한다.

- 파워 모듈이나 전력분배 모듈은 가벼워야 한다.
- 이 모듈들은 자기장의 발산이 약하게 생성되는 제품을 사용하거나 부품 배치 시에 FC나 GPS에 영향이 덜 가도록 해야 한다. 대부분 이 모듈들은 스위치 레귤레이터를 사용하므로 자기장은 꼭 발생한다. 그러므로 최소로 설계된 모듈을 선택하는 것이 좋다.
- 신뢰할 수 있는 열 발산 설계가 이루어진 모듈을 선택해야 한다. 열이 많이 나는 모듈을 꼭 사용해야 할 경우 물리적으로 기체에 통풍이 잘 들게 하는 것이 좋다.

전류에 대한 배선의 두께 선택

전기배선의 무게는 전선의 길이와 직경에 의해 제한되며 전류 유입 양과도 비례가 된다. 경험상으로 배터리와 연결된 배선의 경우 배터리와 같은 두께로 해야 안정된 배선을 유지할 수 있다. 간혹 두께가 얇은 전선을 사용하는 경우 열이 발생한다. 비행 후 선을 만져보고 뜨겁지 않아야 한다. 뜨거울 경우 오래 비행하다보면 케이블에 화재가 발생하는 불상사가 발생한다. 이때는 비행시간을 줄이거나 전선 케이블의 두께를 두껍게 해야 한다. 아래는 전류에 대한 AWG 규격을 제시하였다.

AWG	전류
8AWG	150A이상
13AWG	100A
14AWG	80A
16AWG	50A
18AWG	30A
20AWG	20A
22AWG	10A

한 예를 들면, 경험상 필자는 22,000mAH, 6S 배터리를 사용하여 전체 전류가 45~80A가 흐를 경우 배터리로부터 연결된 전선은 8AWG를 사용해야 별 무리가 없어 보인다. 위에 제시한 AWG규격표의 1.5배 정도 선을 연결하는 것이 좋다. 또 다른 예로 50A 이면 10AWG 선을 사용한다.

2) PWM출력 연결

FC의 PWM 출력 연결은 아래 그림과 같이 배열한다.

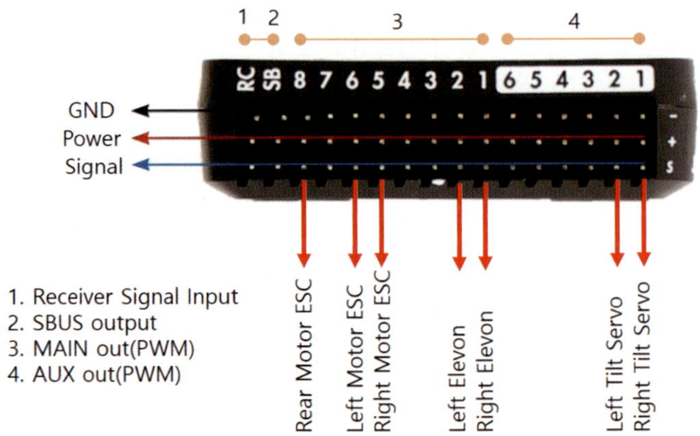

3) PWM과 매개변수 설정 관계

위의 그림에서 보는 거와 같이 PWM 출력단자인 Main Out 단자들과 Aux Out 단자들에 서보모터나 ESC 신호선이 연결되어야 한다. 연결은 무작위로 연결하면 배선 정리에 어려움이 있다. 그러므로 좌우 부품(서보모터 및 ESC) 위치를 감안하여 배치하는 것이 현명할 것이다.

MAIN OUT 1	Right Elevon Servo
MAIN OUT 2	Left Elevon Servo
MAIN OUT 3	사용하지 않음
MAIN OUT 4	사용하지 않음
MAIN OUT 5	Right Motor ESC(Motor 1)
MAIN OUT 6	Left Morot ESC(Motor 2)
MAIN OUT 7	사용하지 않음
MAIN OUT 8	Rear Motor ESC(Motor 4)
AUX1	Right Tilt Servo Motor
AUX2	Left Tilt Servo Motor

AUX3	사용하지 않음
AUX4	사용하지 않음
AUX5	Input BEC(+5V)
AUX6	사용하지 않음
RC	Input Receiver

2 Ground Part(GCS)

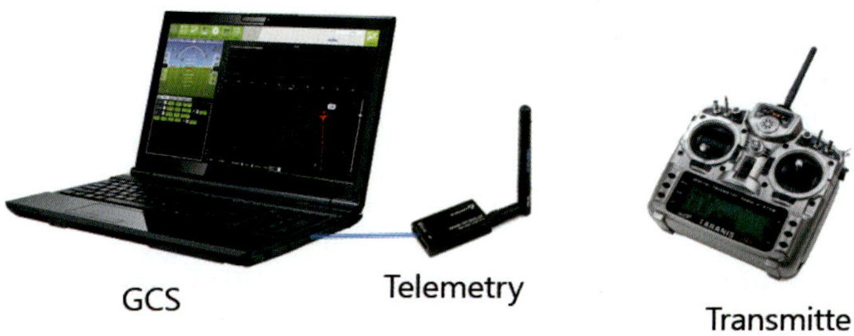

<E-Flite Convergence VTOL GCS 및 조종기 연결>

GCS 쪽의 배선은 위의 그림과 같이 간단하다. GCS쪽의 기자재는 GCS(PC : Mission Planner)와 텔레메트리(Telemetry) 그리고 조종기로 구성된다. GCS는 노트북 정도가 좋을 것이다. GCS는 기체와 Telemetry로 연결하여 기본 기체의 보정과 셋팅을 담당한다. 조종기는 FC의 수신기와 연결하여 조종과 간단한 key를 조작하여 비행에 도움을 줄 것이다. 이때 조종기와 수신기는 바인딩이 되어 있어야 한다.

5.3 비행기 구조와 명칭

우리는 일반적으로 VTOL에 대한 개념을 이해하기 위해서는 고정익 즉 비행기에 대한 구조와 기능에 대해서 알아야 한다. 아래 그림은 비행기가 비행하기 위한 기본 구조이다. 각 부분에 대한 우리가 필요한 기능들에 대하여 간략하게 설명한다.

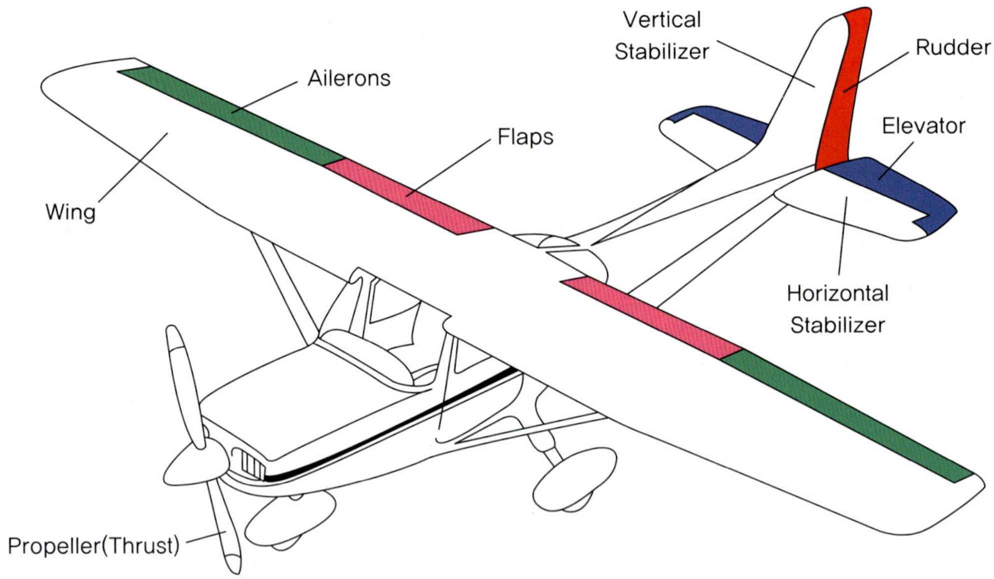

- 스로틀(Throttle) : 트러스트(Thrust)라고 하고 추력을 담당한다. 보통 비행기에는 엔진의 속도를 제어하여 프로펠러의 회전수의 높고 낮음에 따라 비행기 자체의 속도를 제어한다.
- 플랩(flap) : 주로 주 날개의 좌우측의 안쪽에 장착되어 있다. 날개의 면적과 받음각을 증가시켜 추가적인 양력을 얻는 장치이다. 이는 항력도 증가시키기 때문에 이착륙에 같이 사용한다. VTOL에서는 대부분 사용하지 않을 것이다.
- 에일러론(Ailerons) : 주 날개의 좌우측에 있으며 서로 반대방향으로 움직여 발생하는 좌우측 날개의 양력 차이로 인하여 비행기의 자세를 좌우로 경사지게 한다. 이러한 움직임을 롤링(Rolling)이라고 한다. 이 기능은 동체가 좌우로 경사지며 속도에 의하여 그 방향으로 선회를 한다.

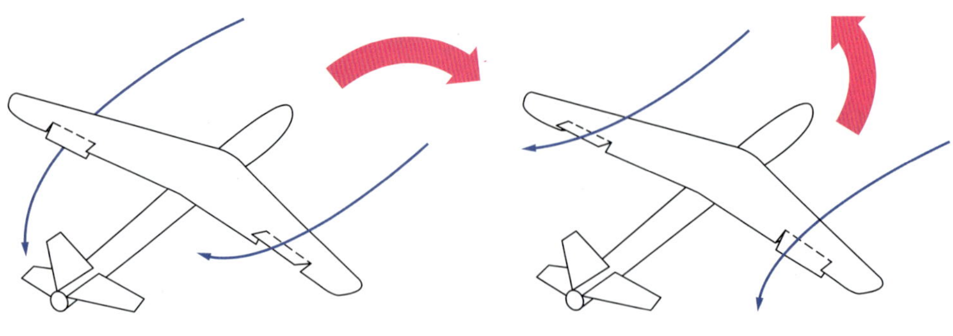

• 엘리베이터(Elevator) : 승강타라고 하고 위치는 수평 꼬리 날개에 있으며 상하로 움직여 비행기의 상승과 하강의 자세를 제어한다. 이러한 동작을 피칭(Pitching)이라 한다.

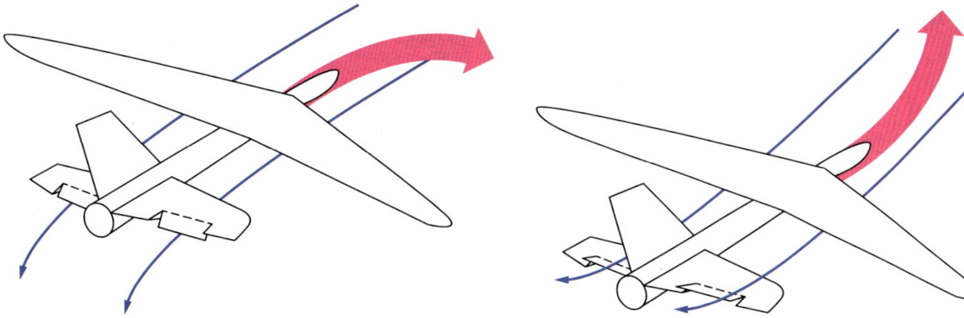

• 러더(Rudder) : 위치는 수직꼬리 날개에 있으며 방향타라고 하고 이는 비행기의 방향을 제어하여 좌우로 방향을 제어한다. 이러한 동작을 요잉(Yawing)이라 한다.

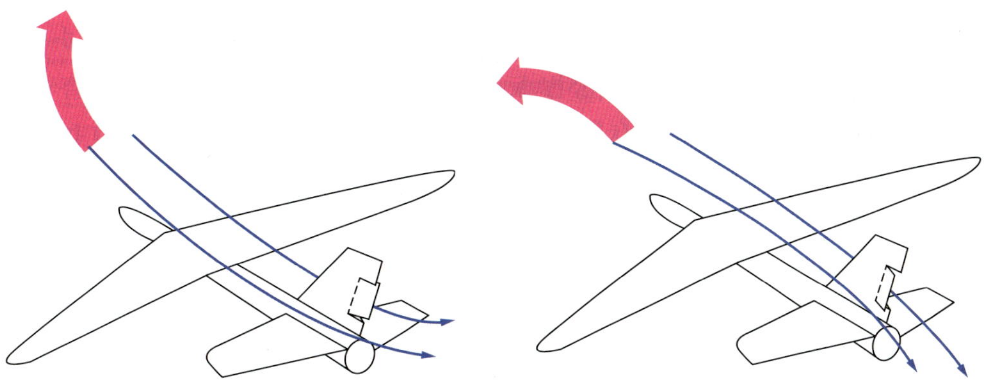

CHAPTER 06

Tilt Rotor VTOL 설정 및 매개변수(Parameter)의 이해

CHAPTER 06

6.1 ··· FC 장착 위치에 따른 매개변수 설정

1. 비행제어 장치(Pixhawk)에 대한 방향 설정에 대한 매개변수
2. 기동과 시동에 대한 매개변수

6.2 ··· VTOL Main parameter 설정

1. 기본 매개변수 설정
2. 추가적인 매개변수 설정
3. QuadPlane에서 Return to Launch(RTL) 방법
   1) RTL Mode
   2) QRTL Mode
   3) Hybrid RTL Mode
4. 매개변수 옵션 선택(Q_OPTION)
5. 매개변수 추가 설정

CHAPTER 06

Tilt Rotor VTOL 설정 및 매개변수(Parameter)의 이해

6.1 FC 장착 위치에 따른 매개변수 설정

실제 픽스호크2(CUBE BLACK) 비행제어 장치에 연결하는 방법이다. 매개변수 설정은 Pixhaw 1에서 설정과 Pixhawk 2에서 기본 설정 방법은 같으므로 이 장에서는 Pixhawk2에 대하여 설명한다.

< 픽스호크(Pixhawk) 2(Cube Black) >

픽스호크 2의 수신기 입력, SBUS 출력 그리고 PWM 출력 등을 나타내었다. 1은 수신기를 연결하는 곳이다. 2는 SBUS의 출력이 나온다. 그리고 3은 Main out의 PWM 출력(1~8 포트)으로 FMU에서 나오는 것으로 서보모터나 ESC의 신호선 입력 케이블을 연결하면 된다. 4은 Aux out으로 I/O MCU에 PWM 출력으로 Main out과 마찬가지로 서보모터나 ESC 입력 케이블을 연결할 수 있다. Main Out과 Aux Out은 PWM 출력이 나오므로 PWM 입력 기능이 있는 모듈을 연결하여 FC가 이 모듈을 제어할 수 있다. 이 부분의 장치를 GCS에서 설정하기 위해서는 여기에 이 장치들을 연결하여 매개변수를 설정해야 한다.

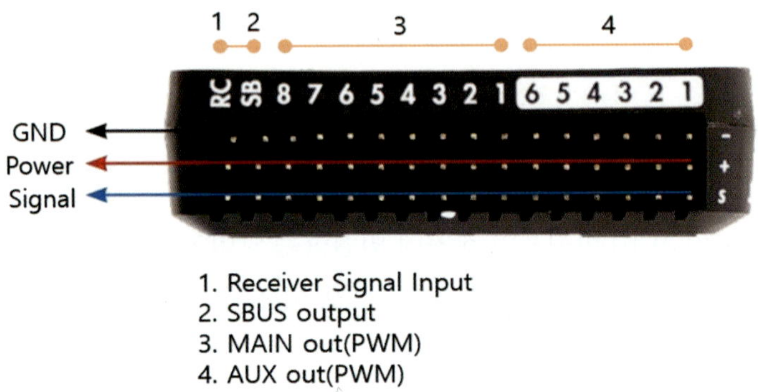

< 픽스호크(Pixhawk) Main Out, AUX Out >

1 비행제어 장치(Pixhawk)에 대한 방향 설정에 대한 매개변수

매개변수의 수정은 Mission Planner에서 "CONFIGTUNE" → "Full Parameter List" → "Search" → (수정 후) → "Write Params" 순서로 하며 Search에서는 관련 매개변수 이름으로 검색하면 쉽게 매개변수를 찾을 수 있다. 문자와 관련이 있는 매개변수 검색을 하기 바란다. 검색은 아래 3번에서 하고 실시간으로 검색하기 때문에 천천히 앞글자만 쳐도 원하는 매개변수가 검색된다.

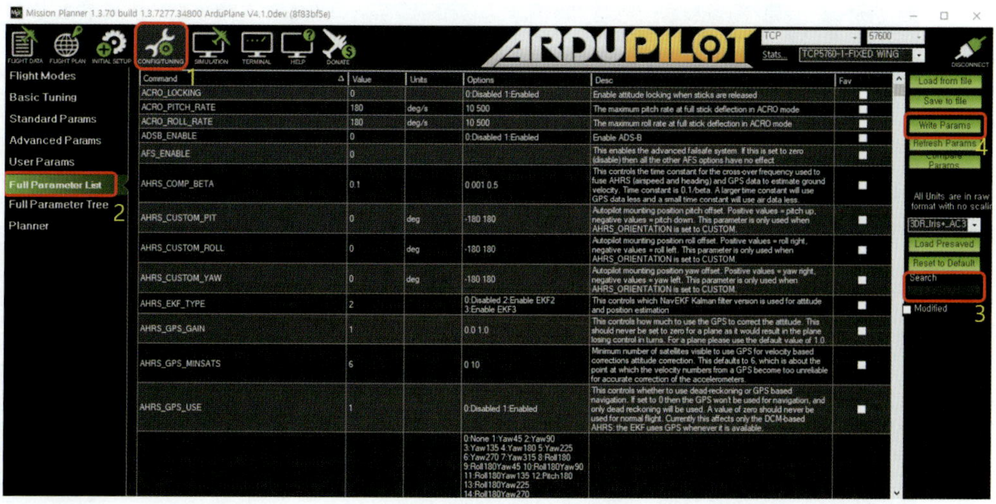

< 매개 변수 설정과 검색 >

VTOL에 비행제어장치(FC)를 장착할 때 가장 먼저 해야 할 것은 AHRS_ORIENTATION을 설정해야 한다. 이 매개변수는 비행제어 장치의 방향을 설정해주는 매개변수로 기체에 FC를 장착하는 방향으로 설정한다. 그 후 IMU 캘리브레이션이 이루어져야 한다. 이 값을 먼저 설정하고 난 다음에 꼭 캘리브레이션을 해야 한 다는 것을 꼭 기억해 두기 바란다. 만약 중간에 수정했다면 모든 IMU 센서(가속도, 자이로, 컴퍼스 센서)를 처음부터 캘리브레이션 해야 한다.

➔ AHRS_ORIENTATION = 8

아래 그림에서 FC의 방향을 보고 설정하기 바란다. 0은 전방을 향하고 있다. 우리가 설정할 기체의 FC 방향은 Roll 방향으로 180도 뒤집어 져 있으므로 8로 설정하였다.

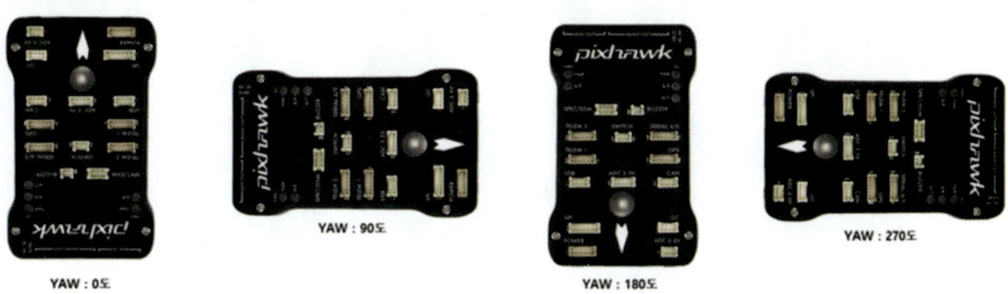

< 기체 회전 방향에 따른 YAW값 >

AHRS_ORIENTATION	8		0:None 1:Yaw45 2:Yaw90 3:Yaw135 4:Yaw180 5:Yaw225 6:Yaw270 7:Yaw315 8:Roll180 9:Roll180Yaw45 10:Roll180Yaw90 11:Roll180Yaw135 12:Pitch180 13:Roll180Yaw225 14:Roll180Yaw270 15:Roll180Yaw315 16:Roll90 17:Roll90Yaw45 18:Roll90Yaw90 19:Roll90Yaw135 20:Roll270 21:Roll270Yaw45 22:Roll270Yaw90 23:Roll270Yaw135 24:Pitch90 25:Pitch270 26:Pitch180Yaw90 27:Pitch180Yaw270 28:Roll90Pitch90 29:Roll180Pitch90 30:Roll270Pitch90 31:Roll90Pitch180 32:Roll270Pitch180 33:Roll90Pitch270 34:Roll180Pitch270 35:Roll270Pitch270 36:Roll90Pitch180Yaw90 37:Roll90Yaw270 38:Yaw293Pitch68Roll180 39:Pitch315 40:Roll90Pitch315 100:Custom

＜방향과 회전에 따른 AHRS_ORIENTAION 매개변수＞

아래 그림은 FC를 전방으로 두고 Roll 방향으로 180° 돌려놓은 것이랑 같다. 그러므로 AHRS_ORIENTATION을 8번으로 선택하였다.

＜Convergence VTOL 기체 배면에 FC 장착 : Roll이 180° 뒤집힘＞

➔ COMPASS_ORIENT = 0

기체 프레임 기준으로 한 첫 번째 외부 나침반의 방향을 나타낸다. 이 매개변수는 외부의 컴퍼스 센서를 가리키는 것으로 GPS에 포함된 컴퍼스 센서를 의미한다. 현재 이 컴퍼스 센서는 기체의 위쪽과 전방 방향으로 놓여 있다.

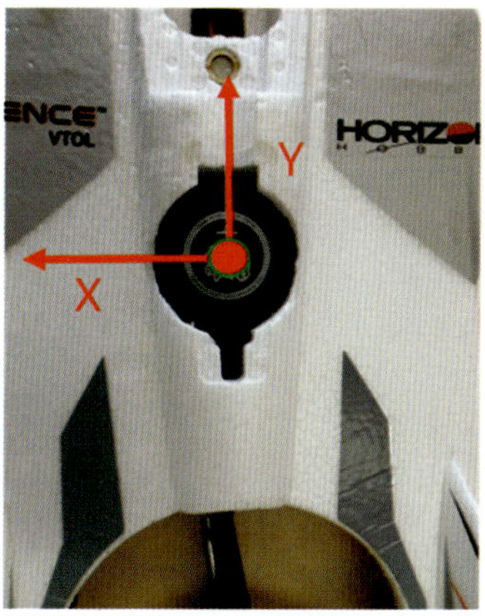

<GPS 그림>

<Z축 CG 그림>

➔ CG로부터 INS 위치

IMU가 기체의 무게 중심(Center of Gravity)에서 이동한 거리이다. m 단위이다. INS는 "Inertial Navigation System"으로써 관성항법시스템으로 IMU가 포함된 FC 위치를 나타낸다. 이 위치와 CG간의 거리를 계산하여 기입하면 된다.

```
INS_POS1_X = 0
INS_POS1_Y = 0
INS_POS1_Z = 0
```

➔ CG로부터 GPS 위치

GPS가 기체의 무게 중심(Center of Gravity)에서 이동한 거리이다. m 단위이다. GPS의 위치는 위성신호가 잘 받을 수 있게 되도록 위쪽에 설치하는 것이 좋다. GPS 내부에 지자계 센서가 있어 다른 부품으로부터 자기장의 영향을 덜 받는 곳으로 해야 하기 때문이다. 공간이 좁아 자장 세기가 큰 부품을 피할 수 없는 경우 자장이 발생하는 곳을 막아주는 테이프(알루미늄, 동박)를 덧대는 것도 하나의 방법이다. 그리고 GPS의 컴퍼스 센서의 Power 선(VCC, GND) 및 신호 선을 서로 꼬아서 연결하면 조금이라도 자장의 영향을 최소화 할 수 있다.

GPS_POS2 는 2개의 GPS를 기체에 연결한 경우 사용하는 것으로 한 개의 GPS를 사용하고 있으면 기입할 필요가 없다.

```
GPS_POS1_X = 0
GPS_POS1_Y = 0
GPS_POS1_Z = 0
GPS_POS2_X = 0
GPS_POS2_Y = 0
GPS_POS2_Z = 0
```

< GPS 및 INS 위치 그림 >

INS 위치와 GPS 위치가 전부 0인 이유는 일반적으로 CG와의 거리가 15cm 이내이면 크게 기체의 제어에 크게 변동이 없어 0으로 한다. 만약 좀 더 정확한 것을 원하는 독자라면 정확한 값을 넣기 바란다. Z값은 상하(높이의 값)값을 의미한다.

2 기동과 시동에 대한 매개변수

➔ ARMING_CHECK = 0

이 옵션은 시동 전에 기체 설정을 전체적으로 점검할 것인지를 설정한다. 이 옵션에 체크된 것을 모두 통과하면 시동이 걸린다. 0이면 점검을 하지 않고 시동을 건다는 것을 의미한다. 이 매개변수는 기동하기 전에 진행할 체크를 bitmask 한 값이다. 기본 값은 체크하지 않은 상태지만 언제든지 기동할 수 있다. 기동 전에 체크하고 싶은 체크 유형의 값을 체크하여 매개변수를 설정하면 원하는 모든 체크 항목을 선택할 수 있다. 예를 들어 GPS Lock이 있고 RC FailSafe가 없을 때만 알람을 허용하려면 ARMING_CHECK을 72로 설정하다. 대부분의 사용자는 이 설정을 1로 설정하여 모든 검사를 실행하는 것을 추천한다. 하지만 실내에 초기 기체 설정할 때 GPS의 신호가 잘 잡히지 않기 때문에 1로 설정하면 시동이나 기본 셋팅에 어려움이 있다. 이로 인해 먼저 실내에서 모든 설정은 0으로 하여 설정하고 매개변수 설정이 다 끝이 나면 1로 다시 설정을 해서 사용하는 것을 추천한다.

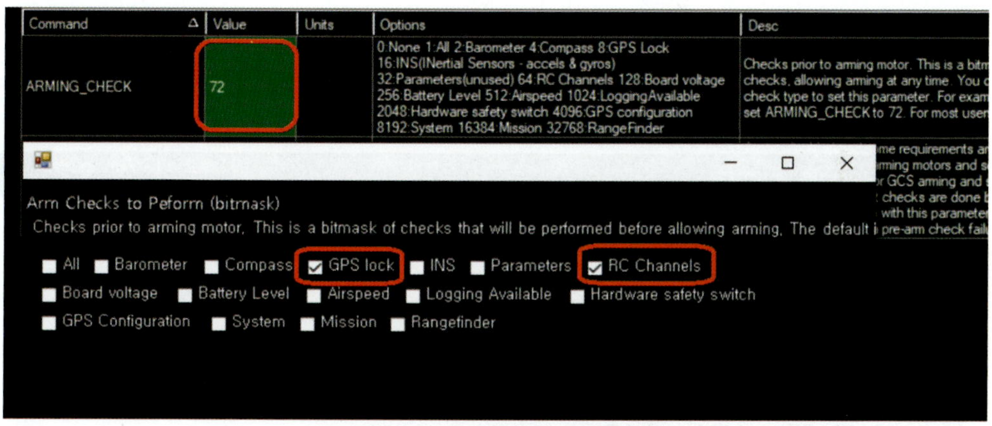

< GPS Lock 과 FC FailSafe 없을 때 예 >

0:None 1:All 2:Barometer 4:Compass 8:GPS Lock 16:INS(INertial Sensors – accels & gyros) 32:Parameters(unused) 64:RC Channels 128:Board voltage 256:Battery Level 512:Airspeed 1024:LoggingAvailable 2048:Hardware safety switch 4096:GPS configuration

ARMING_CHECK	0		0:None 1:All 2:Barometer 4:Compass 8:GPS Lock 16:INS(INertial Sensors accels & gyros) 32:Parameters(unuse 64:RC Channels 128:Board voltage 256:Battery Level 512:Airspeed 1024:LoggingAvailable 2048:Hardwa safety switch 4096:GPS configuratio 8192:System 16384:Mission 32768:RangeFinder 65536:Camera 131072:AuxAuth

➔ ARMING_RUDDER = 2

이 옵션은 조종기 러더로 기동과 해제를 설정한다. 조종기의 러더(방향타) 입력을 이용하여 기동/해제를 제어한다. 사용가능 한 상태에서 오른쪽 방향타(러더)로 기동되며 왼쪽 방향타(러더)로 해제된다. 방향타 기동은 zero(+- deadzone (RCx_DZ))에서 스로틀이 있는 수동 스로틀 모드에서만 작동한다. 오른쪽 방향타(러더)가 ARM_DELAY_MS(2000) 이상 유지하면 기동, 다시 말해 2초 이상일 때 기동하고, 왼쪽 방향타(러더)가 2초 이상일 때 기동 해제한다.

0:Disabled 1:ArmingOnly 2:ArmOrDisarm

ARMING_RUDDER	2		0:Disabled 1:ArmingOnly 2:ArmOrDisarm

➔ Q_M_SPIN_ARM = 0.1

모터 고정익 공회전 값이다. Lock 해제 후 공회전한다.

➔ Q_M_SPIN_MIN = 0.15

멀티로터일 때 공회전 모터 최소속도를 의미한다. 즉, 기동 후 모터의 최소 회전 속도를 나타낸다. 만약 0이면 기동 후 회전을 하지 않는다. 주의할 것은 Q_M_SPIN_ARM 값보다 높아야 한다.

➔ Q_M_SPIN_MAX = 1

틸팅 모터를 포함한 멀티로터에 사용한 모터의 최대 속도이다. 0.9=90%, 1=100%를 의미한다.

0.0:Low 0.1:Default 0.2:High

Q_M_SPIN_ARM	0.1		0.0:Low 0.1:Default 0.2:High
Q_M_SPIN_MAX	0.95		0.9:Low 0.95:Default 1.0:High
Q_M_SPIN_MIN	0.15		0.0:Low 0.15:Default 0.3:High

➔ SERVOn_FUNCTION 설정(n은 1~14)

이 옵션은 PWM이 출력될 Main과 AUX Port에 대한 연결과 매개변수를 설정한다.

0:Disabled 1:RCPassThru 2:Flap 3:Flap_auto 4:Aileron 6:mount_pan 7:mount_tilt 8:mount_roll 9:mount_open 10:camera_trigger 12:mount2_pan 13:mount2_tilt 14:mount2_roll 15:mount2_open 16:DifferentialSpoilerLeft1 17:DifferentialSpoilerRight1 19:Elevator 21:Rudder 22:SprayerPump 23:SprayerSpinner 24:FlaperonLeft 25:FlaperonRight 26:GroundSteering 27:Parachute 28:Gripper 29:LandingGear 30:EngineRunEnable 31:HeliRSC 32:HeliTailRSC 33:Motor1 34:Motor2 35:Motor3 36:Motor4 37:Motor5 38:Motor6 39:Motor7 40:Motor8 41:MotorTilt 51:RCIN1 52:RCIN2 53:RCIN3 54:RCIN4 55:RCIN5 56:RCIN6 57:RCIN7 58:RCIN8 59:RCIN9 60:RCIN10 61:RCIN11 62:RCIN12 63:RCIN13 64:RCIN14 65:RCIN15 66:RCIN16 67:Ignition 69:Starter 70:Throttle 71:TrackerYaw 72:TrackerPitch 73:ThrottleLeft 74:ThrottleRight 75:tilt-MotorLeft 76:tiltMotorRight 77:ElevonLeft 78:ElevonRight 79:VTailLeft 80:VTailRight 81:BoostThrottle 82:Motor9 83:Motor10 84:Motor11 85:Motor12 86:DifferentialSpoil-erLeft2 87:DifferentialSpoilerRight2 89:Main Sail 90:CameraISO 91:CameraAperture 92:CameraFocus 93:CameraShutterSpeed 94:Script 1 95:Script 2 96:Script 3 97:Script 4 98:Script 5 99:Script 6 100:Script 7 101:Script 8 102:Script 9 103:Script 10 104:Script 11 105:Script 12 106:Script 13 107:Script 14 108:Script 15 109:Script 16 120:NeoPixel1 121:NeoPixel2 122:NeoPixel3 123:NeoPixel4 124:RateRoll 125:RatePi-tch 126:RateThrust 127:RateYaw 128:Wing Sail Elevator

앞에서 설명한 PWM 출력에 대한 매개변수를 아래와 같이 설정한다.

SERVO1_FUNCTION	78		0:Disabled 1:RCPassThru 2:Flap 3:Flap_auto 4:Aileron 6:mount_pan 7:mount_tilt 8:mount_roll 9:mount_open 10:camera_trigger 12:mount2_pan 13:mount2_tilt 14:mount2_roll 15:mount2_open 16:DifferentialSpoilerLeft1 17:DifferentialSpoilerRight1 19:Elevator 21:Rudder 22:SprayerPump 23:SprayerSpinner 24:FlaperonLeft 25:FlaperonRight 26:GroundSteering 27:Parachute 28:Gripper 29:LandingGear 30:EngineRunEnable 31:HeliRSC 32:HeliTailRSC 33:Motor1 34:Motor2 35:Motor3 36:Motor4 37:Motor5 38:Motor6 39:Motor7 40:Motor8 41:MotorTilt 51:RCIN1 52:RCIN2 53:RCIN3 54:RCIN4 55:RCIN5 56:RCIN6 57:RCIN7 58:RCIN8 59:RCIN9 60:RCIN10 61:RCIN11 62:RCIN12 63:RCIN13 64:RCIN14 65:RCIN15 66:RCIN16 67:Ignition 69:Starter 70:Throttle 71:TrackerYaw 72:TrackerPitch 73:ThrottleLeft 74:ThrottleRight 75:tiltMotorLeft 76:tiltMotorRight 77:ElevonLeft 78:ElevonRight 79:VTailLeft 80:VTailRight 81:BoostThrottle 82:Motor9 83:Motor10 84:Motor11 85:Motor12 86:DifferentialSpoilerLeft2 87:DifferentialSpoilerRight2 89:Main Sail 90:CameraISO 91:CameraAperture 92:CameraFocus 93:CameraShutterSpeed 94:Script 1 95:Script 2 96:Script 3 97:Script 4 98:Script 5 99:Script 6 100:Script 7 101:Script 8 102:Script 9 103:Script 10 104:Script 11 105:Script 12 106:Script 13 107:Script 14 108:Script 15 109:Script 16 120:NeoPixel1 121:NeoPixel2 122:NeoPixel3 123:NeoPixel4 124:RateRoll 125:RatePitch 126:RateThrust 127:RateYaw 128:Wing Sail Elevator
SERVO1_MAX	2200	PWM	800 2200
SERVO1_MIN	800	PWM	500 2200
SERVO1_REVERSED	0		0:Normal 1:Reversed
SERVO1_TRIM	1500	PWM	800 2200

< Main Out 1 의 매개변수 설정 >

기체의 타면과 서보모터의 기울기 값(틸트 값)은 tilt 서보각 "servo□_max", "servo□_min"으로 설정하고 "servo□_reversed"는 타면 방향을 설정한다. "servo□_trim"값은 서보모터의 중립을 설정하는 데 이용한다.

여기서 중요한 것은 "SERVO1_FUNCTION" ~ "SERVO8_FUNCTION" 까지는 Pixhawk의 PWM 출력 MAIN1 ~ 8까지를 의미한다. 그리고 "SERVO9_FUNCTION" ~ "SERVO14_FUNCTION" 까지는 AUX1 ~ AUX6 까지를 의미한다. 아래에 그림은 SERVOx_FUNCTION의 기능까지 다시 정리하였다.

PWM Output	Servo Function Number	Connect Device
MAIN OUT 1	SERVO1_FUNCTION = 78	Right Elevon Servo
MAIN OUT 2	SERVO2_FUNCTION = 77	Left Elevon Servo
MAIN OUT 3	SERVO3_FUNCTION = 0	사용하지 않음
MAIN OUT 4	SERVO4_FUNCTION = 0	사용하지 않음
MAIN OUT 5	SERVO5_FUNCTION = 33	Right Motor ESC(Motor 1)
MAIN OUT 6	SERVO6_FUNCTION = 34	Left Motor ESC(Motor 2)
MAIN OUT 7	SERVO7_FUNCTION = 0	사용하지 않음
MAIN OUT 8	SERVO8_FUNCTION = 36	Rear Motor ESC(Motor 4)
AUX1	SERVO9_FUNCTION = 76	Right Tilt Servo Motor
AUX2	SERVO10_FUNCTION = 75	Left Tilt Servo Motor
AUX3	SERVO11_FUNCTION = 0	사용하지 않음
AUX4	SERVO12_FUNCTION = 0	사용하지 않음
AUX5	SERVO13_FUNCTION = 0	Input BEC(+5V)
AUX6	SERVO14_FUNCTION = 0	사용하지 않음
RC	Input Receiver(PPM, SBUS)	Input Receiver

6.2 VTOL Main parameter 설정

모든 QuadPlane 매개변수는 Q_ 접두어로 시작한다. VTOL 설정에 대한 주 매개변수로 먼저 이것을 검색해 보면 Q_ENABLE만 나타날 것이다.

QuadPlane을 사용하려면 "Q_ENABLE"을 사용하여 Q_에 관련된 모든 매개변수를 활성화 시켜야 한다. 이렇게 활성화된 후 그 다음 모든 Q_와 관련된 매개변수를 수정할 수 있다. 한 예를 들어 보자.

모터의 PWM값 범위를 설정하는 매개변수는 "Q_THR_MIN_PWM"과 "Q_THR_MAX_PWM"이다. 튜닝 매개변수는 "Q_A_RAT_RLL_P"와 "Q_A_RAT_PIT_P" 및 "Q_A_RAT_YAW_P" 값이다. 앞장에서 언급한 시동이 되었을 때 모터의 회전 속도를 조정하는 매개변수는 "Q_M_SPIN_ARM" 값으로 설정한다. 조종기의 러더(rudder) 스틱으로 시동과 해제를 하려면 "ARMING_RUDDER"을 설정한다. 상세한 설명은 아래와 같다.

1 기본 매개변수 설정

➔ Q_ENABLE = 1

VTOL(QuadCopter)을 활성화 시킨다. 이 옵션을 설정하고 활성화하려면 재부팅 시켜야 한다. 이것은 기존 비행기(고정익)의 기능에 추가로 멀티로터(QuadCopter) 기능을 사용하고자 하는 것이다.

Q_ENABLE는 숨겨져 있는 Quadcopter를 활성화하기 위한 매개변수이므로 다시 FC를 재부팅 하면 "Q_" 에 관련된 매개변수들이 생성될 것이다.

Q_ENABLE	1		0:Disable 1:Enable 2:Enable VTOL AUTO

< 매개변수 설정 >

➔ Q_FRAME_CLASS = 7

0:Undefined 1:Quad 2:Hexa 3:Octa 4:OctaQuad 5:Y6 7:Tri 10 : TailSitter

멀티로터 구성요소에 대한 주 프레임 클래스 제어를 설정한다. 프레임 형태에서 비행체 형태를 설정한다. 이 책에서 사용하고 있는 Convergence VTOL 기체 형태는 tricopter 형태이므로 "7:Tri"를 선택한다.

Q_FRAME_CLASS	7		0:Undefined 1:Quad 2:Hexa 3:Octa 4:OctaQuad 5:Y6 7:Tri 10: TailSitter
Q_FRAME_TYPE	1		0:Plus 1:X 2:V 3:H 4:V-Tail 5:A-Tail 10:Y6B 11:Y6F 12:BetaFlightX 13:DJIX 14:ClockwiseX 15:I 16:MOTOR_FRAME_TYPE_NYT_PLUS 17:MOTOR_FRAME_TYPE_NYT_X

< 매개변수 설정 >

➔ Q_FRAME_TYPE = 1

0:Plus 1:X 2:V 3:H 4:V-Tail 5:A-Tail 10:Y6B 11:Y6F

멀티로터 구성요소에 대한 모터 믹싱 제어를 설정한다. tricopter 지만 쿼드 형태를 선택한다. tricopter는 quadcopter에서 하나를 뺀 형태이기 때문에 쿼드를 선택한다. 이 설정은 기체의 형태에 대한 기본 매개변수 설정하기 위한 매개변수이다.

2 추가적인 매개변수 설정

➔ Q_TILT_MASK = 3

틸트로터(또는 틸트윙)에서 기울일 수 있는 모터의 비트마스크(bitmask)이다. 이 마스크(mask)는 프레임 유형의 표준 모터 순서에 따라 결정된다. 여기서 마스크(mask)된 모터가 기울어진다. 이 마스크(mask)는 비트 형태이고 설정 값은 이진수를 십진수로 바꿔야 한다.

Q_TILT_MASK 설정의 예를 아래와 같다.

- 예 (Quad 2 + 2*) : 이 경우 Quad의 앞쪽 두 모터가 기울어지게 되고 Quad의 앞쪽 모터 번호는 M1과 M3으로 번호로 정의된다(앞 장의 모터 테스트를 참조 한다). 그런 다음 이진수로 배열된다. 이진수를 십진수로 변환하여 기입한다. *은 기울어진 모터를 의미한다.

M8	M7	M6	M5	M4	M3	M2	M1
0	0	0	0	0	1	0	1

00000101=5, Q_TILT_MASK=5

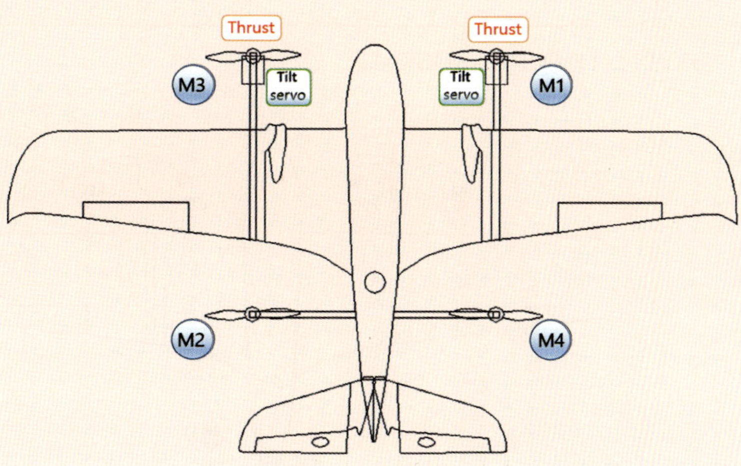

- 예(Quad 4*) : Quad의 모든 모터가 기울어지고 Quad 모터 수는 M1, M2, M3, M4이다. 이것을 이진수로 배열하면 아래와 같다.

M8	M7	M6	M5	M4	M3	M2	M1
0	0	0	0	1	1	1	1

00001111=15, Q_TILT_MASK=15

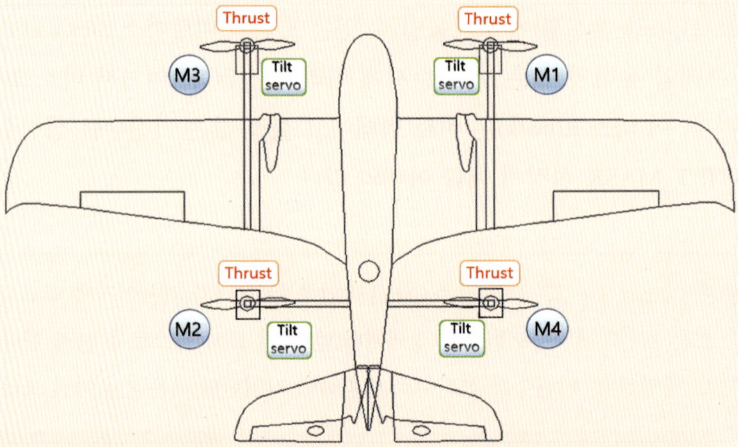

- 예(Y3):Y3의 3개의 모터가 기울어지며 숫자는 M1, M2, M4 번 모터이다. 이진수로 배열되면 다음과 같다.

M8	M7	M6	M5	M4	M3	M2	M1
0	0	0	0	1	0	1	1

00001011=11, Q_TILT_MASK=11

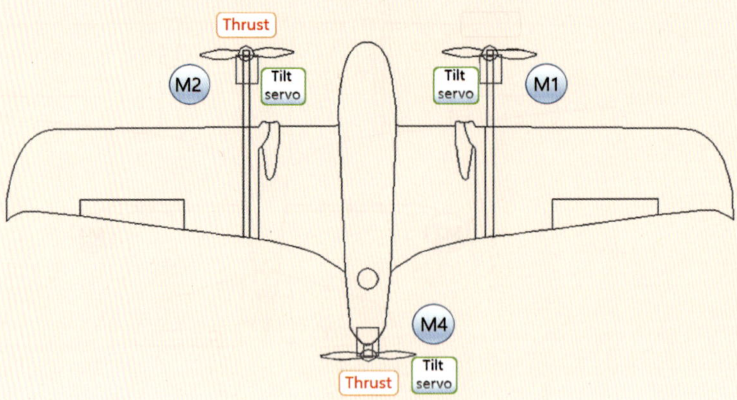

- 예 (Y3) : 이 경우 Y3의 처음 두 모터가 기울어지고 숫자는 M1, M2 번 모터가 된다. 이진수로 배열되면 다음과 같다.

M8	M7	M6	M5	M4	M3	M2	M1
0	0	0	0	0	0	1	1

00000011=3, Q_TILT_MASK=3

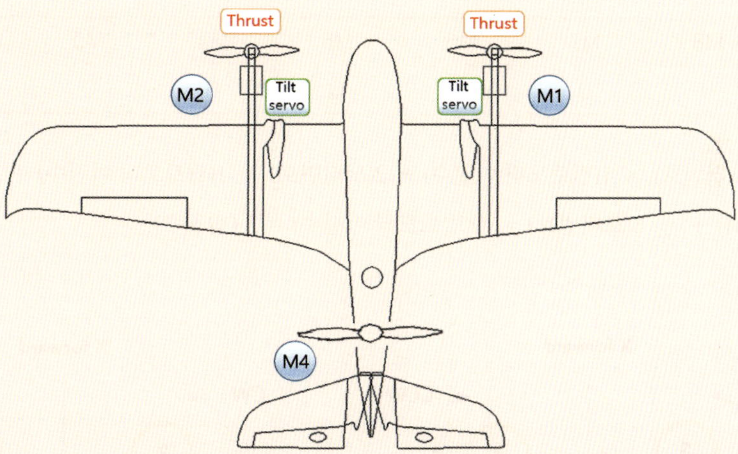

Q_TILT_MASK	3		
Q_TILT_MAX	45	deg	20 80
Q_TILT_RATE_DN	40	deg/s	10 300
Q_TILT_RATE_UP	80	deg/s	10 300
Q_TILT_TYPE	2		0:Continuous 1:Binary 2:VectoredYaw 3:Bicopter
Q_TILT_YAW_ANGLE	10		0 30

<Q_TILT 패밀리 매개변수 설정>

Bit 번호	7	6	5	4	3	2	1	0
모터번호 M_n	8	7	6	5	4	3	2	1
틸트 될 모터 T_n	0	0	0	0	0	0	1	1

아래 그림은 기체의 유형에 따른 각각 모터의 번호를 나타낸 것으로 Quad 형태와 Tri 형태의 Copter를 표시하였다. 기본적인 기체는 Convergence VTOL로써 Tricopter 형태의 기체이므로 1번 모터는 오른/위 모터이고 2번 모터는 왼/위의 모터이다. 3번 모터는 사용하지 않는다. 4번 모터는 뒤쪽 모터이다.

틸트 될 모터는 1번, 2번 모터만 틸트 될 것이므로 Bit 번호로 계산하여 보자. 틸트 될 모터는 이진수로 표시하면 1로 표시하고, 이것을 십진수로 나타내야 한다. 계산은 아래와 같은 Bit Mask이다.

M8	M7	M6	M5	M4	M3	M2	M1
0	0	0	0	0	0	1	1

1(모터번호) × 1(틸트모터 이진수) + 2(모터번호) × 1(틸트모터 이진수) + 2(모터번호) × 0(틸트모터) + … 8(모터번호) × 0(틸트모터 이진수) = 3 (십진수)

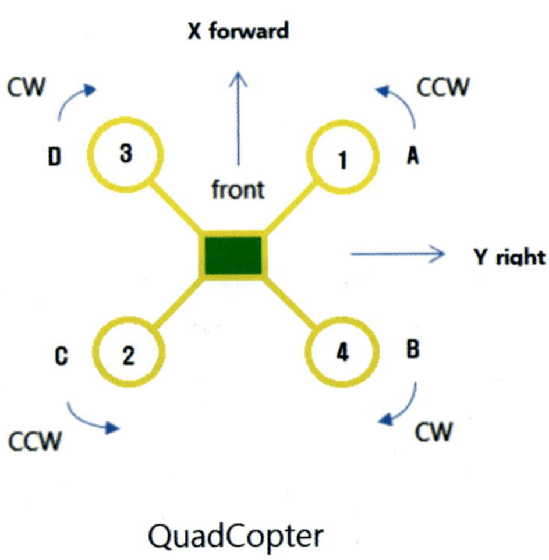

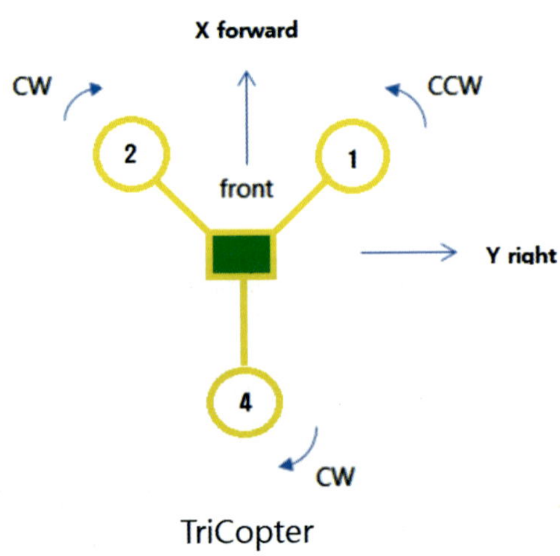

<비행체 유형에 따른 모터 번호>

<실제 모터 번호>

다시 간단하게 Bit Mask 계산해 보자.

Bit Mask(10 십진수) = 모터번호1 × 틸트될 모터2번bit +...+ 모터번호n × 틸트될 모터n번bit

$$
\begin{aligned}
BitMask(10\text{진수}) &= \sum_{1}^{n} M_n T_n \\
&= 1*1+2*1 \\
&= 3
\end{aligned}
$$

M_n는 n번 모터 번호, T_n는 n번째 틸트될 모터 Bit

Q_TILT_MAX = 45

이 파라메터의 값은 멀티로터 제어가 활성화된 상태에서 틸트 모터의 최대 각도이다. 이 각도를 벗어나면 비행기는 오로지 고정익 비행기로만 비행하며 모터는 TILT_RATE 속도로 최대 각도(45°)로 기울게 된다. 최대 경사 각도(45°)에서 기체의 비행속도가 Q_ASSIST_SPEED보다 커야 한다. 이 값을 기준으로 이 값(각도)보다 작은 것이 멀티로터이고 이 값(각도)보다 큰 것이 고정익으로 된다. 기울기가 45° 미만인 경우에도 여전히 멀티로터 모드 상태인 경우가 발생한다. 이 경우 추력용 틸팅 서보가 조심스럽게 앞으로 기울어질 수 있으며 추력이 있는 전면 모터 가속, 추력이 뒤로 젖히고 느려진다. 비행속도가 연관이 있는 "ASRPD_FBW_MIN = 9(사전 설정 속도 9m/s, 약32km/h)"로 설정하였다면 "9m/s"에 도달하지 않는 한 가속 단계이며 보조 할당 속도 "Q_ASSIST_SPEED=11" 이 스톨(추락) 속도이상 높을 때 까지 설정된 45°에서 계속 가속될 것이다.

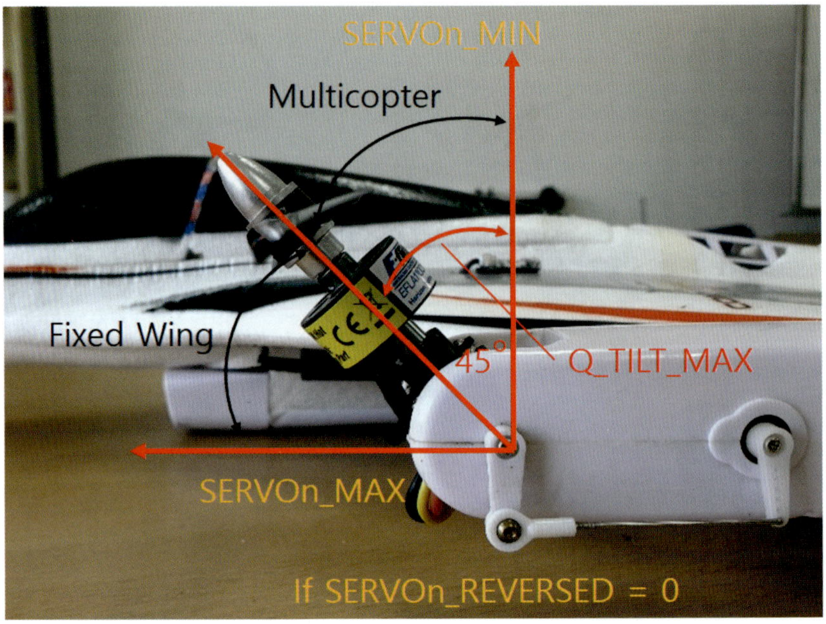

< Q_TILT_MAX 값 설정 >

기체의 속도가 스톨 속도보다 높을 때, 고정익으로 바뀔 때까지 유지한다(기울기 속도는 Q_TILT_RATE의 속도에 따른다). 멀티로터는 여전히 균형을 유지하고 "Q_TRANSITION_MS"에 설정된 값(Q_TRANSITION_MS=5000(5초)) 만큼 지난 후에 나머지 멀티로터 모터(기울지 않았던 모터)가 정지한다. 이제는 고정익 비행모드로 완전히 전환되었다. 이때 수동모드가 아닌 경우, 비행이 정지 된 경우(속도가 Q_ASSIST_SPEED=11 보다 낮음) 비행이 과도하게 회전하는 경우(자세가 Q_ASSIST_ANGLE = 45° 보다 큰 경우)의 멀티로터는 균형을 유지하기 위해 즉시 멀티로터로 전환한다(이때 고정익 모드 이므로 고정익은 실제로는 정지하지 않는다). 끝났으면 고정익이 된다.

➔ Q_TRANSITION_MS = 5000 단위 m/s

QuadCopter에서 고정익으로 변환하는 시간이다. 이 값은 기체의 무게와 추력 및 속도를 바탕으로 적절한 값을 선정하기 바란다. 큰 기체의 경우 시간 값이 커야 한다.

➔ Q_TRANS_DECEL = 2 m/s/s

값이 클수록 제동력이 커진다. 이것은 고정익에서 멀티로터로 변경할 때의 제동력을 의미한다.

→ Q_TILT_RATE_DN = 40(최대 speed tilt down 각속도) 40° tilt, 단위 deg/s

"SERVOn_MIN"에서 "Q_TILT_MAX" 각도를 지나 "SERVOn_MAX"까지 수평으로 기울이는 속도를 나타낸다(SERVOn_REVERSED = 0일 때). 이 값은 초당 내려가는 각속도를 표시한다.

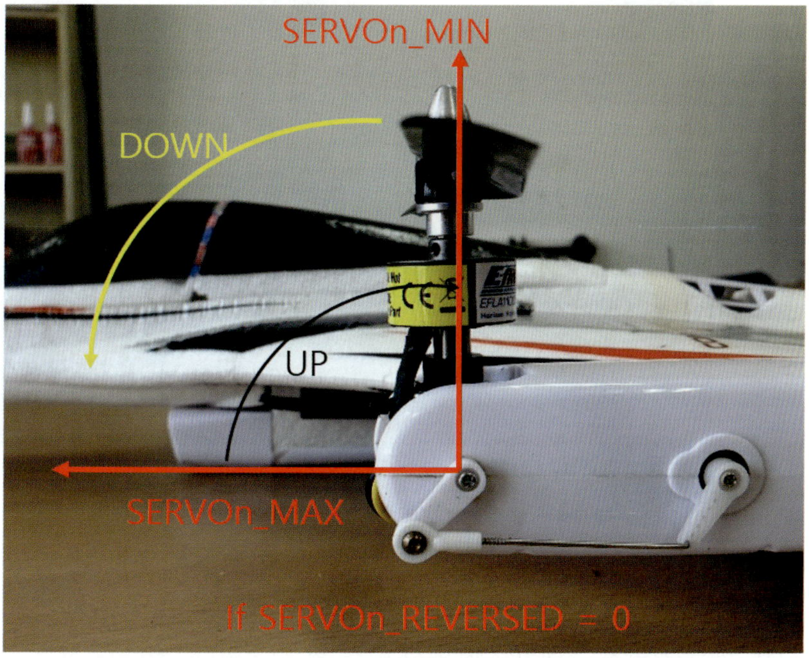

→ Q_TILT_RATE_UP = 80(최대 speed tilt up 각속도), 단위 deg/s

"SERVOn_MAX"에서 "SERVOn_MIN"까지의 수직으로 기울이는 속도를 나타낸다. (SERVOn_REVERSED = 0일 때) 이 값은 초당 올라가는 각속도를 표시한다. Down과 Up 설정 값은 기체의 무게 및 추력에 따라 적절한 값을 설정해야 한다.

→ Q_TILT_TYPE = 2 vectored yaw tilt rotor

벡터화 된 요 틸트로터는 모터의 틸트를 사용하여 호버에서 요를 제어하는데 사용한다. 설정 값 모든 서보는 Q_TILT_RATE 보다 빠르게 이동할 수 없다.

➔ Q_TILT_YAW_ANGLE = 10　　VTOL모드에서 틸트 서보의 각

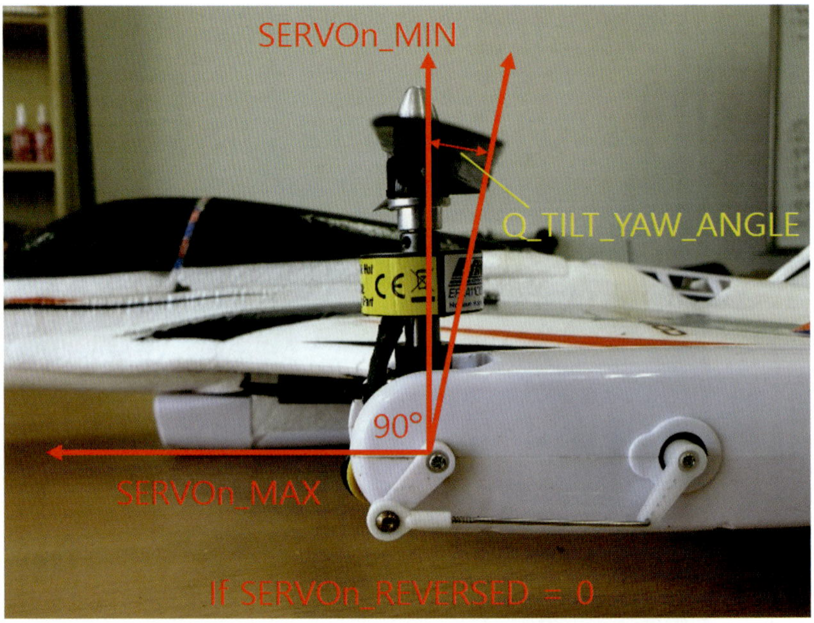

Q_TILT_YAW_ANGLE은 두 tilt-rotor가 yaw 운동하기 위해 반대 방향으로 스윙 (vector yaw라고 하며 전형적인 tricopter에서 뒤쪽 엔진의 스윙을 대체 함)하는 각도이다. 원하는 전체 각도가 아닌 프레임 전체에서 측정 한 각도이다. 원하는 전체 각도를 변경하려면 SERVOn_MIN 및 SERVOn_MAX 로 서보 끝점을 이동해야 한다. Q_TILT_YAW_ANGLE 값은 10~25 이내에서 설정하는 것이 좋다. 이 값이 크면 프로펠러가 동체를 칠 수 있으므로 적절한 값을 선택해야 한다(만약 이 값을 변경했다면 미리 변경된 값들을 다시 설정해야 한다).

Q_ASSIST_ALT	0	m	0 120
Q_ASSIST_ALT_MOD	18		
Q_ASSIST_ANGLE	60	deg	0 90
Q_ASSIST_SPEED	11	m/s	0 100

＜Q_ASSIST 설정＞

➔ Q_ASSIST_ALT = 0

이것은 VTOL(Quad)로 트리거 되는 고도를 나타낸다. 또한 "Q_ASSIST_ANGLE" 및 "Q_ASSIST_SPEED"와 같은 방식으로 동작하지만 VTOL 모터가 작동하지 않는 동안 기체가 지정된 고도 아래로 떨어지면 트리거 된다. 값이 0이면 이 기능은 비활성화 된다. 고도는 지상에서부터의 높이로 계산된다. 라이더(Lidar, Rangefinder)가 셋팅될 경우 지면과 기체의 높이는 라이더로부터의 높이가 계산된다. 라이더가 사용 가능한 경우와 라이더 셋팅은 RNGFND_LANDING = 1 인 경우이다. 그렇지 않으면 TERRAIN_FOLLOW = 1 인 경우 지형 데이터를 이용하여 사용되고 그렇지 않으면 홈 위의 높이에서 계산된다.

➔ Q_ASSIST_SPEED = 11

이 속도는 쿼드 모터가 고정익 모드에서 안정성과 리프트 보조 기능을 제공하기 위한 최저 속도이다. 0 이면 전환 중 이외에는 어떠한 도움도 주지 않는다는 것을 의미한다. 고정익 비행속도("Q_ASSIST_SPEED"가 "11"로 설정된 경우)가 설정된 11(m/s)보다 작은 경우 기체가 QuadCopter로 변화여 스톨(stall)을 피하도록 자동으로 지원한다(11m/s는 11*3.6=39.6km의 속도와 거의 동일 함). 다시 말하면 고정익에서 기체의 속도가 이 속도보다 낮으면 여러 축이 자동으로 균형을 잡아 순간적으로 로터로 변할 것이다(10m/s 값은 시간당 약 36km/h 이다. 속도의 단위 m/s이다).

< 고정익에서 Q_ASSIST_SPEED 이하 일 때 멀티로터로 변환 예 >

➔ Q_ASSIST_ANGLE = 60

고정익에서 설정각도(60°) 이상 기체가 기울어지면 멀티로터로 자동 변환된다. 이 값 이외에도 설정된 "Q_ASSIST_SPEED"가 설정 속도 이하가 되면 멀티로터로 변환된다.

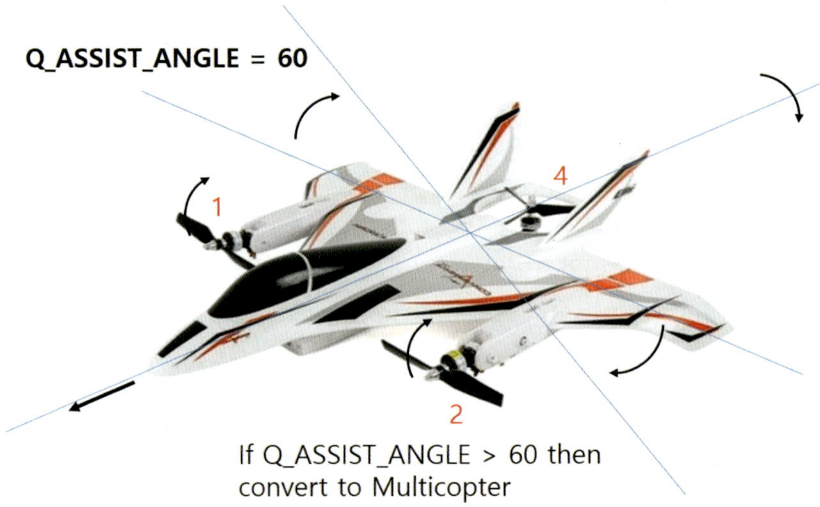

<고정익에서 Q_ASSIST_ANGLE 이하 일 때 멀티로터로 변환 예>

Q_RTL_ALT	15	m	1 200
Q_RTL_LOIT_ALT	100		
Q_RTL_LOIT_MIN	500		
Q_RTL_LOIT_RAD	110		
Q_RTL_MODE	1		0:Disabled 1:Enabled

<Q_RTL 패밀리>

➔ Q_RTL_MODE = 1

QRTL의 사용 여부를 나타낸다. 이 값이 1로 설정되어 있으면 RTL이 발생하면 RTL 대상(Home)의 "RTL_RADIUS" 미터 내에 있을 때 QRTL로 변경된다.

➔ Q_RTL_ALT = 15

Q_RTL 모드에 있을 때 초기 위치(home)로 향하는 고도이다. Q_RTL 모드 일 때 Quad-Copter는 이 반환 고도에서 "Q_WP_SPEED"의 속도로 지정된 홈으로 복귀한다.

→ Q_WP_SPEED = 1500

Waypoint 이동 속도를 나타낸다.(단위 : cm/s)

→ Q_VELZ_MAX = 150

멀티로터에서 상승 및 하강 속도를 말한다. 150일 경우 1.5m/s를 의미한다.

→ RTL_RADIUS = 30

고정익일 때 이 값(반경)의 이내이면 선회(고정익 로이터) 한다.

→ Q_TRAN_PIT_MAX = 13   자동 고정익 비행으로 전환 시 최대 피치 각

Auto 비행 시 Quad에서 고정익으로 변환 중에 기체의 최대 피치 각을 말한다.

→ FLTMODE_CH = 5(비행모드 설정 채널)

고정익 비행모드의 채널은 CH8 이지만 멀티로터에 익숙한 사람은 CH5 이므로 CH5로 변경하는 것을 추천한다.

→ THR_MAX = 100

고정익의 최대 스로틀 값이다. 기본 값은 한계 설정이 되지 않는 한 75%, 그렇지 않으면 100%로 설정한다.

→ THR_MIN = 0

고정익의 최소 스로틀 값이다. 보통 0%로 설정한다.

→ KFF_RDDRMIX = 0.5

테일 러더로 믹싱된 에어러론이다. 0=off, 이 값이 높을 수록 커진다. 이로 인해 고정익을 한 손으로 조작 할 수 있고, aileron이 회전하며, 고도와 속도는 Pixhawk (Manual / FBWA 제외)으로 제어된다.

→ Q_M_SPIN_MIN = 0

최소 quad 모터의 회전 속도를 정의한다.

→ Q_A_RAT_PIT_P = 0.25

QuadCopter일 때 피치(Pitch)에 대한 P 의 rate 값이다.

아래는 QuadPlane일 경우 Return to Launch(RTL) 방법에 대해서 전체적으로 설명 할 것이다.

3 QuadPlane에서 Return to Launch(RTL) 방법

QuadPlane을 비행 할 때는 홈으로 복귀를 처리하는 몇 가지 방법을 선택할 수 있다. 선택 사항은 다음과 같다.

1. 고정익으로 비행하여 복귀 지점(홈 or 랠리포인터)에 왔을 때 원을 그리면서 홈 주위를 돈다.
2. VTOL Plane(QuadCopter)으로 복귀 지점(홈)까지 비행한 후 수직으로 착륙한다.
3. 복귀 지점(홈)에 근접할 때까지 고정익 항공기로 비행 한 후 VTOL(QuadCopter)로 전환하고 수직으로 착륙 한다.

각각의 경우에 핵심 개념은 복귀 위치(홈 or 랠리포인터)이다. 복귀 위치가 가장 가까운 랠리포인터로 정의되거나 랠리포인터로 정의되지 않은 경우 홈 위치로 정의된다.

1) RTL Mode

고정익으로만 비행한 경우로 RTL을 한 경우 아래와 같이 복귀 위치(홈) 위에서 선회한다. 선회 반경은 "RTL_RADUS"의 값이고 선회 방향은 값이 양수로 정의되며 시계 방향이다. 이 값이 음수 값이면 반시계 방향으로 선회한다.

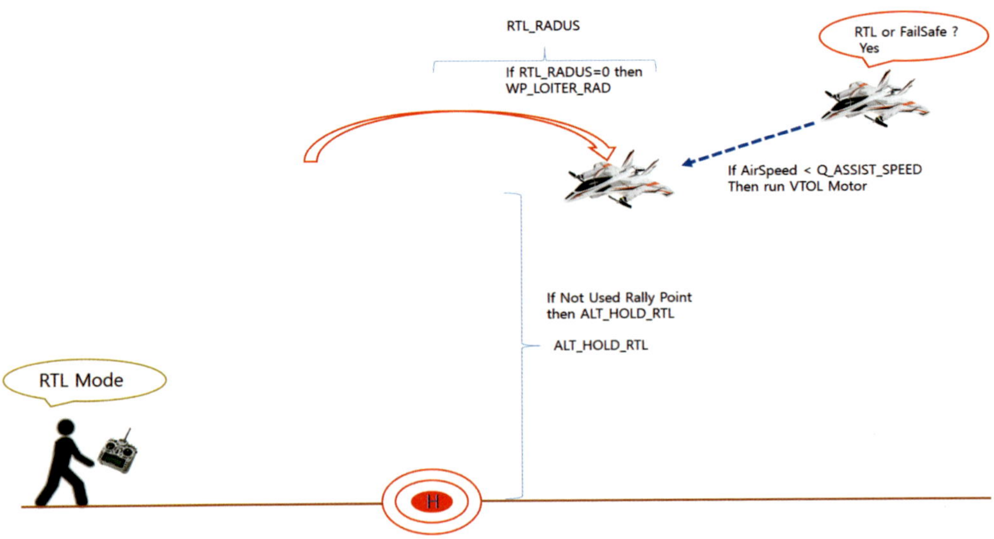

2) QRTL Mode

QRTL(QuadPlane Return to Launch) 모드를 선택하거나 FailSafe가 걸리면 VTOL(QuadCopter)로 바로 전이하여 홈 위치로 간다. QuadPlane은 "Q_WP_SPEED"에 정의된 속도로 홈 위치로 즉시 이동하여 "Q_RTL_ALT" 설정된 고도를 향하여 오르거나 내려간다(아래 그림은 내려가는 형태이다). 홈의 "Q_WP_RADIUS" 값 거리 내에 도착하면 "Q_LAND_FINAL_ALT"에 도달 할 때까지 "Q_WP_SPEED_DN" 속도로 내려오기 시작한다. 여기서 비행기 매개변수 설정으로 위의 홈 위치가 아니라 랠리포인터(Rally Point)로 돌아가도록 구성할 수도 있다. Q_RTL 모드는 기체가 홈으로부터 멀리 떨어져 있을 때는 하지 않는 것이 좋을 것이다. 왜냐면 전력 소모가 커 기체가 홈으로 복귀 하지 않을 수 있다.

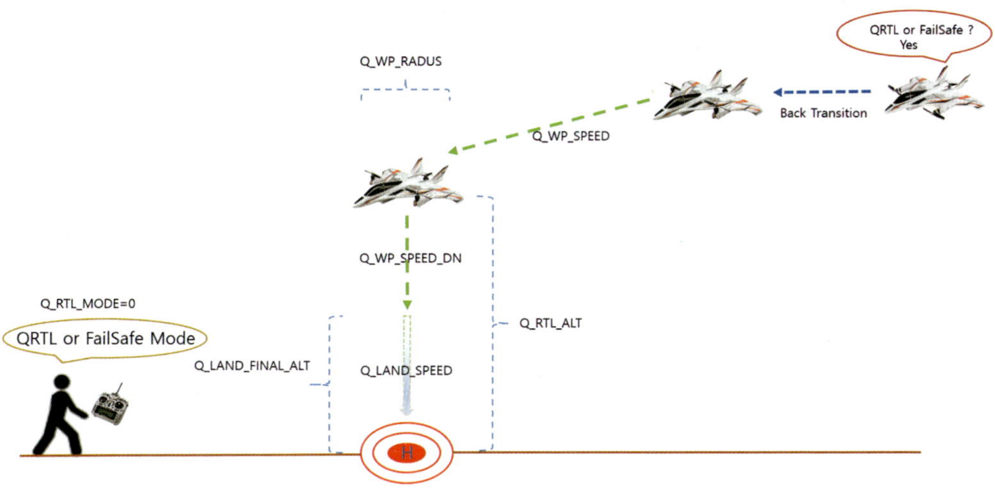

➔ 참고 및 주의

"홈" 위치는 항상 비행기의 실제 GPS 이륙 위치여야 한다. QRTL, QLOITER, AUTO 또는 GPS 종속 모드가 제대로 작동하려면 작동하기 전에 GPS Lock을 획득하는 것이 매우 중요하다. 이 요구 사항은 기본 기체의 시동(Armming) 검사에서 제공된다. 이 검사는 비활성화하지 않는 것이 좋다.

QuadPlane의 경우 초기에 비행기가 GPS Lock을 획득 할 때 홈 위치가 설정된다. 그러면 자동 조종 장치가 해제되어있는 동안에는 계속 업데이트된다. 즉, QuadPlane에서 QRTL을 실행하면 GPS Lock을 획득했다고 가정 할 때 시동했던 위치로 돌아간다. 한편으로 QRTL의 시동 지점으로 직접 돌아가지 않도록 랠리 포인트 사용을 고려할 수 있다.

QRTL 모드에서 자동 조종 장치는 고도를 결정하는 주요 수단("압력 고도")으로 기압을 측정하는 기압계를 사용한다. 비행 지역의 기압이 변경되면 쿼드콥터는 실제 고도가 아닌 기압 변화를 따르게 되므로 비행에 주의해야 한다.

3) Hybrid RTL Mode

QuadPlane에서 RTL의 최종 옵션은 위에서 설명한 대로 VTOL RTL로 전환할 때의 복귀 지점(홈)에 가까워 질 때까지 고정익 항공기로 비행하는 것이다. 이 유형의 하이브리드 RTL 모드를 사용하려면 "Q_RTL_MODE" 매개 변수를 1로 설정한다.

하이브리드 RTL의 고정익 부분에서 목표로 하는 초기 고도는 고정익 RTL과 동일하다. 항공기가 수직 착륙을 위해 적당한 고도에 도착하도록 복귀 지점(홈)의 고도 및 "ALT_HOLD_RTL" 옵션을 적절하게 설정해야한다. 약 15m의 착륙 접근 고도는 다수의 QuadPlane에 설정하는 것이 좋다. "Q_RTL_ALT" 값 보다 크거나 같아야 한다.

기체가 고정익에서 VTOL 비행으로 전환하는 복귀 지점(홈)에서 거리는 "RTL_RADIUS" 매개 변수를 사용하여 설정 하거나 설정되어 있지 않은 경우 "WP_LOITER_RAD" 매개 변수가 사용된다. "Q_RTL_ALT"에 의해 설정된 고도를 목표로 기체가 복귀 지점에 접근함에 따라 속도가 느려 진다.

복귀 지점(홈)에 도달하면 항공기는 위의 VTOL RTL 모드에서 설명한 방식과 동일하게 하강 및 착륙을 시작한다.

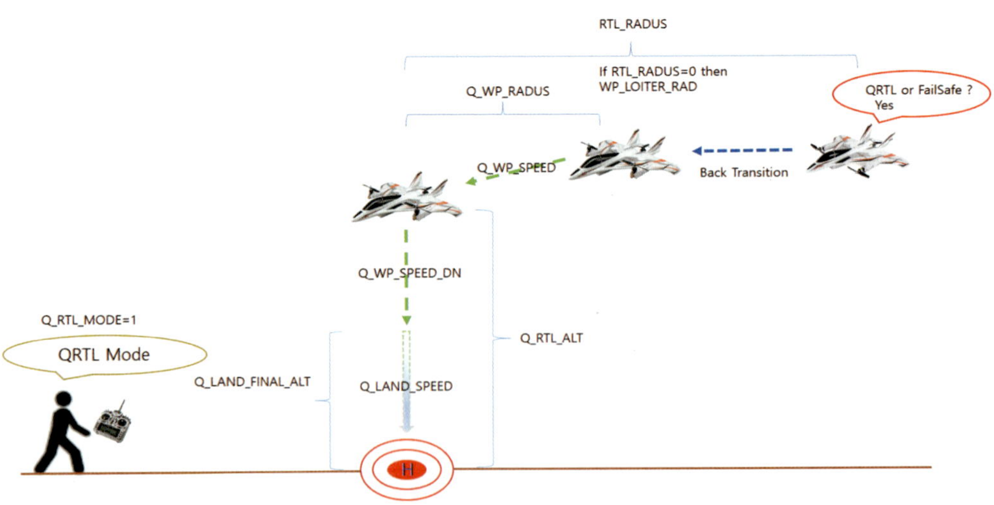

Q_GUIDED_MODE = 0

Quadcopter에서 가이드 모드 사용 유무를 설정한다. 아래 설명은 "Q_GUIDED_MODE=0"에 대한 설명이다.

GUIDED모드에서 VTOL 지원을 사용하려면 "Q_GUIDED_MODE" 매개 변수를 1 로 설정해야한다. 1로 설정되면 GUIDED모드 동작이 변경되어 대상(랠리 포인터)에서 Position Hold(위치 유지)가 고정익으로 선회가 아닌 VTOL로 변경되어 호버링을 수행한다. 가이드 웨이포인트에 대한 접근은 고정익 항공기로 수행된다. VTOL 비행으로의 전환은 미터 단위의 "WP_LOITER_RAD"의 값에 의해서 시작된다. 이 값은 기체에 알맞게 설정해야 한다. 큰 기체일 경우 QuadPlane에 80m의 값이 적합하다.

GUIDED 모드에서 목적지로 마우스로 위치를 클릭하면 새로운 GUIDED 목적지가 제공되며 기체는 고정익 비행으로 다시 전환하고 새 위치로 비행 한 다음 VTOL 모드에서 다시 호버링 한다. 만약 아래와 같이 임무계획일 경우 "LOITER_TIME"의 명령어 일 때 이 시간까지 그 지점에서 호버링 한다. 이시간(LOITER_TIME)이 지나고 나면 다시 고정익으로 임무를 실행한다.

WP Radius 15 | Loiter Radius 60 | Default Alt 150 | Relative | Verify Height | Add Below | Alt Warn 0

	Command	Time s		Dir 1=CW	1=Exit Tangent	Lat	Long	Alt	Frame	Delete			Grad %	Angle	Dist	AZ
1	VTOL_TAK...	0	0	0	0	35.6705477	128.3703652	15	Relative	X			580.6	80.2	152.2	97
2	WAYPOINT	0	0	0	0	35.6705543	128.3701882	60	Relative	X			603.4	80.6	60.8	104
3	LOITER_TI...	10	0	0	0	35.6704431	128.3706361	60	Relative	X			0.0	0.0	42.3	107
4	WAYPOINT	0	0	0	0	35.6701250	128.3699360	60	Relative	X			0.0	0.0	72.5	241
5	WAYPOINT	0	0	0	0	35.6705761	128.3699816	60	Relative	X			0.0	0.0	50.3	5
6	RETURN_T...	0	0	0	0	35.6706262	128.3699200	0	Relative	X			0.0	0.0	29.0	31

< Guide mode에 대한 Loiter time 설정 >

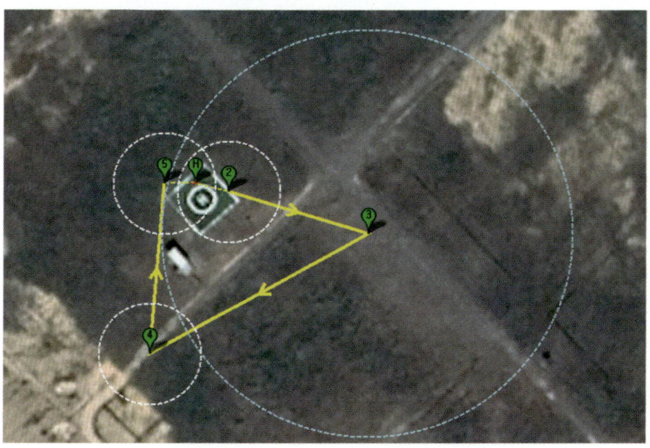

< Guide mode에 대한 실제 경로 >

4 매개변수 옵션 선택(Q_OPTION)

Q_OPTIONS은 비트 마스크(Bit Mask) 매개 변수를 설정하여 Quadplane의 동작을 수정할 수 있다. 이 비트 마스크는 기본적으로 설정되어 있지 않다. 사용하려면 1로 설정해 주어야 한다.

- Bit 0으로 설정된 경우는 VTOL에서 비행기 모드로 전이하여 수평을 유지한다. 전이중에 VTOL 모터(미션 명령에서 VTOL 이륙 후 더 높은 waypoint로)를 사용하여 고도 상승을 시작하지 않는다.
- bit 1로 설정된 경우는 GCS(Mission Planner)에서 VTOL 이륙 대신 고정익 이륙을 사용한다. 그렇지 않으면 QuadPlane은 TAKEOFF 미션 명령에 VTOL 이륙을 사용한다. GCS는 별도의 VTOL_TAKEOFF 미션 명령 대신 TAKEOFF 만 전송할 수 있다.
- 비트 2로 설정된 경우는 GCS(Mission Planner)에서 VTOL 착륙 대신 고정익으로 착륙을 사용한다. 그렇지 않으면 QuadPlane은 LAND 임무 명령에 VTOL_LAND를 사용 한다. GCS는 별도의 VTOL_LAND 미션 명령 대신 LAND 만 보낼 수 있다.
- Bit 3으로 설정된 경우는 Mission Planner에서 설정할 때 지정된 대로 미션 VTOL_TAKEOFF의 이륙 고도를 해석한다(예 : Home을 상대/절대ASL/지형AGL). 그렇지 않으면 이륙 지점의 지형 고도(AGL)를 기준으로 한다.
- bit 4로 설정된 경우(비트 고정 비행 접근 방식을 사용)는 VTOL 비행으로 전환하고 VTOL 착륙을 수행하는 대신 VTOL_LAND 미션 명령 중에 비행기 모드로 유지되고 착륙 위치로 진행, 상승 또는 하강 VTOL_LAND waypoint에 설정된 고도까지 착륙 위치의 Q_FW_LND_APR_RAD 내에 도달하면 LOITER_TO_ALT 를 수행하여 waypoint에서 설정 한 해당 고도로 상승 또는 하강을 완료 한 다음 바람 방향으로 전환하고 VTOL 모드로 전환하여 착륙 위치에서 착륙을 시도한다. 그렇지 않으면 표준 VTOL_LAND가 실행된다. 자세한 내용은 QuadPlane AUTO Mission을 참조하라.
- 비트 5로 설정된 경우는 VTOL 모드에 있을 때 안전 조치를 위해 QLAND를 QRTL로 대체한다. 자세한 내용은 QuadPlane 비행 의 라디오 및 스로틀 FailSafe 섹션 을 참조하라.

이 동작들은 Q_RTL_MODE 및 Q_GUIDED_MODE 매개 변수 로도 동작을 수정할 수 있다.

주의 사항

QuadPlane 코드는 올바르게 작동을 위해 GPS 확보가 필요하다. GPS 확보가 안된 경우 GPS 코드를 사용할 수 없으며 이때는 비행기 코드에서 상속되므로 자세 및 위치에 대한 관성 추정이 비활성화 된다. QuadPlane을 실내에서 비행을 시도하지 않는 게 좋을 것이다. 비행이 잘 되지 않는다.

5 매개변수 추가 설정

1) VTOL의 tilt-rotor 모터 위치 설정

아래 매개변수는 기본 SERVO 설정과 관련 매개변수다. 예를 들어 만약 틸트 모터에서 오른쪽 모터일 경우 □ 값은 "SERVO9_FUNCTION"가 된다.

SERVO□_FUNCTION
SERVO□_MAX
SERVO□_MIN
SERVO□_REVERSED
SERVO□_TRIM

변경해야 할 매개변수는 "SERVO□_MAX", "SERVO□_MIN" 값을 수정해야 한다. 틸트 모터의 수직, 수평 값을 적절히 기체에 맞게 설정한다. 방향은 "SERVO□_REVERSED" 값을 수정한다. 기본 값은 0 이다. 아래는 기본 모터 틸팅 값을 찾는 순서를 보여준다.

우선 중요한 것은 "SERVOn_MIN" 및 "SERVOn_MAX" 값을 조정하기 전에 다음을 수행해야 한다.

1. Mission Planner 에서 조종기 Radio 캘리브레이션 한다(RC 교정).
2. Q_TILT_YAW_ANGLE을 10°에서 30° 사이의 값을 지정한다. 그리고 나서 각 서보 틸트 로터의 SERVOn_MIN과 SERVOn_MAX를 조정한다.
3. SERVOn_MIN 및 SERVOn_MAX가 수평이 되도록 스위치를 MANUAL 모드로 전환한다.
4. 스위치를 QSTABILIZE 모드로 전환하여 SERVOn_MIN 및 SERVOn_MAX가 수직으로 유지되도록 구성한다.

Mission Planner(RC 캘리브레이션)에서 어떤 이유로든 스테이션을 재조정했거나 "Q_TILT_YAW_ANGLE"의 값을 변경하기로 결정한 경우, tilt-rotor 모터가 multi 모드에서 완전히 수직이고 평면 모드에서 완전히 수평이 되도록 SERVOn_MIN 및 SERVOn_MAX의 값을 다시 수정해야 한다(앞에서도 언급함).

여기서 아주 중요한 것은 Tilt_Mask를 설정한 후 Tilt 쪽 "SERVOn_Mxx" 설정을 끝난 후 꼭 재부팅을 해야 다음에 Min과 Max 값이 제대로 반영되어 서보가 변경된 값에 따라 움직인다.

VTOL의 Tilt Motor 변경 설정 예 :
조종기 캘리브레이션이 되어 있고 Q_TILT_YAW_ANGLE = 10(between 10° and 25° is normal)으로 설정이 되어 있는 경우이다.

➔ 왼쪽 서보 틸터 모터(Servo tilt right):

SERVO9_FUNCTION	76		66:RCIN16 67:Ignition
SERVO9_MAX	2140	PWM	800 2200
SERVO9_MIN	970	PWM	500 2200
SERVO9_REVERSED	1		0:Normal 1:Reversed
SERVO9_TRIM	1500	PWM	800 2200

SERVO9_FUNCTION 76
SERVO9_MAX 2140
SERVO9_MIN 970
SERVO9_REVERSED 1

➔ 오른쪽 서보 틸터 모터(Servo tilt left):

SERVO10_FUNCTION	75		66:RCIN16 67:Ignition
SERVO10_MAX	2060	PWM	800 2200
SERVO10_MIN	970	PWM	500 2200
SERVO10_REVERSED	0		0:Normal 1:Reversed
SERVO10_TRIM	1500	PWM	800 2200

SERVO10_FUNCTION 75
SERVO10_MAX 2000
SERVO10_MIN 950
SERVO10_REVERSED 1

➔ 자동 착륙 더 안정적으로 착륙하는 매개변수

Q_TRANSITION_MS	3000	ms	0 30000
Q_M_THST_HOVER	0.35		0.2 0.8
Q_TILT_MAX	45	deg	20 80
Q_TILT_RATE_DN	40	deg/s	10 300

Q_TRANSITION_MS 3000
Q_M_THST_HOVER 0.1
Q_TILT_MAX 50
Q_TILT_RATE_DN 30

2) PID 수정(TUNING & AUTOTUNE)

❖ 수동 PID 튜닝

PID 값을 튜닝하는 것은 2가지 방법이 있다. 하나는 수동으로 하는 방법과 다른 하나는 자동으로 하는 방법이다. 자동으로 하는 방법은 QAUTOTUNE을 이용하여 수행할 수 있다. QAUTOTUNE은 튜닝 장에서 언급할 것이다. 여기서는 우선 아래와 같이 Copter(VTOL)에서 수동으로 PID 값을 수정할 매개변수에 대하여 알아볼 것이다. 이 PID 조정을 수행하기 위해서는 Copter(VTOL) 모드에서 시작해야 한다. 실행 후 동작이 적절하지 않은 것으로 판명되면 copter 모드의 gain을 수정할 수 있다. 예를 들어, 괜찮은 PID값을 얻으려면 아래 같이 gain을 수정할 수 있다. 기체마다 다르니 적절한 값을 튜닝하기 바란다.

➔ Pitch에 대한 PID 값

Q_A_RAT_PIT_D	0.0036		0.0 0.05
Q_A_RAT_PIT_FF	0		0 0.5
Q_A_RAT_PIT_FILT	10		
Q_A_RAT_PIT_I	0.25		0.01 2.0
Q_A_RAT_PIT_IMAX	0.5	%	0 1
Q_A_RAT_PIT_P	0.25		0.01 0.50

```
Q_A_RAT_PIT_P 0.25
Q_A_RAT_PIT_I 0.25
Q_A_RAT_PIT_D 0.0036
```

➔ Roll에 대한 PID 값

Q_A_RAT_RLL_D	0.0036		0.0 0.05
Q_A_RAT_RLL_FF	0		0 0.5
Q_A_RAT_RLL_FILT	10		
Q_A_RAT_RLL_I	0.25		0.01 2.0
Q_A_RAT_RLL_IMAX	0.5	%	0 1
Q_A_RAT_RLL_P	0.25		0.01 0.5

```
Q_A_RAT_RLL_P 0.25
Q_A_RAT_RLL_I  0.25
```

➔ Yaw에 대한 PID 값

Q_A_RAT_YAW_D	0.01		0.000 0.02
Q_A_RAT_YAW_FF	0.01		0 0.5
Q_A_RAT_YAW_FILT	10		
Q_A_RAT_YAW_I	0.06		0.010 1.0
Q_A_RAT_YAW_IMAX	0.6	%	0 1
Q_A_RAT_YAW_P	0.8		0.10 2.50

```
Q_A_RAT_YAW_P 0.8
Q_A_RAT_YAW_I  0.6
```

➔ VTOL에서 중요한 Yaw 매개변수

여기서 중요한 것은 Yaw 값의 설정이 중요하다. Yaw에 대한 값을 중점적으로 나타냈었다.

Q_A_ACCEL_Y_MAX	36000	cdeg/s/s	0 720000:Disabled 9000:VerySlow 18000:Slow 36000:Medium 54000:Fast
Q_A_ANG_YAW_P	2.8		3.000 12.000
Q_A_RAT_YAW_D	0.01		0.000 0.02
Q_A_RAT_YAW_FF	0.01		0 0.5
Q_A_RAT_YAW_FILT	10		
Q_A_RAT_YAW_I	0.06		0.010 1.0
Q_A_RAT_YAW_IMAX	0.6	%	0 1
Q_A_RAT_YAW_P	0.8		0.10 2.50
Q_A_RATE_Y_MAX	0	deg/s	0 10800:Disabled 360:Slow 720:Medium 1080:Fast
Q_A_SLEW_YAW	6000	cdeg/s	500 18000
Q_M_YAW_HEADROOM	200	PWM	0 500
Q_M_YAW_SV_ANGLE	10	deg	5 80
Q_TAILSIT_INPUT	0		
Q_TILT_TYPE	2		0:Continuous 1:Binary 2:VectoredYaw 3:Bicopter
Q_TILT_YAW_ANGLE	10		0 30
Q_WVANE_GAIN	0		0 1
Q_YAW_RATE_MAX	60	deg/s	50 500

Q_A_ANG_YAW_P 3.0

Q_A_RAT_YAW_P 0.8

Q_TILT_TYPE 2

Q_TILT_YAW_ANGLE 10

Q_YAW_RATE_MAX 60

기본 PID 이해

VTOL 및 드론에서 PID 제어는 꼭 설정을 해야만 하는 과정이다. 이 PID 제어는 비례, 적분, 미분으로 오차의 크기, 오차의 적분, 오차의 미분 값으로 무인기 시스템을 안정적으로 제어하는 제어법이다. 아래는 순서대로 오차의 크기 제어, 두 번째는 크기 및 적분제어, 세 번째는 크기, 적분, 미분 제어를 나타내는 그래프다. 아래 그래프는 시간에 따라 제어(Control point)가 목표 값(Set Point)으로 얼마나 빠르게 진동 없이 수렴하는 과정을 보여 준다.

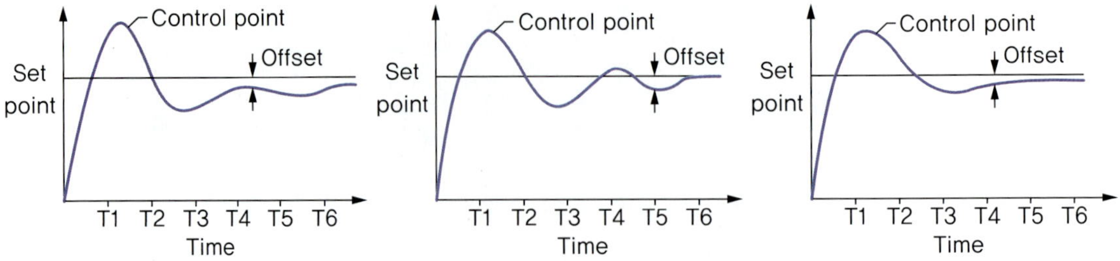

오차의 크기 값(Kp)으로 그래프 변화를 나타내어 보자. P값의 변화에 따라 Set point(값 1)에 수렴하려고 노력한다. K는 오차 변수로 생각하면 된다.

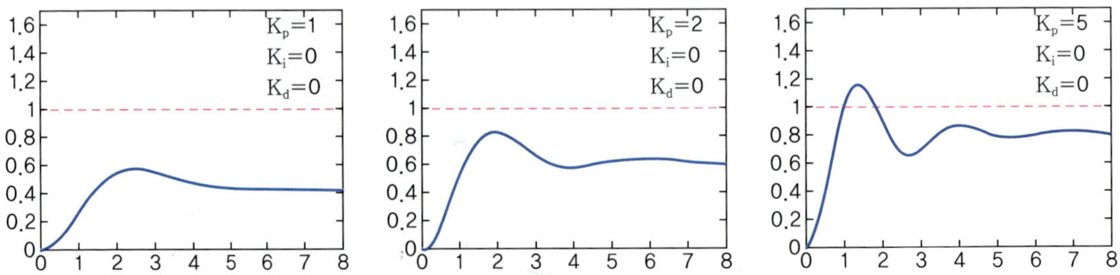

오차의 적분 값(Ki)의 변화로 그래프를 보자. 이 값이 클수록 Set point로 제어가 이동하는 것을 볼 수 있다.

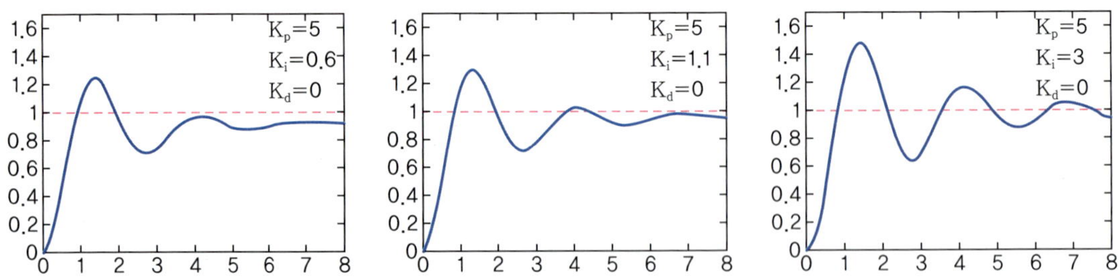

오차의 미분 값(Kd)의 변화로 그래프를 확인하자. 이 값이 클수록 Set point로 제어 진동이 작아지고 수렴하는 것을 볼 수 있다.

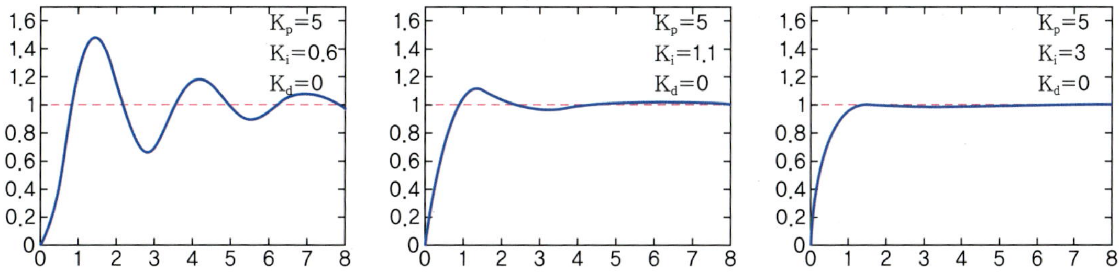

➔ Roll PID 값 설정하기

위의 이론적인 PID 개념을 확인하였으면 실제 아래 VTOL 기체의 동작에 따른 PID값을 적용하는 설명을 하고자 한다. 기체 마다 설정 값이 다르므로 내용을 숙지하여 자신에 맞는 값을 적용하기 바란다.

- Q_A_ANG_RLL_P = 4.5
  이 값은 실제 롤 각도와 원하는 각도 사이의 오차 게인을 나타내며, 값이 클수록 기체의 보정 강도가 커지는 현상을 나타낸다.
  기체를 쉽게 튜닝 할 수 없는 경우 내부 루프 매개 변수를 조정해야 한다.
- Q_A_RAT_RLL_D = 0.0036
  이 값은 미분을 의미한다. 이 값이 너무 크면 롤 축이 고주파수 및 작은 진폭에서 진동하기 시작한다. 디버깅 할 때 매개 변수가 0보다 커야 한다. 실수하지 않도록 주의하라.
- Q_A_RAT_RLL_I = 0.25
  이 값은 포인트를 의미한다. 이 값은 일반적으로 해당 P 값을 초과하지 않게 설정한다. 예를 들어, 콥터(Copter) 상태에서 롤을 15°(조이스틱이 완료되고 각도가 15도 Q_ANGLE_MAX = 1500으로 제한됨)에 도달했지만 기체는 14°에서 안정되어 올라갈 수 없으므로 이 경우 I 값을 늘려야 한다.
- Q_A_RAT_RLL_P = 0.25
  이 값은 비율을 나타낸다. 값이 클수록 모터의 출력이 커지고 값이 너무 크면 기체가 저주파수로 진동을 한다.

➔ Pitch PID 값 설정하기

- Q_A_ANG_PIT_P = 4.5
  이 값은 실제 피치 각도와 원하는 각도 사이의 오차 게인을 나타내며, 값이 클수록 항공기 보정 강도가 커지는 현상을 나타낸다.
- Q_A_RAT_PIT_D = 0.0036
  이 값은 미분을 의미 한다. 이 값이 너무 크면 피치 축이 고주파수 및 작은 진폭에서 진동하기 시작한다. 디버깅 시 이 매개 변수는 0보다 커야 한다. 실수하지 않도록 주의하라.
- Q_A_RAT_PIT_I = 0.25
  이 값은 포인트를 의미한다. 이 값은 일반적으로 해당 P 값을 초과하지 않게 설정한다. 예를 들어, 콥터(Copter) 상태에서 피치를 15°(조이스틱이 완료되고 각도가 15° Q_ANGLE_MAX = 1500으로 제한됨)에 도달했지만 기체가 14°에서 안정화되어 올라갈 수 없으므로 이 경우 안정성을 제거하려면 I 값을 늘려야 한다.
- Q_A_RAT_PIT_P = 0.25
  이 값은 비율을 나타낸다. 값이 클수록 모터의 출력이 커지고 값이 너무 크면 기체가 저주파수로 진동하고 값이 너무 작아 기체가 부드러워지며 바람 저항이 떨어진다.

➔ Yaw PID 값 설정하기

- Q_A_ANG_YAW_P = 3.0
  이 값은 실제 방향 각과 원하는 방향 각 사이의 오차 게인을 나타내며, 값이 클수록 기체의 보정 강도가 커지는 현상을 나타낸다.
- Q_A_RAT_YAW_D = 0.001
  이 값은 미분을 의미한다. 이 값이 너무 크면 요축이 고주파수 및 작은 진폭에서 진동하기 시작한다. 이 값은 디버깅 할 때 매개변수가 0보다 커야한다. 실수하지 않도록 주의하라.
- Q_A_RAT_YAW_I = 0.6
  이 값은 포인트를 의미한다. 이 값은 일반적으로 P 값을 초과하지 않는다. 예를 들어, 콥터(Copter) 상태에서 5° 방향을 치고 조이스틱을 풀었지만 기체 방향이 4° 이상 갈수 없으면 이 경우 안정성 오류를 제거하려면 I 값을 늘려야 한다.
- Q_A_RAT_YAW_P = 0.8
  이 값은 속도 비율을 나타낸다. 값이 클수록 모터의 출력이 커지므로 값이 너무 크면 기체가 저주파수로 진동을 하고 값이 너무 작아지며 기체가 회전하지 않는다.

CHAPTER **07**

조종기 설정

CHAPTER 07

7.1 ··· 조종기와 수신기 바인딩

❶ 조종기

❷ 수신기

❸ 바인딩 순서

7.2 ··· 비행모드 조종기 key 할당

❶ 비행모드의 종류

❷ 비행모드 설명

❸ 비행모드 매개변수로 변경

❹ 조종기 key 할당

1) 조종기 Mixing

2) 조종기 key할당에 대한 음성 출력 및 Timer 설정

7.3 ··· Jumper T16 조종기의 Telemetry 활용

❶ 조종기에서 Telemetry 셋팅

1) 다운받기

2) pc에서 저장장치로 인식 시킨 후 복사하기

3) 초기 테마 화면을 blue 테마 배경으로 바꾸기

4) Yaapu 스크립트를 위젯으로 실행하기(위젯으로 Yaapu 스크립터 환경 설정)

5) Display Layout(화면 전체 구성)

❷ Pixhawk에 Telemetry 매개변수 설정

❸ Telemetry Test

1) 조종기, 수신기, Telemetry, FC, GCS(Mission Planner) 연결

2) 유튜브 링크

CHAPTER 07

조종기 설정

7.1 조종기와 수신기 바인딩

일반적으로 VTOL을 지상에서 조종 및 운용하기 위해서는 기본적으로 조종기는 수신기와 같이 사용한다. 조종기는 지상에서 조종기의 레버나 스위치의 물리적인 신호를 보내고 수신기는 기체에 장착되어 조종기로부터 도달한 신호를 수신하여 FC에 전달하는 역할을 한다. 이에 조종기와 수신기는 서로 바인딩(Binding)이 되어 있어야 여러 주파수로부터 간섭 없이 서로 간에 연결이 되어 안정적으로 통신이 이루어진다.

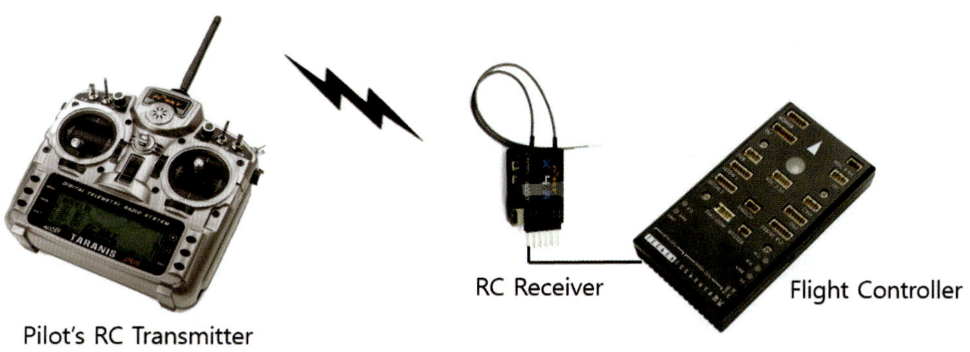

조종기는 제조회사의 주파수 및 활용방법에 따라 여러 종류로 나누어진다. 일반 상용 조종기는 주파수대가 기본 2.4GHz 대에서 주로 많이 사용한다. 조종기의 상세한 스펙은 조종기의 매뉴얼에 나와 있다. 그리고 조종기의 기능들은 매뉴얼을 탐독하여 숙지해야 한다.

조종기는 수신기와 사용할 때 조종기에 대한 수신기가 상호 호환이 되어야 한다. 호환이 된다는 이야기는 서로 바인딩이 가능하여 서로 통신이 원활이 이루어진다는 이야기이다.

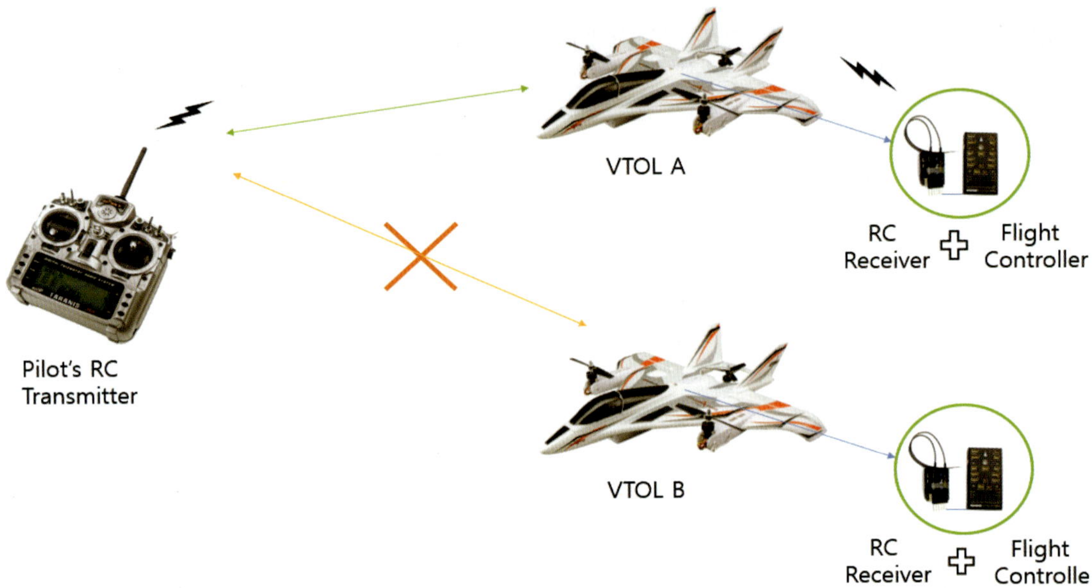

조종기는 호환이 되는 여러 수신기와 사용 가능하다. 사용 가능하다는 이야기는 동시에 사용할 수 없고 여러 수신기를 조종기에 각각 등록 및 바인딩 하여 각각 단독으로 사용할 수 있다는 것이다. 다시 말해 동시에 사용할 수 없고 조종기 1대에 1대의 기체만 사용 가능하지만 여러 수신기를 하나에 등록하여 선택적으로 사용 가능하다는 의미이다.

1 조종기

조종기는 필자가 사용하는 것 위주로 설명하겠다. 필자는 주로 타라니스(Taranis)라는 제품과 Jumper T16이라는 제품을 사용한다. 이 제품은 Open Source 기반에 제작된 제품으로 사용자가 필요한 기능들을 넣을 수 있다. 하드웨어적으로 다시 개조 및 수정이 가능하고 소프트웨어적으로도 소스 레벨에서 수정할 수 있어 추가적인 기능을 스크립터 형식으로 넣을 수 있어 기능들을 더욱 향상 시킬 수 있다.

아래는 RC Groups 으로 조종기 Open Source 기반에 대한 이야기를 언급하였다. 여러 프로젝트 들이 많이 있어 자신의 조종기와 호환되는 프로젝트를 보기 바란다.

https://www.rcgroups.com/forums/showthread.php?1826600-Open-source-transmitter-software

기본 적으로 눈여겨 볼 것은 아래 링크이다.

https://github.com/JumperXYZ/JumperTX
http://www.open-tx.org/

FrSky사의 Taranis 나 Jumper T16에 대한 설명은 http://www.open-tx.org/ 참조하기 바란다. FrSky사의 조종기는 아래 링크에 있다.

https://www.frsky-rc.com/product-category/transmitters/

< FrSky사의 Taranis XPlus >

특히 조종기 중에 Jumper T16은 Multi Spectrum을 지원하여 시중에 사용하고 있는 여러 수신기가 대부분 호환이 되어 이 조종기 하나로 제조사가 다른 수신기와 연결할 수 있다.

＜Jumper T16＞

이 조종기는 1개의 조종기에 4가지 칩셋을 포함(JP4-in-1)하여 멀티프로토콜(Multi-protocol)을 지원한다. DSM2/X, FrSKY, SFHSS, FlySky, FlySky AFHDS2A, Hubsan등과 더 많은 수신기와 호환이 된다.

➔ Jumper T16의 특징

- STM32F429BIT6 MCU
- 산업용 등급 4.3 인치 480×272 실외 판독 가능 컬러 스크린
- JumperTX 및 OpenTX 펌웨어와 호환
- 휠 메뉴 버튼
- 각도 조절 가능한 매우 부드러운 이중 베어링 짐벌
- TBS CRSF를 지원하는 다중 프로토콜 송신기 모듈
- 탈착식 배터리
- 원격 측정(Telemetry) 지원
- 메모리 16M(TF 카드로 확장 가능)
- 음성 기능
- 진동 알림 기능
- 표준 JR 모듈 슬롯

- 6 개의 비행 모드 버튼(APM 및 Pixhawk 비행 컨트롤러 용)
- 2 색 LED 상태 표시

Jumper T16 사양

- 전압 : DC7-8.4V
- 배터리 : 2 x 18650(트레이 제공) 또는 2S lipo(배터리 포함되지 않음)
- 현재 : 350mah (NO CRSF)
- 채널 : 16ch
- 크기 : 180x190x58
- 무게 : 888g

1개의 조종기에 4개의 칩셋 사용(호환 칩셋(chipset) 포함)

- 동작 주파수 : 2.4GHz
- 모듈 호환성 : JR
- 중량 : 42g(안테나 포함)
- USB를 통해 펌웨어 업데이트 가능
- Cyprus Semiconductor CYRF6936 : DSM / DSMX, Walkera Devo
- Texas Instruments CC2500 : FrSky, Futaba SFHSS
- Amiccom A7105 : FlySky, FlySky AFHDS2A, Hubsan
- Nordic Semiconductor NRF24L01 : HiSky, Syma, ASSAN 및 기타 대부분의 중국 모델

2 수신기

- X4RSB

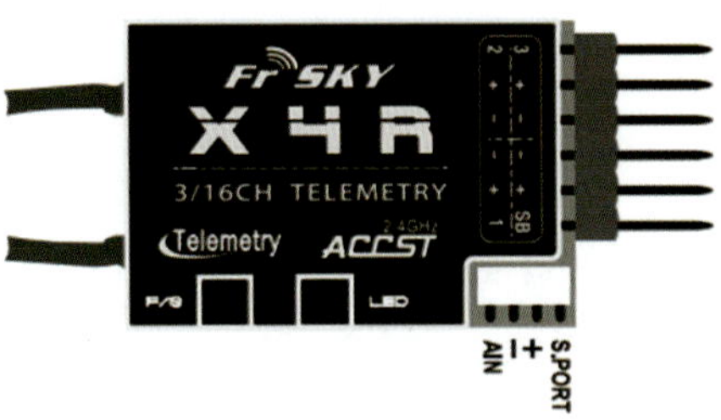

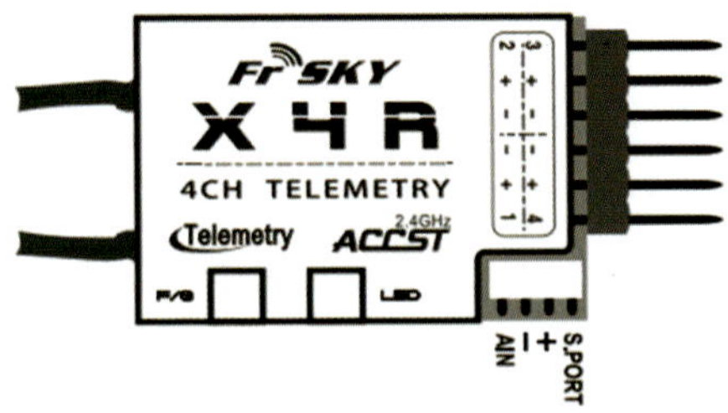

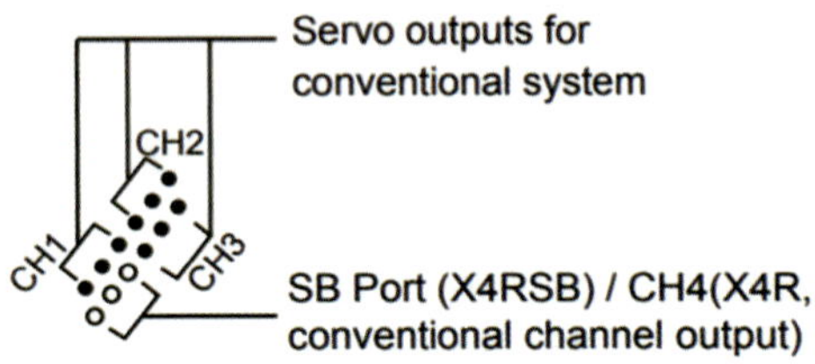

Green LED	RED LED	Status
ON	Flashing	Binding
Flashing	OFF	Normal
OFF	Flashing	Signal Lost
Flash Twice	Off	Failsafe Set

- X4RSB의 특징

> - 스마트 포트가 활성화되어 양방향 전이중 전송이 가능하다.
> - 외부 아날로그 원격 측정 포트(AD2) 지원
> - X8R 및 X6R보다 가볍고 물리적으로 작음
> - 더 많은 채널 수
>
> X4RSB : 기존 채널 출력의 9~10ch, SBUS 채널의 1~16ch, CPPM 채널에서 1~8ch
>
> X4R : 기존 채널 출력에서 9~11Ch, CPPM 채널에서 1~8ch, SBUS 포트가 없다.
>
> - RSSI PWM 출력 (0~3.3V)이 탑재되어 있다.

3 바인딩 순서

바인딩은 특정 수신기를 송신기 모듈에 고유하게 연결하는 프로세스다. 송신기 모듈은 여러 수신기에 바인딩 할 수 있다(단, 동시에 사용하지 않아야 함). 수신기는 하나의 송신기 모듈에만 바인딩 할 수 있다. 바인딩 순서는 아래 단계에 따라 이행하면 된다.

1. Jumper T16 조종기를 바탕으로 설명하겠다. 모든 조종기는 비슷한 과정으로 바인딩 하니 참조 바란다. 제일 중요한 것은 조종기 매뉴얼을 참조하는 것이다. 송신기에 아래의 바인딩 메뉴에서 바인딩 버튼을 클릭하고 기다린다. 송신기는 바인딩을 기다리는 부저 음이 들린다. 송신기가 수신기에 바인딩 할 준비가 되었음을 나타내는 것이다.

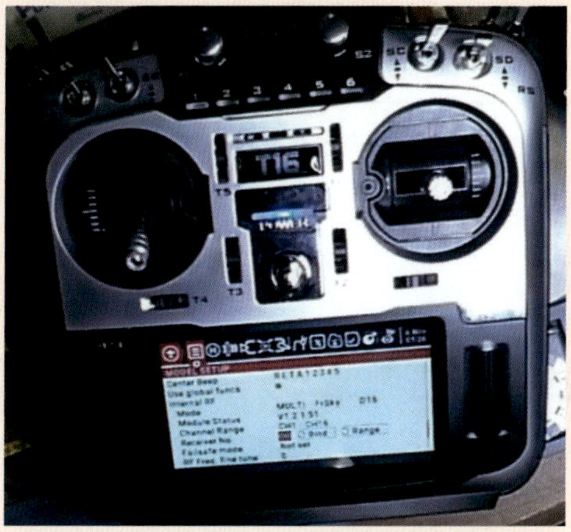

<조종기 Binding 메뉴>

2. 수신기의 F/S 버튼을 누른 상태에서 배터리를 X4R 수신기에 연결한다. 이것은 수신기에 파워를 연결하여 송신기의 바인딩 신호를 수신기가 수신하여 서로 바인딩하는 과정이다. 바인딩 프로세스가 완료되었음을 나타내는 수신기의 LED가 깜박인다. 만약 X4R 이면 적색과 노란색이 동시에 깜박이면 바인딩이 성공했다는 메시지이다.
3. 송신기와 수신기를 모두 끈다.
4. 배터리를 연결하여 송신기를 켠다. 수신기의 녹색 LED는 수신기가 송신기로부터 명령을 수신하고 있음을 나타낸다. 송수신이 잘되고 있다는 반증이다. 수신기/송신기 모듈 바인딩은 둘 중 하나가 교체되지 않는 한 반복 할 필요가 없다.

아래 표는 X4R과 X4RSB와 비교 설명한 것으로 바인딩 하기 전에 점프를 할 것인가 안할 것인가를 보고 채널 출력을 몇 채널로 할 것인가를 나타낸다. 수신기 종류를 보고 아래 표에 따라 하기 바란다.

Receiver	Mode of Receiver	Telemetry	Channel Output	Jumped Before Bind (Signal pins)	F/S Button
X4R	D16	√	CPPM(CH1~8), CH9~11	CH2 & CH3	Connect the battery to any available channel output while holding the F/S button on Receiver
X4R	D16	√	CH1~4	No Jumper	
X4RSB	D16	√	CPPM(CH1~8), CH9~10, SBUS(CH1~16)	CH2 & CH3	
X4RSB	D16	√	CH1~3, SBUS (CH1~16)	No Jumper	

< Frsky 수신기 X4R과 X4RSB 비교 >

7.2 비행모드 조종기 key 할당

1 비행모드의 종류

비행모드는 앞장(4장 센서 캘리브레이션 - 라. 비행모드)에서 상세히 설명하였다. 덧붙이면 필자는 CH8번에서 CH5로 다시 할당 하고 시작한다는 것이다. 그러면 조종기에도 같이 CH5에 조종기 key를 설정해야 한다.

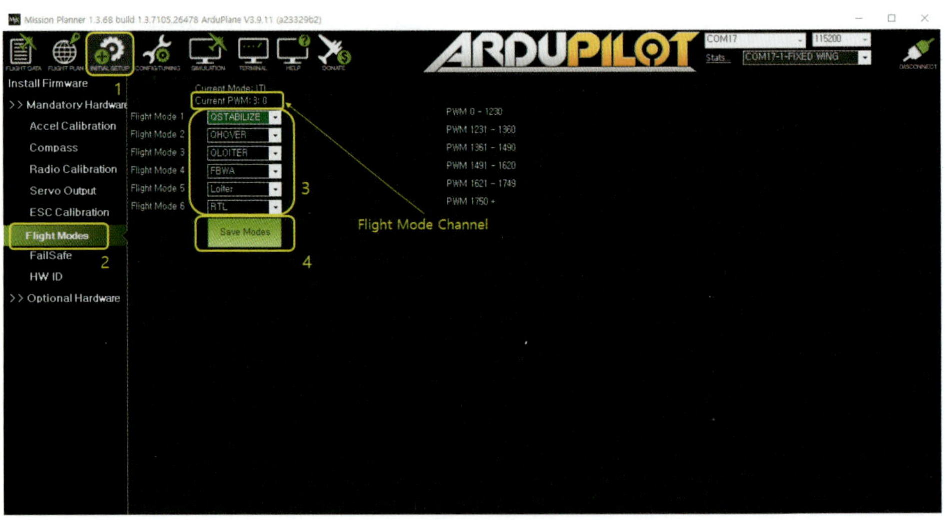

< Flight Mode 설정 >

2 비행모드 설명

VTOL에서 비행모드는 여러 비행모드가 존재한다. 또한 기능에 따라 사용자는 적절한 것을 사용하면 된다. 필자는 여러 비행의 경험으로 위와 같이 QSTABILIZE, QHOVER, QLOITER, FBWA, Loiter, RTL 6단계의 비행모드를 설정하였다. 각각에 대한 상세한 기능에 대해 설명하고자 한다.

→ QSTABILIZE 모드

QSTABILIZE 모드를 사용하면 기체를 수동으로 비행 할 수 있지만, 롤 및 피치 축은 자체 수평 조정된다. VTOL을 처음 접하는 초보자 분은 QSTABILIZE 대신 QHOVER 또는 QLOITER 를 사용하여 비행하는 것을 추천한다. 주의 할 것은 QSTABILIZE 모드에 비행하고자 한다면 GPS가 반드시 필요한 것은 아니지만 QRTL 또는 RTL로 전환할 수 있도록 조종기에 key를 할당하는 것이 좋다. GPS가 연결되어 있다면 HDOP 값(2보다 작은 값)이 충분히 안정된 값인지 확인해야 한다. 또한, 초보자들은 이 모드에서 바람이 많이 부는 날에는 기체 제어가 힘들기 때문에 비행하지 않기를 바란다.

- 동작상태

- 조종자가 조종기를 통하여 롤 및 피치 입력을 제어하여 기체의 기울기 각도로 제어가 가능하다. 조종자가 롤과 피치 스틱을 놓으면 기체는 자동으로 수평을 맞춘다. GPS 신호를 이용하지 않기 때문에 조종자는 스틱을 계속 제어해야 한다.
- 조종자는 바람에 의해 기체가 밀릴 때 기체를 제자리에 유지하기 위해 롤 및 피치 명령을 정기적으로 입력해야한다.
- 조종자의 요 입력은 기체의 헤딩(전방)의 변화율을 제어한다. 조종사가 요 스틱을 놓으면 기체는 현재 방향을 유지한다.
- 조종자의 스로틀 입력은 평균 모터 속도를 제어한다. 만약 고도를 유지하려면 스로틀을 일정하게 조정해야 한다. 조종사가 스로틀을 완전히 내리면 모터는 최소 속도(Q_M_SPIN_ARMED)로 이동할 것이다. 만약 기체가 비행하고 있는 상태에서 스로틀을 완전히 내린다면 기체의 자세 제어와 회전이 중단되어 추락하게 될 것이다. 또한 QSTABILIZE 모드에서 FBWA로 전이하는 과정에서 많이 추락을 하니 주의를 요한다.
- 모터에 전송 된 스로틀 값은 기체의 기울기 각도(즉, 기체가 더 많이 기울어짐에 따라 증가)에 따라 자동으로 조정되어 기체의 자세 변화에 따라 조종자가 수행해야 하는 제어를 줄이는 데 도움을 준다.

주의 사항

조종자가 기체를 조종하고 있을 때 예기치 못한 오동작 상태나 자동 조종 장치가 기체를 제어하지 못하는 상황에서는 조종자는 항상 QSTABILIZE와 같은 수동 모드로 전환을 하여 기체를 제어하여 안전하게 착륙해야 한다.

- 기체에 발생된 문제에 대한 해법

문제 1 이륙 즉시 QuadPlane이 뒤집힌다.

▸ 이 경우는 일반적으로 모터 순서가 잘못되어 잘못된 방향으로 회전하거나, 잘못된 프로펠러를 사용하여 발생한다(시계 방향(CW) 대 시계 반대 방향(CCW)). 프로펠러 방향을 다시 점검하여 수정한다. 또한 자동 조종 장치의 rc 연결을 점검하여야 한다.

문제 2 QuadPlane이 롤 또는 피치 축에서 흔들린다.

▸ 이는 일반적으로 Rate P값이 잘못되었음을 의미한다. Q_A_xxx 매개 변수를 조정하여 튜닝을 해야 한다. 이 방법에 대한 것은 PID 튜닝 장을 참조해라.

문제 3 QuadPlane이 빠르게 내려가며 QuadPlane이 흔들린다.

▸ 이것은 로터의 프로펠러 와셔가 헐거워졌기 때문에 발생하며 Rate Roll/Pitch P 값을 높이는 것이 도움이 될 수 있지만 튜닝이 거의 불가능하다. 프로펠러를 모터에 단단히 고정시켜야 한다.

문제 4 QuadPlane은 이륙 시 오른쪽 또는 왼쪽으로 15° 요잉(Yawing)한다.

▸ 일부 모터 차제의 속도 차이가 있거나 ESC가 보정이 안 되어 있기 때문이다. QuadPlane ESC 보정이 필요하다. VTOL ESC 캘리브레이션(보정)을 참조해라.

문제 5 QuadPlane은 고도를 유지하지 않거나 공중에 완전히 머무르지 않는다.

▸ 위에서 언급했듯이 이것은 수동 비행 모드(QStabilize)이며 고도와 위치를 유지하기 위해 스틱을 지속적으로 제어해야 한다.

문제 6 롤 또는 피치에서 때때로 경련을 일으키는 현장이 발생한다.

▸ 일반적으로 수신기의 간섭(예 : 수신기에 너무 가까이 배치 된 FPV 장비) 또는 QuadPlane ESC 보정으로 해결할 수 있는 ESC 문제로 인해 발생한다.

문제 7 비행 중에 갑자기 뒤집힌다.

▸ 이것은 거의 항상 모터 또는 ESC의 기계적 고장으로 인해 발생한다.

- 호버 스로틀(Hover Throttle)

조종자는 일반적으로 스로틀의 중간 스틱에서 다른 모드로 조종하여 호버링 하는 것을 원한다. 이 호버링은 스로틀 위치 변경없이 모드 간 전환하여 쉽게 수행할 수 있다. "Q_M_THST_HOVER" 매개 변수를 사용하여 조정하거나, "Q_M_HOVER_LEARN"을 활성화하여 QHOVER 또는 QLOITER 모드에서 자동으로 학습 할 수 있다.

주의 사항

만약 Q_THROTTLE_EXPO가 QACRO 및 QSTABILIZE 모드에서 0이면 Q_M_THST_ HOVER, 매뉴얼 조종이나 또는 Q_M_HOVER_LEARN와 같은 학습을 통해서는 적용되지 않고, 스로틀은 RC 입력으로부터 직접 결정이 된다.

QHOVER 모드

QHOVER 모드에서 QuadPlane은 일정한 고도를 유지하면서 롤, 피치 및 요를 정상적으로 제어할 수 있다. 이 장에는 alt hold 사용 및 조정에 대한 중요한 정보를 언급할 것이다.

- 동작 상태

고도 유지 모드(일명 QHOVER)를 선택하면 스로틀 위치가 상승 또는 하강 속도를 제어하는 데 사용되어 스틱 중간에 있을 때 현재 고도를 유지한다. 롤, 피치 및 요는 QSTABILIZE 모드 에서와 동일하게 작동하여 조종사가 롤 및 피치 기울기 각도와 헤딩을 직접 제어해야 한다. 자동 고도 유지는 다른 많은 비행 모드(QLOITER 등)에서 공통된 기능이므로 여기에 있는 정보는 해당 모드와도 관련이 있다.

주의 사항

자동 조종 장치는 고도를 결정하기 위한 기본 수단("기압고도")으로 기압을 측정하는 기압계를 사용하며 극심한 날씨로 인해 비행 지역의 기압이 변화하는 경우 QuadPlane은 실제 고도가 아닌 기압 변화를 따를 수 있어 주의해야 한다.

- 제어

조종사는 스로틀 스틱으로 기체의 상승 또는 하강 속도를 제어할 수 있다.

- 스로틀 스틱이 설정 중간 데드 존 영역에 있는 경우 "RCn_DZ"(여기서 n은 스로틀 입력에 매핑 된 채널 임) 기체는 현재 고도를 유지한다. 스로틀 채널 데드 존의 기본 값은 60(±6%)이다.
- 중간 스로틀 데드 존 밖에서는 스틱의 위치에 따라 기체가 하강하거나 상승한다. 스틱이 완전히 내려가면 QuadPlane은 "Q_WP_SPEED_DN"에서 내려가고 맨 위에 있으면 "Q_WP_SPEED_UP" 만큼 올라간다.

- QHOVER에서 매개변수 값 튜닝하는 방법

- "Q_P_POSZ_P" 는 원하는 상승 또는 하강 고도 오차(원하는 높이와 실제 높이 사이의 차이)를 스로틀 속도 제어기로 변환 하는데 사용된다. 속도가 높을수록 고도를 더욱 적극적으로 유지하려고 시도하지만 너무 높게 설정하면 스로틀 응답이 불안정 해진다.
- "Q_P_VELZ_P"(일반적으로 튜닝이 필요하지 않음)는 원하는 상승 또는 하강 속도를 원하는 가속 위 또는 아래로 가속한다.
- "Q_P_ACCZ_P", "Q_P_ACCZ_I", "Q_P_ACCZ_D"의 매개변수 게인은 가속도 오차(즉, 원하는 가속도와 실제 가속도 사이의 차이)를 모터 출력으로 변환한다. 이 매개 변수를 수정하려고 하면 P와 I는 1:2 비율 (즉, I는 P 크기의 두 배임)로 해야 한다. 이 값은 절대로 증가해서는 안 되지만 매우 강력한 QuadPlane의 경우 50%(P는 0.5, I는 1.0)를 줄이면 더 나은 응답을 얻을 수 있다.

- 데이터 플래시 로그로 고도 유지 성능 확인

고도 유지 성능을 보려면 비행에서 데이터 플래시 로그를 다운로드 한 후 Mission Planner로 로그를 열어 기압계 고도, 원하는 고도 및 관성 항법 기반 고도 추정치를 그래프로 표시하여야 한다. 이 값은 "QTUN"의 "BarAlt"(기압 고도), "DAlt"(원하는 고도) 및 "Alt"(관성 항법 추정)이다. 이 값들은 아래와 같이 잘 추적하는지 살펴본다. 자동비행한 로그 파일을 사용해야 한다.

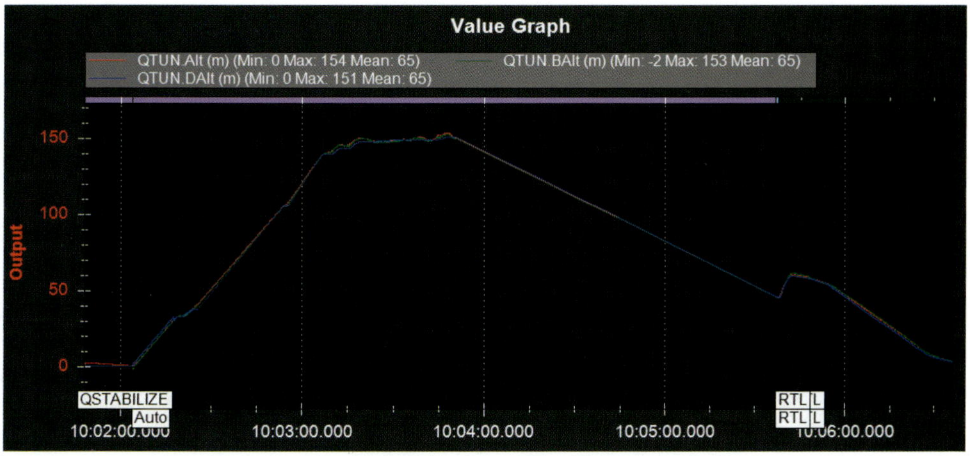

< QTUN의 Alt, BAlt, DAlt 비교 >

• 공통된 문제

1. 진동이 높으면 고도 고정 장치(QHOVER)가 작동되는 즉시 QuadPlane이 빠르게 상승할 수 있다. 진동 측정 및 감소 방법에 대한 자세한 내용은 진동 측정 및 진동 감쇠 장을 참조하기 바란다.
   자동조종장치(Flight Control)에 댐퍼를 설치하여 물리적으로 진동을 억제 할 수 있다. 고급 FC 같은 경우 IMU 자체의 모듈에 댐퍼가 내부적으로 장착된 것들도 존재한다. 하지만, 기체에 많은 진동이 발생할 경우 다시 FC자체에 댐퍼를 설치하여 진동을 억제 해주기 바란다. 근본적으로는 진동 자체 원인을 파악하여 제거해야만 한다.

2. 모터는 고도 유지 모드가 작동하는 것처럼 잠시 멈추는 것처럼 보이나 곧 회복된다. 이것은 보통 조종사가 급격히 상승하면서 고도 유지 모드로 진입 할 때 발생한다. 목표 고도는 조종사가 고도 유지 상태로 전환되는 순간에 설정되지만 기체가 빠르게 상승하기 때문에 목표 위로 비행할 수 있다. 적극적으로 고도를 유지하는 제어기는 QuadPlane이 목표 고도로 다시 떨어지기 시작할 때까지 모터를 순간적으로 거의 최소로 감소시켜 반응한다. 해결 방법은 QuadPlane이 안정적인 고도에서 비행하는 동안 고도 유지 모드로 들어가는 것이다.
3. 기압 변화로 인해 기체가 오랜 시간 동안 몇 미터 씩 표류하거나 GCS에 표시된 고도가 가끔 음의 고도(가정 고도보다 낮은 고도를 포함)를 포함하여 몇 미터 정도 부정확 할 수 있다.
4. 고속 전진 비행 후 QuadPlane이 수평을 벗어날 때 순간 고도(1m~2m) 손실이 발생한다. 이것은 공기 역학적 효과로 인해 자동조종장치가 장착 된 QuadPlane의 상단에 순간적인 저압 기포가 형성되어 QHOVER 컨트롤러가 상승 중이라고 생각하여 하강으로 반응한다. EK2_ALT_M_NSE 매개 변수를 늘리면 하강하는 것이 줄어들지 만 위에 나열된 일반적인 문제에 대한 변화는 커진다. 이로 인하여 현재 이 동작에는 해결법이 없다. EK2_ALT_M_NSE 매개변수는 0.1 단위로 0.1 ~ 10.0 값의 범위를 갖고 있다.
5. 기체가 지상에 가까이 있거나 착륙하는 동안 고도 유지가 불규칙하게 된다.
   이는 기압계가 프로펠러 회전으로 인하여 압력 변화의 영향을 받아 발생할 수 있다. 해결책은 프로펠러 회전의 바람을 기압계가 없는 밖으로 옮기거나 FC내의 기압센서 입력에 적절히 스폰지를 덧 대어 급격한 기압 값이 나오는 것을 방지해야 한다.
6. 빛이 기압계에 부딪쳐 갑작스런 고도 변화
   햇빛이 기압계에 직접적으로 부딪치지 않게 해야 한다.
7. 조종사가 stabilize 모드에서 다시 제어할 때까지 QuadPlane이 천천히 내려가거나 올라간다. 일반적으로 스로틀 스틱이 중간 위치에 있지 않아 발생한다. 이는 일반적으로 조종사가 스로틀 중간에 호버링 하지 않는 QuadPlane의 수동 비행 모드(QSTABILIZE와 같은)에서 고도 유지 모드로 전환할 때 발생한다. 일반적으로 스로틀의 중간 스틱에서 임의의 모드로 호버링하여 스로틀 위치 변경없이 모드 간 전환을 쉽게 수행할 수 있다. "Q_M_THST_HOVER" 매개 변수를 사용하여 조정하거나 "Q_M_HOVER_LEARN"을 활성화하여 QHOVER 또는 QLOITER 모드에서 자동으로 학습 할 수 있다.

- 적절한 힘

기체에 충분한 전력이 있어야 한다. 이것이 없으면 기체의 고도 유지 및 자세 제어는 하나 이상의 모터에서 사용 가능한 것보다 더 많은 전력을 요구할 수 있으며 자세 또는 고도의 손실로 이어질 수 있다. 이상적으로 기체는 약 50% 스로틀(중간 스틱)에서 호버링 할 수 있어야 하며 70% 이상은 위험 하다.

주의 사항

조종기에 expo(엑스포넨셜)을 사용하면 스로틀 데드 밴드의 유효 크기가 직접 증가하기 때문에 주의 깊게 설정해야 한다.

QLOITER 모드

QLOITER 모드는 자동으로 현재 위치, 방향 및 고도를 유지하려고 시도한다. 조종사는 QLOITER 모드에서 QuadPlane을 마치 수동 비행 모드 인 것처럼 조종 할 수 있지만 스틱을 놓으면 기체는 천천히 정지 및 현재의 위치에 고정 될 것이다. 좋은 QLOITER 성능을 내기 위해서는 GPS 신호 획득, 나침반의 낮은 자기 간섭 및 낮은 진동 등 이 모두 중요한 요소다.

- 제어

조종사는 조종 스틱으로 QuadPlane의 위치를 제어할 수 있다.

- 기본 최대 수평 속도가 5m/s 인 롤 및 피치 컨트롤 스틱을 사용하여 수평 위치를 조정할 수 있다. 조종사가 스틱을 놓으면 QuadPlane이 천천히 정지한다.
- QHOVER 모드에서와 같이 스로틀 제어 스틱으로 고도를 제어할 수 있다.
- Yaw 컨트롤 스틱으로 헤딩(전방)을 설정할 수 있다.

기체는 다른 모드와 같은 방식으로 QLOITER 모드로 시동을 걸 수 있지만, 기본 시동 확인이 다음과 같이(GPS는 3D Lock이 있고 HDOP가 다른 모드와 마찬가지로 2.0 이하로 떨어져야 하고, GPS 체크를 하지 않게 수정한다.(GPS 체크하지 않는 것은 권장하지 않음))) 수정되지 않는 한 시동이 되지 않는다. 기체에 표시된 스위치 LED나 GPS의 LED 깜박임의 상항을 보고 기체 상태를 확인할 수 있다.

- QLOITER 매개변수 값 튜닝하는 방법

QLOITER 모드는 QHOVER 모드의 고도 제어를 포함한 것이다. 튜닝에 대한 세부 사항은 QHOVER 모드에 잘 설명되어 있다. 참조 바란다.

- Q_LOIT_SPEED : 최대 수평 속도 cm/s(예 : 1250 = 12.5m/s)
- Q_LOIT_ACC_MAX : 최대 가속도(cm/s/s) 값이 클수록 QuadPlane이 더 빠르게 가속 및 정지 된다.
- Q_LOIT_ANG_MAX : 센티도 단위의 최대 기울기 각도(즉, 3000 = 30도). 기본적으로 이 값이 0이며 ANGLE_MAX 매개 변수 값이 사용된다.
- Q_LOIT_BRK_ACCEL : 제동 중 최대 가속도(cm/s/s) (예 : 조종사가 스틱을 중앙으로 이동) 값이 클수록 기체가 더 빨리 정지한다.
- Q_LOIT_BRK_DELAY : 조종사가 스틱을 중앙에 놓으면 제동이 시작되기 전의 지연 시간 (sec) 이다.
- Q_LOIT_BRK_JERK : 제동 중 최대 가속도 변화(cm/s /s/s). 숫자가 높을수록 기체가 최대 제동 각도에 더 빨리 도달하고 숫자가 작을수록 부드러운 제동이 발생한다.
- Q_P_POSXY_P : 수평 위치 오차(예 : 원하는 위치와 실제 위치의 차이)를 목표 위치를 향한 원하는 속도로 변환한다. 일반적으로 이것을 조정할 필요는 없다.
- Q_P_VELXY_P 는 목표를 향한 원하는 속도를 원하는 가속도로 변환한다. 결과적으로 원하는 가속도는 기울기 각도가 되어 QSTABILIZE에서 사용하는 것과 같은 각도 제어기로 전달된다. 일반적으로 이것을 조정할 필요는 없다.

- 기체에 발생한 문제에 대한 해법

문제 1 기체가 원(circles)을 그리며 회전한다(일명 "화장실 물 내려가는 형태").

▸ 이는 일반적으로 자동 조종 장치 아래의 전원 케이블에서 발생하는 자기 간섭일 가능성이 크며 이로 인하여 나침반(컴퍼스) 문제가 발생한다. 다른 가능성으로는 라이브(Live) 캘리브레이션 과정에서 잘못된 나침반 오프셋 설정 또는 잘못된 나침반 방향에 있다.

문제 2 QLOITER가 작동 되자마자 기체가 잘못된 방향으로 이륙한다.

▸ 나침반 오류가 90도 보다 크다는 점을 제외하면 원인은 1과 같다. 이 문제를 해결하려면 나침반을 다시 캘리브레이션 해야 한다.

문제 3 기체가 정상적으로 QLOITERing하고 나서 잘못된 방향으로 갑자기 이륙한다.

▸ 이것은 일반적으로 GPS 글리치에 의해 발생하는 현상이다. 이에 대한 100% 신뢰할 수 있는 보호 기능은 없으므로 조종사는 항상 수동 제어를 획득 할 준비가 되어 있어야 한다. 이륙 전에 항상 GPS HDOP를 양호하게 유지하는 것이 좋으며 글리치 감지를 강화하기 위해 "EK2_GLITCH_RAD" 및 "EK3_GLITCH_RAD" 매개 변수를 수정해야 한다.

문제 4 조종사가 Stabilize 모드 상태에서 다시 제어할 때까지 QuadPlane이 천천히 내려가거나 올라간다.

▸ 일반적으로 스로틀 스틱이 중간 위치에 있지 않아 발생한다. 이는 일반적으로 조종사가 스로틀 중간에 호버링하지 않는 QuadPlane의 수동 비행 모드(QSTABILIZE와 같은)에서 고도 유지 모드로 전환할 때 발생한다. 일반적으로 스로틀의 중간 스틱에서 임의의 모드로 호버링하여 스로틀 위치 변경없이 모드 간 전환을 쉽게 수행할 수 있다. "Q_M_THST_HOVER" 매개 변수를 사용하여 조정하거나 "Q_M_HOVER_LEARN"을 활성화하여 QHOVER 또는 QLOITER 모드에서 자동으로 학습할 수 있다.

- Mission Planner에 HDOP 표시

HDOP 값은 Mission Planner 의 Quick 화면을 두 번 클릭 한 다음 큰 확인란 윈도우 창에서 "gpshdop"을 선택하여 명확하게 볼 수 있다.
우선 "Quick"를 클릭하고 아래 화면에서 표시하고 싶은 자리에 숫자를 두 번 클릭한다.

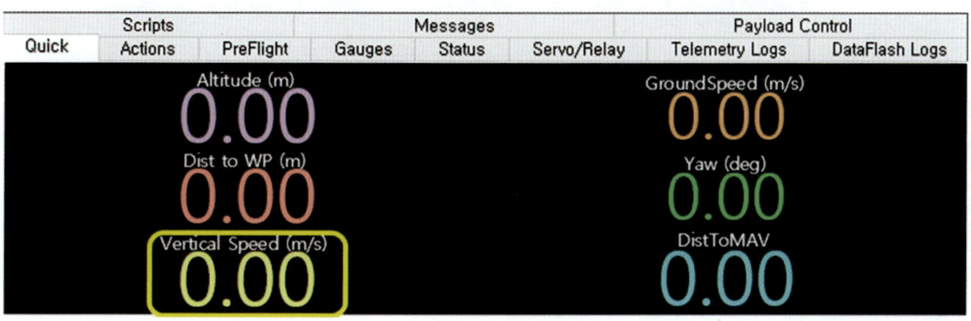

<Quick Tab 메뉴>

그러면 아래와 같이 Popup(Display this) 창이 나오고 먼저 생성되어 있는 체크 박스가 있다. 이 체크 박스를 Uncheck 하고 gpshdop를 체크한다.

< Display this 창에서 gpshdop 체크 >

이 창을 빠져 나오면 아래와 같이 GPS HDOP 값이 나온다.

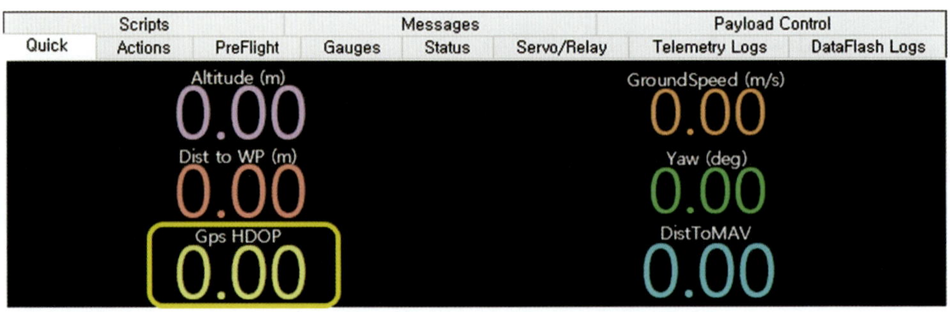

< Gps HDOP 표시 >

- Quick 메뉴에서 비행에 필요한 비행정보 표시

아래 그림은 GPS의 HDOP를 표시한 것처럼 여러 가지 정보를 한 눈에 볼수 있게 배치를 하였다. 비행 중에 이런 정보는 실시간으로 기체의 상태를 직관적으로 볼 수 있어 조종자에게는 더할 나위 없이 좋다.

아래 그림은 홈에서 기체까지의 거리, 기체의 속도, 기체의 고도, 현재 배터리 전압/전류 그리고 전력 상태, 수직 상승 속도, 텔레메트리 수신 감도율, 배터리 현재까지 사용용량, 수신된 GPS 위성수, HDOP, 스로틀의 량, 현재까지 비행 거리 등을 표시하였다.

이와 같이 사용자가 임의로 필요한 정보를 아래와 같이 표시할 수 있다. 처음에 표시 정보의 가로와 세로의 길이를 물어볼 것이므로 아래는 4×4 크기이다. 참조하기 바란다.

<Quick 메뉴에서 비행에 필요한 정보 표시>

- 데이터 플래시 로그를 사용하여 QLOITER 성능 확인

QLOITER의 수평 성능을 확인하려면 비행에서 데이터 플래시 로그를 다운로드 한 다음 Mission Planner로 로그를 열고 QTUN 메시지의 DAlt vs Alt를 그래프로 확인한다. 또는 PSC 메시지의 PX vs TPX와 PY vs TPY를 비교하면 상대위치와 원하는 상대위치를 추적하는 것을 비교할 수 있다.

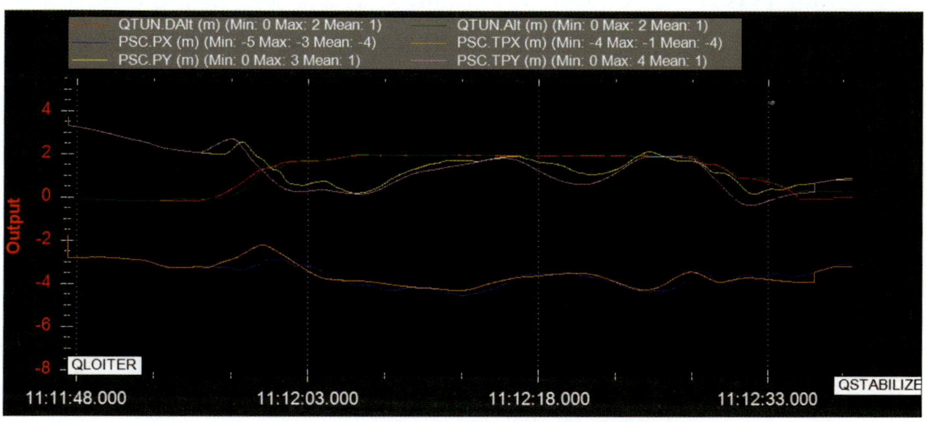

<DAlt vs Alt, PX vs TPX, PY vs TPY 추적>

아래는 우수한 성능의 QuadPlane에서 실제 속도는 아래와 같이 원하는 속도를 추적한다. 고도 유지 성능 점검은 QHOVER 모드 와 동일하다.

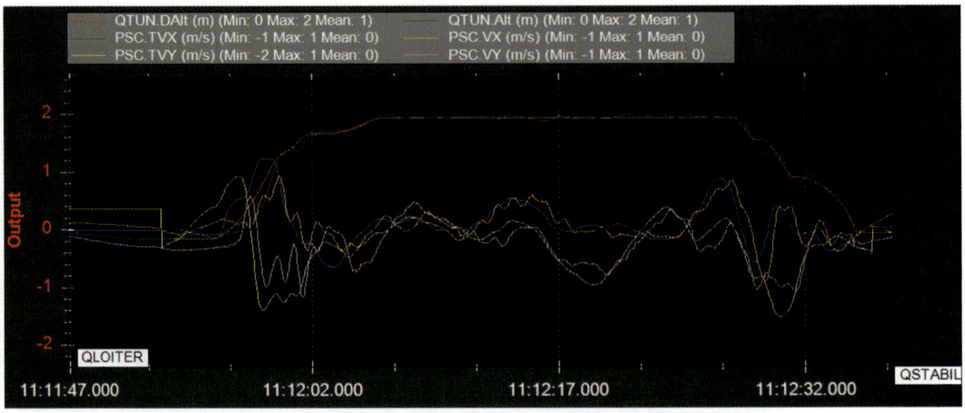

< DAlt vs Alt, VX vs TVX, VY vs TVY 추적 >

➔ FBWA 모드(FLY BY WIRE_A)

비행기의 보조 비행에 가장 많이 사용되는 모드이며 경험이 없는 조종자에 가장 적합한 모드이다. 이 모드에서 비행기 기체는 제어 스틱으로 지정된 롤과 피치를 유지한다. 따라서 에일러론 스틱을 오른쪽으로 세게 치면(LIM_ROLL_CD 수정 하면) 비행기가 피치 레벨을 유지하고 옵션에 지정된 각도(백분율) 만큼 오른쪽으로 뱅킹(롤만큼 기울면서 회전)된다. “LIM_ROLL_CD” 값에 의해 지정된 롤 제한을 초과하여 기체를 롤링 할 수 없으며 “LIM_PITCH_MAX”/“LIM_PITCH_MIN” 설정을 초과하여 평면을 피치 할 수 없다.

유지 레벨 피치가 비행기가 고도를 유지한다는 의미는 아니다. 비행기가 특정 피치에서 얼마나 많은 고도를 얻거나 잃는지는 주로 스로틀에 의해 제어되어 기체 속도(풍속)에 달려 있다. 따라서 고도를 얻으려면 스로틀을 높이고 고도를 잃으려면 스로틀을 낮추어야 한다. 비행기가 고도를 유지하도록 하려면 FlyByWireB 모드를 사용해야 한다.

FBWA 모드에서 스로틀은 수동으로 제어되지만 “THR_MIN”및 “THR_MAX”설정에 의해 제한된다.

FBWA 모드에서 방향타는 수동 제어와 롤에 대한 방향타 믹싱을 모두 수행한다. 따라서 조종기로 러더(Rudder)를 치면 기체의 조향에 사용할 수 있으며 기체의 회전을 자동으로 조정하는 데 계속 사용할 수 있다.

Loiter 모드

로이터 모드에서 비행기는 로이터를 시작한 지점 주위로 원을 그리며, 로이터를 입력 한 고도에서 고도를 유지하면서 비행한다. 원의 반지름은 "WP_LOITER_RAD" 매개 변수에 의해 제어 되지만 "LIM_ROLL_CD" 제한과 "NAVL1_PERIOD" 내비게이션 튜닝에 의해 제한된다. RTL(Return To Launch) 및 AUTO 모드와 마찬가지로 LOITER에 있는 동안 스틱 믹싱을 사용하여 비행기를 가볍게 터치하여 조금씩 조종(push) 할 수 있다(매개변수가 활성화 된 경우).

주의 사항

"Home" 위치는 항상 비행기의 실제 GPS 이륙 위치여야 한다.

1. RTL, Loiter, Auto 또는 GPS 종속 모드가 제대로 작동하려면 작동하기 전에 GPS Lock을 획득하는 것이 매우 중요하다.
2. 비행기의 경우 초기에 비행기가 GPS Lock을 획득 할 때 홈 위치가 설정된다. 그러면 자동 조종 장치가 해제되어있는 한 계속 업데이트 된다.
   - 이 의미는 비행기에서 RTL을 실행하면 GPS Lock을 획득했다고 가정 할 때 RTL이 시동했던 위치로 돌아간다.
   - RTL의 시동 지점으로 직접 돌아가지 않도록 Rally 포인트 사용을 고려할 수 있다.

RTL 모드(Return To Launch)

RTL 모드에서 비행기는 홈 위치(비행기가 시동 한 지점-GPS Lock 장치가 있다고 가정)로 돌아온다. AUTO 모드와 마찬가지로 스틱 믹싱을 사용하여 이 모드에서 기체를 수동으로 "nudge(가볍게 터치함 조금씩 push)"와 같이 제어할 수도 있다.

RTL 모드의 목표 고도는 센티미터 단위의 "ALT_HOLD_RTL" 매개 변수를 사용하여 설정된다. "ALT_HOLD_RTL" 아래에서 시작하면 비행기는 즉시 허용 가능한 최대 속도로 상승하여 해당 고도에 도달한다. 위의 경우, 홈과의 거리에 대해 선형 방식으로 하강하여 홈 로이터 지점에서 해당 고도에 도달한다.

홈에서의 로이터 반경은 0이 아닌 경우 "RTL_RADIUS"에 의해 결정되며, 그렇지 않으면 "WP_LOITER_RAD"가 사용된다. 시계 방향 또는 반 시계 방향 순환은 반경의 양수 또는 음수 값으로 설정할 수 있다.

다른 방법으로 비행기는 홈이 아닌 Rally 포인터로 돌아가도록 구성할 수 있다.

주의 사항

"홈" 위치는 항상 비행기의 실제 GPS 이륙 위치여야 한다.

1. RTL, Loiter, Auto 또는 GPS 종속 모드가 제대로 작동하려면 작동하기 전에 GPS Lock을 획득하는 것이 매우 중요하다.
2. 비행기의 경우 초기에 비행기가 GPS Lock을 획득 할 때 홈 위치가 설정된다. 그러면 자동 조종 장치가 해제되어있는 한 계속 업데이트된다.
   - 이 의미는 비행기에서 RTL을 실행하면 GPS Lock을 획득했다고 가정 할 때 RTL이 시동했던 위치로 돌아간다.
   - RTL의 시동 지점으로 직접 돌아가지 않도록 Rally 포인터 사용을 고려할 수 있다.

➔ Transition(전이)

전이는 가장 간단하게 QSTABILIZE 모드나 QHOVER, QLOITER에서 FBWA(고정익)로 비행 모드가 전환하는 과정이다. 또한 이것은 양방향으로 이루어진다. QuadPlane을 비행하는 것은 기존의 고정익 항공기를 비행하는 것보다 실제로 더 쉬울 수 있지만 숙지해야 한다.

- 전이
  - QuadPlane 전이는 항공기가 주로 VTOL(로터 형태) 항공기로 비행하는 것과 기존의 고정익 항공기로 비행하는 것으로 비행 전환이 이루어진다. 전이는 양방향으로 이루어지며 조종자가 명령하거나 대기 속도 및 비행 모드에 따라 자동으로 수행 될 수 있다. 전이를 시작하는 기본 방법은 송신기의 비행 모드 채널을 사용하거나 GCS에서 Mission Planner를 사용하여 모드 변경을 명령하는 비행 모드를 변경하는 방법으로 나눌 수 있다.
    만약, 비행모드 중에 MANUAL 로 전환 하면 VTOL 모터가 즉시 정지한다. 틸트 로터의 경우 모터는 즉시 전진 비행 방향으로 회전 하므로 비행 중에 비행모드 전환에 주의를 해야 한다.

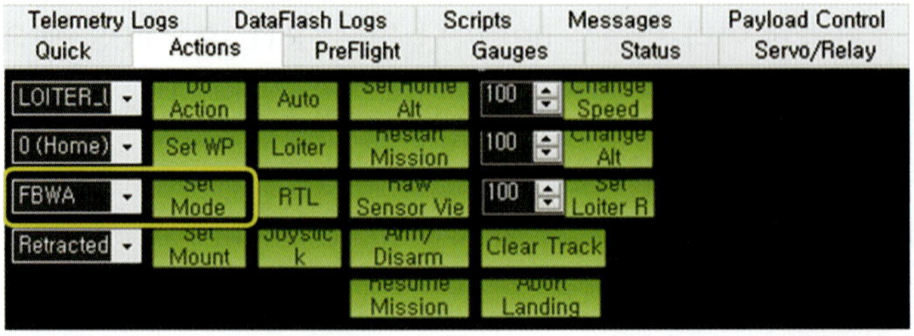

< Mission Planner에서 비행 모드 변경 >

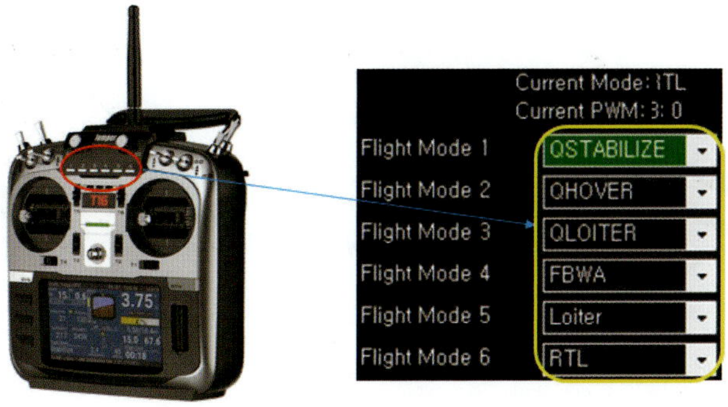

<조종기에 의한 비행 모드 변경>

– 전이가 이루어지고 다른 고정익 모드로 전환하면 “ARSPD_FBW_MIN” 대기 속도(속도 센서가 없는 경우 대기 속도 추정치)에 도달 할 때까지 VTOL 모터가 상승 및 안정성을 계속 유지 한다. 틸트로터(Tilt Rotor)의 경우 모터는 “Q_TILT_MAX”로 틸트(tilt) 되어 전이를 위한 대기 전진 속도로 움직이기 시작한다. VTOL 모터는 QHOVER와 유사하게 작동하며 전이를 통해 현재 고도를 유지하려고 한다. 전방 스러스트(추력)는 스로틀 스틱으로 고정익 모드를 입력 한 것과 유사한 방식으로 제어된다. FBWA에서는 직접 조종이 된다. 즉, 낮은 스틱은 제로 스러스트(추력)이며 QuadPlane은 호버링 된다. 틸트로터(Tilt Rotor)의 경우 미드(중간) 아래의 스로틀 스틱은 VTOL 모터를 세로 방향으로 비례 적으로 회전시킨다. 이것은 전방 스러스트(추력) 구성 요소를 제어하기 때문이다. FBWB/CRUISE에서 스로틀 스틱은 대기 속도 센서의 사용 여부에 따라 해당 모드에서와 같이 전진 추력을 대기 속도 또는 스로틀 값으로 제어된다. Q_OPTIONS 비트 0이 설정되어 있지 않으면 엘리베이터(상승 및 하강 레버)를 뒤로 당기면 Nose(기체의 앞쪽)가 올라가고 VTOL 모터 출력이 증가하여 전이 대기 속도 단계에서 기체의 상승을 지원한다.

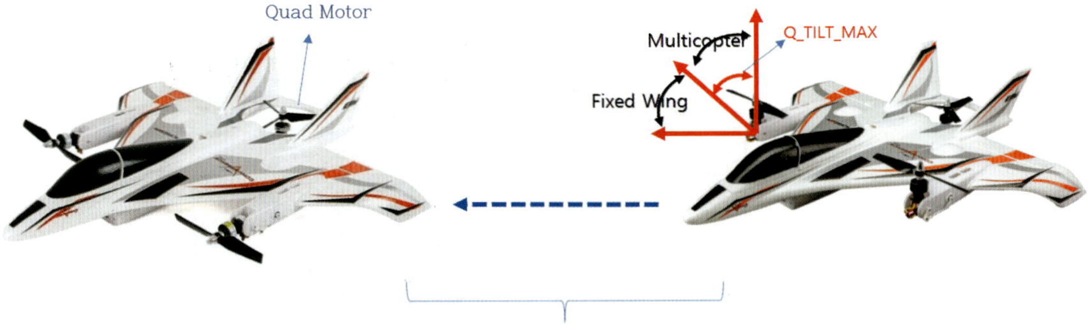

(If 기체 속도 > ARSPD_FBW_MIN then Quad Motor low Speed)

- 대기 속도에 도달하면 쿼드 모터는 "Q_TRANSITION_MS" 미리 초(기본 값은 5000이므로 5 초) 동안 전력이 천천히 떨어지고 그 후에 꺼진다. 틸트로터는 천천히 전진 추력으로 회전 한다. QuadPlane이 이미 비행 중이고 리프트(상승) 또는 등반을 제공하고 VTOL이 자세 안정화를 지원하기 때문에 일반적으로 이 시점까지 VTOL 모터의 역할은 이미 매우 낮다.
- "Q_TRANS_FAIL"이 0이 아닌 경우 "ARSPD_FBW_MIN" 대기 속도 에 도달하기 전에 이 시간을 초과 하면 전환이 취소되고 항공기가 즉시 QLAND로 변경된다. 이 시간의 제한이 없으며 기본 값으로 0이다.

  고정익 모드에서 QuadPlane 모드로 전환하면 전진 모터/추력이 즉시 중지되지만 비행기가 느려지는 동안 제어 표면(타면)은 계속 안정성을 제공한다. 이를 통해 고속으로 비행하는 동안 QuadPlane 모드로 전환할 수 있다. 따라서 틸트 로터는 즉시 VTOL 위치로 이동한다.

  QuadPlane VTOL 모드에서 전진 모터 정지에 대한 한 가지 예외는 "Q_VFWD_GAIN" 매개 변수가 0이 아닌 값으로 설정된 경우이다. 이 경우 전진 모터를 사용하여 항공기를 바람 방향에 따라 방향이 고정된다. 자세한 내용은 "Q_VFWD_GAIN"의 설명을 참조해라.

주의 사항

VTOL에서 고정익 모드로 전환하는 동안 모든 모터가 매우 높은 전력으로 작동 할 수 있다. 배터리가 최소 수준 (LiPo 배터리의 경우 3.0V / 셀) 아래로 내려가 배터리가 손상 될 수 있다. 극단적 인 경우 VTOL 모터 출력이 너무 낮아서 지면과 충돌이 발생할 수도 있다. 이는 장시간 설정에 공통적인 고용량, 낮은 C등급 비행 배터리를 사용할 때 특히 그렇다. 수동 전환 시 수동 스로틀 제어로 관리 할 수 있지만 AUTO 모드에서는 현재 VTOL에서 고정익으로 전환으로 "THR_MAX"를 사용 하여 수행된다. 전이 모터에서 전이가 완료 될 때까지 매우 높은 전류를 경험할 수 있다. 이것이 문제가 될지 여부는 비행 로그에서 수동으로 시작된 전환 중 배터리 전압을 검사하여 확인할 수 있다. 전압 강하가 너무 많으면 1)방전률이 좋은 최상의 배터리를 사용하거나 2)전진 모터 및 VTOL 모터에 별도의 배터리를 사용하거나 3) BATT_WATT_MAX 및 기타 매개 변수를 사용 하여 전환 중에 과도한 전류 소모를 제한하는 것이 가장 좋다.
(과도한 배터리 전력 소비 제한 참조)
https://ardupilot.org/plane/docs/batt-watt-max.html#batt-watt-max

- VTOL 및 고정익 수평 조종

피치 자세 안정화 모드를 유지하려고 시도하는 고정익 "수평" 조종(trim)은 순항 중 리프트를 제공하기 위해 날개 코드 라인에 대해 몇 도의 양으로 설정할 수 있다. 이는 이 자세로 설정된 가속도계 교정(캘리브레이션)을 실행하거나 Mission Planner의 "Calibrate Level" 버튼을 사용하거나 AHRS_TRIM_Y 매개 변수를 조정하여 수행 된다.
그러나 VTOL 모드에서는 기체가 약간 뒤로 기울어져서 뒤로 표류하는 경향이 있다. 이를 정정하기 위해 "Q_TRIM_PITCH" 매개 변수를 설정하여 이를 제거 할 수 있다. 또한 VTOL 모터 배치로 인해 발생하는 사소한 CG 불균형을 수정하는데 사용될 수 있다.

- 보조 고정익 비행

QuadPlane 코드는 MANUAL을 제외한 모든 비행 모드에서 고정익 코드를 지원하도록 구성할 수도 있다. 쿼드 어시스트(quad assistance)를 활성화하려면 "Q_ASSIST_SPEED" 매개 변수를 대기 속도로 설정해야 한다.
"Q_ASSIST_SPEED"가 0이 아닌 경우 쿼드 모터는 대기 속도가 해당 임계 값 아래로 떨어질 때마다 상승과 안정성을 지원한다. 예를 들어 FBWA 모드에서 초 저속으로 비행 하거나 보조 자동 고정익 이륙에 사용되어 진다.

주의 사항

대기 속도센서를 사용하지 않는 경우 또는 대기 속도센서 고장 시 내부적으로 생성 된 합성 풍속에 의해 풍속이 결정된다. 이 추정치는 때때로 매우 정확하지 않을 수 있다. 대기 속도가 실제로 임계값보다 높지만 내부 대기 속도로 잘못 표시 될 때 잘못된 활성화를 방지하기 위해 대기 속도센서를 사용하지 않는 경우 보조 고정익 비행을 사용하지 않는 것이 좋다.
기본 기능을 테스트하고 기체를 조정하기 위해 "Q_ASSIST_SPEED"를 0으로 설정하여 초기 비행을 수행하는 것이 좋다. 그런 다음 해당 기능을 원하면 수평 스톨 속도 이상으로 "Q_ASSIST_SPEED"로 시험하는 것을 추천한다.

3.7.0 릴리스부터 자세 오류에 따라 추가 보조 지원 형태를 사용할 수 있다. 만약, "Q_ASSIST_ANGLE"이 0이 아닌 경우 이 매개 변수는 대기 속도가 "Q_ASSIST_SPEED"보다 높은 경우도 지원이 가능한 각도 이상의 각도에서 자세오차에 도움을 제공한다. 자세 지원은 "Q_ASSIST_SPEED"가 0보다 큰 경우에만 사용된다.

그리고 Plane-4.0 이상에서 지원을 제공하는 세 번째 트리거는 "Q_ASSIST_ALT"이다. 이것은 QuadPlane이 바로 VTOL로 트리거(실행) 되는 고도이다. 이와 같은 방식으로 Q_ASSIST_ANGLE 및 Q_ASSIST_SPEED도 동작 하지만, VTOL 모터가 실행되지 않은 상태에서 비행기가 주어진 고도 이하로 떨어질 경우 도 트리거 된다. 값이 0이면 이 기능이 비활성화 된다. 고도는 지상에서부터 계산된다. 지상 높이는 이용 가능한 경우 사용되는 Lidar 및 RNGFND_LANDING = 1 인 경우 또는 TERRAIN_FOLLOW = 1 인 경우 지형 데이터 또는 그렇지 않은 경우 홈 위의 높이에서 제공된다.

비행 중 쿼드 모터를 사용할 수 있게 지원하는 것은 고정익 비행 모드에 따라 다르다. 자율 또는 반 자율 모드로 비행하는 경우 쿼드 모터는 보조 기능이 활성화되어있을 때 자율 비행 모드가 원하는 상승 속도 및 회전 속도를 지원하려고 시도할 것이다(예 : 대기 속도가 "Q_ASSIST_SPEED" 미만이거나 자세 오류가 "Q_ASSIST_ANGLE" 이상이거나 고도가 "Q_ASSIST_ALT" 미만 임). 수동 네비게이션 모드에서 쿼드는 조종자의 입력에 따라 기체 자세에 맞는 지원을 제공하려고 시도할 것이다.

- 구체적인 처리 방법은 다음과 같다.
  - AUTO 모드에서 쿼드(Quad)는 다음 웨이 포인트(waypoint)의 고도에 도달하기 위해 리프트를 제공하며 내비게이션 컨트롤러가 요구하는 속도로 항공기를 돌릴 수 있도록 도와준다.
  - 고정익 LOITER, RTL 또는 GUIDED 모드에서 쿼드 모터는 내비게이션 컨트롤러가 요구하는 상승 속도 및 회전 속도를 지원한다.
  - CRUISE 또는 FBWB 모드에서 쿼드(Quad)는 파일럿이 요구하는 상승 속도(피치 스틱으로 제어)에 따라 리프트를 제공한다. 쿼드(Quad) 모터는 파일럿 요구 회전 속도(에일러론과 러더 입력 결합)로 회전을 시도한다.
  - FBWA 모드에서 쿼드(Quad)는 피치 스틱 입력이 사용자가 원하는 상승률에 비례한다고 가정한다. 따라서 사용자가 피치 스틱을 뒤로 당기면 쿼드 모터가 상승을 시도하고 사용자가 피치 스틱을 앞으로 밀면 쿼드 모터가 안정적인 하강을 제공하려고 시도한다.
  - AUTOTUNE 모드에서 쿼드(Quad)는 FBWA에서와 동일한 지원을 제공하지만 쿼드(Quad) 지원이 고정익 이득 학습을 방해하므로 "Q_ASSIST_SPEED" 값이 높으면 AUTOTUNE 모드를 사용하는 것은 좋지 않다.

- MANUAL, ACRO 및 TRAINING 모드에서는 쿼드(Quad) 모터가 완전히 꺼진다. 이 모드에서는 기체가 오로지 고정익으로만 비행하는 것이다.
- STABILIZE 모드에서는 보조 모터가 켜져 있으면 쿼드(Quad) 모터는 리프트를 제공하려고 한다.

3 비행모드 매개변수로 변경

매개변수 수정은 우선 Full Parameter List 메뉴에서 "FLTMODE_CH"를 검색을 하고 value 값을 8로 되어 있는 것을 5로 바꾼다. FLTMODE1~FLTMODE6 까지의 값을 적절히 바꿔주면 되는데 이 값은 위에 Flight Mode 설정에서 변경된 값이다.

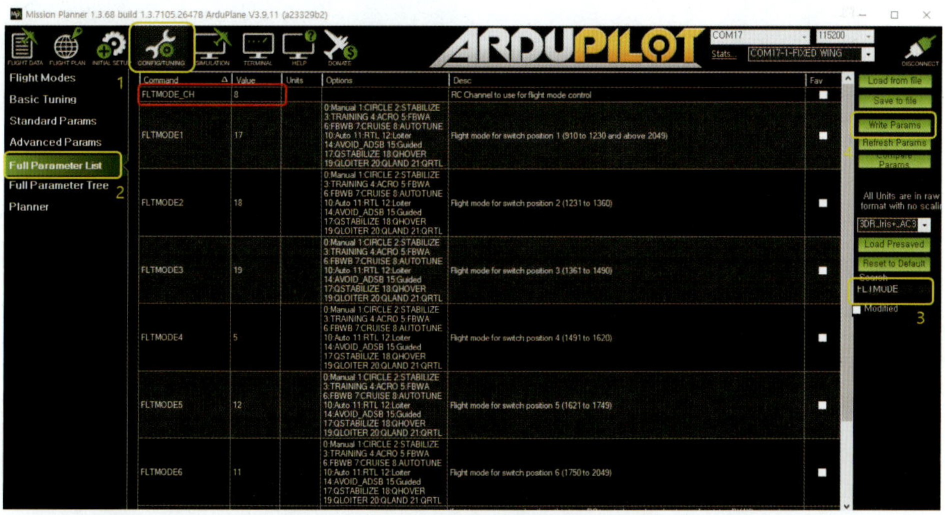

<Flight Mode Channel 설정 변경>

4 조종기 key 할당

1) 조종기 Mixing

조종기 Jumper T16을 대상으로 설정을 한다. 조종기의 모델 메뉴(MDL)에서 INPUTS 메뉴에 들어가면 아래와 같이 각각 조종기 레버가 표시된다. 기본적으로 초기설정에서 Default로 설정되어 있다. 조종기의 채널에서 기본적인 레버(key)는 CH1~CH4번까지 에어러론, 엘리베이터, 스로틀, 러더 로 구성되어 있다. 이 값의 순서는 초기 설정에서 다를 수 있다. 100% 값은 weight 값으로 레버의 양을 나타내며 민감도를 조절할 수 있다. 기본적으로 weight는 100%이다. 이 메뉴에서는 아래와 같이 기본 값을 사용한다.

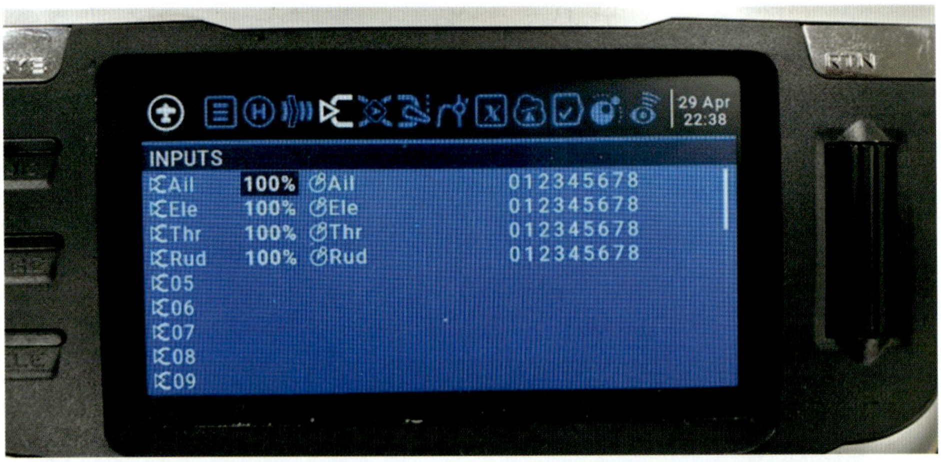

조종기의 왼쪽 중간에 PAGE DN을 누르면 메뉴가 오른쪽으로 이동을 하고 MIXER 메뉴로 들어간다. 이 메뉴는 Key 할당에 대한 믹싱(Mixing)을 사용할 수 있어 다른 key와 조합으로 넣고자 하는 기능을 넣을 수 있다.

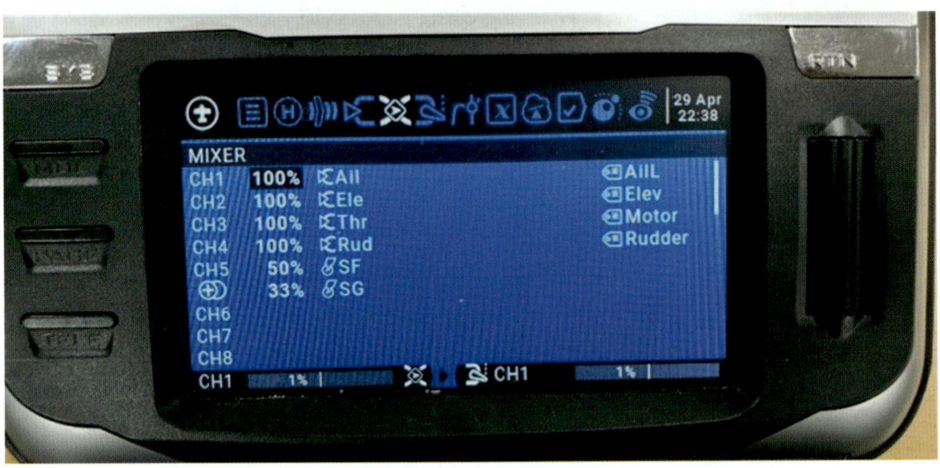

눈여겨 볼 것은 CH5이다. 이 채널은 비행모드 채널이므로 조종자는 이 채널에 비행모드의 key를 할당을 해야 할 것이다. key 할당은 조종기의 SF key와 SG key로 선정을 하였다.

이 key들의 weight 값은 100%에 대해 각각 나누어야 하므로 2단 key는 50%로 하고 3단 key는 33%로 하면 적절하게 맞아 떨어진다. 실제 채널5번에 할당 된 PWM 신호의 크기는 약 1000μs~2000μs 안에 6단계의 비행 모드를 나누어야 한다. 아래의 "Flight Mode" 그림에서 PWM 값이 나와 있다.

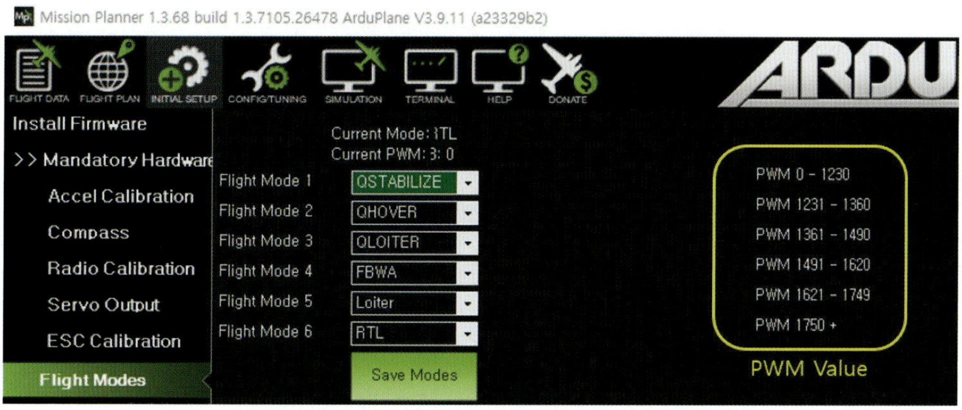

<조종기 SF Key, SG Key 그림>

아래와 같이 조종기 key할당에 대한 비행모드와 PWM 값을 나타낸 것이다.

SF key가 low 상태에서 SG key는 3단 key로 Low, Middle, High로 각각 QSTABILIZE, QHOVER, QLOITER 비행모드를 실행할 수 있다. 또한, SF Key가 High 상태에서 SG key는 각각 Low, Middle, High로 FBWA, Loiter, RTL을 실행할 수 있다.

비행모드 채널 (FLTMODE_CH)	조종기 2단 key	조종기 3단 key		비행 모드	PWM Value (μs)
CH5	SF ↑ (Low)	SG ↑	Low	QSTABILIZE	0 ~ 1230
		SG —	Middle	QHOVER	1231 ~ 1360
		SG ↓	High	QLOITER	1361 ~ 1490
	SF ↓ (High)	SG ↑	Low	FBWA	1491 ~ 1620
		SG —	Middle	Loiter	1621 ~ 1749
		SG ↓	High	RTL	1750 ~

<조종기의 key와 비행모드 및 PWM의 관계>

2) 조종기 key할당에 대한 음성 출력 및 Timer 설정

일반적으로 조종자는 고정익으로 시계비행을 하고 있을 때 항상 기체를 봐야 한다. 그리고 조종기를 항상 손에 들고 기체에 신경을 써야하기 때문에 할당 key 조작에 어려움이 있다. 조종자의 생각과 다른 게 잘못된 key를 조작하였을 때 기체가 순간 다른 동작을 하여 당황하게 된다. 고정익일 때는 기체를 항상 주시하고 있어야하기 때문에 당황하게 되면 순간 추락으로 이루어 질 수 있다. 이때 조종자가 조종기 key를 잘못 쳤을 때 조종기에서 음성이 출력하면 직감적으로 조종자는 어떤 key로 동작을 하는지 판단하게 되어 안정적인 조종을 하게 된다.

2단key와 3단 key의 조합으로 6단계의 비행모드(Flight Mode)를 설정해 보자. 먼저 이것을 하기 위해서는 “LOGICAL SWITCHES” 메뉴에서 아래와 같이 설정하다. 아래 설정을 논리 연산을 넣어 key 조합을 만들자는 의도이다.

L01 AND SF↑ SG↑

L01은 Logical switch의 번호 1번의 이름이다. 이 이름의 할당은 SF↑ key와 SG↑ 를 AND하여 L01의 이름에 할당한 것으로 보면 된다. 내용상으로는 우선순위로 보면 SF키가 low로 있는 상태에서 SG key가 low로 있으면 할당 된다는 것이다. L01~L03까지는 SF키가 low 상태에서 SG key의 3단 key의 기능을 가각 이름으로 할당한 것이다. 마찬가지로 L04~L06까지는 SF key가 high 상태에서 SG key의 3단 key의 기능을 각각 이름으로 할당한 것이다.

FLIGHT MODE는 아래와 같이 설정하고 기능은 Logical 스위치로 할당을 하였다.

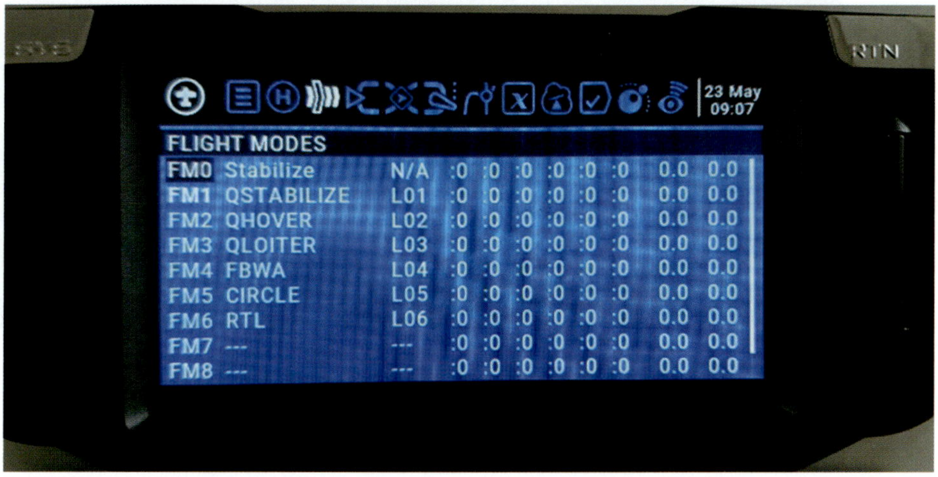

이제 SPECIAL FUNCTION 메뉴에서 설정을 하여 보자. 아래와 같이 SF1은 음성 볼륨을 설정하는 것으로 레버는 S1 다이얼 스위치로 할당을 하였다. 시계 반대방향은 음성이 줄어들고 시계 방향으로 돌리면 음성이 커진다. SF3는 Timer1에 시간을 타이머로 설정하였다.

SF3는 조종기의 오른쪽 뒤쪽 key로 SH key를 사용하여 on하였을 때 현재의 타이머1의 시간을 음성 값으로 알려 준다. SH key를 사용하는 이유는 key 자체의 물리적으로 자동 복귀 기능이 있어 편리하다.

만약 20분 시간을 설정해 놓으면 스로틀 레버의 상승 key 값이 나오면 타이머1이 시작되고 각 10분 마다 음성이 나온다. 시간은 줄어들게 되고 만약 10초 이하부터는 카운트다운으로 1초 마다 음성이 나온다. 만약 SH key를 치면 위의 내용과 상관없이 무조건 현재 Timer1의 시간이 음성으로 출력된다.

SF4~SF9 까지는 logical switch에 기능을 할당하여 각각 Flight Mode의 음성이 출력되게끔 설정을 하였다.

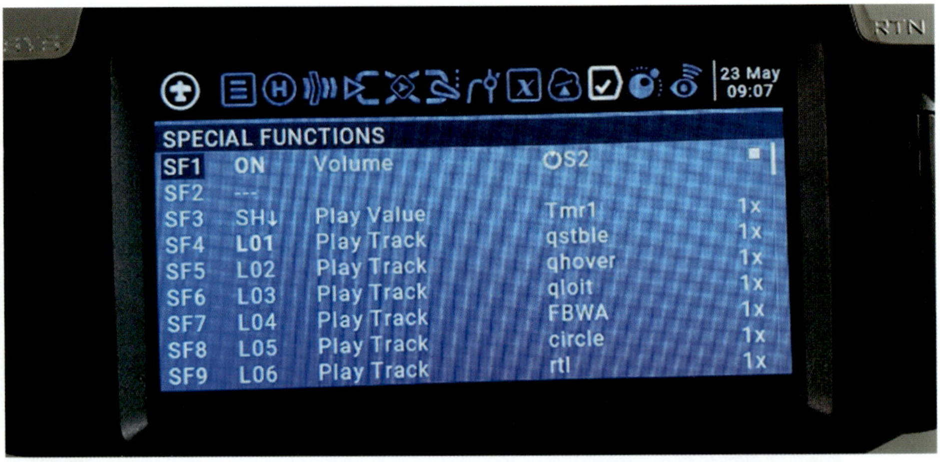

이제는 조종기의 MODEL SETUP 메뉴에서 Timer1 설정이다. THs 00:10:00 은 스로틀 레버가 시작하면(상승) 10분로 설정하였다. 그러나 00:00:40으로 바꿔 테스트를 해본다. 40초 부터 타이머가 시작된다. 그러면 39, 38. 37.....10,9,8,7,6,5,4,3,2,1,0, −1, −2, −3,.....이런 방식으로 표시된다. Minute call 설정은 분 마다 아래 Countdown이 시작하라는 것으로 Voice 즉 음성으로 출력하라는 것이다. 10s는 10초 이하일 때 무조건 카운터 다운 음성으로 출력된다.

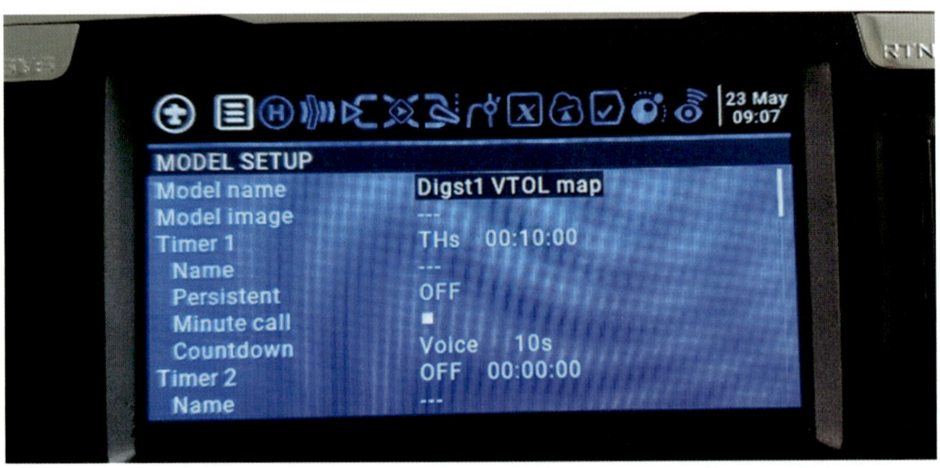

7.3 Jumper T16 조종기의 Telemetry 활용

이딴 걸 왜 하느냐?

일반 유저들은 무인기를 운영하면서 Telemetry를 이용하여 비행모드와 배터리 레벨, 에러 메시지, GPS 정보 등 추가적으로 센서 정보 등과 같이 ardupilot의 정보를 디스플레이하여 실시간으로 보고, 제어하기를 원한다.

이렇게 구축하려면 지상에 GCS(하드웨어 & 소프트웨어(Mission planner or Qground control, APM Planner 등))를 구축하고, telemetry(MavLink)를 이용하여 기체와 GCS 사이에 통신을 하여 기체의 모든 정보를 지상에 표시하여 운영한다.

물론, 이렇게 간단하게 연결하면 잘 동작이 된다. 그러나 만약, 신호가 어떤 이유에서 끊어졌을 때, 기체 상태에 대한 정보를 모르게 되고 순간 어떻게 제어할지 당황하게 된다. 지상에서 우리가 제어할 수 있는 방법은 없다. 송/수신기가 도달할 수 없는 거리에 있을 때 더욱 그렇다(이때는 기체가 fail safe 기능이 활성화 되어 있다면 home으로는 돌아 와 기체를 온전히 회수 할 수 있다).

그렇지만 방법은 있다. MavLink 지원 Telemetry 기능을 사용하고 FrySky Telemetry를 사용하면, MavLink Telemetry가 위와 같이 신호 loss가 생겼을 때, FrySky Telemetry로 정보를 확인하고 제어된다면 더할 나위 없이 좋을 것이다.

실제 MAVLink 사용 telemetry보다 Frysky telemetry를 사용한 장점들을 아래에 열거해 보았다.

- GCS(지상관제시스템) 없이 비행 할 수 있다(MAVLink telemery radio 없이). 설명은 아래에 있다.
- GSC(지상관제시스테)가 fail이 일어난 경우 backup으로 사용된다(MAVLink radio link의 신호를 잃어버린 경우, 조종관에 FrSky telemetry로 확인이 가능하다.)
- 이원화 시켜, GCS(지상관제시스템)는 GCS를 보면서, 조종자는 기체를 보면서, 아니면, 조종관에 telemetry 정보를 보면서 운용할 수 있다.
- 조종자의 즉각적인 사항을 인지 할 수 있다(GCS를 안 봐도 된다는 것이다. 조종관에 있는 화면만 보고 인지할 수 있다).
- 또한, MAVLink radio link와 비교했을 때, FrSky telemetry link는 거의 Deley가 없다는 것이다.
- 또한 Taranis와 Jumper T16과 같은 일부 RC 송신기는 구성이 가능한 OpenTX 펌웨어를 통해 원격 측정 정보를 기반으로 소리를 내고 진동 시키거나 자동 RC 작업을 수행하도록 구성할 수 있다. 즉, 즉각적인 반응을 사용자에게 알려줄 수 있다.

➔ 준비물

- 조종기(Taranis or Jumper T16 , frsky 호환 조종기)
- 수신기(Frsky 호환 중에 telemery 지원하는 수신기)
- Smart Port Telemetry Cable
- FC(pixhawk 호환 FC)

1 조종기에서 Telemetry 셋팅

1) 다운받기

https://github.com/yaapu/FrskyTelemetryScript/releases에서 https://github.com/yaapu/FrskyTelemetryScript/tree/Horus-Widget-1.8.0-rc2으로 찾아간다.

FrskyTelemetryScript-Horus-Widget-1.8.0-rc2.zip 를 다운 받는다.
압축을 푼다. 그러면 아래와 같이 폴더가 보인다. JumperTX2.2.3 버전을 사용하는 Jumper T16 조종기는 Horus버전 스크립터를 사용해야 한다(Jumper T16 on JumperTX 2.2.3(by using the Horus version)).

HORUS	2019-08-08 오후...	파일 폴더	
TARANIS	2019-08-08 오후...	파일 폴더	
TOOLS	2019-08-08 오후...	파일 폴더	
horus-changelog.txt	2019-06-11 오전...	텍스트 문서	3KB
LICENSE	2019-06-11 오전...	파일	35KB
README.md	2019-06-11 오전...	MD 파일	22KB
taranis-changelog.txt	2019-06-11 오전...	텍스트 문서	5KB

그리하여 HORUS 폴더로 들어간다. 아래와 같이 보인다. 여기서 SD폴더에 들어가 보면

IMAGES	2019-08-08 오후...	파일 폴더
SD	2019-08-08 오후...	파일 폴더
SOURCES	2019-08-08 오후...	파일 폴더

아래와 같이 나온다.

SCRIPTS	2019-08-08 오후...	파일 폴더
SOUNDS	2019-08-08 오후...	파일 폴더
WIDGETS	2019-08-08 오후...	파일 폴더

/SCRIPTS/YAAPU/CFG

/SCRIPTS/YAAPU/LIB

/SCRIPTS/YAAPU/IMAGES

/SOUNDS/yaapu0

/WIDGETS/Yaapu

이 SD 폴더 안에 있는 폴더들을 Jumper T16의 SD card의 root에 복사를 할 것이다.

2) pc에서 저장장치로 인식 시킨 후 복사하기

PC와 Jumper T16 조종기를 USB로 연결하여 Jumper T16을 저장장치로 아래와 같이 인식하게 한다.

먼저, Jumper T16 조종기의 T1,T4를 각각 중심으로 스위치를 민 상태에서 조종기 Power On을 한다(이 모드는 firmware update나 Storage 모드로 들어가는 것이다).
그런 다음 USB케이블을 조종기에 연결하고 반대편에는 PC와 연결한다. 그러면 pc가 Jumper T16을 USB 드라이버로 인식된다.

인식된 후 SD폴더에 아래와 같이 copy해야 한다.

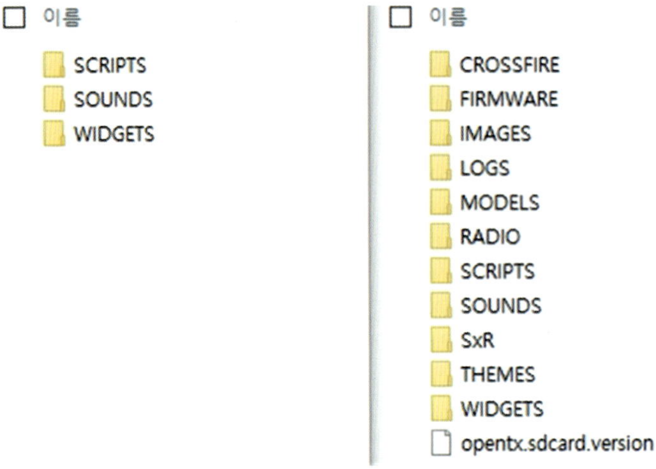

왼쪽에 있는 폴더들을 오른쪽으로 카피한다.

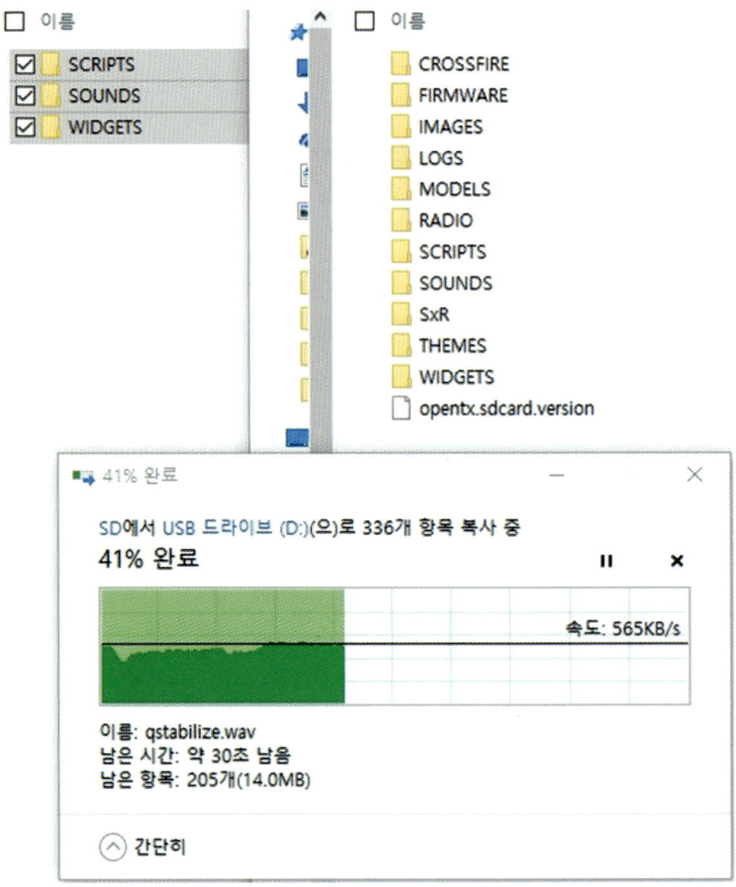

마우스로 폴더를 선택하고 측정 폴더로 이동하면 copy된다. 아래는 copy가 완료된 상태이다.

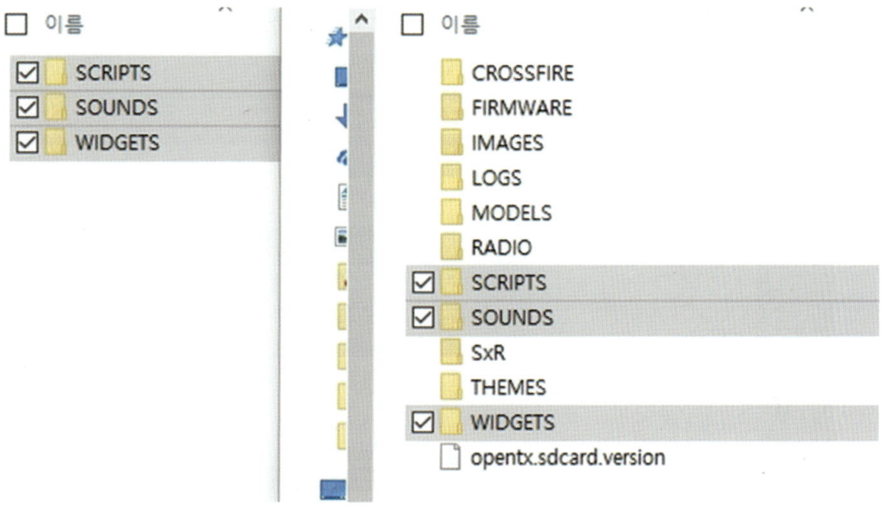

3) 초기 테마 화면을 blue 테마 배경으로 바꾸기

메인 화면 상태에서 [TELE] 버튼을 길게 누른다. 아래 화면은 메인화면이다.

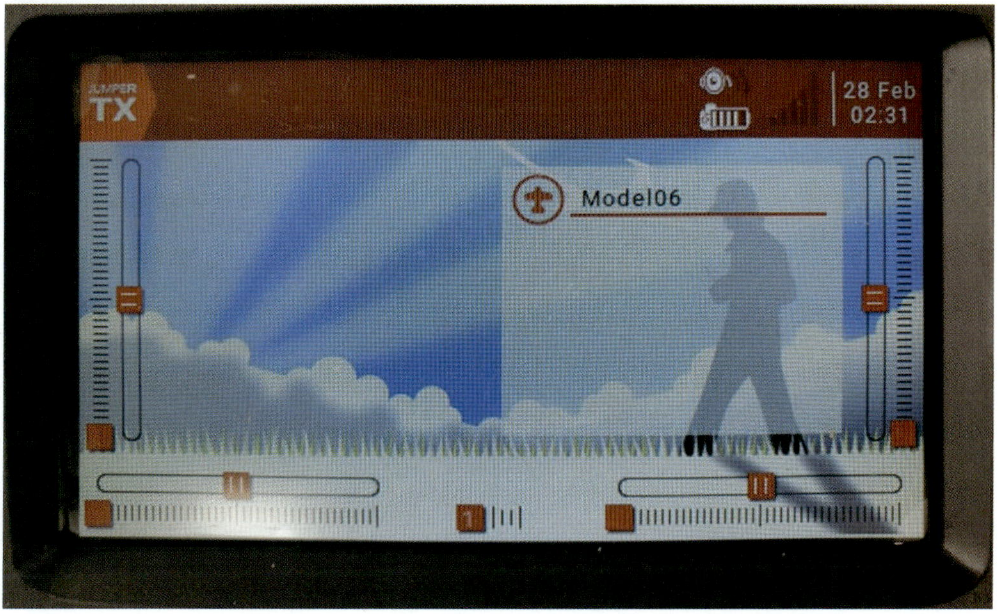

Layout에서 Full 화면을 [ENCODER]로 선택한다. [RTN]으로 Layout에서 나온다.

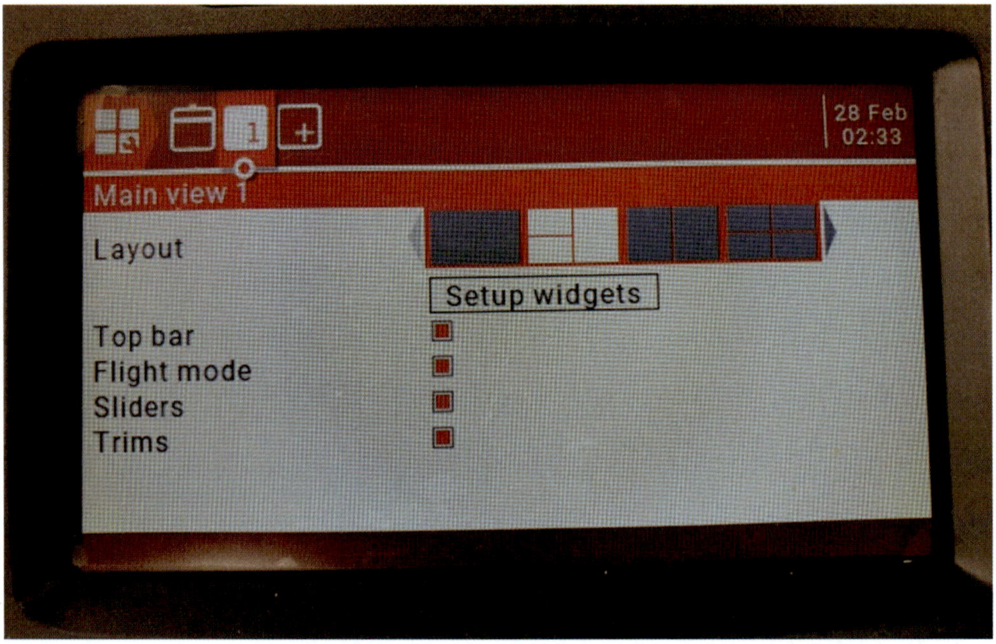

[PAGE]를 눌러 Blue 화면 선택한다.

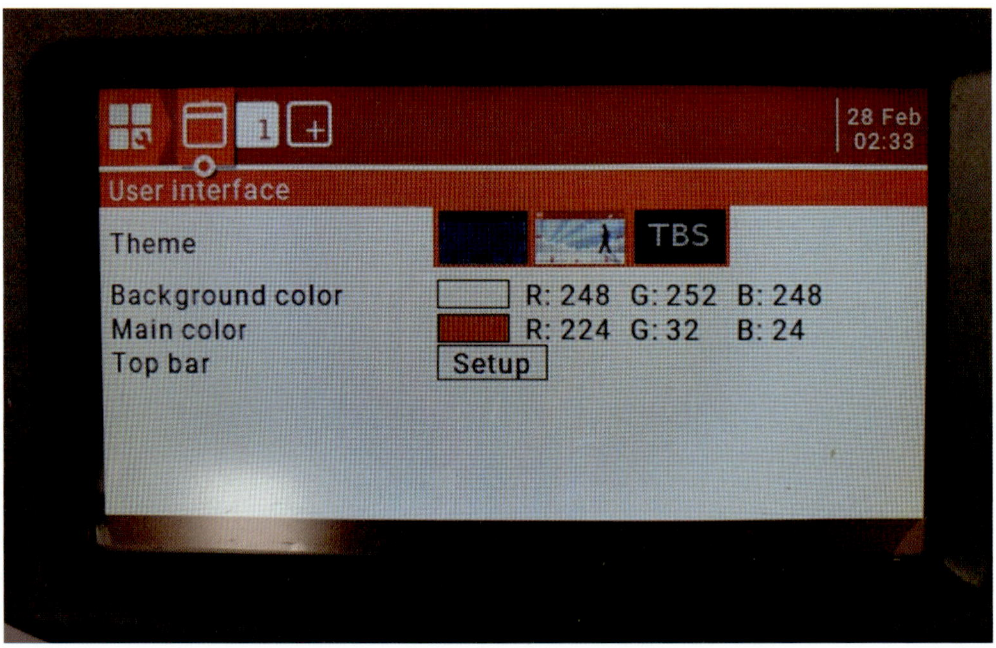

가만히 놓아두면 아래와 같이 바뀐다.

[RTN]을 눌러 model 화면으로 간다.

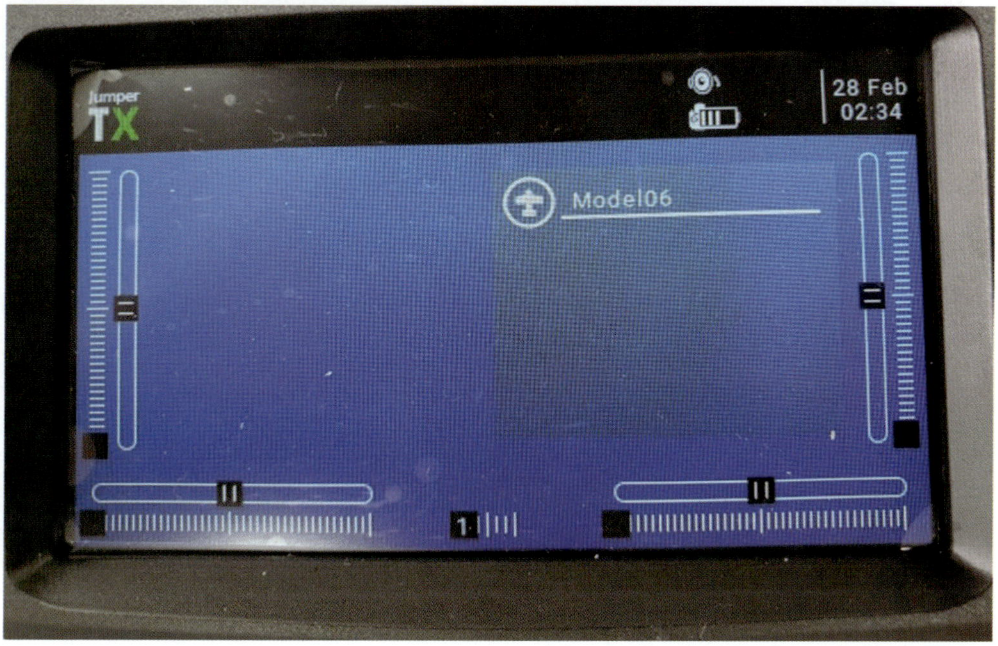

4) Yaapu 스크립트를 위젯으로 실행하기(위젯으로 Yaapu 스크립터 환경 설정)

Yaapu 스크립트를 위젯으로 실행하는 경우 최대 4 개의 full screen telemetry 페이지를 구성해야 한다(현재로는 2개 이다).

각 페이지에는 다른 정보를 표시하도록 Yaapu 위젯이 구성되어 있다.

(각 페이지를 전환하려면 [PAGE] 버튼을 짧게 눌려야 한다.)

widget은 "widget setting"에서 page option을 변경하여 구성된다.

widget 의 실제 페이지 들은 아래와 같다.

- 단일 또는 종류별 main 화면(필수)
- mavlink message history 화면(필수)
- 단일 또는 종류별 min/max 화면(선택 사항)
- 2종류의 배터리 보기 main 화면(선택 사항)

MODEL1 페이지에서 누르고 시작해 보자.

Model 화면은 위에서 설정한 blue 화면일 것이다.

[TELE] 버튼을 길게 누르면 아래 화면이 나올 것이고 여기서 Layout에서 Full 화면을 선택한다.

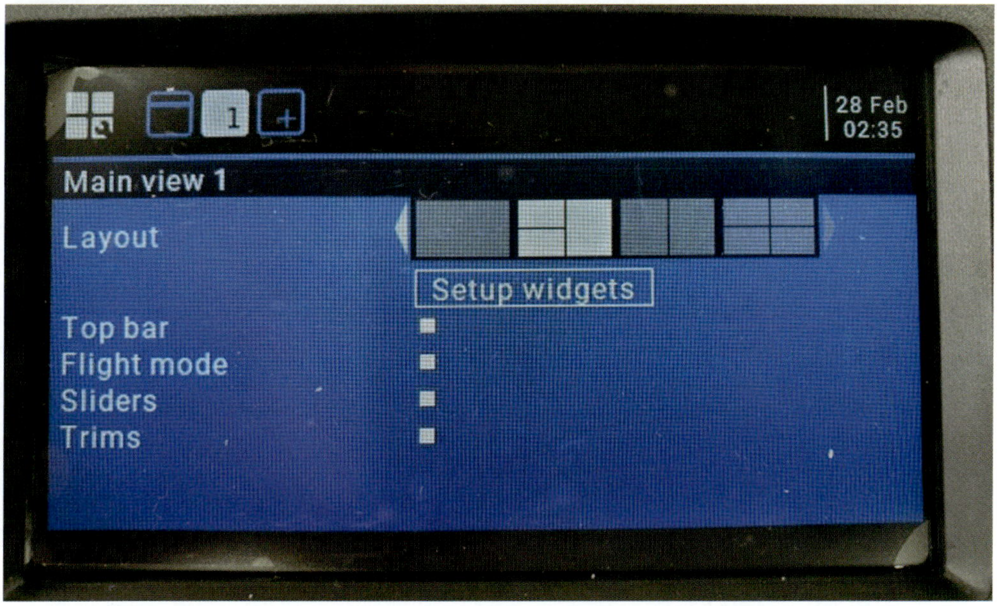

아래와 같이 나온다. 여기서 Top bar와 Sliders+Trims를 uncheck한다.

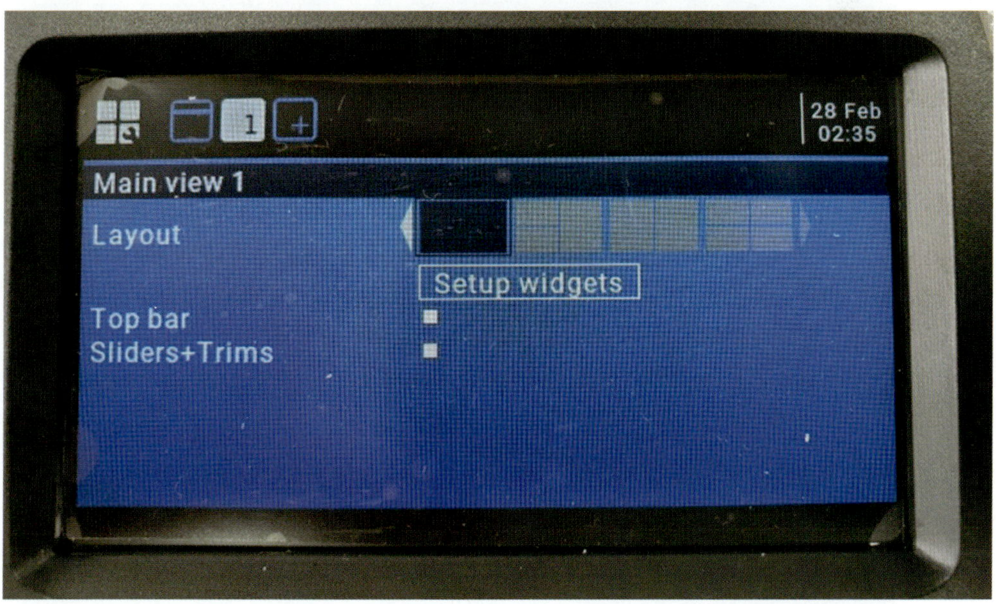

[ENCODER]를 돌려 "Setup widgets"를 선택한다. [ENCODER]를 enter한다.

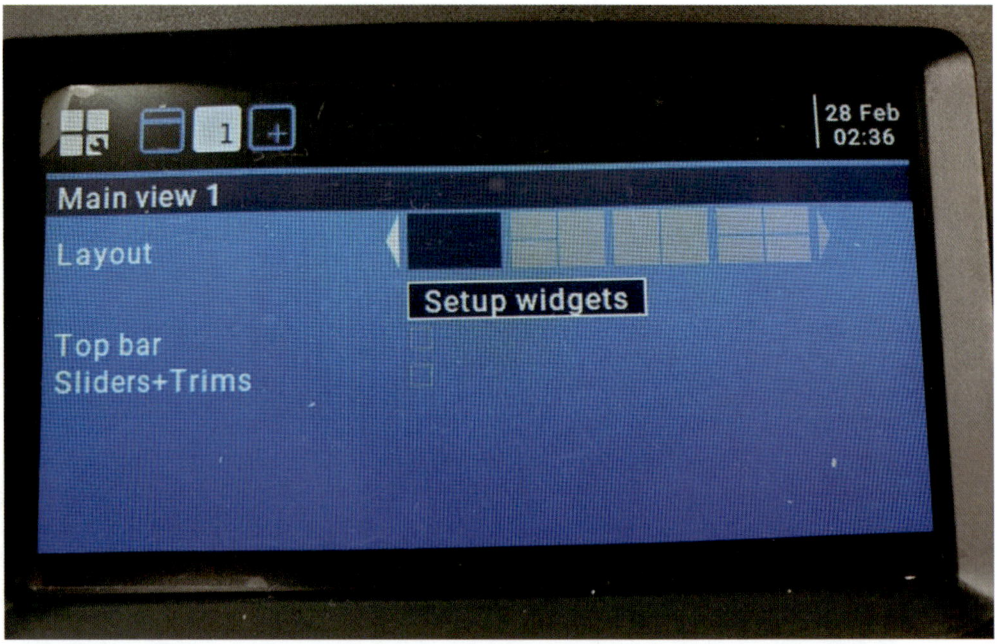

한번 더 enter한다.

[ENCODER]를 돌려 telemetry 화면이 나오도록 한다.

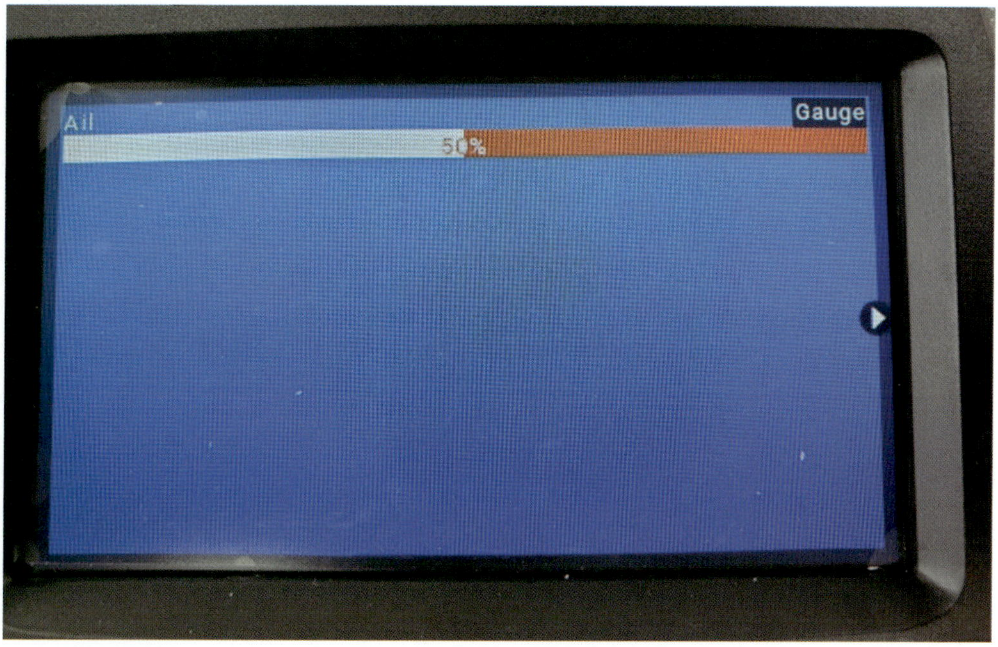

아래에 telemetry 화면이 나온다면 [ENCODER]를 선택한다.

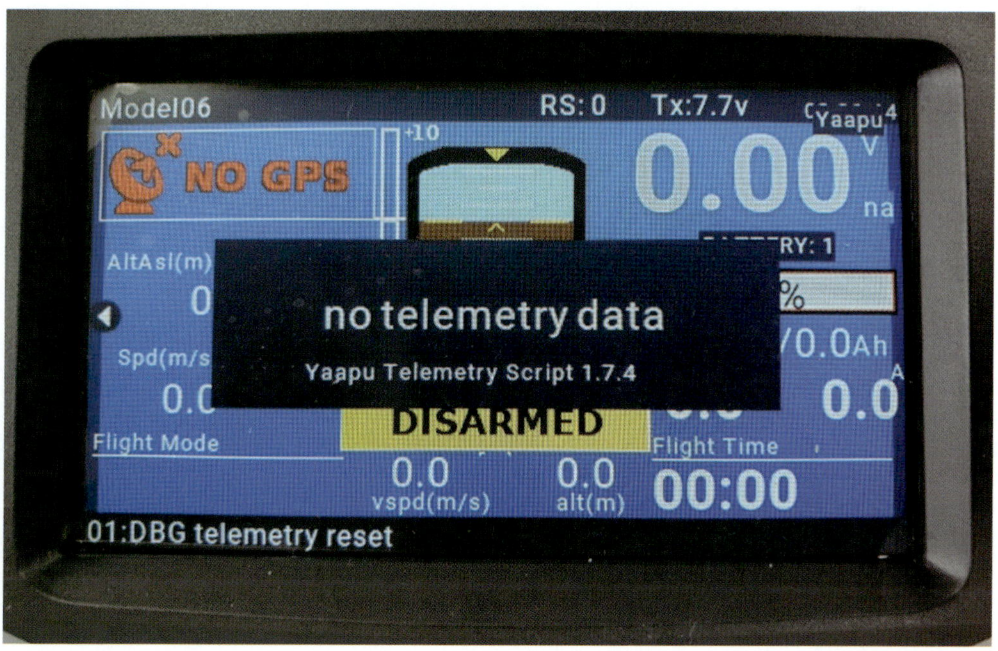

선택하면 사각 테두리가 생길 것이다.

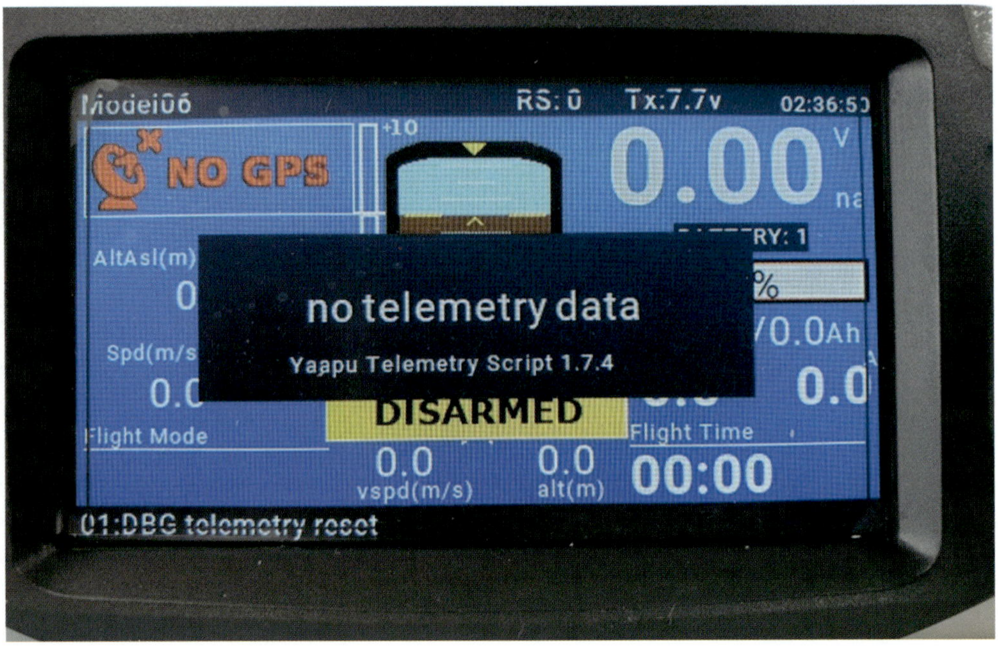

RTN을 눌러 Main view 1로 간다.

그 다음 PAGE를 눌러 Add main view(+아이콘)를 선택한다.

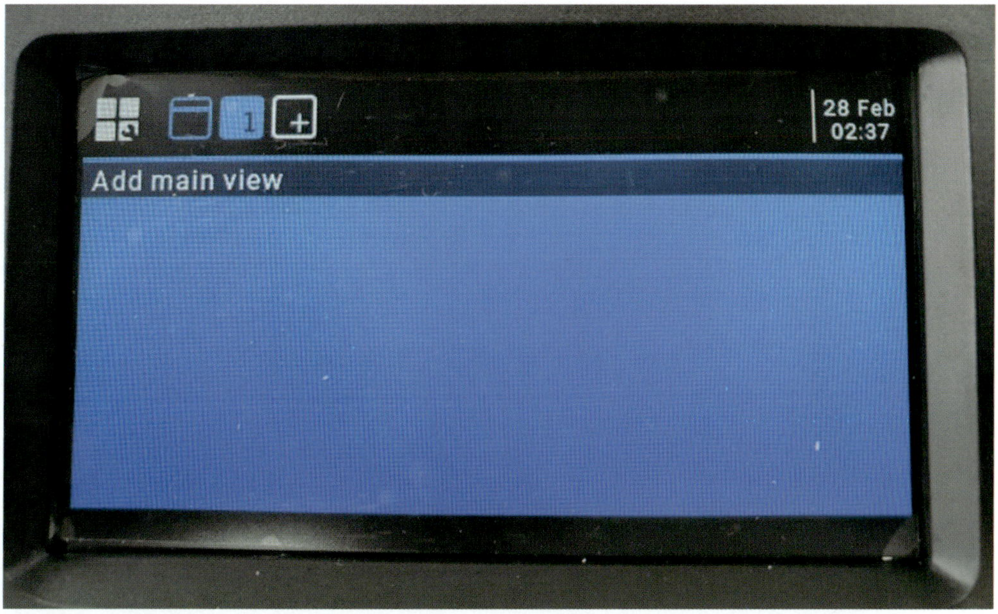

새로운 telemetry measurement view 로 한다. 인코더를 enter하면 Main view 2 화면이 보일 것이다. 이 화면은 Yaapu 위젯 인스턴스에 mavlink 메시지 기록이 저장된다.

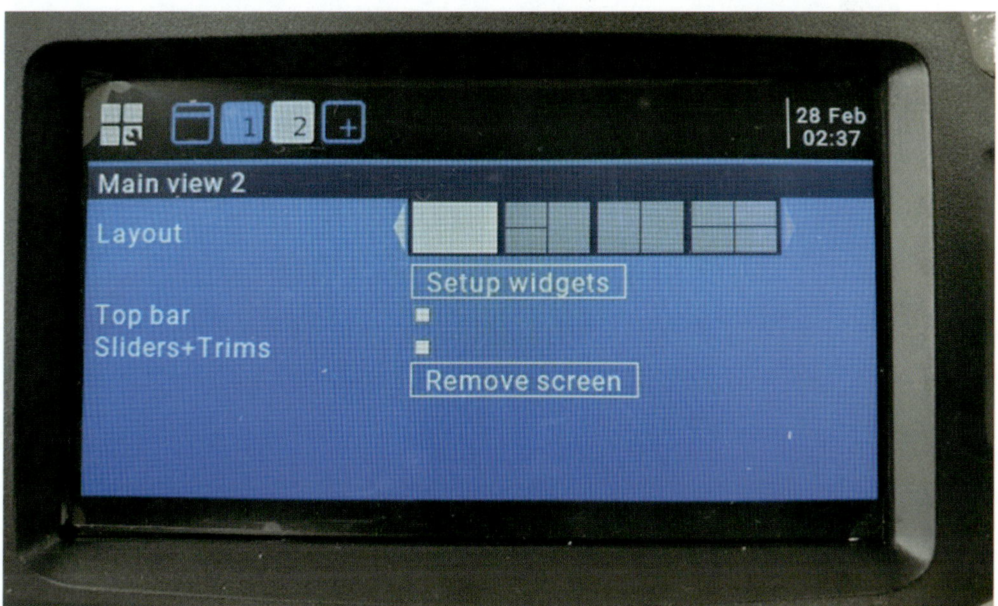

아래에 Top bar와 Sliders+Trims를 uncheck한다.

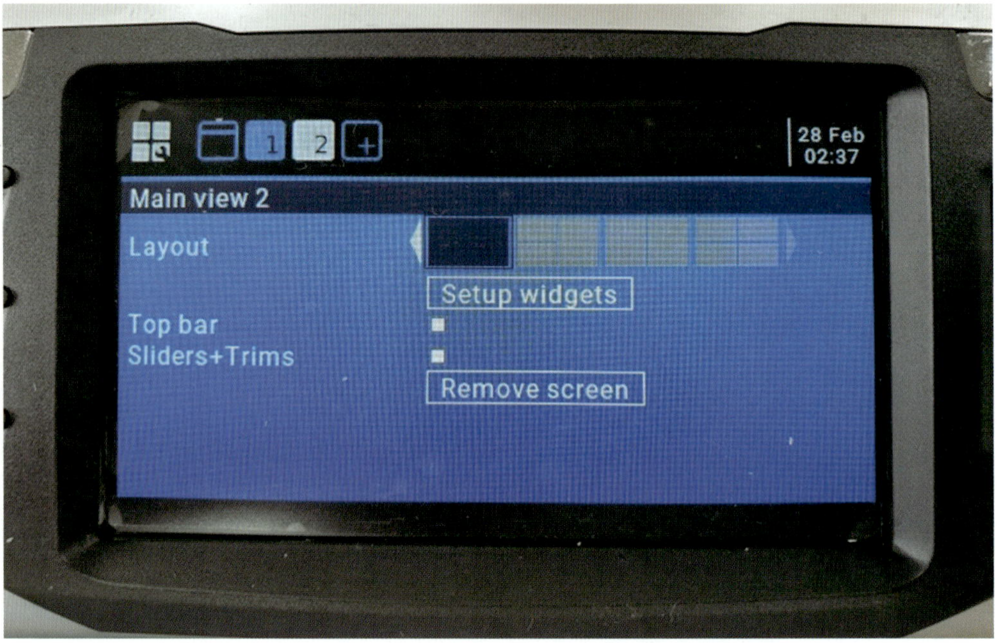

아래에 uncheck 되었다. Full 화면을 선택하고 Setup widgets를 선택한다.

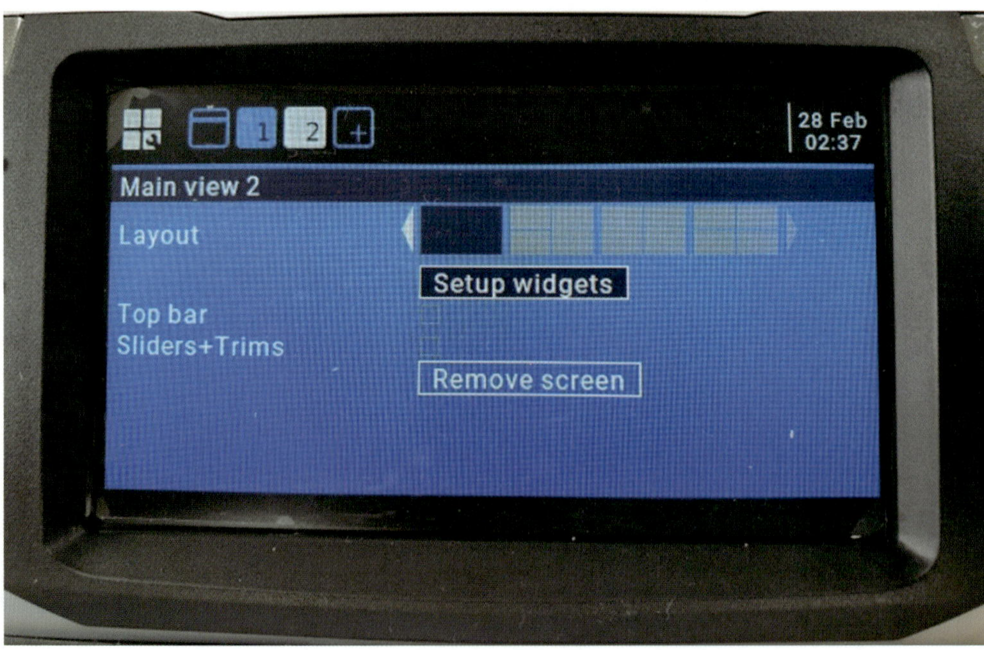

검정색 사각 테두리의 blue 화면이 나오면 enter한다.

Gauge가 나오면 [ENCODER]를 스크롤 하여 telemetry 화면이 나오게 한다.

Telemetry 화면이 나왔다.

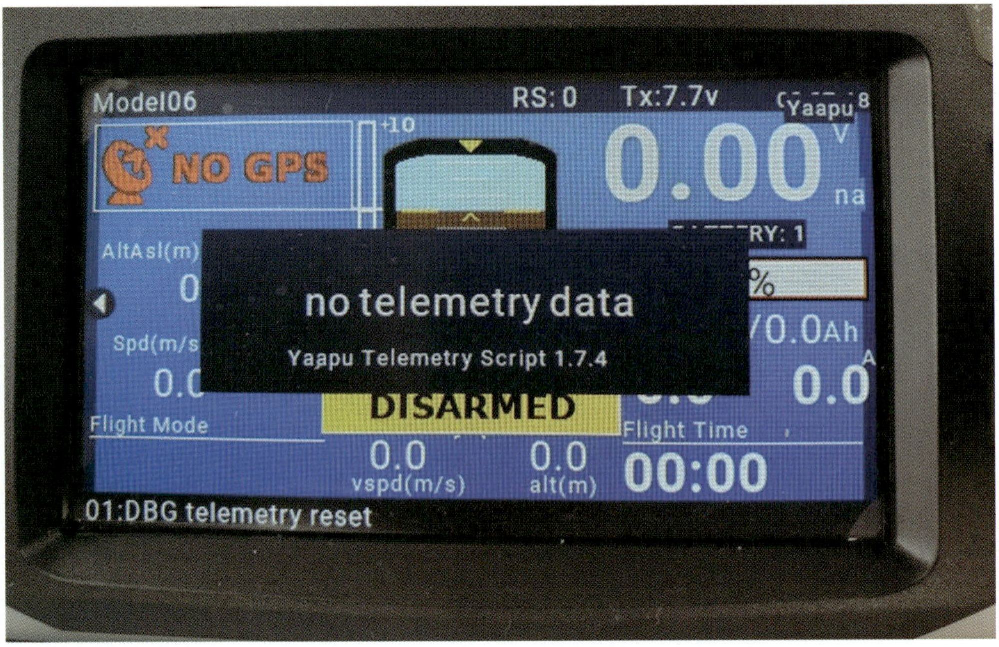

[ENCODER]로 enter하여 확인한다. 그러면 검정색 사각 box가 나타날 것이다.

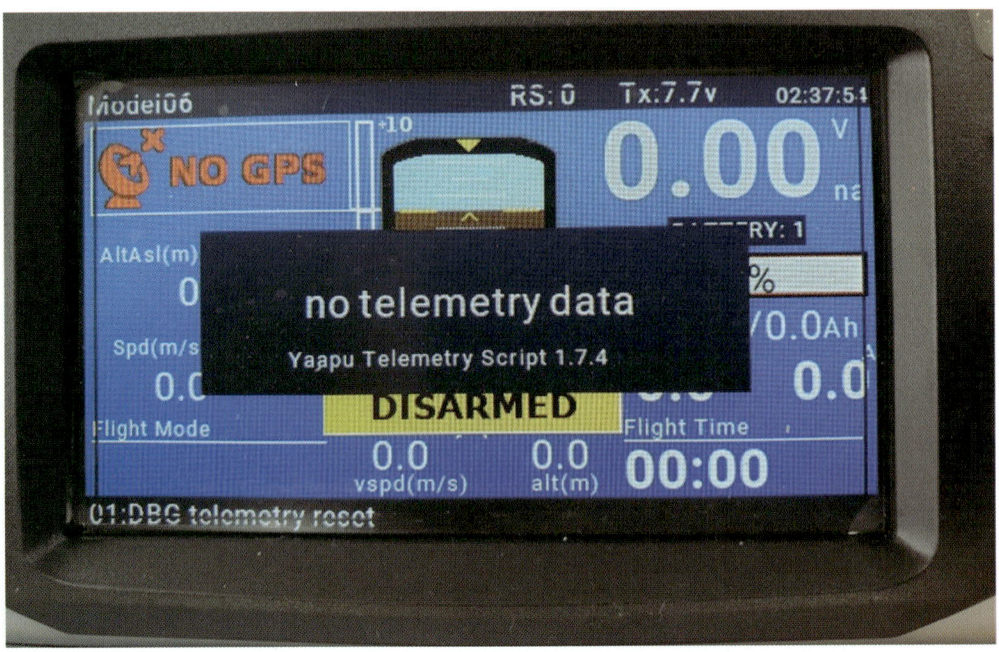

[ENCODER]를 길게 눌러 widget 메뉴로 간다. 여기서 Widget settings 메뉴로 간다.

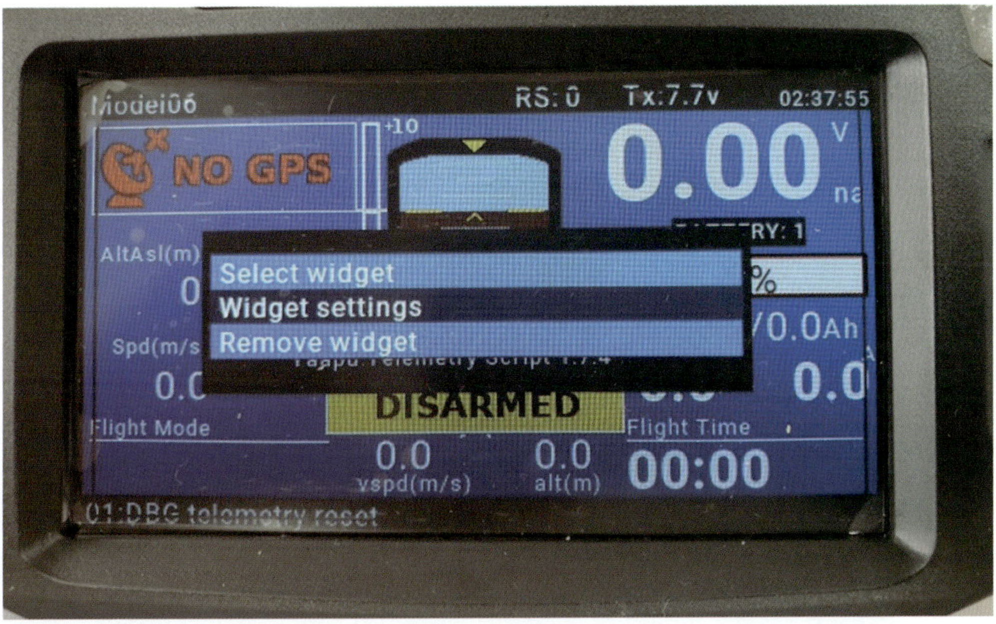

첫번째(1) page가 보인다. Widget settings에서 짧게 누르면 1이 깜박깜박 할 것이다. 인코더를 돌려 2로 변환시켜라. 확인한다.

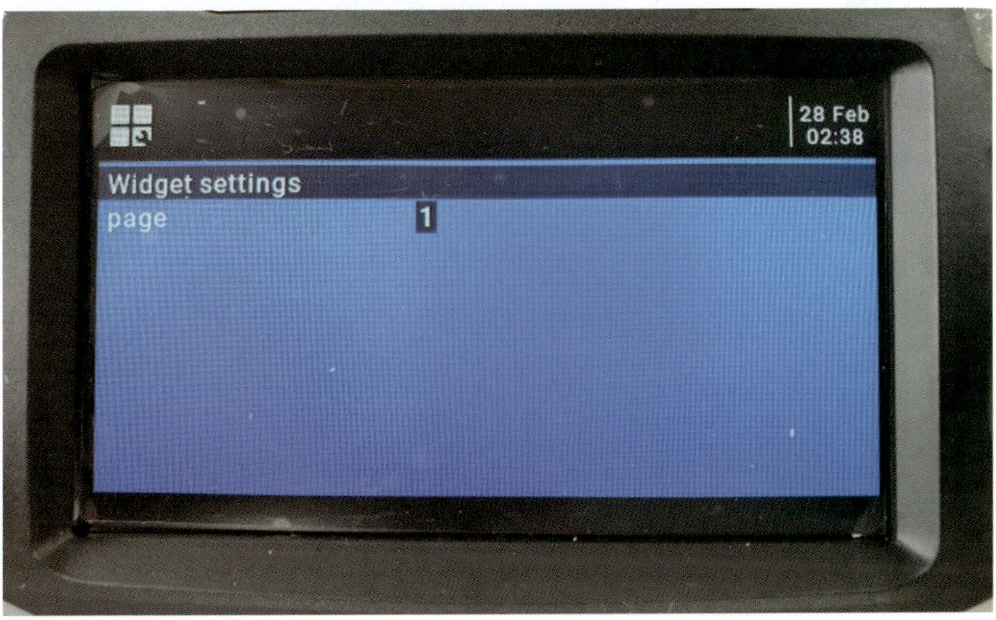

아래에 2로 변환되었다.

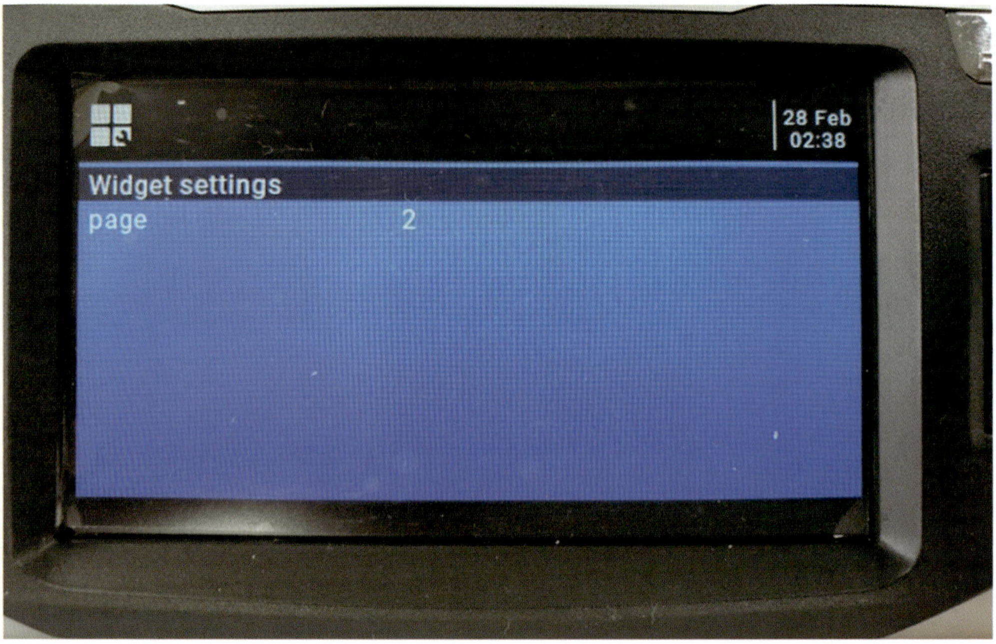

[RTN]을 눌러 mavlink message history메뉴가 display된다.

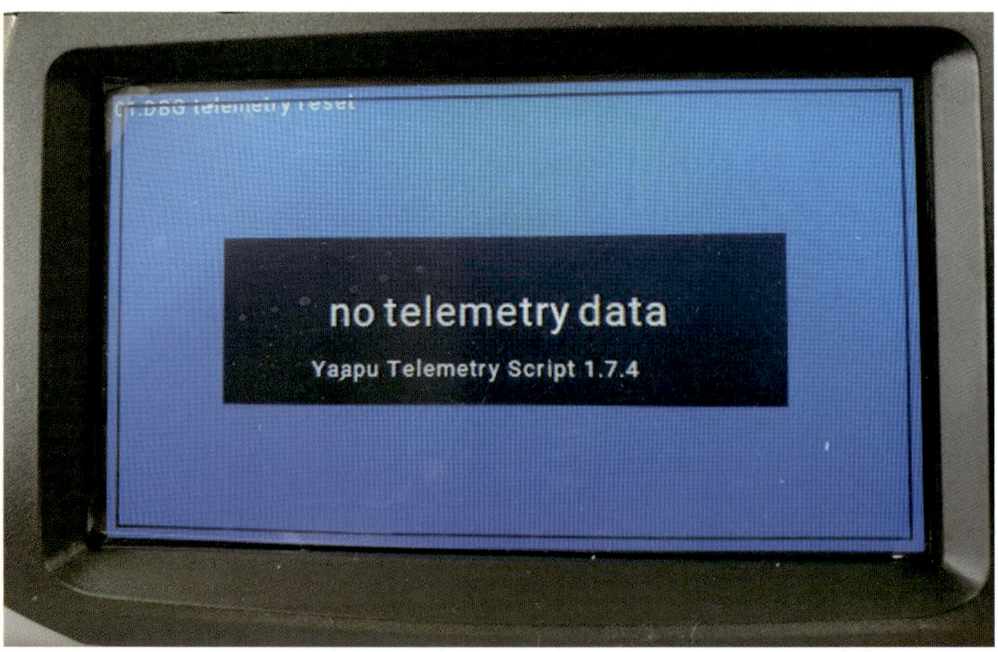

[RTN]을 눌러면 main telemetry setup(Main view 2) 페이지로 간다.

여기서 중요하다. 조종기 전원을 off했다가 on하라. 이제 부터 전원을 on할 때 Yaapu 위젯은 시작될 것이다.

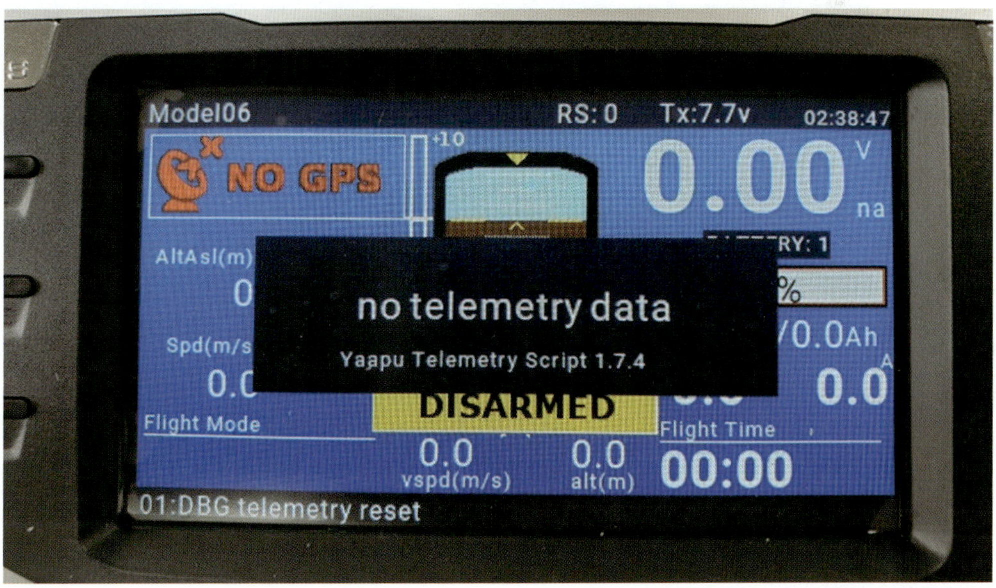

- 선택 사항 순서

  – 센서 깨우기

  일반적으로 on되어 있다. 한 번 더 설명 하자면 Yaapu widget 메인 page에서 [MDL] 버튼을 눌리고 page를 눌러 맨 마지막에 telemetry page에 간다. 여기서 Discovery new sensors를 on시키면 된다. RTN을 눌러 빠져 나온다.

- 위젯 모드에서 스크립트 구성 메뉴에 액세스하는 방법

  yaapu main widget page에서 [SYS]를 누른다.

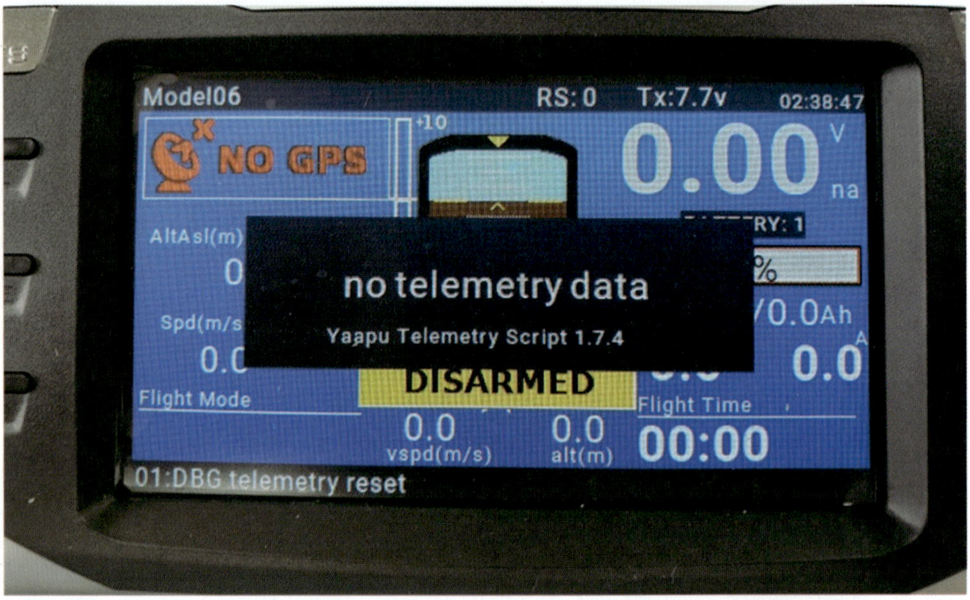

[PAGE]를 눌러 SD Card로 들어간다.

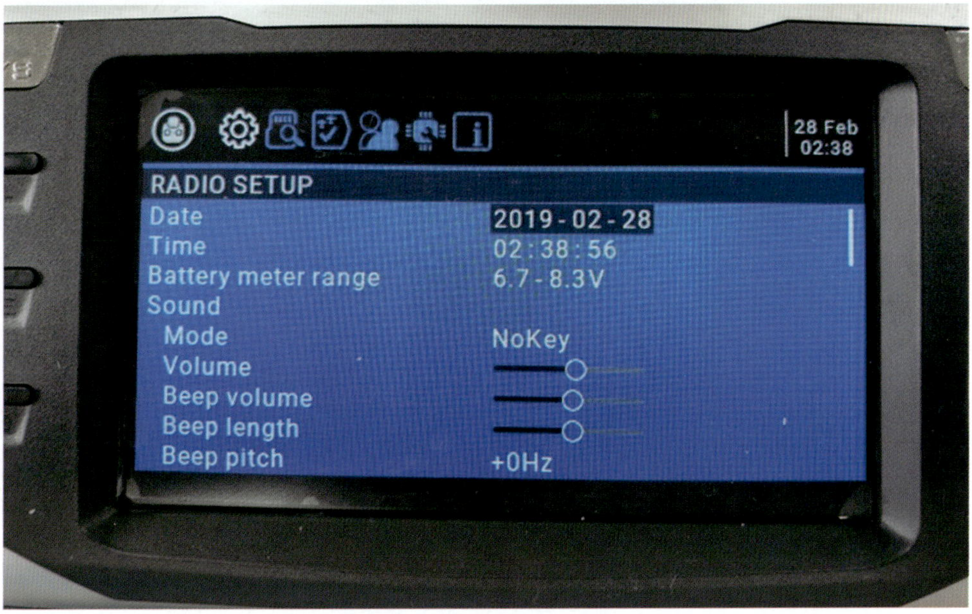

SD CARD에 들어간다. 여기서 "/SCRIPTS/YAAPU" 폴더로 간다.

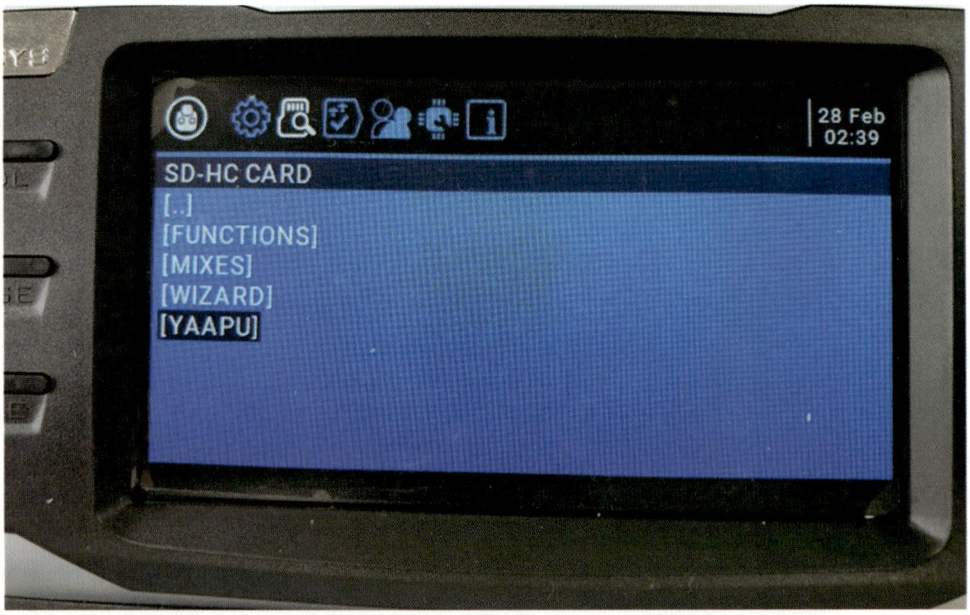

menu.lua와 menu.luac 둘 중 아무거나 실행(Excute) 시켜라(인코더를 오래 눌리면 Excute가 뜬다).

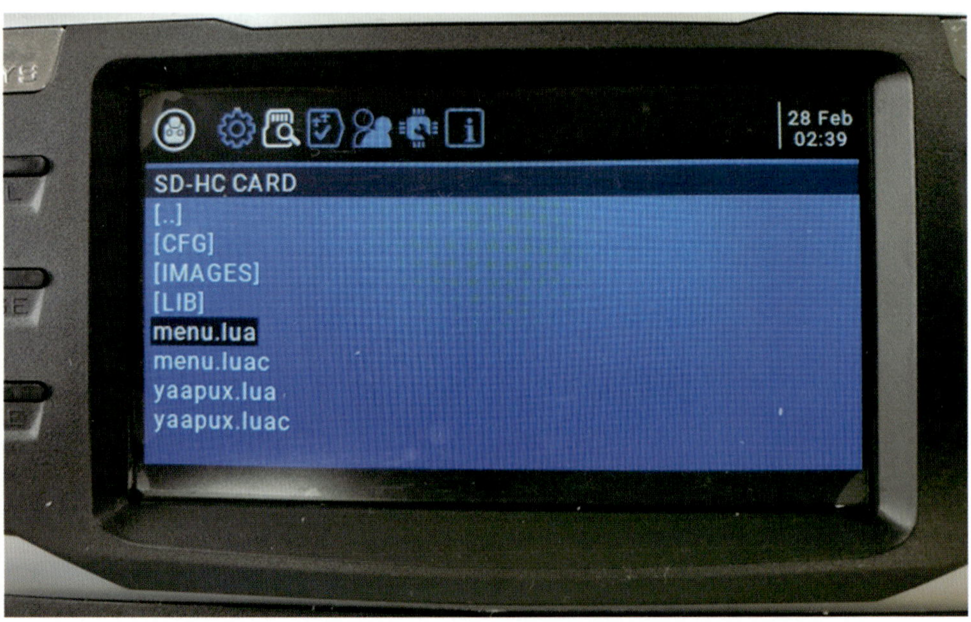

Execute를 실행시켜라.

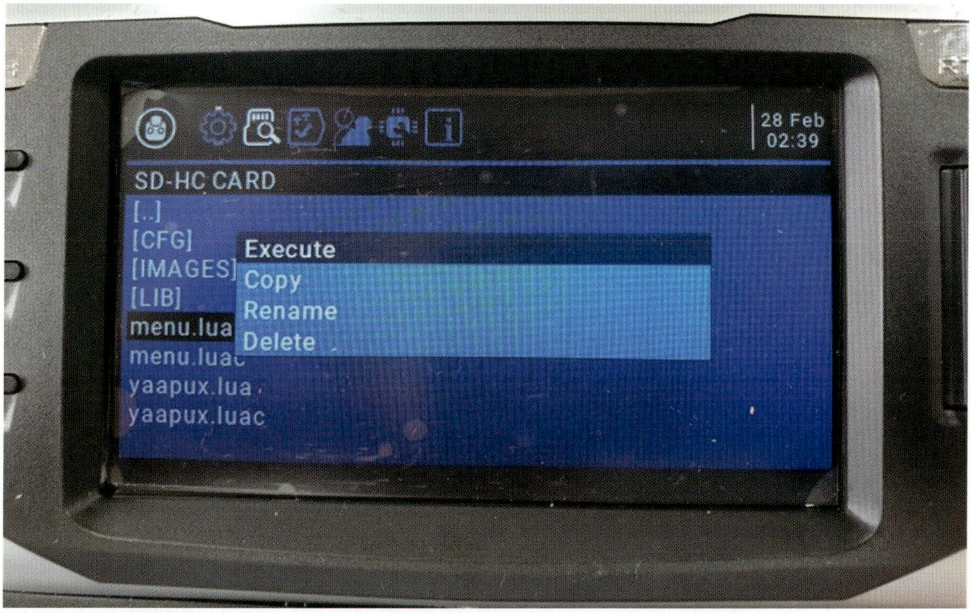

그러면 아래와 같이 yaapu script 구성 메뉴가 뜬다.

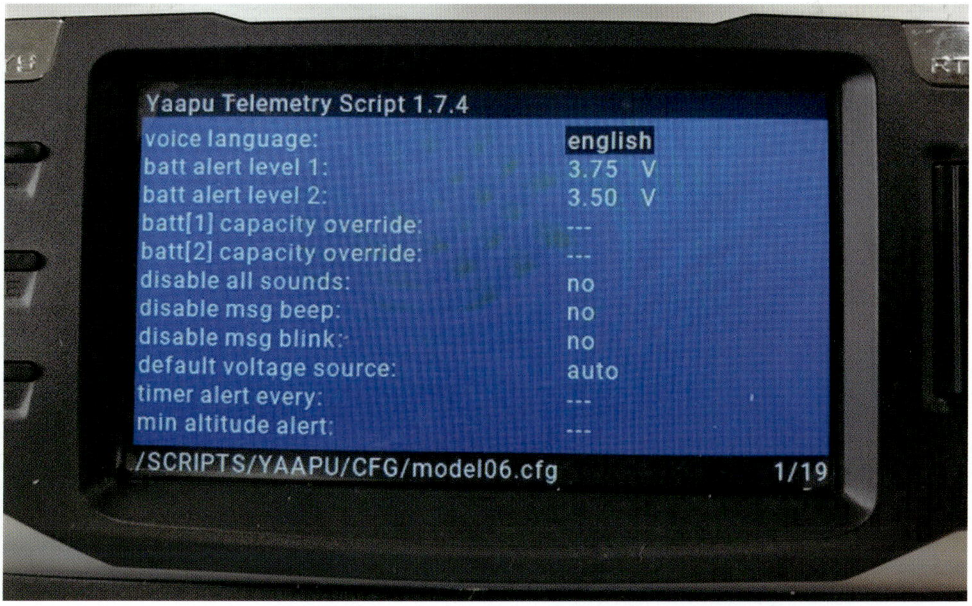

[RTN]을 오래 누르면 빠져 나온다. 그런 다음, 짧게 [RTN]을 2번 누른다. 그러면 아래와 같이 main model telemetry 페이지가 나온다.

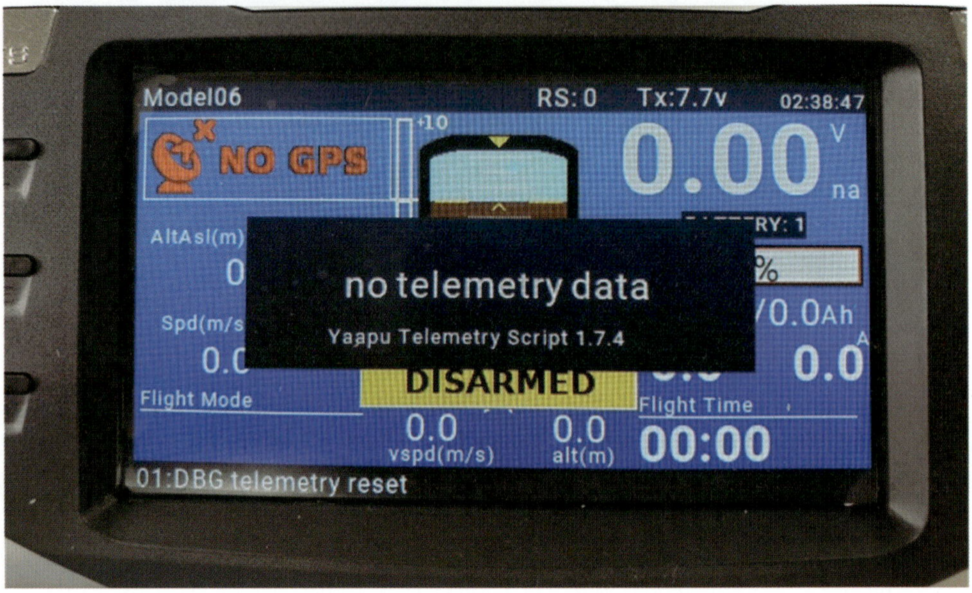

조종기를 Off하고 On하면 아래와 같이 나온다. Failsafe 경고 문구다. 우선 무시하라. 정상적인 것이다. [RTN] 눌러주면 위 화면으로 복귀한다.

5) Display Layout(화면 전체 구성)

▲ 출처 : https://github.com/yaapu/FrskyTelemetryScript

6) 영상으로 따라하기

https://youtu.be/slak49VLyBs

QR 코드

< 조종기 Telemetry 세팅 따라하기 영상 스틸 컷 >

2 Pixhawk에 Telemetry 매개변수 설정

Pixhwak에서 Telemetry를 사용하기 위해서는 parameter를 설정해 줘야 한다. Pixhawk를 PC와 연결하고 Mission Planner에서 Full Parameter List를 열고 검색창에서 "Serial"로 검색한다. 그리고 Telemetry를 찾으면 자신이 연결할 곳이 telemetry1인지 telemetry2이지 확인한다. 필자는 telemetry2에 연결하였기 때문에 "SERIAL2_PROTOCOL"을 10으로 하였다.

SERIAL2_PROTOCOL	10		-1:None 1:MAVLink1 2:MAVLink2 3:Frsky D 4:Frsky SPort 5:GPS 7:Alexmos Gimbal Serial 8:SToRM32 Gimbal Serial 9:Rangefinder 10:FrSky SPort Passthrough (OpenTX) 11:Lidar360 13:Beacon 14:Volz servo out 15:SBus servo out 16:ESC Telemetry 17:Devo Telemetry 18:OpticalFlow 19:RobotisServo 20:NMEA Output 21:WindVane 22:SLCAN 23:RCIN

< SERIAL2_PROTOCOL을 FrSky SPort Passthrough 설정 >

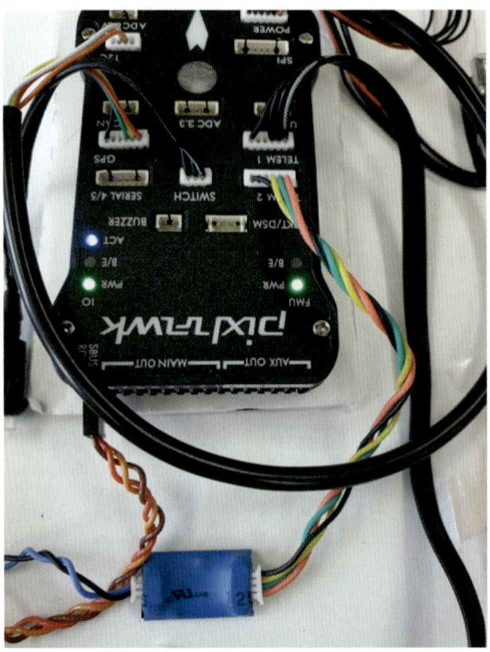

< S.Port 모듈 연결 >

3 Telemetry Test

1) 조종기, 수신기, Telemetry, FC, GCS(Mission Planner) 연결

→ 연결도

< Telemetry 및 조종기와 S.Port 연결도 >

→ 실제 Test

< Telemetry 와 GCS 및 조종기와 S.Port 연결 Test >

2) 유튜브 링크

https://youtu.be/0JlsHiTcg4s

QR 코드

< Telemetry 사용 Test 영상 스틸 컷 >

CHAPTER **08**

기본 VTOL 임무수행 및 안전한 운영 방법

CHAPTER 08

CHAPTER 08

기본 VTOL 임무수행 및 안전한 운영 방법

8.1 수동 비행 전 체크리스트

하늘에 나는 모든 물체는 언젠가는 지면하고 만난다. 지구라는 땅덩어리가 중력을 갖고 있기 때문에 하늘 위로 날아다니는 무엇이던지 간에 시간이 지나면 땅에 떨어진다. 새들도 하늘을 날다 힘이 들면 잠시 땅에 내려 쉬고 다시 먹이를 찾아 날아간다. 비행기도 연료가 떨어지기 전에 착륙을 해야 하는 것처럼 지면하고 만나야 한다. 이와 같이 급하게 지면하고 만나는 일이 없도록 모든 준비된 비행체를 갖추고 있어야 한다. 우리는 완벽하게 비행할 능력이 되는 기체를 가지고 비행하려면 최대한 만반의 준비를 하고 기체 정비를 해서 이상이 없을 때 비행해야 한다는 것이다. 이렇게 비행하기 전에 완벽하게 날 수 있는 비행체를 갖기 위해 비행 전 체크해야 할 사항을 미리 적어두고 하나하나 세심하게 이상 여부를 점검하는 습관을 가져야 한다. 아래는 비행 전의 체크리스트를 적은 것으로 반드시 숙지하고 이행해야 한다.

비행하기 전에 GCS는 인터넷이 연결되어야 현재 위치에 대한 지도(map)가 로딩 된다. 제일 먼저 체크 할 것은 비행기가 지도상의 방향과 일치하는 것을 확인해야 한다. 방향이 일치하지 않으면 다시 가속도 및 지자계 캘리브레이션을 재설정해야 한다. 그 다음 비행기의 상태, 고도, 비행속도 센서의 전압을 확인하고 올바르게 동작 되는지 체크한다. 아래 체크리스트는 수동 비행하기 전에 체크 항목이다.

① GPS lock 확인(적어도 3D GPS Lock)
② Telemetry 신호가 100% 정도에 머무르는지 체크
③ 배터리 용량 체크(배터리 셀 당 완전히 충전이 되어있는지 확인 약 4.2V)
④ Mission Planner 상에서 제어모드가 올바른지 확인(VTOL인 경우 첫 번째 모드는 QSTABILIZE)
⑤ 주 날개와 꼬리 날개가 안전한지 체크
⑥ 서보모터 동작이 올바른지 체크
⑦ 서보 링키지가 올바른지 체크
⑧ 카메라가 있을 경우 카메라 동작되는지 체크
⑨ 모든 프로펠러가 단단히 고정되어 있는지 체크

8.2 자동 비행 체크 순서

자동 비행은 임무를 수행하기 위해 사전준비가 철저히 해야 한다. 아래와 같이 비행체크를 하기 바란다.

① Airspeed sensor 확인 (장착되어 있는 경우)
(메인 화면의 HUD화면에서 AS 확인)
② Battery 확인 – HUD 메인화면
③ 영상 저장 확인 – 영상수신모듈 쪽 저장장치(장착되어 있는 경우)
④ 조종기 배터리 확인
⑤ GCS 배터리 확인
⑥ Data Link 수신율 확인
⑦ GPS홈 위치 확인
⑧ 기체의 방향이 GPS 와 같은 방향인지 확인 – 스마트폰 앱 나침반 이용
⑨ waypoint 작성하여 기체로 보내고 다시 읽어 잘 되는지 확인
⑩ 수신기 안테나 방향 확인
⑪ 비디오 저장 확인
⑫ Return to Home 고도 설정 – ALT_HOLD_RTL 확인

⑬ FailSafe Long 20sec로 설정

⑭ 기체가 수평이 맞는지 확인

⑮ 시동 걸고, 멀티로터 모드(QSTABILIZE)에서 호버링 확인

아래 그림은 자동비행을 위한 임무계획을 나타낸 것이다.

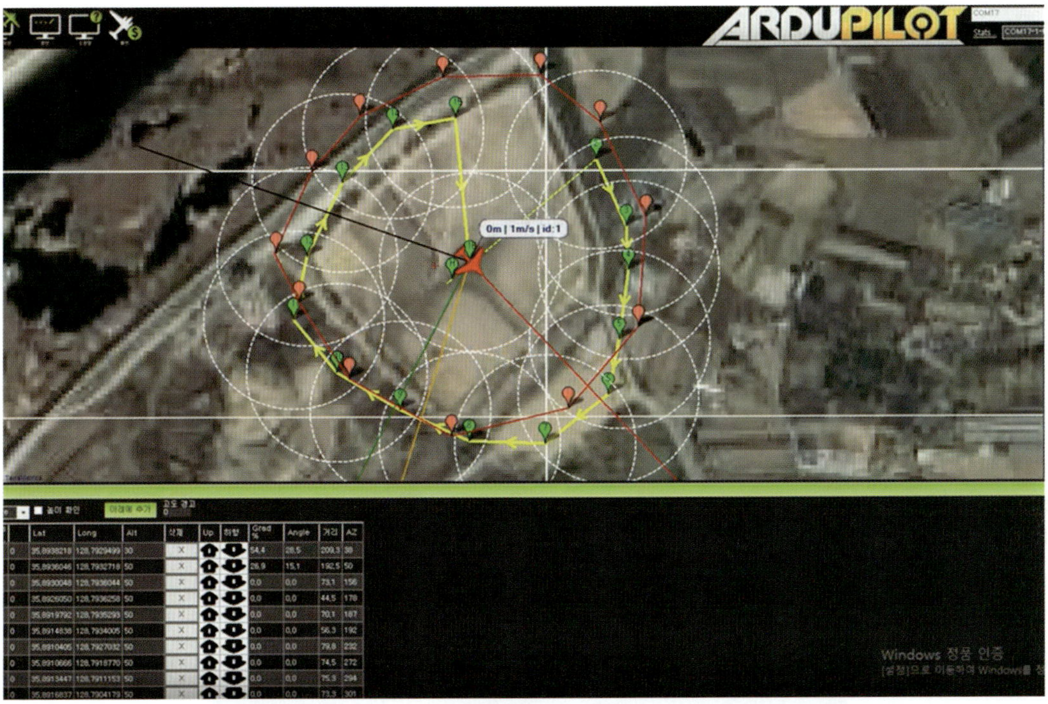

<자동 비행을 위한 임무 계획>

8.3 비행 시 주의 사항

QuadPlane을 비행 중이거나 비행하려고 대기 중인 상태에서 꼭 지켜야할 주의 사항을 예를 들었다. 이것은 간과하기 쉬우므로 반드시 숙지해야 한다.

① 시동을 건 후 추력 모터(멀티로터 모터 포함)가 켜지도록 지면에서 FBWA(수동 이외의 고정익 모드)를 전환하지 말아야 한다.
② 멀티로터 모드(Q 모드)에서 고정익 수동모드(MANUAL)로 직접 전환하지 마라. 높이가 충분하지 않으면 멀티로터 모터가 즉시 정지하고 초보자들은 조종하기 힘들어 위험할 수 있다.

8.4 틸팅 서보와 대기속도 테스트

매개변수의 값 설정이 제대로 되었는지, 기능이 원활이 수행되는지 체크하기 위하여 대기속도 센서와 틸팅에 관련된 모든 것들을 테스트해야 한다. 즉 서보의 틸트 기능이 정상인지 확인하는 것이다. 실내에서 테스트를 수행할 경우, ARM_CHECK를 0으로 설정하고 한다. 테스트 순서는 아래와 같다.

< 대기속도 센서와 VTOL 기체 >

1. 프로펠러를 제거한다. 프로펠러가 없는 상태에서 수행해야한다.
2. 배터리를 연결하여 비행 컨트롤러(FC : Flight Control)의 전원을 켠다.
3. 조종기에서 비행 모드를 "QSTABILIZE" 모드로 전환한다.
4. 기체의 FailSafe(안전스위치)를 눌러 모터 rock을 해제한다(시동을 건다).
5. 스로틀을 올리면 회전을 시작하고 약 60% 정도 까지 올리면 모터가 빠르게 회전을 한다.
6. 이때 조종기에서 비행모드를 FBWA 모드로 전환하면 틸팅 서보가 고정 각도로 기울어지기 시작한다. 회전 각도는 "Q_TILT_MAX"에 의해 제어된다. 만약 설정 한 값이 35°라면 수직에서 아래로의 기울기 각도이다. 기울기 속도는 "Q_TILT_RATE_DN"에 의해 제어된다. 초당 10°와 35°의 경사로 설정하는데 약 3.5초가 걸린다.
7. 그런 다음 대기속도 튜브 앞에서 바람을 불어주면 대기 속도가 상승함을 알 수 있다 "Q_ASSIST_SPEED"를 14로 설정했을 경우, 대기 속도가 14m/s에 도달하면 "Q_TRANSITION_MS" 지속 시간이 5초("Q_TRANSITION_MS"에 설정된 시간) 후에 틸팅 서보가 고정익 모드로 전환되기 시작한다. 만약 대기 속도가 14m/s보다 낮으면 틸트 서보는 35°로 멀티로터의 가속 전진 상태로 돌아간다.
8. "Q_ASSIST_ANGLE"의 매개변수는 기체의 수평이 설정한 각도 보다 커지면 기체는 멀티로터의 가속 상태로 되고 45° 이하로 수평이 되게 하여 기체를 보호한다. 여기서는 이 보호 각도를 45°로 설정했다. 이것은 무인 항공기(VTOL)가 FBWA, AUTO 모드에서 비행 중일 때 만약 강한 바람에 부딪히면 기체의 자세가 45° 이상 기울어지면 멀티로터 보호 기능이 작동하는 것이다.

8.5 비행 전 조종기 및 제어타면 테스트

비행하기 전에 모든 구성품들이 잘 연결되어 있나 체크한다. 틸트 서보가 올바르게 동작하는지 체크, 모터의 회전 방향이 맞는지 체크, 모든 제어타면이 원하는 방향으로 움직이는지 확인한다. 비행모드가 조종기에 할당한 스틱과 맞는 지 동작을 확인한다. 첫 비행은 개활지에서 하는 것이 좋다. 빌딩이 없고 큰 나무가 없고 이륙/착륙하기 좋은 평평한 곳에 첫 비행을 하는 것이 좋다. 아래의 비행체는 Nimbus라는 V-tail 형태를 갖는 고정익 비행기이다. 제어타면과 조종기간의 이해를 돕고자 하였으므로 이 기체를 사용하였으니 이해하기 바란다. E-Flite Convergence는 Elevon 타면이므로 에일러론과 엘리베이터가 합쳐진 것으로 생각하면서 아래 설명을 이해하기 바란다.

1 모드에 따른 제어타면의 올바른 이해

1) 멀티로터 모드(조종기 스틱 제어)

가) QSTABILIZE 모드에서 기체 시동 준비한다.

조종기 스로틀 low, Safe key On 및 조종기 러더를 오른쪽으로 2~5초 이상 밀어 시동을 건다. "Q_M_SPIN_ARM", "Q_M_SPIN_MIN" 값에 따라 쿼드모터가 정지 및 회전 할 수 있다.

나) 조종기의 스로틀 스틱을 올리면, 모터 속도 증가, 내리면 모터 속도 감소한다.

< Mapper VTOL >

다) 위의 그림으로 이해하면 조종기의 피치 스틱을 밀면 전방 모터(1, 3) 속도 감소, 후방 모터(2, 4) 속도 증가한다(단, 스로틀이 올라가 있을 때이다). 뒤쪽 V-Tail 날개는 날개 끝면이 아래로 향한다.

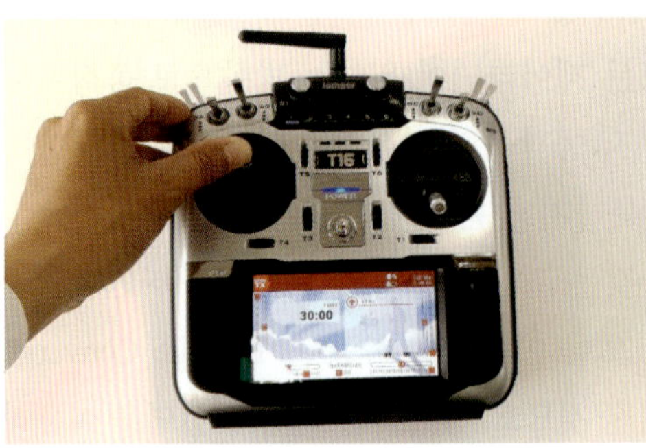

< Mode 1, Elevator Up>

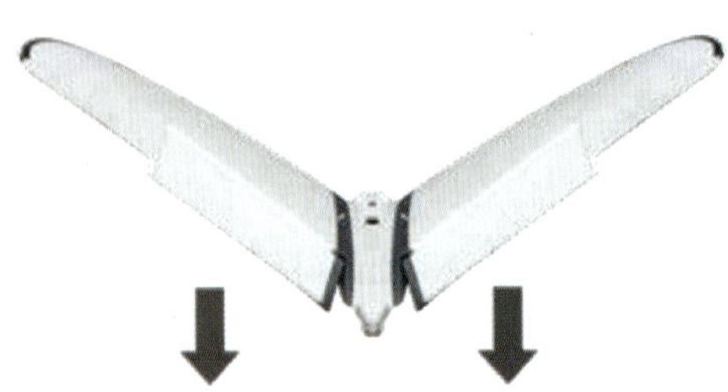

< Pitch push(V-tail 동작) >

라) 조종기의 피치를 당기면 전방 모터 속도 증가, 후방 모터 속도 감소한다(단, 스로틀이 올라가 있을 때이다). 뒤쪽 V-Tail 날개는 날개 끝 면이 위로 향한다.

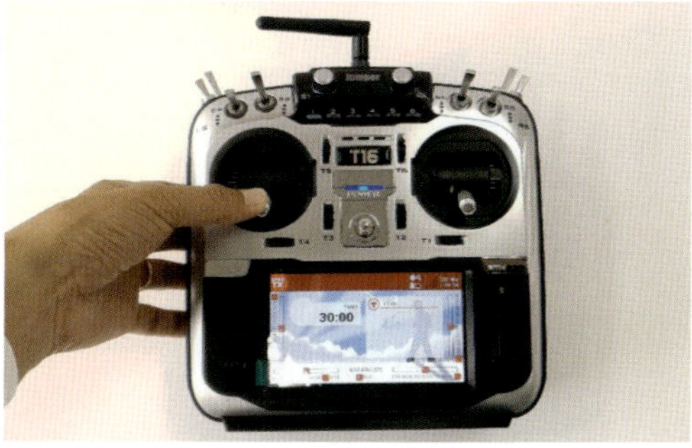

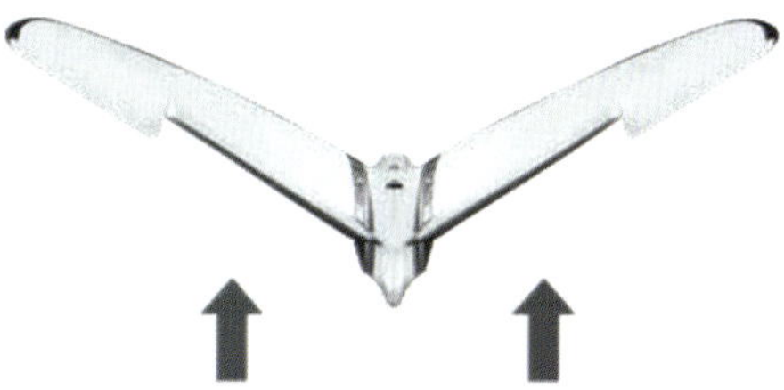

<Mode 1, Elevator Down> <Pitch pull(V-tail 동작)>

마) 조종기의 에어러론을 왼쪽으로 치면, 왼쪽 모터 속도 감소, 오른쪽 모터 속도 증가한다. 기체의 주 날개 왼쪽 에어러론 끝면이 위로 향하고, 동시에 오른쪽 에어러론 끝면이 아래로 향한다.

<Mode 1, Aileron Stick Left>

<주 날개 에어러론의 동작>

바) 조종기의 에어러론 스틱을 오른쪽으로 치면, 오른쪽 모터 속도가 감소하고, 왼쪽 모터 속도는 증가한다. 기체의 주 날개 오른쪽 에어러론 끝면은 올라가고, 동시에 왼쪽 에어러론 끝면은 내려간다.

< Mode 1, Aileron Stick Right >

< 주 날개 에어러론의 동작 >

사) 조종기의 러더 스틱을 왼쪽으로 치면, 전방 왼쪽 틸트 서보는 뒤로 기울어지고, 전방 오른쪽 틸트 서보는 앞으로 기울어진다.

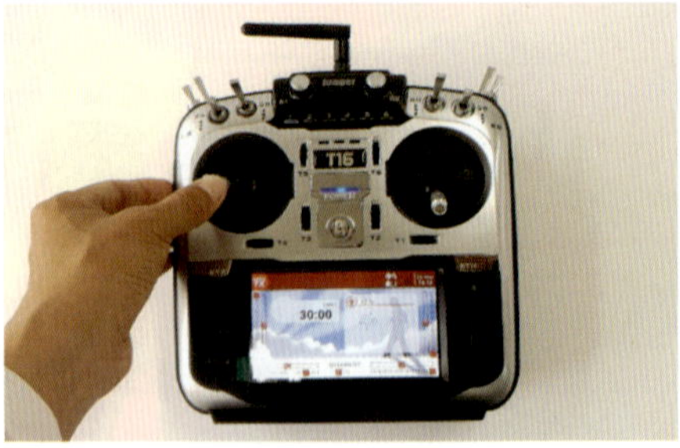

< Mode 1, Rudder Stick Left >

< 전방 틸트 서보 모터의 틸팅 방향 >

아) 조종기의 러더 스틱을 오른쪽으로 치면, 전방 왼쪽 틸트 서보는 앞으로 향하고, 전방 오른쪽 틸트 서보는 뒤로 향한다.

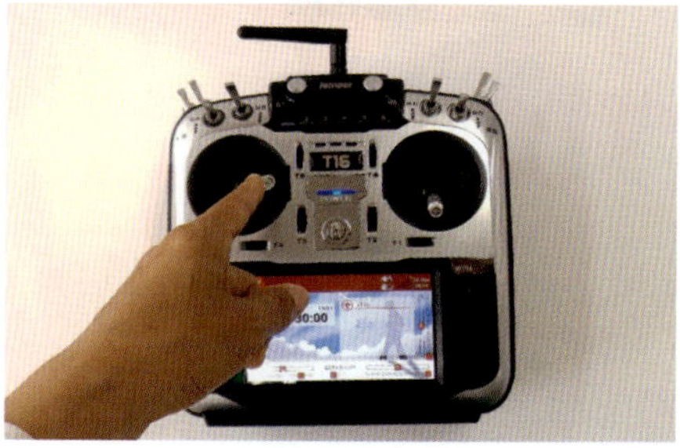

< Mode 1, Rudder Stick Right >

< 전방 틸트 서보 모터의 틸팅 방향 >

2) 비행기(고정익) 모드(매뉴얼 모드), (조종기 제어)

가) 조종기 스로틀 스틱을 밀면, 모터 속도 증가, 당기면 모터 속도 감소한다.

나) 조종기 피치 스틱을 밀면, 2개의 꼬리 날개 V-tail은 날개 끝 면이 아래로 향한다.

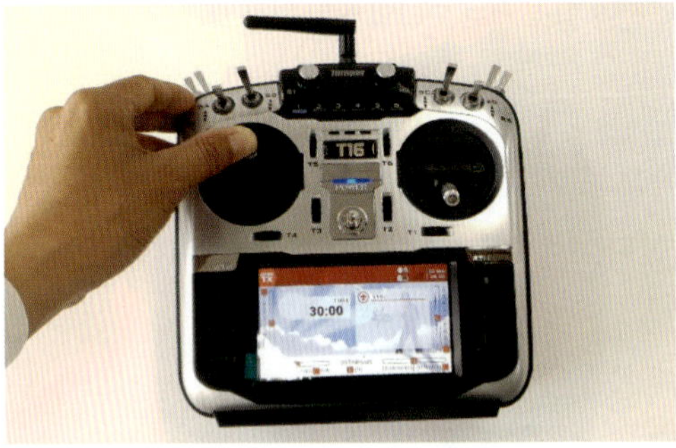

< Mode 1, Elevator Stick Up >

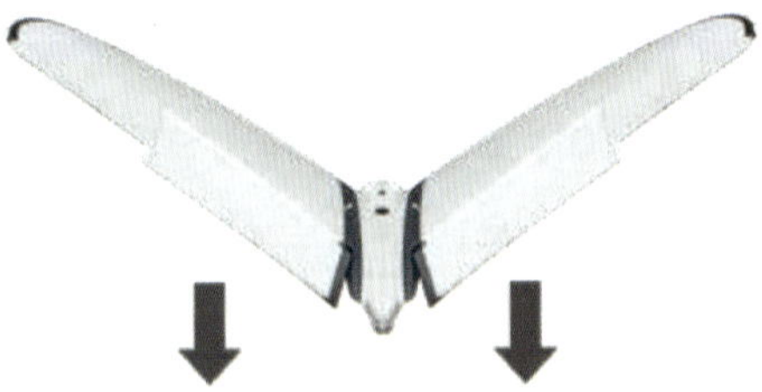

< 스로틀에 따른 꼬리 날개 V-tail 방향 >

다) 조종기의 피치 스틱을 당기면, 2개의 꼬리 날개 V-tail은 날개 끝면이 위로 향한다.

< Mode 1, Elevator Stick Down >

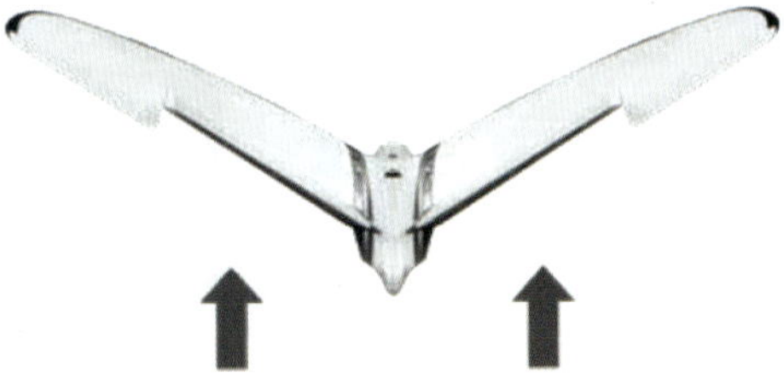

< 스로틀에 따른 꼬리 날개 V-tail 방향 >

라) 조종기의 에어러론 스틱을 왼쪽으로 치면, 기체의 주 날개 왼쪽 에어러론 끝면이 위로 향하고, 동시에 오른쪽 에어러론 끝면이 아래로 향한다.

< Mode 1, Aileron Stick Left >

< 주 날개 에어러론의 동작 >

마) 조종기의 에어러론 스틱을 오른쪽으로 치면, 기체의 주 날개 오른쪽 에어러론 끝면이 위로 향하고, 동시에 왼쪽 에어러론 끝면이 아래로 향한다.

< Mode 1, Aileron Stick Right >

< 주 날개 에어러론의 동작 >

바) 조종기의 러더 스틱을 왼쪽으로 치면, 꼬리 날개 왼쪽 V–tail의 끝 면은 아래로 향하고, 오른쪽 V–tail 끝 면은 위로 향한다.

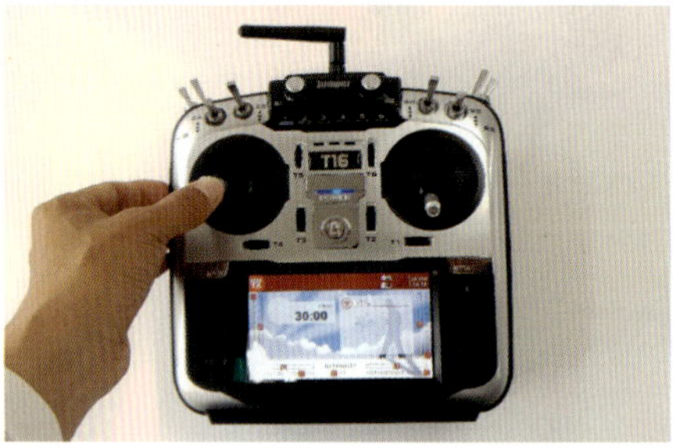

<Mode 1, Rudder Stick Left>

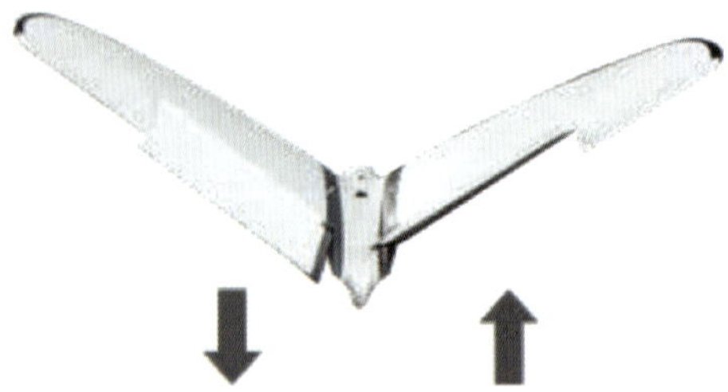

<러더 스틱에 따른 V–tail 방향>

사) 조종기의 러더 스틱을 오른쪽으로 치면, 꼬리 날개 오른쪽 V–tail의 끝 면은 아래로 향하고, 왼쪽 V–tail 끝 면은 위로 향한다.

<Mode 1, Rudder Stick Right>

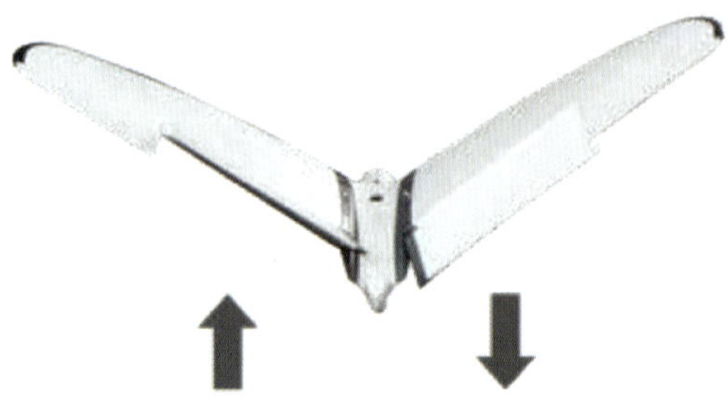

<러드 스틱에 따른 V–tail 방향>

3) 기체의 자동 수평 유지 테스트(자동 수평 제어)

가) 기체를 앞으로 기울이면, 전방 모터의 속도가 증가하고, 뒤쪽 모터의 속도는 감소한다. 꼬리 날개 2개의 V–tail의 끝 면은 위로 향한다.

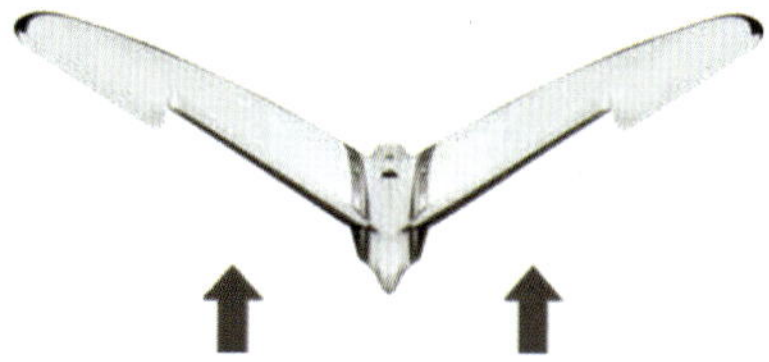

< 기체 기울임에 따른 모터속도와 V-tail 방향 >

나) 기체를 뒤쪽으로 기울이면, 전방 모터의 속도가 감소하고, 뒤쪽 모터의 속도는 증가한다. 꼬리 날개 2개의 V-tail의 끝 면은 아래로 향한다.

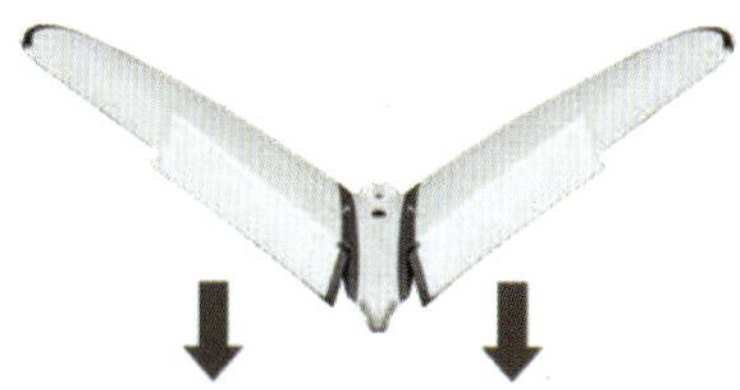

< 기체 기울임에 따른 모터속도와 V-tail 방향 >

다) 기체를 왼쪽으로 기울이면, 기체의 주날개 에어러론 왼쪽 끝면은 아래로 향하고, 오른쪽 에어러론 끝면은 위로 향한다. 왼쪽 모터의 속도는 증가하고, 오른쪽 모터의 속도는 감소한다.

< 기체 기울기에 따른 에어러론과 모터의 동작 >

라) 기체를 오른쪽으로 기울이면, 기체의 주날개 에어러론 왼쪽 끝면은 위로 향하고, 오른쪽 에어러론 끝면은 아래로 향한다. 왼쪽 모터의 속도는 감소하고, 오른쪽 모터의 속도는 증가한다.

<기체 기울기에 따른 에어러론과 모터의 동작>

마) 기체를 왼쪽 방향으로 회전하면 왼쪽 틸트 서보는 전방으로 향하고, 오른쪽 틸트 서보는 뒤쪽으로 향한다.

<기체 회전에 따른 전방 틸터 서보의 방향>

바) 기체를 오른 방향으로 회전하면 왼쪽 틸트 서보는 뒤쪽으로 향하고, 오른쪽 틸트 서보는 전방으로 향한다.

<기체 회전에 따른 전방 틸터 서보의 방향>

2 첫 비행 테스트

첫 비행 테스트하기 위해서는 QStabilize 모드를 사용하여야 한다. 스로틀을 low 위치로 하고, 러더를 오른쪽으로 밀면, 모터가 회전을 한다. 기체가 지면에서 상승할 때까지 스로틀을 조금씩 올리면 기체는 스로틀에 따라 상승할 것이다. 에어러론, 엘리베이트, 러더 스틱을 움직여 보고 기체가 내가 원하는 방향으로 움직이는 지 체크한다.

스로틀을 올려 기체가 지상 3m 지점에서 날개에 큰 공기 흐름에 지장이 없는 지 체크한다. 모든 제어가 무난하면 기체 앞에 장애물이 없는 지 확인하고 지상에서 30m 까지 올려본다. 그리고, FBWA(or Cruise) 모드로 전환한다. 앞에 모터 2개가 같은 속도로 틸팅을 하고 기체가 어느 정도 속도에 도달했을 때 앞에 모터 2개는 수평으로 바뀌고 뒤쪽 모터는 정지할 것이다. 그런 다음 기체는 완전히 고정익으로 변환한다.

상세한 설명은 다음 장에서 다룬다.

8.6 수동 비행

1 멀티 로터 상태에서 Test

- 조종기 배터리를 확인한다. 배터리는 완전히 충전된 상태여야 한다.
- 조종기 파워를 On한다. 스위치 상태 확인한다. 조종기에 설정한 비행 모델을 확인한다.
- 조종기에 할당된 key를 이용하여 QSTABILIZE 모드로 전환한다.
- GCS에서 Mission Planner를 실행시킨다.
- Telemetry를 PC(GCS)의 USB에 연결한다. PC의 Com Port 확인한다.
- Check List로 기체를 전체 점검한다. 프로펠러 상태, 고정 여부, 날개 고정상태, 링키지 연결 여부 등 전반적인 기체에 대한 물리적인 상태를 확인한다.
- 기체 내부의 배선 상태를 확인한다.
- FC의 Micro SD Card가 Class가 10 이상이고 검정된 SD Card 인지 확인한다. 불량 SD Card 이면 로그가 기록이 안 될 수 있다.

- 기체의 배터리 상태를 확인한다. 완전히 충전된 상태여야 한다.
- 기체의 배터리 전원을 인가한다. 손으로 모든 부품에 열이 많이 나는지 확인한다.
- 기체의 부저음과 FC의 LED 확인한다.
- 기체의 Telemetry와 수신기 및 FC를 확인한다.
- 기체의 Safety key를 On 하여 기체가 시동 준비 상태로 전환한다.
- 조종기와 기체가 서로 통신이 되는지 확인한다. 조종기 스위치로 기체의 동작 상태를 확인한다. 조종기를 QSTABILIZE 상태에서 에어러론 조종하여 타면의 상태가 맞는 지 확인한다. FBWA로 전환하여 Tilt가 올바르게 되는지도 확인하고 위에 타면도 에리베이터와 러더를 추가하여 같은 방법으로 확인한다. 다시 조종기를 이용하여 QSTABILIZE로 변경한다.
- GCS에서 Telemetry를 통하여 기체와 연결한다. 즉, PC상에서 Telemetry Com Port를 선택하고 Baud rate를 57600bps로 선택하고 연결한다.
- PC상의 GCS(Mission Planner) HUD 화면에서 GPS 상태와 배터리 상태 그리고 모든 메시지를 확인한다. HUD 화면에서 DISARM 만 적색글자가 있어야 비행 준비 상태이다. DISARM 메시지 제외하고 모든 메시지는 흰색이어야야 한다.
- HUD화면에서 수평선의 격렬하게 움직이지 않는지 확인한다.
- HUD화면에서 EKF를 클릭하여 EKF가 정상인지 확인한다.
- HUD화면에서 Vibe를 클릭하여 Vibration 이 정상인지 확인한다.
- HUD화면 아래 Action Tab에서 첫 번째 항목을 클릭하여 PREFLIGHT_CALIBRATION을 선택한다. Air Speed Sensor를 캘리브레이션 한다.
- 조종기로 비행모드를 변경해보고 HUD화면에 비행모드가 바뀌는 것을 확인한다. 최종적으로 QSTABILIZE로 변경한다.
- Map 화면 왼쪽 아래에 GPS 위성수와 HDOP를 확인한다. GPS는 10개 이상 수신되어야 하고 HDOP는 2 이하로 되어야 한다. HDOP는 낮을수록 좋고, GPS는 높을수록 좋다.
- PC의 GCS에서 부팅한 기체 상태와 Message가 이상이 없는지 확인한다.
- Map 화면에서 기체의 방향이 지도와 일치하는지 확인한다.
- FailSafe 설정을 확인한다.

< 추가사항 >

- 모든 사항이 체크되었으면 조종기의 비행모드는 QSTABILIZE 상태여야 하고 러더를 우측으로 최대로 한 상태에서 2초 이상 기다리고 있으면 시동이 걸린다. 매개변수 값("Q_M_SPIN_ARM"과 "Q_M_SPIN_MIN")에 따라 모터가 회전을 할 것이다. 멀티로터(VTOL)에서 기본적으로 QSTABILIZE 모드에서 Test를 진행하는 것이 좋다.

- 스로틀을 천천히 올려 지상 2~3m로 호버링 한다. 호버링 하면서 기체 상태를 확인한다. 조종기의 롤(Roll)과 엘리베이터(Elevator) 그리고 러더(Rudder)를 움직여 동작 상태를 확인한다.
- 여기서 기체의 상태에 따라 최적의 PID 값을 찾아낸다. 수동으로 PID값 튜닝은 전장에서 언급하였다. 만약 PID 값을 찾기 어려우면 QAUTOTUNE을 활성화 하여 수행한다.

2 멀티 로터에서 고정익 전이(Transition) 테스트

- 우선, 틸팅 시 떨어지는 것을 방지하기 위해 QSTABILIZE나 QLOITER 모드를 사용하여 멀티로터(VTOL) 모드에서 이륙한다. 고도를 40~50m까지 높인다. FBWA 모드로 전이하면 현재 기체가 앞으로 가속된다. 이 상태에서는 조종기로 기체의 에일러론 및 피치를 제어할 수 없다. 스로틀은 제어되어 속도를 올릴 수 있다. 전이과정은 자동으로 완료 된다. 전이 과정에 필요한 거리는 약 100~200m이다. 전이 후 비행기의 제어는 고정익의 FBWA와 동일하게 제어된다.

- 공중에서 QSTABILIZE(or QLOITER)와 FBWA 모드를 여러 번 전환할 수 있으며 비행기 전환 프로세스에 이상이 없는지 체크하여 비행해 본다.

- FBWA가 모두 정상인 경우 스로틀을 줄이고 의도적으로 비행기가 대기속도 14m/s("ARSPD_FBW_MIN") 아래로 멈춘 다음 비행기가 멀티로터(VTOL) 모드로 전환되는지 확인하여야 한다.
- FBWA의 정상적인 상황에서는 스로틀을 줄이고, 로드를 당기고, 의도적으로 비행기를 실속시킨 다음 롤오버(Roll Over)를 해본다. 롤오버 각도가 45°("Q_ASSIST_ANGLE") 이상이며 기체가 멀티로터(VTOL) 모드로 전환되는지 확인한다.

8.7 QuadCopter(VTOL) 자동 튜닝(QAUTOTUNE)

Ardupilot 펌웨어 버전 Plane−4.0부터 QAUTOTUNE가 지원된다. QuadPlane은 QuadCopter와 동일하게 시스템이 적용된다.

1 튜닝 준비

→ 비행모드에서 하나를 QAUTOTUNE 로 설정한다.

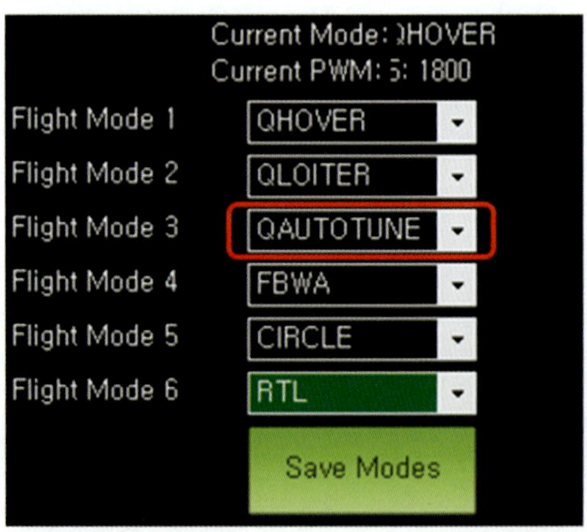

→ Q_AUTOTUNE_AXES 로 튜닝 할 축을 선택한다.
한 축만 선택한다. 예를 들어 Q_AUTOTUNE_AXES=1 으로 롤 축 선택한다.

Bitmask	
Bit	**Meaning**
0	Roll
1	Pitch
2	Yaw

Values	
Value	**Meaning**
7	All
1	Roll Only
2	Pitch Only
4	Yaw Only
3	Roll and Pitch
5	Roll and Yaw
6	Pitch and Yaw

Command	Value	Units	Options
Q_AUTOTUNE_AGGR	0.1		
Q_AUTOTUNE_AXES	1		
Q_AUTOTUNE_MIN_D	0.001		

2 튜닝 방법

• 바람이 없는 곳에서 튜닝하는 것이 좋다. 만약 바람이 불면 부는 방향으로 위치를 정하고 튜닝을 해야 한다. 예를 들어 롤 튜닝의 경우 바람부는 방향과 맞바람으로 기체의 전방을 향하도록 튜닝한다. 피치 튜닝의 경우 기체의 우측면 이 바람부는 방향과 맞바람으로 위치하여 튜닝한다.

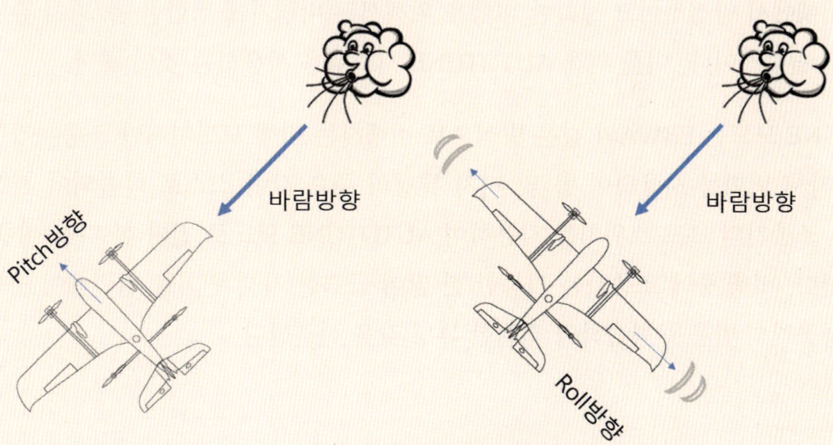

< Autotune에서 기체의 방향 >

- 튜닝의 시간은 오래 동안 진행(한 축당 3~5분)될 수 있으므로 한 축씩 교대로 한다(튜닝 시간에 비례하여 배터리 여분을 챙긴다).
- 최초 비행모드를 QSTABILIZE에서 시작하여 호버링 한다.
- QLOITER에서 QAUTOTUNE 모드로 들어가면 위치 고정이 잘 잡히지 않으므로 천천히 튜닝 된다. QLOITER 모드에서 튜닝하려면 바람이 없는 날에 택하여 튜닝하는 것이 좋다.
- QHOVER에서 튜닝이 시작하며 튜닝 중 기체의 위치가 유지되지 않으며 조종기 스틱으로 기체를 이동 할 수 있다. 다만, 튜닝은 스틱의 중앙에 있어야 튜닝이 시작 된다. 즉 튜닝하는 동안 조종기 스틱을 움직여 기체의 위치를 조종할 수 있다. 조종기 스틱을 중앙에 놓으면 튜닝이 계속된다. 만약 모드를 바꾸면 즉시 튜닝이 중지된다.
- 조종기 스틱의 튜닝 시작위치는 중앙의 범위 데드존(RCx_DZ)을 늘여 조종할 수 있다. 또한 RC 채널을 다시 캘리브레이션 하여 조종할 수 있다.
- 만약 롤(Roll)이 진행된 경우 롤이 정지되면 튜닝이 완료된 것이다. 실제 완료 시점은 QAUTO-TUNE 상태로 모드 변경없이 착륙하면 이때의 PID 값이 저장된다. 저장 값은 현시점에서 관련된 축의 PID 값이 저장된다.

8.8 고정익 자동 튜닝(Auto Tune)

고정익 비행에서 안정적이고 정확한 비행을 위해서는 비행기에 적합한 롤/피치 튜닝 매개 변수를 얻는 것이 필수적이다. 이를 위해 AUTOTUNE 시스템을 사용하는 것이 좋다.

AUTOTUNE 모드는 FBWA와 같은 방식으로 비행하는 비행 모드이지만 조종사가 조종기로 입력한 비행 자세 변화를 사용하여 롤 및 피치 튜닝의 주요 값이 스스로 학습되어 저장된다. 따라서 조종사는 조종기의 모드 스위치를 사용하여 AUTOTUNE 모드로 전환 한 다음 비행기를 몇 분 동안 비행한다. 비행 중에 조종사는 가능한 한 많이 급격한 자세 변화를 입력해야 자동 튜닝(오토튠) 코드가 항공기의 반응을 학습하여 적절한 튜닝 값을 산출한다.

1 기본 튜닝 방법

- 고정익 기체의 튜닝은 일반적으로 핸드런치(손으로 던져어 이륙) 비행기의 튜닝과 동일하다.
- "AUTOTUNE_LEVEL"의 값을 6으로 설정한다. 이 값이 클수록 기체의 튜닝 값이 커지며 기체의 응답 속도가 빨라진다.
- 먼저 수동으로 이륙하고 60~80m로 비행 한 후 "AUTOTUN" 모드로 전환한다. 이때 조종기의 롤과 피치는 약간의 안정화 효과가 있지만 매우 불안정하여 비행하기 어려울 수 있다.
- 롤을 튜닝하기 위해서는 롤 스틱을 왼쪽으로 빠르게 움직이고 그 다음 오른쪽으로 끝까지 움직이면 자동으로 매개 변수 조정이 된다. 기체가 떨어지지 않는 한 연속으로 20번 조종기 스틱을 좌, 우로 빠르게 이동한다. 기체의 회전 안정성이 개선 된 것을 볼 수 있다. 비행의 조종에 불편함을 느끼면 몇 번 더 반복하여 기체가 안정이 확보 될 때 까지 반복한다.
- 이제 조종기의 피치를 조종한다. 조종기의 피치 스틱을 20회 연속 빠르게 아래로 내리면 비행기가 위로 오르고 롤러코스터처럼 볼 수 있으며 중앙으로 돌아간 후 점진적으로 찾을 수 있다. 기체의 피치가 개선된 것을 볼 수 있다. 만약 개선되지 않으면 튜닝을 계속한다.
- 교정이 완료된 후 FBWA 모드로 전환하고 만족할 때까지 기체의 제어 상태를 비행해보기 바란다.
- 각 기체의 원격 제어 스트로크가 다르고, 조향 기어의 중심 위치가 다르고, 방향타 표면에 대한 커넥팅 로드의 위치가 다르며, 기체의 이륙 중량이 같지 않기 때문에 자동 튜닝 후 각 비행기의 PID가 약간 다르게 나타난다. 같은 기체라도 다르게 나타나는 것이 정상적으로 보면 된다.

참고 고정익 매개 변수 조정의 매개 변수 값은 일반적으로 너무 커서 범위를 초과 할 수 있으므로 더 작은 값으로 변경할 수 있다.

2 세밀한 튜닝 방법

→ AUTOTUNE 설정

AUTOTUNE 용 기체를 설정하려면 송신기의 비행 모드 스위치로 선택할 수 있는 비행 모드 중 하나로 AUTOTUNE 모드를 선택해야 한다.

조종기는 CH1 ~ CH4번은 기본적인 롤, 피치, 스로틀, 요 의 채널이다. 이 이외의 채널 5번부터 8번 까지는 조종기 레버의 key를 할당하려고 남겨놓은 것으로 CH5는 비행모드를 선택하였다. 여기서 비행모드는 6단계의 비행모드를 선택이 가능하다. 이 비행모드 중에 하나를 AUTOTUNE로 설정한다.

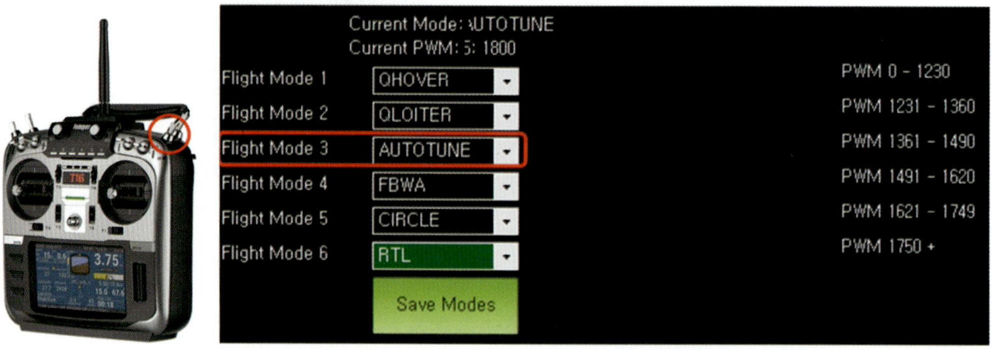

< 3단 스위치 중에서 한 개를 Auto tune 모드로 설정 >

또한 Mission Planner(GCS)에 고급 매개변수 화면에서 "AUTOTUNE_LEVEL" 매개변수를 설정하여 튜닝 레벨을 선택해야 한다. 위에서 언급한 대로 "AUTOTUNE_LEVEL"의 매개 변수는 튜닝이 얼마나 적극적으로 반영하는지를 제어한다. 기본 값은 레벨 6이며, 초보자부터 중간 조종자에게 적합한 중간 조정 값을 생성한다. 더 숙련 된 조종사라면 레벨 7을 선택하면 약간 더 미세한 조정(더 빠른 자세 변경)이 가능하다. 7보다 높은 레벨은 낮은 레벨로 초기 튜닝을 완료 할 때까지 권장되지 않는다. 8이상의 레벨은 숙련된 조종사만 사용해야 한다.

AUTOTUNE_LEVEL	6		1 10
Q_AUTOTUNE_AGGR	0.1		
Q_AUTOTUNE_AXES	7		
Q_AUTOTUNE_MIN_D	0.001		

< AUTOTUNE_LEVEL 설정 >

그 이외의 설정으로는 기체의 모든 기본 설정이 올바른지 확인해야한다. 특히, 모든 표면 반전이 올바른지 확인하고 최저 풍속에 대해 합리적인 값을 설정했는지 확인한다. 자동 튜닝은 "ARSPD_FBW_MIN" 매개 변수 에서 설정 한 최소 대기 속도를 초과할 때까지 아무 작업도 수행하지 않는다. 기체의 대기 속도 센서가 없는 경우 다른 센서의 풍속 추정 값과 함께 해당 값이 계속 사용된다. 또한 AUTOTUNE은 조종기 스틱으로 모든 제어 움직임이 있는 경우에만 작동하므로 먼저 Radio Calibration을 수행했는지 확인해야 한다.

ARSPD_FBW_MAX	35	m/s	5 100
ARSPD_FBW_MIN	10	m/s	5 100

<ARSPD_FBW_MIN 설정>

➔ 확인해야 할 체크 사항

- 대기 속도 센서가 장착 된 경우 작동하는지 확인하고 보정여부를 확인한다.
- 기체의 설명서에 따라 무게 중심(CG)이 올바른지 확인하라. 일반적으로 기체의 뒤쪽 꼬리 무게가 많이 나가는 것 보다 앞쪽 코가 약간 무겁게 하는 것이 비행에 더 안전하다. 그런 후 CG를 뒤로 움직여라.
- 타각 표면 트림을 확인하라. 해당 옵션에 대한 설명서를 읽은 후 "TRIM_AUTO" 옵션을 사용할 수 있다.
- 안전 장치(FailSafe) 설정이 올바르게 설정되어 있는지 확인하라. 기체를 지면에 놓고 조종기를 끄고(프로펠러를 제거하거나 안전하게 만든 후) 비행기가 어떻게 반응하는지 확인하라.
- 필요한 경우 RTL에 안전한 장소를 위한 홈 지점 설정이 필요하다.

➔ AUTOTUNE에서 비행

모든 설정이 완료되면 **AUTOTUNE** 모드에서 비행을 시작할 수 있다. **AUTOTUNE** 모드에서 이륙하거나 다른 모드에서 이륙하고 고도가 높아지면 **AUTOTUNE**로 전환할 수 있다.

➔ AUTOTUNE 모드를 사용하면 몇 가지 일이 발생한다.

- 자동 튜닝 시스템은 롤 및 피치 I 및 D 게인과 롤 및 피치 최대 속도에 대한 일부 값을 즉시 설정된다. 이 값은 AUTOTUNE_LEVEL 및 현재 P 값 에 따라 달라지며 AUTOTUNE 모드로 진입하면 튜닝을 시작한다.
- 자동 튜닝 시스템은 조종기 롤의 움직임에 따라 요구되는 롤 및 피치 속도를 모니터링 한다. 요구되는 롤 또는 피치 속도가 최대 속도의 80 %를 초과하면 자동 튜닝 시스템은 기체의 반응에 응답하여 롤 또는 피치 튜닝 값을 학습한다.
- 자동 튜닝 시스템은 10초마다 10초 전의 매개변수를 저장한다. 즉, 자동 튜닝으로 기체가 불 안정 해지면 10초 동안 다른 모드로 전환하여 복구 할 수 있다. AUTOTUNE 모드를 종료하면 마지막으로 저장된 매개 변수로 복원된다.

- 롤 및 피치에 대한 기본 매개 변수로 시작하는 경우 AUTOTUNE을 처음 입력하면 비행이 매우 느려질 수 있다. 튜닝이 진행됨에 따라 더 좋아질 것이다. 비행 구역에 느린 회전을 위한 충분한 공간이 있는지 확인하라.

성공적인 자동 튜닝의 핵심은 조종기 스틱으로 빠른 롤 또는 피치 이동을 입력하는 것이다. 한 번에 롤 또는 피치 중 하나만 수행해야 하며 스틱을 최대 Min이나 Max로 빠르게 이동해야 한다.

- 롤 튜닝

  롤 방향으로 먼저 에일러론 스틱으로 하드 우회전을 지시한 다음 곧 에일러론 스틱을 다른 방향으로 밀면 하드 좌회전을 지시한다. 각 스틱이 움직인 후 비행기가 완전히 멈출 때까지 기다릴 필요가 없다. 한 방향으로 약 2초간 스틱을 움직인 후 스틱을 빠르게 다른 방향으로 움직일 수 있다. 빠르게 반전 될 때마다 튜닝 값이 약 5% 향상된다. 따라서 적절한 튜닝 값을 학습하려면 스틱을 20회 이상 움직여야 한다.

- 피치 튜닝

  피치 튜닝을 하려면 조종기의 피치 스틱을 사용하여 비행기를 놀이기구와 같이 "롤러코스터"를 타야 한다. 스틱을 세게 잡아 당겨 피치를 올린 다음 잠시 후 아래로 밀어 내린다. 최소한 20회 이상이 작업을 계속하여야 한다.

  AUTOTUNE 모드로 비행 할 때 기체가 점점 더 반응이 좋아지는 것을 확인할 수 있다. 기체가 계속 불안정하다고 생각할 만큼 불안정해지면 AUTOTUNE 모드에서 벗어나야한다. AUTOTUNE 모드를 종료하면 10초 전에는 매개 변수로 복원된다.

➔ 튜닝 횟수

튜닝 횟수는 적어도 20번의 빠른 롤 움직임과 20번 이상의 빠른 피치 움직임을 하는 것이 좋다. 너무 일찍 멈추면 값이 좋지 않아 비행기가 바람에 잘 맞지 않거나 고도를 잘 유지하지 못한다. 비행기가 잘 날고 있다고 생각하는 지점을 지나서 AUTOTUNE 모드로 계속 비행해야 한다.

➔ 튜닝 완료

자동 튜닝으로 합리적인 롤 및 피치 튜닝 매개변수를 익힌 후에는 다른 주요 매개변수를 수동으로 튜닝하여 튜닝을 완료해야 한다.

대부분의 기체에 필요한 매개 변수는 다음과 같다.

NAVL1_PERIOD : 기본 값은 25이다. 잘못 조정된 기체를 처리하도록 설계된 매우 보수적인 값이다. 기체가 자동 모드(예 : AUTO, RTL 및 LOITER)에서 얼마나 급격하게 회전하는지 제어한다. 대부분의 항공기는 상당히 낮은 값을 사용 한다. 롤 및 피치 값의 자동 튜닝을 완료 하면 아직 조정하지 않은 경우 NAVL1_PERIOD 를 18로 떨어뜨려야 한다. 이 수준 이상으로 조정하려면 AUTO 모드에서 직사각형 미션을 비행 하고 항공기가 만족스러운 속도로 회전하고 비행 중 "꼬리를 흔들지" 않을 때까지 NAVL1_PERIOD 를 한 번에 1 씩 조정해야 세밀한 조종이 된다.

PTCH2SRV_RLL : 이 매개변수는 노즈 레벨을 유지하기 위해 추가 할 엘리베이터의 양을 제어한다. 많은 비행기들이 이 매개 변수를 기본 값 인 1.0에서 약간 변경해야한다. 이 값을 조정해야하는지 확인하려면 엘리베이터 입력을 주지 않으면서 에일러론 스틱을 세게 잡고 FBWA 모드에서 단단한 원을 잡아야한다. 비행기가 고도에 도달 하면 PTCH2SRV_RLL을 약간 낮추어야 한다(처음에는 0.95로 낮추어라). 도는 동안 비행기가 고도를 잃으면 PTCH2SRV_RLL을 올린다. 소량(처음에는 1.05를 시도). 1.3보다 높거나 0.8보다 낮아야하는 경우 설정에 문제가 있을 수 있다(예 : 잘못된 무게 중심, 스러스트 라인, 공기 속도 보정, 피치 루프의 너무 부드러운 조정 또는 나침반 오류). 이와 같은 오류를 수정하고 다시 적절한 값을 찾아야 한다.

이 매개변수 이외에도 기체의 성능을 향상시킬 수 있는 다른 매개 변수가 많이 있지만 이 매개변수가 대부분의 사람들이 필요로 하는 매개 변수이다. 자세한 내용은 일반적인 수동 튜닝을 참조하라.

➔ 수동 튜닝 대 AUTOTUNE

비행기에서 최상의 성능을 얻으려면 자동 튜닝의 값부터 시작하여 수동 튜닝을 수행해야 한다. 자동 튜닝 시스템은 대부분의 항공기에 대해 합리적인 값을 얻기 위해 전통적인 방식으로 설계되어 있으며, 이 방식은 "완벽한 튜너"가 아니며, 수동 튜닝으로 시간과 노력을 들이는 경우 성능이 향상될 수 있다. 자동 튜닝은 P 게인을 직접 튜닝한다. AUTOTUNE_LEVEL 과 P 게인 값을 기준으로 D와 I 게인을 보수적으로 설정한다.

그러나 모두가 AUTOTUNE으로 시작하는 것이 좋다. 항공기를 올바르게 튜닝하는 것은 쉽지 않으며 AUTOTUNE은 대다수의 사용자가 할 수 있는 것보다 적다. 따라서 AUTO-

TUNE로 시작한 다음, AUTOTUNE이 결과를 좀 더 발전시키려면 AUTOTUNE에서 만들어진 결과를 이용하여 수동 튜닝을 해야 한다.

D 게인을 수동으로 늘리면 롤 및 피치 응답의 정확도가 향상되고 비행기가 돌풍과 난기류의 영향을 덜 받는다. 항공기가 진동하기 시작할 때까지 게인을 조금씩 증가 시키면 고성능 튜닝을 위한 최적의 D 게인 값을 찾을 수 있다. 그런 다음 게인이 진동하게 하는 값에서 게인을 절반으로 줄여야 한다. 이 방법을 사용하여 생성 된 진동은 클 수 있으므로 수동 제어를 수행할 준비가 되어 있지 않으면 이 단계를 수행하지 마라. 낮은 스로틀 설정 및 대기 속도에서 D 게인 튜닝을 수행하는 것이 좋다.

I 게인을 수동으로 조정하면 올바른 응답을 유지하는 데 필요한 P 값도 변경되므로 I 게인을 조정하는 것은 고급 사용자에게만 권장된다.

8.9 자동 비행(임무 계획 및 비행)

1 임무 계획

VTOL 기체로 수동 비행하기 위해서 조종자는 QuadCopter 비행은 물론이거니와 고정익 비행도 같이 해야 한다. 초보자가 비행할 경우는 두 가지 다 비행방법을 익혀야 원활이 VTOL 기체를 조종할 수 있을 것이다. 두 개 중 하나만 비행할 수 있으면 VTOL 비행은 무리가 뒤따르다. 특히 고정익 비행을 익히기가 무척 힘이 든다. 다만, FC 가 탑재된 고정익 비행기는 FC에서 자세제어를 하므로 어느 정도 비행하기 쉬울 수 있을 것이다. 그러나 조종자가 조종에 대한 두려움 없는 임무비행으로 비행을 하면 자동으로 이륙 및 임무비행 그리고 착륙이 자동으로 되기 때문에 조종할 필요가 없다. 단, VTOL 기체가 완벽한 상태의 기체와 임무계획이 되어야 한다는 전제 조건이 있어야 한다.

임무계획에서 VTOL 기체가 이륙하기 위해서는 Quad(VTOL)상태에서 이륙을 해야 한다. 그러므로 홈(Home)에서 VTOL 이륙 설정은 VTOL_TAKEOFF 명령을 선택한다. 고도는 지형에 따라 다르지만 평지라고 가정하고 예를 들면 아래와 같이 20m를 지정하였다. 그 다음은 비행속도 설정해야 한다. 여기서는 12m/s로 설정하였다. 이륙을 하고 지정한 고도 20m에 오면 3번째 웨이포인트로 이동하여 VTOL에서 고정익으로 바로 전이가 이루어진다.

웨이포인터(WAYPOINT) 3 → 4 → 5 → 6 → 7 → 8 → 9 → 10 → 11을 수행하고 12위치에서 역 전이가 되어 다시 Quad(VTOL)상태가 된다. 마지막으로 착륙을 시도한다.

처음 임무 수행 중에 고도는 20m로 이륙하여 20m → 40m → 60m로 상승하고 임무를 하고 다시 WAYPOINT 9에서 40m → 35m → 20m로 하강한다. 그리고 WAYPOINT 12에서 역전이가 일어나고 착륙하는 일련의 과정이다.

"VTOL_LAND"는 고도를 0으로 해야 하며 착륙 위치의 위도와 경도를 가져야 한다.

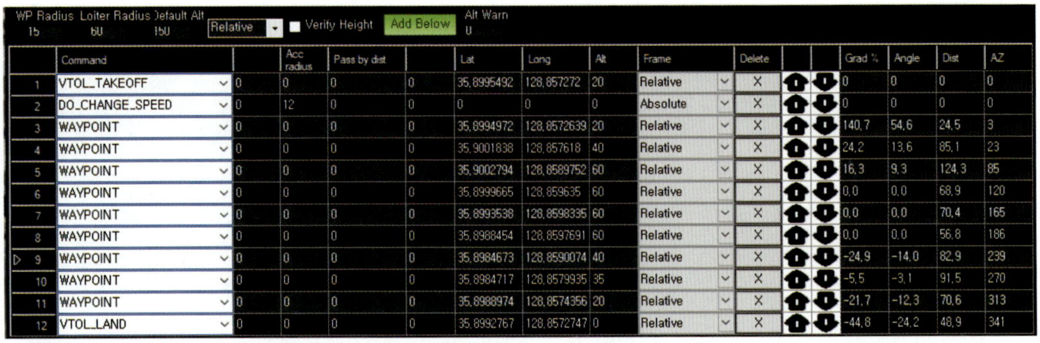

WP Radius 15 | Loiter Radius 60 | Default Alt 150 | Relative | Verify Height | Add Below | Alt Warn 0

	Command		Acc radius	Pass by dist		Lat	Long	Alt	Frame	Delete			Grad %	Angle	Dist	AZ
1	VTOL_TAKEOFF	0	0	0	0	35.8995492	128.857272	20	Relative	X			0	0	0	0
2	DO_CHANGE_SPEED	0	12	0	0	0	0	0	Absolute	X			0	0	0	0
3	WAYPOINT	0	0	0	0	35.8994972	128.8572639	20	Relative	X			140.7	54.6	24.5	3
4	WAYPOINT	0	0	0	0	35.9001838	128.857618	40	Relative	X			24.2	13.6	85.1	23
5	WAYPOINT	0	0	0	0	35.9002794	128.8589752	60	Relative	X			16.3	9.3	124.3	85
6	WAYPOINT	0	0	0	0	35.8999665	128.859635	60	Relative	X			0.0	0.0	68.9	120
7	WAYPOINT	0	0	0	0	35.8993538	128.8598335	60	Relative	X			0.0	0.0	70.4	165
8	WAYPOINT	0	0	0	0	35.8988454	128.8597691	60	Relative	X			0.0	0.0	56.8	186
9	WAYPOINT	0	0	0	0	35.8984673	128.8590074	40	Relative	X			-24.9	-14.0	82.9	239
10	WAYPOINT	0	0	0	0	35.8984717	128.8579935	35	Relative	X			-5.5	-3.1	91.5	270
11	WAYPOINT	0	0	0	0	35.8988974	128.8574356	20	Relative	X			-21.7	-12.3	70.6	313
12	VTOL_LAND	0	0	0	0	35.8992767	128.8572747	0	Relative	X			-44.8	-24.2	48.9	341

또한 웨이포인트(12)와 이전 웨이포인트(11) 사이에 적당한 거리를 유지 하는 것이 중요하다. 기체가 "VTOL_LAND" 웨이포인트에서 시작하자마자 VTOL 비행으로 전환되므로 고정익 비행보다 훨씬 느리게 비행을 시작한다. 따라서 이전 웨이포인트를 착륙점에서 적절한 거리에 두어야한다. 착륙 지점에서 너무 멀면 기체가 VTOL 비행에 많은 시간을 소비하여 배터리 전력을 낭비하게 된다. 착륙 지점에 너무 가까이 있으면 착륙하기 위해 매우 갑자기 정지해야하므로 기체에 무리가 가할 수 있다. 대부분의 작은 QuadPlane의 경우 마지막 웨이포인트에서 시작점까지 60~80m 거리가 좋다. 더 빠른 비행 QuadPlane의 경우 더 큰 거리가 필요하다. 착륙할 때의 고도 설정은 일반적으로 이전 웨이포인트(11)의 착륙 고도를 수정하여 20m로 지정하는 것이 좋다.

만약 이륙 위치로 착륙을 하고 싶으면 "VTOL_LAND" 대신에 "RETURN_TO_LAUNCH" 명령을 사용해야 한다. 매개변수 수정은 "Q_RTL_MODE"를 1로 설정하고 "RTL_RADIUS"를 적절한 반경을 넣어주면 좋을 것이다. 고정익으로 비행하는 기체가 설정 반경("RTL_RADIUS") 내에 들어오면 VTOL로 전환된다.

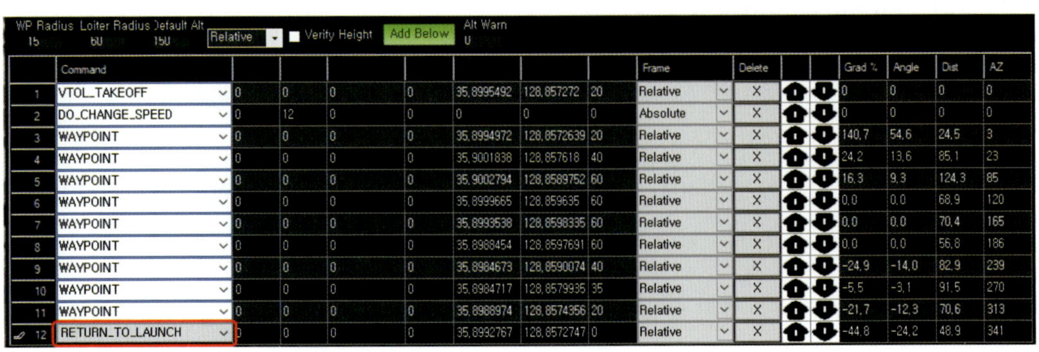

WP Radius 15 | Loiter Radius 60 | Default Alt 150 | Relative | Verify Height | Add Below | Alt Warn 0

	Command								Frame	Delete			Grad %	Angle	Dist	AZ
1	VTOL_TAKEOFF	0	0	0	0	35.8995492	128.857272	20	Relative	X			0	0	0	0
2	DO_CHANGE_SPEED	0	12	0	0	0	0	0	Absolute	X			0	0	0	0
3	WAYPOINT	0	0	0	0	35.8994972	128.8572639	20	Relative	X			140.7	54.6	24.5	3
4	WAYPOINT	0	0	0	0	35.9001838	128.857618	40	Relative	X			24.2	13.6	85.1	23
5	WAYPOINT	0	0	0	0	35.9002794	128.8589752	60	Relative	X			16.3	9.3	124.3	85
6	WAYPOINT	0	0	0	0	35.8999665	128.859635	60	Relative	X			0.0	0.0	68.9	120
7	WAYPOINT	0	0	0	0	35.8993538	128.8598335	60	Relative	X			0.0	0.0	70.4	165
8	WAYPOINT	0	0	0	0	35.8988454	128.8597691	60	Relative	X			0.0	0.0	56.8	186
9	WAYPOINT	0	0	0	0	35.8984673	128.8590074	40	Relative	X			-24.9	-14.0	82.9	239
10	WAYPOINT	0	0	0	0	35.8984717	128.8579935	35	Relative	X			-5.5	-3.1	91.5	270
11	WAYPOINT	0	0	0	0	35.8988974	128.8574356	20	Relative	X			-21.7	-12.3	70.6	313
12	RETURN_TO_LAUNCH		0	0	0	35.8992767	128.8572747	0	Relative	X			-44.8	-24.2	48.9	341

VTOL과 고정익 비행기를 혼용하여 임무계획을 세울 수 있다. 임무 계획 명령어는 "DO_VTOL_TRANSITION"으로 3은 VTOL 모드로 변경하는 것이고 4는 고정익 모드로 변경하는 매개변수이다.

아래 기체는 VTOL로 이륙하여 2를 경유하고 3에서 VTOL로 변경되어 4 → 5 경유지를 거쳐 6에서 고정익으로 전이한다. 고정익으로 7 → 8로 비행한 후 9에서 다시 VTOL로 변경된다. VTOL 로 경유지 10으로 비행한 후 다시 고정익으로 변경된다. 고정익으로 12 → 13까지 비행하고 Q_RTL_MODE가 1로 설정된 경우 "RTL_RADIUS" 이내에 들어오면 VTOL로 변경되어 이륙 위치에 착륙한다.

아래 임무계획은 "DO_VTOL_TRANSITION"을 활용하여 고정익 및 VTOL로 전이하는 명령어이다. 이 명령의 매개변수는 3과 4이고 3은 VTOL로 전이되는 것이고 4는 고정익으로 전이하는 변수이다. 여기서 매개변수 3은 아직 동작이 안 되는 것으로 파악된다. 버전이 업데이트 되면 해결될 것으로 보인다.

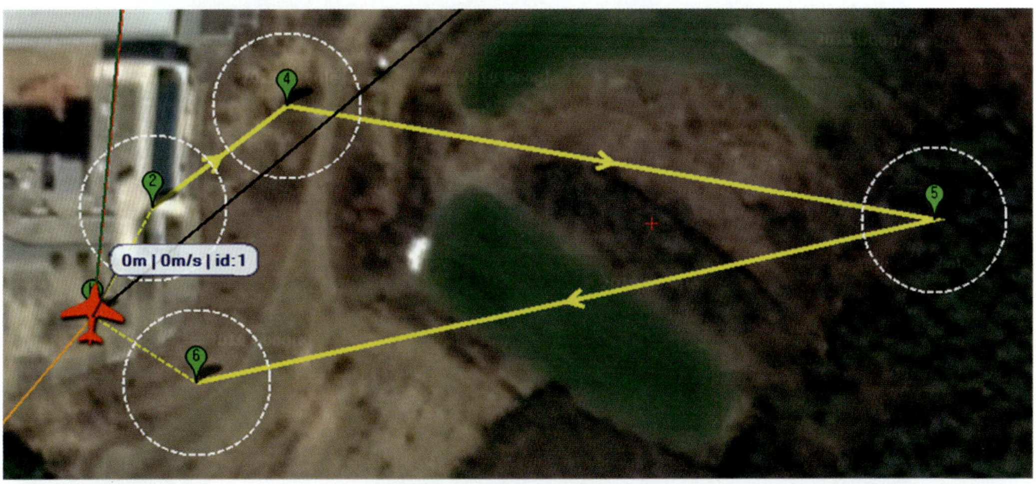

WP Radius 15 | Loiter Radius 60 | Default Alt 150 | Relative | Verify Height | Add Below | Alt Warn 0

	Command		Acc radius	Pass by dist		Lat	Long	Alt	Frame	Delete			Grad %	Angle	Dist	AZ
1	VTOL_TAKEOFF	0	0	0	0	35.8995492	128.857272	15	Relative	X			0	0	0	0
2	WAYPOINT	0	0	0	0	35.8996428	128.8573632	60	Relative	X			236.3	67.1	65.2	29
3	DO_VTOL_TRANSITION	4	0	0	0	35.8998187	128.8575536	60	Relative	X			76.9	37.6	32.8	41
4	WAYPOINT	0	0	0	0	35.8998318	128.8576663	60	Relative	X			0.0	0.0	34.5	52
5	WAYPOINT	0	0	0	0	35.8996189	128.8591361	60	Relative	X			0.0	0.0	134.5	100
6	WAYPOINT	0	0	0	0	35.8993190	128.8574624	60	Relative	X			0.0	0.0	154.4	258
7	RETURN_TO_LAUNCH	0	0	0	0	35.8992767	128.8572747	0	Relative	X			0	0	0	0

2 임무비행을 하기 위한 맵핑 계획

VTOL 기체로 특정한 구역에 매핑하기 위한 방법을 언급한다. 아래 화면 왼쪽(1)에 Polygon 아이콘을 클릭하면 아이콘이 녹색으로 변경된다. 이때 마우스로 맵핑할 영역을 마우스로 2번을 클릭하여 다각형 영역을 구성한다.

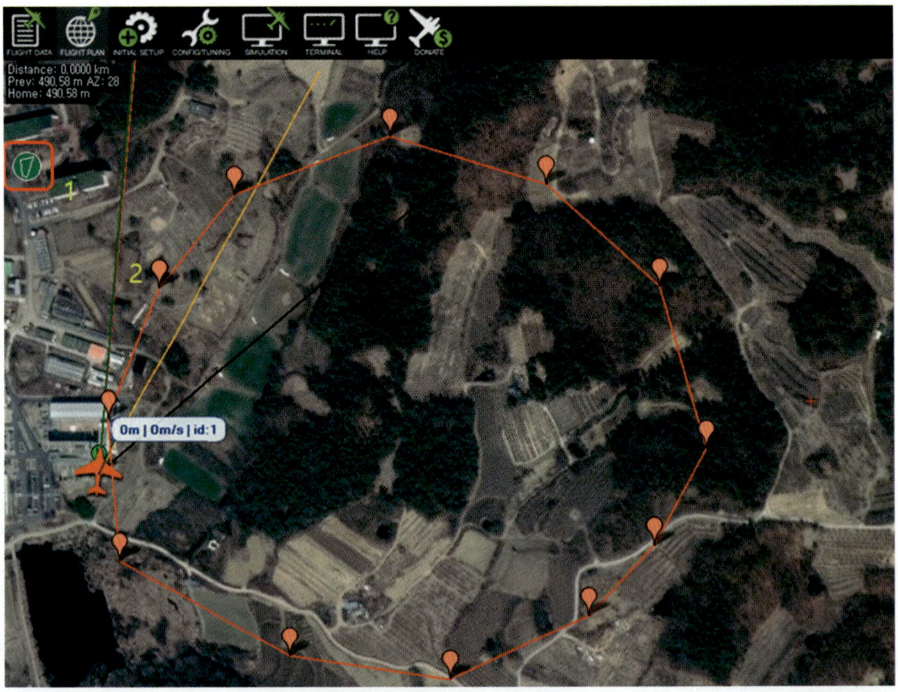

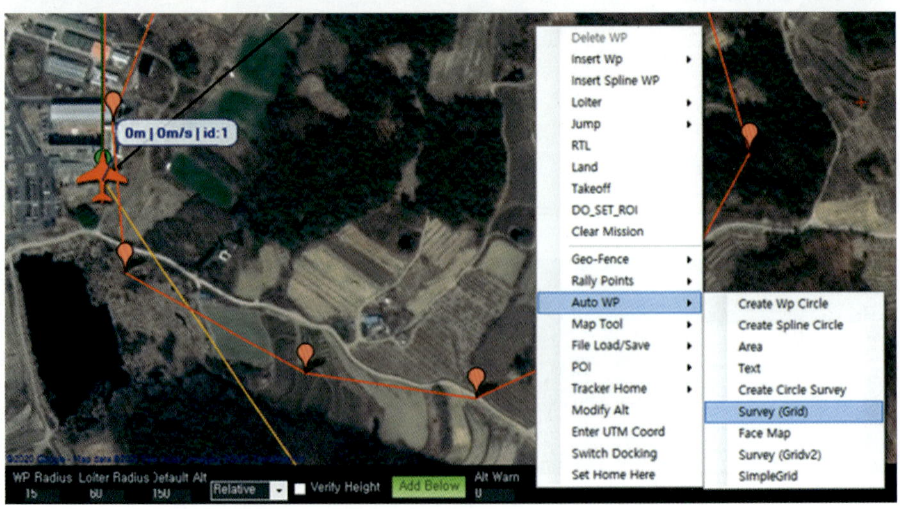

그리고 마우스 오른쪽 버튼을 클릭하면 위와 같이 나타난다. 이때 "Auto WP"를 클릭하고 "Survey(Grid)"를 클릭한다. 그러면 아래와 같이 나타난다.

여기서 아래 그림에서 오른쪽 Simple 메뉴에 "Simple Options"에서 Camera를 선택한다(1). Parrot Sequoia를 가지고 있으므로 필자는 이 카메라를 선택하였다. Sequoia는 다분광 카메라이고 고도는 100m~120m로 설정하면 최적의 이미지를 생성해 낸다. 그리고 아래 "Advanced Options"을 체크(2)하면 Tab 메뉴(3)가 새롭게 생성된다.

아래 그림에서 “Grid Options” Tab을 클릭한다(1). 그리고 Grid Options에서 OverShoot와 LeadIn (4)에 적당한 값을 넣어준다. 70은 70m를 나타내며 Polygon영역에서 고정적일 경우 선회반경이 있어 적당한 길이를 OverShoot해 줘야 선택한 영역을 맵핑할 수 있다. 첫 번째 OverShoot는 지도상의 경로에서 오른쪽(2) OverShoot를 말하며 두 번째 OverShoot는 지도상의 경로에서 (3)을 이야기 한다. Overlap와 Sidelap은 선택한 카메라의 FOV가 지도상에서 겹치는 부분의 %를 나타내며 보통 70~80% 정도로 해두면 무난할 것이다. 그 밑에 아래 Cross, Grid, Corridor, Spiral 체크 박스는 경로의 방법을 나타내며 클릭해 보면 금방 알 수 있다. “Copter Options”에서 VTOL 기체는 QuadCopter에서 맵핑은 하지 않으므로 넘어간다. “Plane Options”에서 기체의 비행경로에 유연성을 더하는 것으로 “Min Lane separation” 최소 차선의 경로를 나누는 개수이다. 아래에서 값이 0이면 차선이 없는 경우를 보여준다.

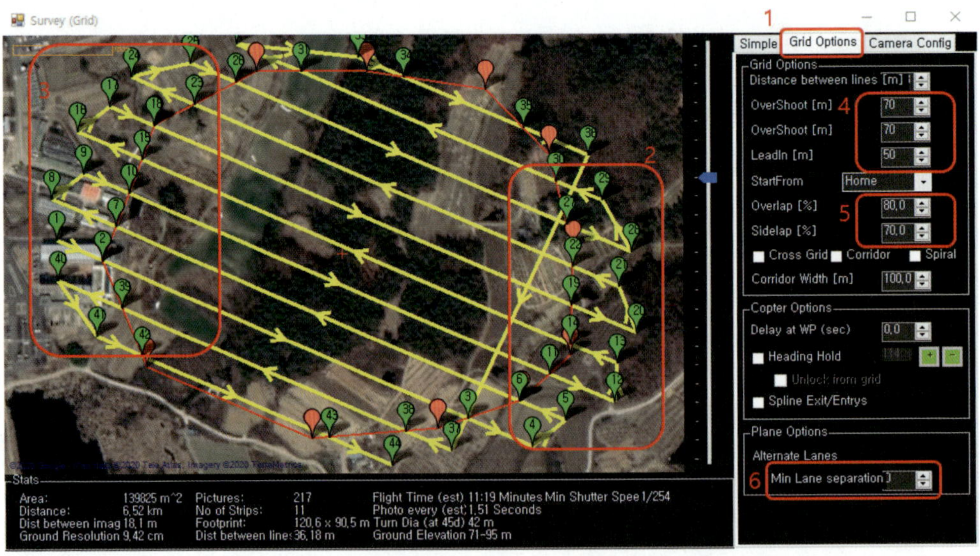

아래 그림은 “Min Lane separation” 값(1)을 1로 설정한 것으로 경로가 1 → 2 → 3 → 4 → 5로 가는 경로를 보면 한 칸 건너 경로가 생성된 것을 볼 수 있다. 위에 경로랑 비교 바란다.

아래 그림은 “Min Lane separation” 값을 2로 설정하였다. 위와 같이 비교하기 바란다.

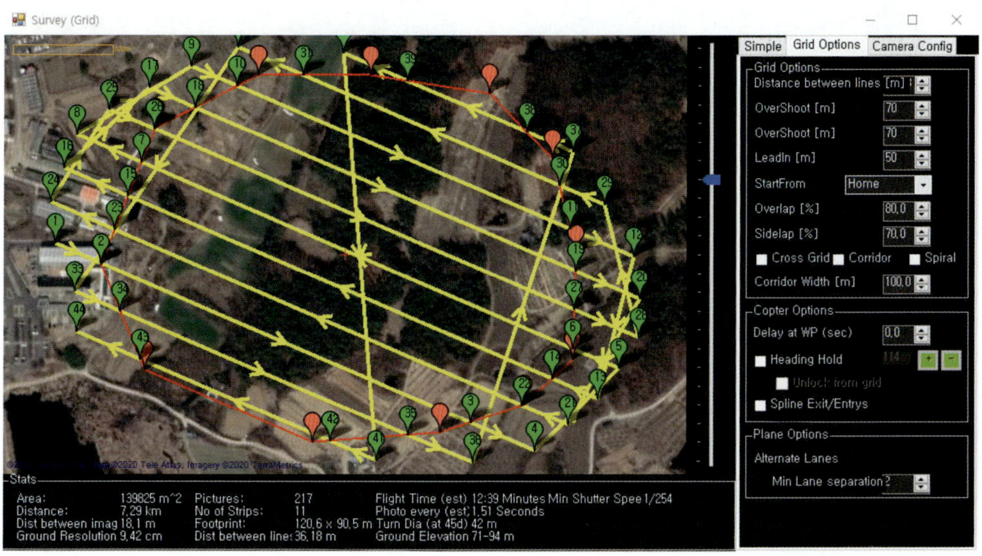

여기서는 차선 경로를 0으로 설정하고 경로는 생성하겠다.

아래는 카메라와 관련된 옵션으로 카메라 초점거리, 가로×세로 픽셀 크기, 실제 센서 크기를 나타낸 것이다. 또한 픽셀의 실제 크기 및 가로, 세로 FOV를 설정하는 것이다. 대부분 등록된 카메라는 바로 표시되어 있으며 등록이 안 된 카메라는 카메라 사양을 보고 기재하여 사용하면 된다.

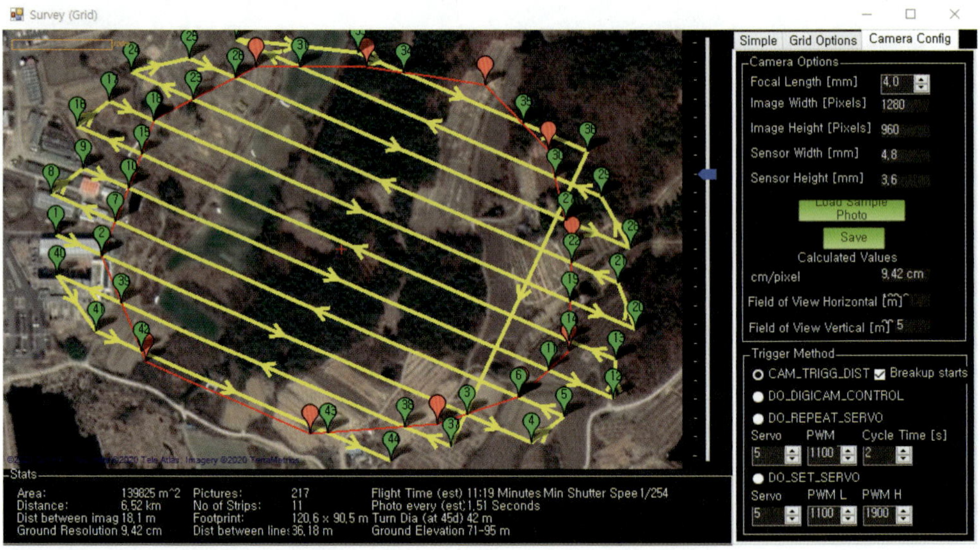

"Trigger Method"에서는 카메라 트리거 방법을 이야기 한 것으로 보통 "CAM_TRIGG_DIST"를 많이 사용한다. 다른 방법은 디지털 카메라로 제어하는 방법과 서보모터로 카메라를 제어하는 방법에 대하여 나와 있다. PWM값과 Cycle Time을 설정하면 된다. 서보로 제어하는 카메라는 PWM의 Low와 High값과 서보 채널을 설정하면 된다.

다시 Simple Tab 메뉴 상에서 "Display"에 FootPrints를 체크하면 아래와 같이 카메라로 사진을 찍은 위치를 사각형 박스로 표시하였다.

그리고 아래그림은 Internals을 체크한 것으로 Polygon 내부에 눈물방울 아이콘이 사진을 찍는 위치를 표시하였다.

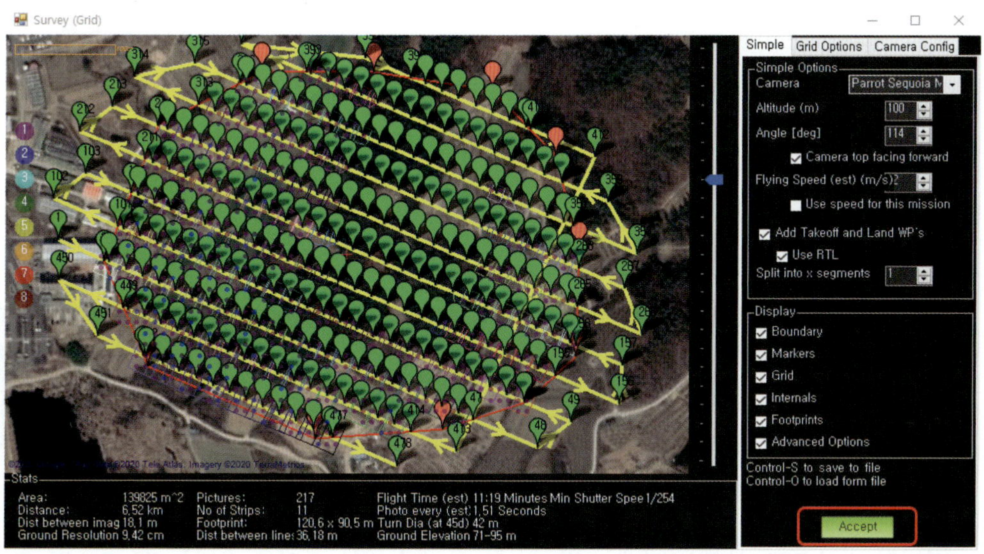

위의 "Accept" 아이콘을 클릭하면 지금까지 설정한 모든 정보가 경로계획을 위해 웨이포인트 정보로 변경되어 아래와 같이 나타날 것이다.

이제 실제 VTOL 기체가 비행 할 수 있게 수정해야 한다.

여기서 유심히 볼 것은 Home에서 경로 2로 가는 것과 67번 웨이포인트에서 Home으로 RTL 하는 경로를 수정해야 할 것이다. Home에서 웨이포인트 2에서는 거의 홈하고 근접한 것으로 이륙 및 전이 구간이 짧다. 이를 위해 웨이포인트 2, 3을 추가로 넣었다. 고도는 각각 50m와 80m로 설정하였다. 그리고 최초로 VTOL로 이륙해야 하므로 아래와 같이 "VTOL_TAKEOFF"를 선택한다.

WP Radius 15 · Loiter Radius 60 · Default Alt 150 · Relative · Verify Height · Add Below · Alt Warn 0

	Command							Alt	Frame	Delete			Grad %	Angle	Dist	AZ
1	VTOL_TAKEOFF	20	0	0	0	0	0	30	Relative	X			0	0	0	0
2	WAYPOINT	0	0	0	0	35.8994146	128.8564673	50	Relative	X			72.9	36.1	84.9	267
3	WAYPOINT	0	0	0	0	35.9002337	128.8555661	80	Relative	X			24.6	13.8	125.6	318
4	WAYPOINT	0	0	0	0	35.9001360	128.8568495	100	Relative	X			17.2	9.8	117.8	95

마지막 경로 RTL 부분은 아래와 같이 설정하였다. 웨이포인트 추가는 70, 71, 72, 73을 추가로 설정하였다. 고도는 기체가 하강 시켜야 하므로 각각 80m, 60m, 40m, 20m로 하였다.

WP Radius 15 | Loiter Radius 60 | Default Alt 150 | Relative | Verify Height | Add Below | Alt Warn 0

	Command		Acc radius	Pass by dist		Lat	Long	Alt	Frame	Delete			Grad %	Angle	Dist	AZ
69	WAYPOINT	0	0	0	0	35,8981105	128,860577	100	Relative	X			0,0	0,0	69,9	114
▷ 70	WAYPOINT	0	0	0	0	35,8979980	128,8594151	80	Relative	X			-19,0	-10,7	107,3	263
71	WAYPOINT	0	0	0	0	35,8982913	128,8587284	60	Relative	X			-28,6	-16,0	72,7	298
72	WAYPOINT	0	0	0	0	35,8986237	128,8580230	40	Relative	X			-27,2	-15,2	76,2	300
73	WAYPOINT	0	0	0	0	35,8991604	128,8573229	20	Relative	X			-23,0	-13,0	89,1	313
74	DO_SET_CAM_TRIGG_DIST	0	0	0	0	0	0	0	Relative	X			0	0	0	0
75	RETURN_TO_LAUNCH	0	0	0	0	0	0	0	Relative	X			0	0	0	0

이륙 후 전반부의 경로를 나타낸 것으로 "DO_SET_CAM_TRIGG_DIST" 매개변수를 볼 수 있다. 이 매개변수는 그 순간 약 18m 거리 간격으로 사진을 찍는다. 이 매개변수는 "맵핑 카메라 테스트"에서 카메라를 설명할 때 언급할 것이다.

WP Radius 15 | Loiter Radius | Default Alt 150 | Relative | Verify Height | Add Below | Alt Warn 0

	Command		Acc radius	Pass by dist		Lat	Long	Alt	Frame	Delete			Grad %	Angle	Dist	AZ
1	VTOL_TAKEOFF	20	0	0	0	0	0	30	Relative	X			0	0	0	0
2	WAYPOINT	0	0	0	0	35,8993712	128,8567114	50	Relative	X			107,5	47,1	68,3	260
3	WAYPOINT	0	0	0	0	35,9002967	128,855204	80	Relative	X			17,6	10,0	173,0	307
4	WAYPOINT	0	0	0	0	35,900136	128,8568495	100	Relative	X			13,4	7,6	150,6	97
5	WAYPOINT	0	0	0	0	35,8999664	128,8573379	100	Relative	X			0,0	0,0	47,9	113
6	DO_SET_CAM_TRIGG_DIST	18,09045	0	0	0	0	0	0	Relative	X			0	0	0	0
7	WAYPOINT	0	0	0	0	35,8985275	128,8614097	100	Relative	X			0,0	0,0	400,1	114
8	DO_SET_CAM_TRIGG_DIST	0	0	0	0	0	0	0	Relative	X			0	0	0	0
▷ 9	WAYPOINT	0	0	0	0	35,8979589	128,862918	100	Relative	X			0,0	0,0	149,9	115
10	WAYPOINT	0	0	0	0	35,8985029	128,8624855	100	Relative	X			0,0	0,0	71,9	327
11	WAYPOINT	0	0	0	0	35,8986825	128,8619773	100	Relative	X			0,0	0,0	49,9	294
12	DO_SET_CAM_TRIGG_DIST	18,09045	0	0	0	0	0	0	Relative	X			0	0	0	0
13	WAYPOINT	0	0	0	0	35,9002699	128,8574856	100	Relative	X			0,0	0,0	441,4	294
14	DO_SET_CAM_TRIGG_DIST	0	0	0	0	0	0	0	Relative	X			0	0	0	0
15	WAYPOINT	0	0	0	0	35,9007052	128,856191	100	Relative	X			0,0	0,0	126,3	293
16	WAYPOINT	0	0	0	0	35,9007529	128,8571251	100	Relative	X			0,0	0,0	84,3	86
17	WAYPOINT	0	0	0	0	35,9005733	128,8576333	100	Relative	X			0,0	0,0	49,9	114
18	DO_SET_CAM_TRIGG_DIST	18,09045	0	0	0	0	0	0	Relative	X			0	0	0	0
19	WAYPOINT	0	0	0	0	35,8989218	128,8623066	100	Relative	X			0,0	0,0	459,3	114
20	DO_SET_CAM_TRIGG_DIST	0	0	0	0	0	0	0	Relative	X			0	0	0	0
21	WAYPOINT	0	0	0	0	35,8984803	128,8635135	100	Relative	X			0,0	0,0	119,3	114
22	WAYPOINT	0	0	0	0	35,8990153	128,8630486	100	Relative	X			0,0	0,0	72,7	325
23	WAYPOINT	0	0	0	0	35,8991949	128,8625404	100	Relative	X			0,0	0,0	49,9	294
24	DO_SET_CAM_TRIGG_DIST	18,09045	0	0	0	0	0	0	Relative	X			0	0	0	0
25	WAYPOINT	0	0	0	0	35,9008767	128,857781	100	Relative	X			0,0	0,0	467,7	294
26	DO_SET_CAM_TRIGG_DIST	0	0	0	0	0	0	0	Relative	X			0	0	0	0

실제 지도상에는 아래와 같이 구성되었다.

웨이포인트 경로를 FC에 전달하는 방법은 아래 화면을 보고 이해하면 쉬울 것이다. 여기서 임무계획이 경로가 완벽한 것으로 파악되면 현재 VTOL 기체가 위치한 곳 즉 이륙위치를 Home으로 지정해야 한다. 그러기 위해서는 1번 "Home Location" 아이콘을 클릭하면 현재 GPS가 수신되는 곳에 위도, 경도, 고도 의 위치가 적용된다. 고도는 해수면 고도로 ASL(Above Sea Level)으로 표기한다. AGL(Above Ground Level)로 해야 현재 기체 위치의 고도를 나타낸다. 그러나 ASL로 설정되어 있기에 현재 기체가 있는 곳에 고도를 0으로 설정되었다. 어찌되었던 우리는 홈을 클릭하면 ASL이 0으로 되면 이상 없이 동작하는 것을 확인하였다. 2번 "Write WPs"를 클릭하면 아래 임무계획 경로들이 FC에 전달된다. 이 과정에서 에러나면 에러를 수정하고 "Write WPs"를 클릭한다.

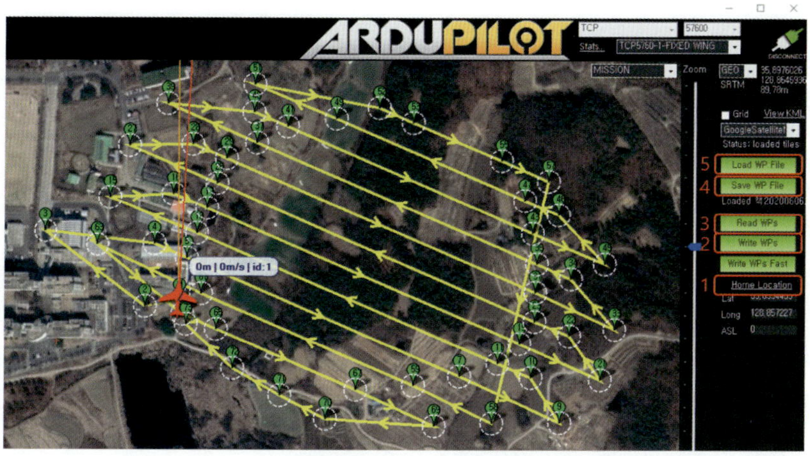

아래와 같이 Waypoints들이 FC의 메모리에 적재된다.

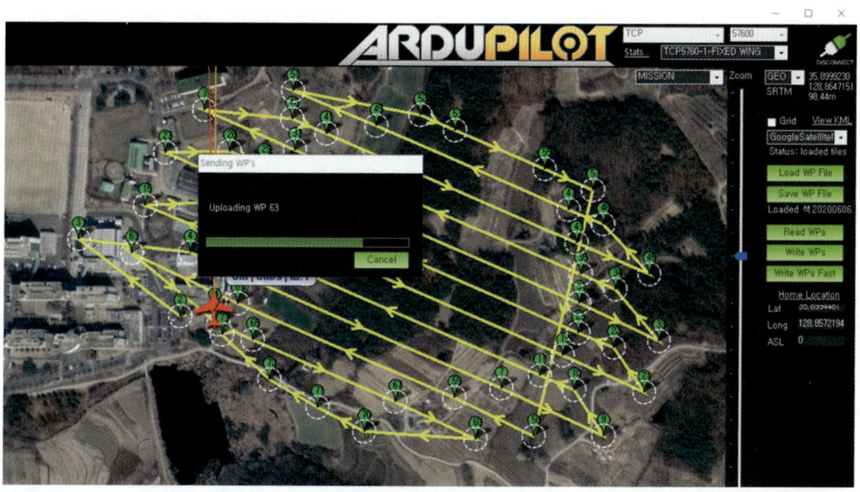

이 상태에서 "FLIGHT DATA" 메인 화면으로 넘어가면 아래와 같이 나타날 것이다.

다시 "FLIGHT PLAN" 메뉴를 클릭하여 비행 계획 화면으로 가자! 조종자는 우리가 계획한 경로가 제대로 FC에 전달되었는지 검증을 해야 한다. 이를 위하여 FC의 메모리에 저장된 경로계획을 다시 읽어 보내준 것과 비교하면 검증이 된다.

그러기 위하여 "FLIGHT PLAN" 화면에서 우선, 4번 "Save WP File" 아이콘을 클릭하여 현재 경로계획을 PC의 하드 디스크에 저장하기 바란다. 그리고 3번 "Read WPs" 아이콘을 클릭하여 읽어 하드디스크에 저장된 원본 파일과 현재 다시 읽은 파일을 비교해 본다. 이상이 없으면 마우스를 클릭하여 "FLIGHT DATA" 메뉴로 간다. 비행대기 상태에 있어야 한다.

이제 자동 임무 비행하기 위한 준비 작업이 필요하다. HUD 화면에는 적색 글자가 보이면 안 된다. 이는 FC에 어떤 문제가 발생한 것으로 파악하면 된다. 적색 글자는 "DISARMED" 만 보이면 이 기체는 이상이 없다는 메시지이다. 이상이 있으면 "Messages" Tab 메뉴에 들어가 부팅할 때 메시지를 확인하기 바란다.

이제 "Actions" Tab 메뉴를 클릭해보면 Action관련 메뉴가 나타난다. 여기서 눈여겨 볼 것은 HUD 화면에 2번 FBWA가 기본으로 나와 있다. 이 비행 모드는 현재 Flight Mode를 표시한 것이므로 설정에 따라 다를 수 있다. VTOL 기체는 기본이 고정익으로 되어 있기 때문에 비행모드 도 비행기 관련 모드로 표시되었다. 이것을 조종자는 QSTABILIZE로 바꿔야 이륙할 때 자동으로 VTOL로 이륙해야 안정된 비행이 될 것이다.

그러면 3번을 클릭하여 비행모드를 QSTABILIZE로 선택하고 4번 아이콘 "Set Mode"를 클릭하여 실제 모드를 바꾼다. 그러면 HUD 화면에 FBWA 글자 위치에 QSTABILIZE 가 표시될 것이다. 그리고 6번을 클릭하여 "PREFLIGHT_CALIBRATION"으로 Air Speed Sensor를 초기화 한다. 7번 "Do Action"을 선택하면 실행된다.

이는 HUD화면에 AS 옆에 현재 센서 값을 표시하여 비행 중 기체의 현재 속도를 알 수 있는 값이다. 기체가 지상에 정지되었을 때 2m/s 정도로 왔다 갔다 하면 안정된 값이라고 생각하면 된다. 검정을 위하여 앞에 바람을 불어주면 그 값이 올라가는 것을 알 수가 있다.

이것이 준비가 되었으면 6번에서 다시 "MISSION START"를 선택한다. 중요한 것은 VTOL 기체에 시동을 걸어야 한다. 이는 5번에 "ARM/DISARM" 아이콘을 클릭하여 Arming 시킨다. 이 아이콘은 토글 아이콘이다. 아래와 같이 "ARMED" 적색 글자가 표시된다. 이제 시동이 걸렸다.

이제 준비가 되었다. 마지막으로 모든 사항이 완벽하다고 가정했을 때 7번 아이콘 "Do Action"을 선택하면 위와 같은 창이 나타나고 OK를 클릭하면 임무가 실행된다.

처음 이륙 후 웨이포인트 2 → 3 → 4 접근은 아래와 같다.

마지막 RTL 웨이포인트 접근은 70 → 71 → 72 → 73 으로 아래와 같다.

조금 수정해야 할 것은 Polygon 영역 선택에서 가장자리에 사진이 약간 빗겨 나간 것을 볼 수 있다. 또 선회할 때 선회반경이 크기 때문에 발생한 것으로 사료된다.

아래 그림은 OverShoot와 LeadIn을 수정한 임무계획이다.

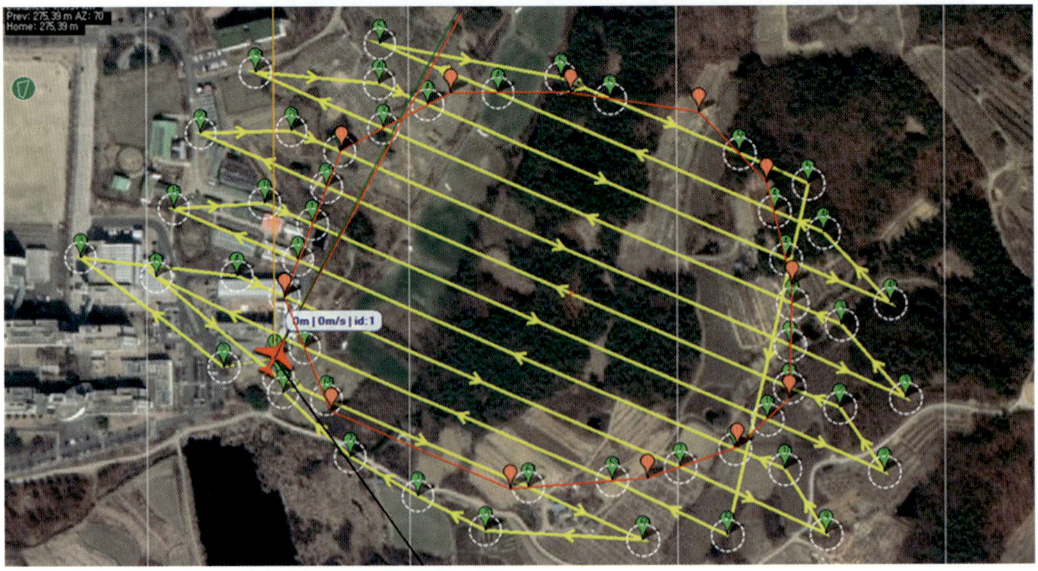

아래 그림은 실제 비행경로의 궤적을 나타내었다.

아래 그림은 마지막 착륙하는 궤적이다.

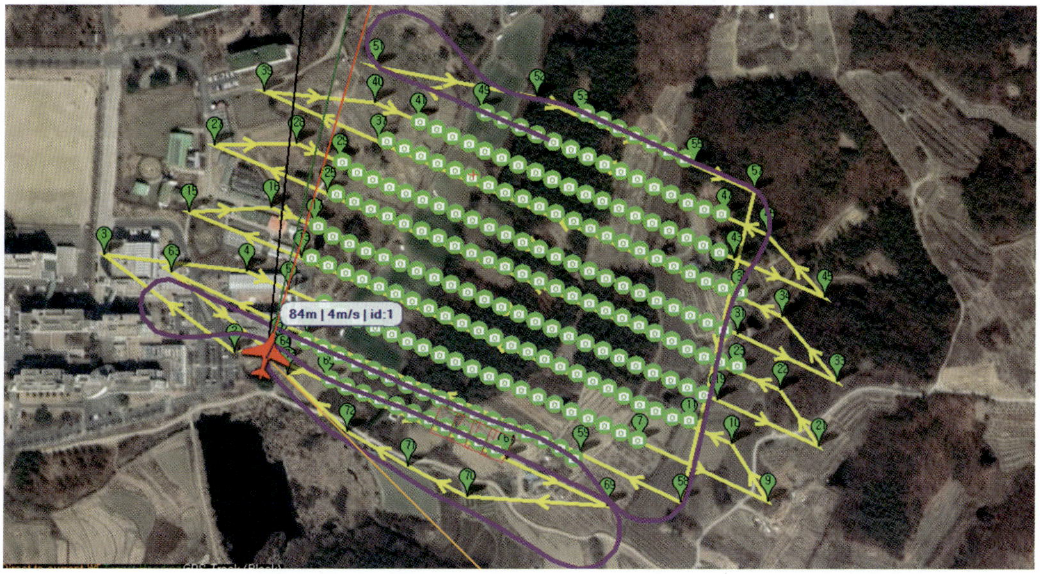

3 이륙 및 착륙 경로 테스트

- 이륙 및 착륙 경로는 주로 자동 이륙 및 착륙 시 기체가 정상적인 지 테스트한다.
- 아래 몇 가지 명령을 사용해야 한다.
  - VTOL_TAKEOFF 으로 멀티 로터(Multi Copter) 모드 이륙, 고도는 40m로 설정
  - RETURN_TO_LAUNCH

WP Radius 100 | Loiter Radius 45 | Default Alt 40 | Relative | Verify Height | Add Below | Alt Warn 0

	Command		Acc radius	Pass by dist		Lat	Long	Alt	Frame	Delete			Grad %	Angle	Dist	AZ
1	VTOL_TAKEOFF	0	0	0	0	35.8996895	128.8571177	40	Relative	X			139.2	54.3	49.2	341
2	WAYPOINT	0	0	0	0	35.8996471	128.8571620	45	Relative	X			194.9	62.8	50.6	347
3	WAYPOINT	0	0	0	0	35.9011310	128.8571674	60	Relative	X			9.1	5.2	165.7	0
4	WAYPOINT	0	0	0	0	35.9011310	128.8548017	60	Relative	X			0.0	0.0	213.1	270
5	WAYPOINT	0	0	0	0	35.9044769	128.8547909	60	Relative	X			0.0	0.0	372.0	360
6	WAYPOINT	0	0	0	0	35.9045030	128.8601446	60	Relative	X			0.0	0.0	482.2	90
7	WAYPOINT	0	0	0	0	35.9011126	128.8601540	60	Relative	X			0.0	0.0	377.0	180
▷ 8	WAYPOINT	0	0	0	0	35.9011137	128.8574088	40	Relative	X			-8.1	-4.6	248.1	270
9	WAYPOINT	0	0	0	0	35.8996243	128.8574061	30	Relative	X			-6.0	-3.5	165.9	180
10	RETURN_TO_LAUNCH	0	0	0	0	35.8996667	128.8573605	0	Relative	X			0	0	0	0

- 멀티 로터가 이륙하여 너무 빨리 상승하면 이 매개변수 Q_VELZ_MAX=150을 조정할 수 있다. 설정 한 멀티 축 상승 속도는 1.5m/s이다.
- 멀티 로터 고정익 아래로 기울이면 다음 매개 변수를 변경할 수 있다.

> – Q_TILT_THR_DN = 90 스로틀을 늘린다.
> – Q_TILT_MAX = 35 하향 가속 각도를 줄인다.
> – Q_TILT_RATE_DN = 10 틸터 로터의 기울기 속도 비율을 조종한다.
> 단위는 deg/s이다.

- 고정익이 여러 축으로 회전하는 경우 다음 매개 변수를 변경할 수 있다.

> – Q_TILT_RATE_UP = 60 틸트 속도를 줄인다.
> – Q_TILT_THR_UP = 15 기울일 수 있는 스로틀의 크기를 줄인다.

- 복귀 명령 후 고정익에서 멀티로터 전환에서 호버의 위치가 HOME 포인트를 초과하면 기체의 제동력이 충분하지 않다는 것이다. 다음 매개 변수를 변경할 수 있다.

> – Q_TRANS_DECEL = 4 값이 클수록 제동력이 커진다.

- 멀티로터의 하강 속도와 상승 속도는 동일한 매개 변수로 제어된다.

> – Q_VELZ_MAX = 150 다축 상승 및 하강 속도는 1.5m/s 이다.

- 멀티 로터 보조 착륙의 고도 및 속도 매개 변수를 설정은 아래와 같다.

> – Q_LAND_FINAL_ALT = 6 지상에 따르면, 2단계 착륙 속도는 6m에서 사용된다.
> – Q_LAND_SPEED = 40 2단계 착륙 속도는 0.4m/s 이다.

- 착륙 후 기체를 빠르게 시동 꺼짐(Disarm)의 매개 변수는 다음과 같다.

> – Q_LAND_DETECT = 3

- Lock이 완료되면 모든 방향타 표면의 매개 변수가 중앙에 배치가 되게 한다.

> – LAND_THEN_NEUTRL = 1

4 직사각형 무한 루프 경로 테스트

직사각형 경로는 주로 평면이 직선 경로에서 직선인지 여부와 경로가 정확한지 테스트하는 데 사용된다.

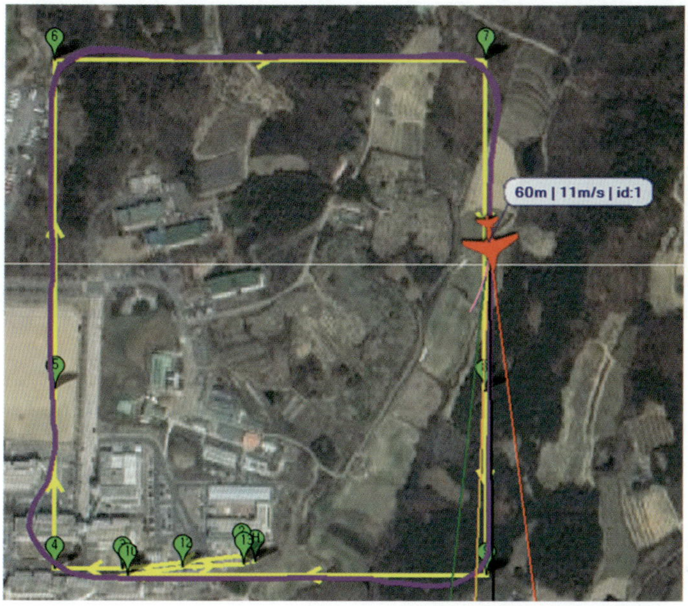

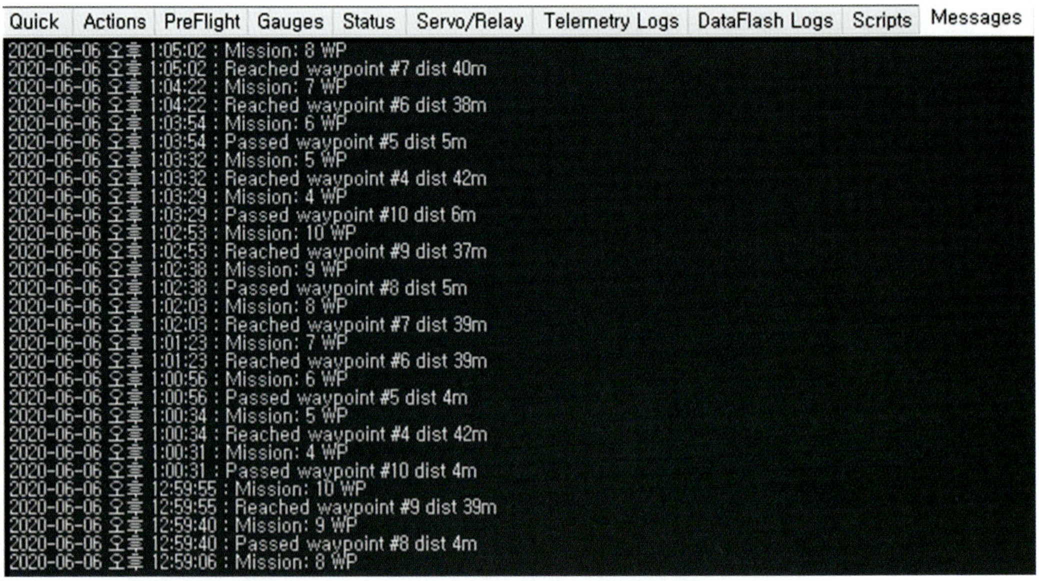

- 이 경로에서 점프 명령 DO_JUMP를 사용하였다.

> – 웨이포인트(Waypoint) 10 이후에 웨이포인트(Waypoint) 4로 점프 하여 수행한다.
> – −1은 무한 루프를 나타낸다.
> – 이 웨이포인트(Waypoint)에서 리턴 경로 12 및 13을 설정했다. 기체가 착륙하기를 원할 때 무한 루프를 해제하기 위해 점프 명령을 12 포인트로 설정하면 무한루프를 빠져나와 착륙할 수 있다.

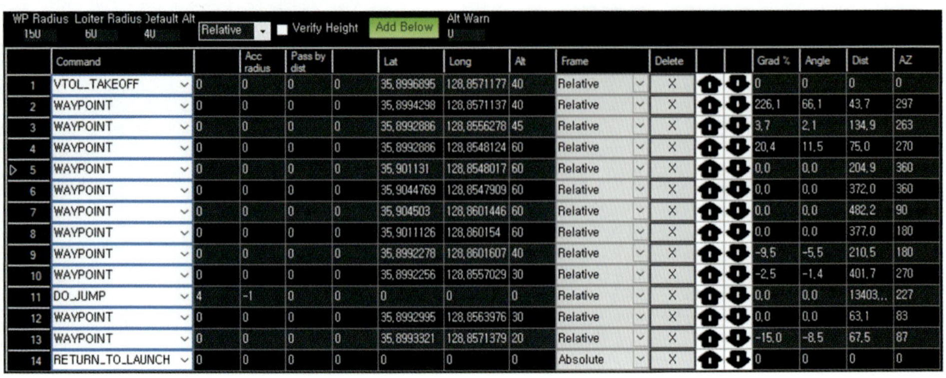

WP Radius 150 · Loiter Radius 60 · Default Alt 40 · Relative · Verify Height · Add Below · Alt Warn 0

	Command		Acc radius	Pass by dist		Lat	Long	Alt	Frame	Delete			Grad %	Angle	Dist	AZ
1	VTOL_TAKEOFF	0	0	0	0	35.8996895	128.8571177	40	Relative	X			0	0	0	0
2	WAYPOINT	0	0	0	0	35.8994298	128.8571137	40	Relative	X			226.1	66.1	43.7	297
3	WAYPOINT	0	0	0	0	35.8992886	128.8556278	45	Relative	X			3.7	2.1	134.9	263
4	WAYPOINT	0	0	0	0	35.8992886	128.8548124	60	Relative	X			20.4	11.5	75.0	270
▷ 5	WAYPOINT	0	0	0	0	35.901131	128.8548017	60	Relative	X			0.0	0.0	204.9	360
6	WAYPOINT	0	0	0	0	35.9044769	128.8547909	60	Relative	X			0.0	0.0	372.0	360
7	WAYPOINT	0	0	0	0	35.904503	128.8601446	60	Relative	X			0.0	0.0	482.2	90
8	WAYPOINT	0	0	0	0	35.9011126	128.860154	60	Relative	X			0.0	0.0	377.0	180
9	WAYPOINT	0	0	0	0	35.8992278	128.8601607	40	Relative	X			-9.5	-5.5	210.5	180
10	WAYPOINT	0	0	0	0	35.8992256	128.8557029	30	Relative	X			-2.5	-1.4	401.7	270
11	DO_JUMP	4	-1	0	0	0	0	0	Relative	X			0.0	0.0	13403...	227
12	WAYPOINT	0	0	0	0	35.8992995	128.8563976	30	Relative	X			0.0	0.0	63.1	83
13	WAYPOINT	0	0	0	0	35.8993321	128.8571379	20	Relative	X			-15.0	-8.5	67.5	87
14	RETURN_TO_LAUNCH	0	0	0	0	0	0	0	Absolute	X			0	0	0	0

- 아래 설정을 실행하면 지정된 waypoint 로 점프하여 수행된다.

- 실제 궤도와 경로 편차가 발생하면 다음 순서로 확인하라.

> – 수동모드에서 테일 및 피치 방향타가 수평인지, 추력 틸트 모터가 수직으로 설치되어 있는지 확인한다.
> – 고정익 모드에서 모터가 수평으로 설치되는지 여부를 확인한다.
> – 나침반이 비정상인지 여부와 이륙 전에 GPS가 완전히 수신이 정상인지 여부를 확인한다.
> – 기체 시동 자체 테스트 중에 기체가 이동했는지 여부를 확인한다.
> – 비행 컨트롤러의 가속 레벨 교정이 정확한지를 확인한다.

8.10 맵핑 카메라 트리거 설정 및 테스트

최종 맵핑의 목적은 카메라로부터 항공사진을 획득하는 것이다. 그러므로 비행 후 카메라의 SD 카드에 사진이 없으면 얼마나 황당할 것인가? 우리는 이런 어처구니없는 사항을 대비하고자 비행하기 전에 카메라 테스트가 먼저 시행되어야 한다.

1 설정

아래와 같이 "Option Hardware"의 "Camera Gimbal" 메뉴에서 설정하는 화면이다.

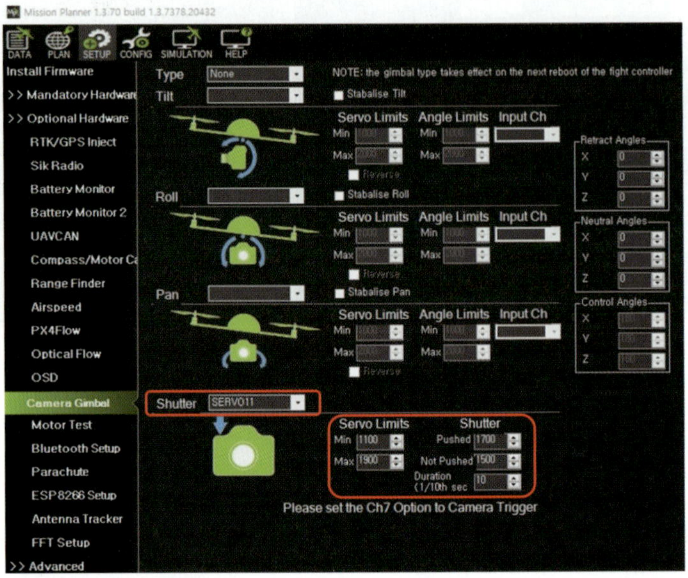

같은 방법이지만 아래는 Configure 메뉴에서 "Full Parameter List"에서 설정하는 화면이다.

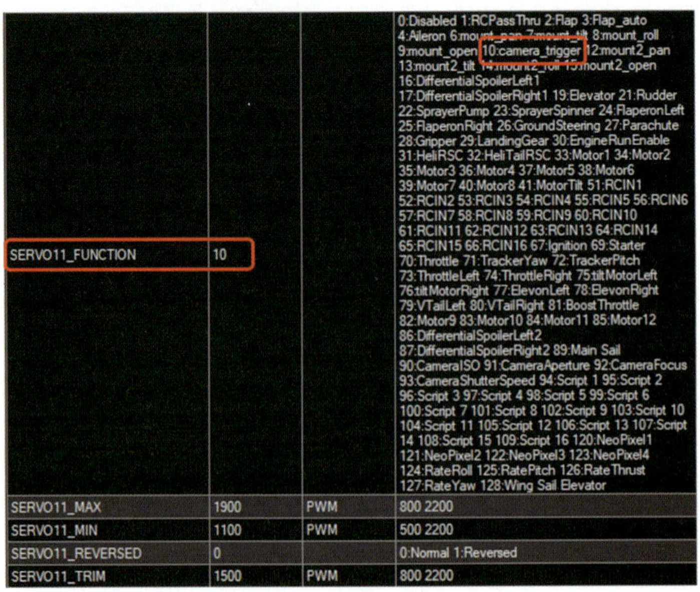

SERVO11_FUNCTION	10		0:Disabled 1:RCPassThru 2:Flap 3:Flap_auto 4:Aileron 6:mou[illegible] 8:mount_roll 9:mount_open 10:camera_trigger [illegible]12:mount2_pan 13:mount2_tilt [illegible]mount2_open 16:DifferentialSpoilerLeft1 17:DifferentialSpoilerRight1 19:Elevator 21:Rudder 22:SprayerPump 23:SprayerSpinner 24:FlaperonLeft 25:FlaperonRight 26:GroundSteering 27:Parachute 28:Gripper 29:LandingGear 30:EngineRunEnable 31:HeliRSC 32:HeliTailRSC 33:Motor1 34:Motor2 35:Motor3 36:Motor4 37:Motor5 38:Motor6 39:Motor7 40:Motor8 41:MotorTilt 51:RCIN1 52:RCIN2 53:RCIN3 54:RCIN4 55:RCIN5 56:RCIN6 57:RCIN7 58:RCIN8 59:RCIN9 60:RCIN10 61:RCIN11 62:RCIN12 63:RCIN13 64:RCIN14 65:RCIN15 66:RCIN16 67:Ignition 69:Starter 70:Throttle 71:TrackerYaw 72:TrackerPitch 73:ThrottleLeft 74:ThrottleRight 75:tiltMotorLeft 76:tiltMotorRight 77:ElevonLeft 78:ElevonRight 79:VTailLeft 80:VTailRight 81:BoostThrottle 82:Motor9 83:Motor10 84:Motor11 85:Motor12 86:DifferentialSpoilerLeft2 87:DifferentialSpoilerRight2 89:Main Sail 90:CameraISO 91:CameraAperture 92:CameraFocus 93:CameraShutterSpeed 94:Script 1 95:Script 2 96:Script 3 97:Script 4 98:Script 5 99:Script 6 100:Script 7 101:Script 8 102:Script 9 103:Script 10 104:Script 11 105:Script 12 106:Script 13 107:Script 14 108:Script 15 109:Script 16 120:NeoPixel1 121:NeoPixel2 122:NeoPixel3 123:NeoPixel4 124:RateRoll 125:RatePitch 126:RateThrust 127:RateYaw 128:Wing Sail Elevator
SERVO11_MAX	1900	PWM	800 2200
SERVO11_MIN	1100	PWM	500 2200
SERVO11_REVERSED	0		0:Normal 1:Reversed
SERVO11_TRIM	1500	PWM	800 2200

카메라는 대부분 Servo로 같이 PWM으로 제어되는 트리거 모듈을 사용한다. 그러므로 "CAM_TRIGG_TYPE"는 Servo로 설정하였다.

CAM_RELAY_ON	1		0:Low 1:High
CAM_TRIGG_DIST	0	m	0 1000
CAM_TRIGG_TYPE	0		0:Servo 1:Relay 2:GoPro in Solo Gimbal
CAM_TYPE	0		0:Default 1:BMMCC

아래 그림은 실제 카메라와 트리거모듈을 케이블로 연결하고 다시 Pixhawk에 연결한 그림이다. 카메라는 Ahlpa 5100A를 사용하였다.

그리고 Pixhawk의 aux3 번에 sealgull MAP2 연결한 것이다.

위와 같이 카메라에 배터리와 트리거 모듈과 셔터 케이블을 연결하고 GCS(Mission Planner)의 지도 화면에서 마우스 오른쪽 클릭하면 팝업 창이 나타나는데 여기서 "Trigger Camera NOW" 를 클릭하여 카메라의 셔터 소리가 들리는 지 확인한다. 실제 사진이 찍힌다.

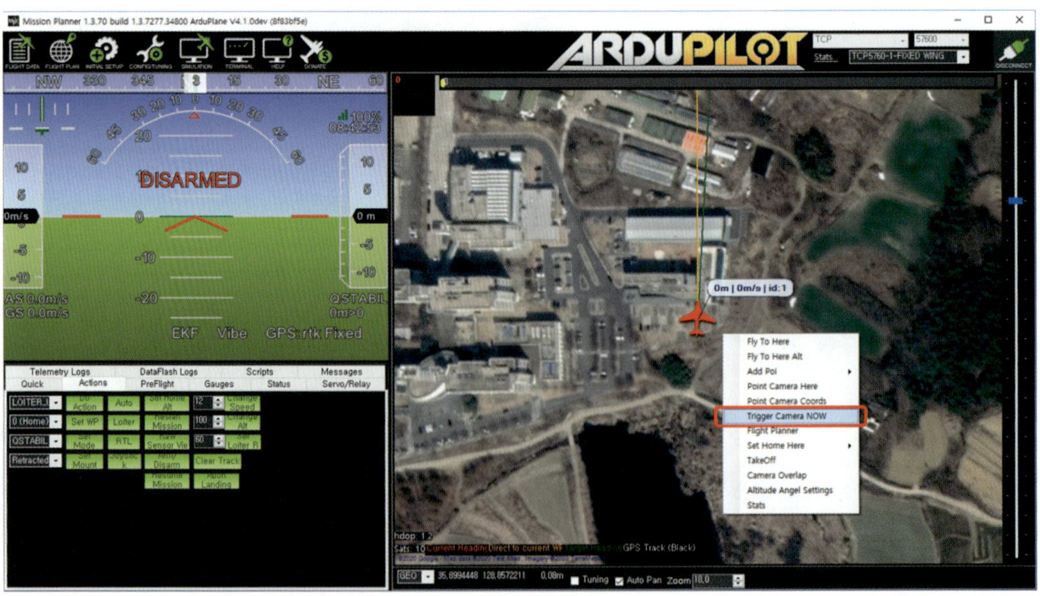

2 카메라 테스트

카메라 사진 테스트는 주로 무인항공기의 카메라 기능이 정상인지, 카메라 마운트가 올바르게 고정되었는지, POS 데이터 및 사진 데이터 수량이 일치하는지 확인하는 것이다.

- 비행하기 전에 카메라의 SD 카드가 충분한 공간이 있는지 확인한다. 고속 카드인지 여부에 관계없이 셔터 설정을 1/1000S 로 한다. 수동으로 사진이 잘 찍히는지도 확인하고 카메라가 제대로 작동하는지 확인한다.
- 확인 후 이륙 및 착륙 경로를 사용하여 사진 명령을 추가하면 자동으로 경로에서 사진을 찍을 수 있다.
  - "DO_SET_CAM_TRIGG_DIST = 40" 40m 거리에서 한 번 사진을 찍는 것을 의미한다.
  - "DO_SET_CAM_TRIGG_DIST = 0" 카메라 명령을 닫는 것을 의미한다.
  - 이륙 및 착륙 후 먼저 사진 수를 확인하라.

	Command		Acc radius	Pass by dist		Lat	Long	Alt	Frame	Delete	Grad %	Angle	Dist	AZ
1	VTOL_TAKEOFF	20	0	0	0	0	0	30	Relative	X	0	0	0	0
2	WAYPOINT	0	0	0	0	35.8993712	128.8567114	50	Relative	X	107.5	47.1	68.3	260
3	WAYPOINT	0	0	0	0	35.9002967	128.855204	80	Relative	X	17.6	10.0	173.0	307
4	WAYPOINT	0	0	0	0	35.900136	128.8568495	100	Relative	X	13.4	7.6	150.6	97
5	WAYPOINT	0	0	0	0	35.8999664	128.8573379	100	Relative	X	0.0	0.0	47.9	113
6	DO_SET_CAM_TRIGG_DIST	18.09045	0	0	0	0	0	0	Relative	X	0	0	0	0
7	WAYPOINT	0	0	0	0	35.8985275	128.8614097	100	Relative	X	0.0	0.0	400.1	114
8	DO_SET_CAM_TRIGG_DIST	0	0	0	0	0	0	0	Relative	X	0	0	0	0
9	WAYPOINT	0	0	0	0	35.8979589	128.862918	100	Relative	X	0.0	0.0	149.9	115
10	WAYPOINT	0	0	0	0	35.8985029	128.8624855	100	Relative	X	0.0	0.0	71.9	327
11	WAYPOINT	0	0	0	0	35.8986825	128.8619773	100	Relative	X	0.0	0.0	49.9	294
12	DO_SET_CAM_TRIGG_DIST	18.09045	0	0	0	0	0	0	Relative	X	0	0	0	0
13	WAYPOINT	0	0	0	0	35.9002699	128.8574856	100	Relative	X	0.0	0.0	441.4	294
14	DO_SET_CAM_TRIGG_DIST	0	0	0	0	0	0	0	Relative	X	0	0	0	0
15	WAYPOINT	0	0	0	0	35.9007052	128.856191	100	Relative	X	0.0	0.0	126.3	293
16	WAYPOINT	0	0	0	0	35.9007529	128.8571251	100	Relative	X	0.0	0.0	84.3	86
17	WAYPOINT	0	0	0	0	35.9005733	128.8576333	100	Relative	X	0.0	0.0	49.9	114
18	DO_SET_CAM_TRIGG_DIST	18.09045	0	0	0	0	0	0	Relative	X	0	0	0	0
19	WAYPOINT	0	0	0	0	35.8989218	128.8623066	100	Relative	X	0.0	0.0	459.3	114
20	DO_SET_CAM_TRIGG_DIST	0	0	0	0	0	0	0	Relative	X	0	0	0	0
21	WAYPOINT	0	0	0	0	35.8984803	128.8635135	100	Relative	X	0.0	0.0	119.3	114
22	WAYPOINT	0	0	0	0	35.8990153	128.8630486	100	Relative	X	0.0	0.0	72.7	325
23	WAYPOINT	0	0	0	0	35.8991949	128.8625404	100	Relative	X	0.0	0.0	49.9	294
24	DO_SET_CAM_TRIGG_DIST	18.09045	0	0	0	0	0	0	Relative	X	0	0	0	0
25	WAYPOINT	0	0	0	0	35.9008767	128.857781	100	Relative	X	0.0	0.0	467.7	294
26	DO_SET_CAM_TRIGG_DIST	0	0	0	0	0	0	0	Relative	X	0	0	0	0

- 그런 다음 지상국 "POS 추출"을 클릭하고 .bin 파일을 가져온다. POS 포인트 추출 저장을 클릭하여 필요한 POS 데이터를 저장하라.
- POS의 수도 사진 개수가 일치하는 지 확인한다.

8.11 초보자 비행 학습을 위한 조종기 트레이너 모드 설정 방법

우리가 비행기를 조종할 때 드론(멀티로터)을 조종할 때 보다 초보자가 비행기의 비행 조종법을 익히는 것이 매우 어렵게 느껴진다. 시뮬레이션으로 학습을 하여도 실전에 적용하기가 만만치가 않다.

이로 인하여 실전에 적용하여 쉽게 비행기를 조종하는 방법을 비행교관에게서 쉽게 배우는 방법에 대하여 설명하고자 한다. 이 방법은 두개의 조종기를 서로 연결하여 하나는 초보자가 사용하고 나머지 하나는 교관이 사용하여 비행의 권한을 초보자한테 주면서 비행 교육을 시키고 비행이 위험한 사항에서는 교관으로 비행 권한이 옮겨지게 하여 초보자에게 비행학습을 시키는 방법이다. 이 방법은 두 조종기를 트레이너 모드 설정을 하고 하나는 마스터 조종기로 만들고 나머지 하나는 슬레이브 조종기로 만들면 해결이 된다. 자세한 것은 아래 상세히 설명되어 있다.

PS. 초보자가 비행교관에게서 비행기를 추락하지 않고 비행교육을 쉽게 배울 수 있는 방법이기도 하다. 왜냐하면, 비행기가 추락할 때 비행교관의 조종기로 권한을 넘겨 오면 쉽게 추락하지 않을 테니 말이다. 드론 교육원에서 자격증을 따기 위해 사용하여도 아주 좋은 방법일 것이다.

아래 그림은 왼쪽은 마스터용 조종기이고 오른쪽은 슬레이브 조종기 이다. 앞에 있는 것은 RC 비행기 이다. 이 RC 비행기는 왼쪽 마스터용 조종기와 바인딩이 되어 있어 현재 단독으로 조종이 가능한 상태이다.

1 마스터 조종기 설정

오른쪽 슬레이브 조종기는 Internal RF와 External RF는 OFF 시키고 Trainer Mode는 Slave/Jack 으로 할당 하였다. 그리고 마스터 조종기와 Jack 케이블로 서로 연결하였다.

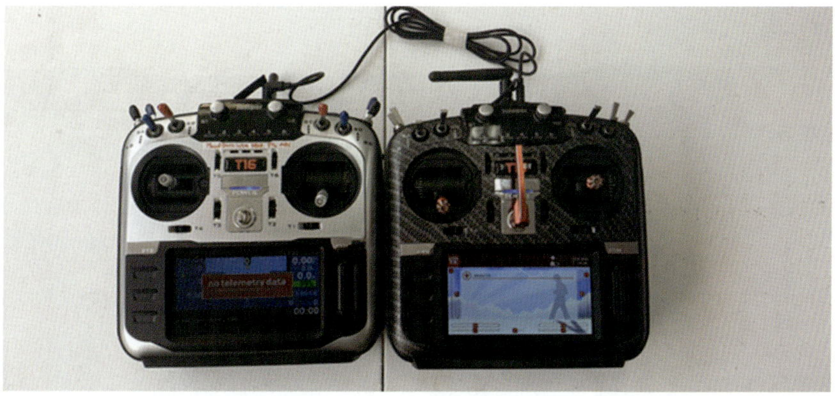

마스터용 조종기의 Model Setup 에서 Internal RF는 OFF하고 External RF는 비행기의 수신기와 바인딩 되어 있다. 여기서는 FrSky 수신기와 바인딩 된 것이다. 여기서 RF는 자신의 조종기에서 바인딩 될 수 있는 RF로 선택하여 사용하면 된다. 여기서 RF는 Radio Frequency 약자이다.

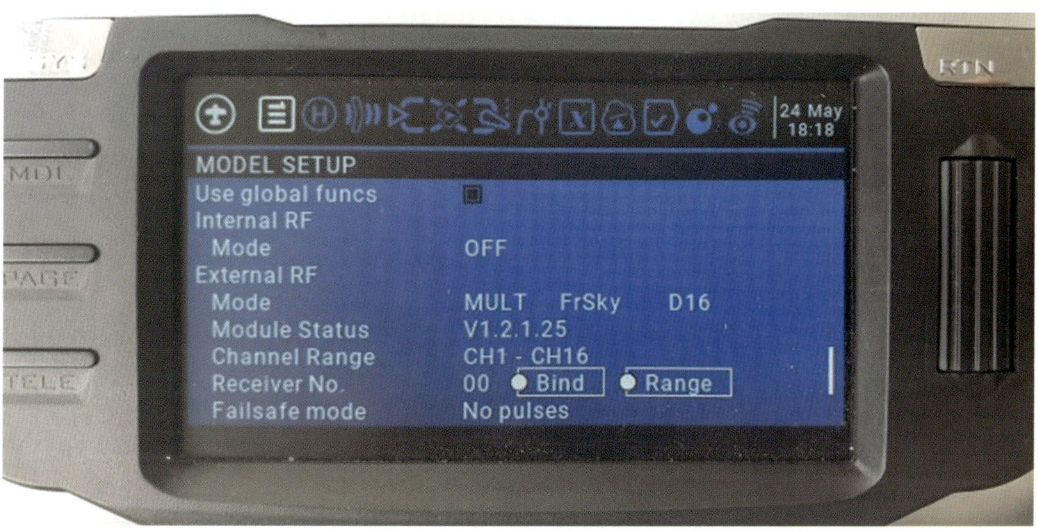

마스터용 조종기의 Trainer Mode는 Master/Jack 으로 선택한다. 이것은 이 조종기가 Jack 케이블로 슬레이브와 연결되어 Master 조종기로 사용하겠다는 것이다. 이 Jack 케이블 이외에도 무선으로도 사용 가능하다 Trainer Mode의 리스트를 보면 무선으로도 가능하다는 것을 알 수 있다. 블루투스, RF 등으로 설정이 가능하다.

PAGE 스틱을 눌러 SPECIAL FUNCTIONS 메뉴로 가서 SF1을 할당 하자. 이 값의 key로는 SH key로 정하고 그 기능으로는 Trainer를 선택한다. 그리고 오른쪽에서 Enable 시켜준다. 이 Enable은 하얀체크 박스가 나타나야 Enable 된 것이다. SH 키의 High가 되어야 슬레이브 조종기로 권한을 넘겨주는 것으로 이해하면 된다. 이 SH key 스위치는 2단 key이고 복원용 스위치이므로 비행 권한을 마스터가 가지고 있으려면 스위치를 Off(Low, PWM신호 약 1000us) 하고 슬레이브 조종기로 권한을 주려면 스위치를 On(High, PWM신호 약 2000us)로 설정해야 한다. 아래 SH↓는 스위치 On(High, PWM신호 약 2000us)의 의미이다.

이 2단 복원용 스위치를 사용하는 이유는 긴급 시 마스터 조종기로 바로 권한을 가져올 수 있는 물리적인 구조이기 때문이다.

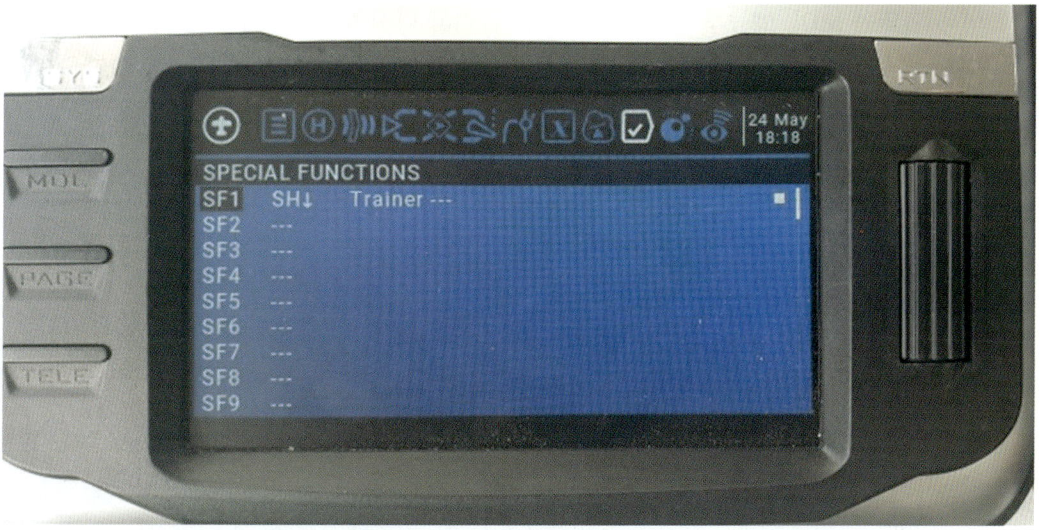

이제 SYS 스틱을 누르고 SYSTEM Menu로 들어가 PAGE를 여러 번 누르고 TRAINER 메뉴를 찾는다. 여기서 아래와 같이 설정한다. 이 설정은 마스터 조종기에 CH1~CH4까지 레버를 설정하고 권한을 전부 슬레이브 조종기로 채널을 다 넘겨주는 것으로 해석하면 될 것이다. +=를 꼭 해줘야 한다. 만약, 서로 트레이너를 바르게 설정하면 슬레이브 조종기를 CH1~CH4를 움직이면 Cal 에서 값들이 변하는 것을 볼 수 있다.

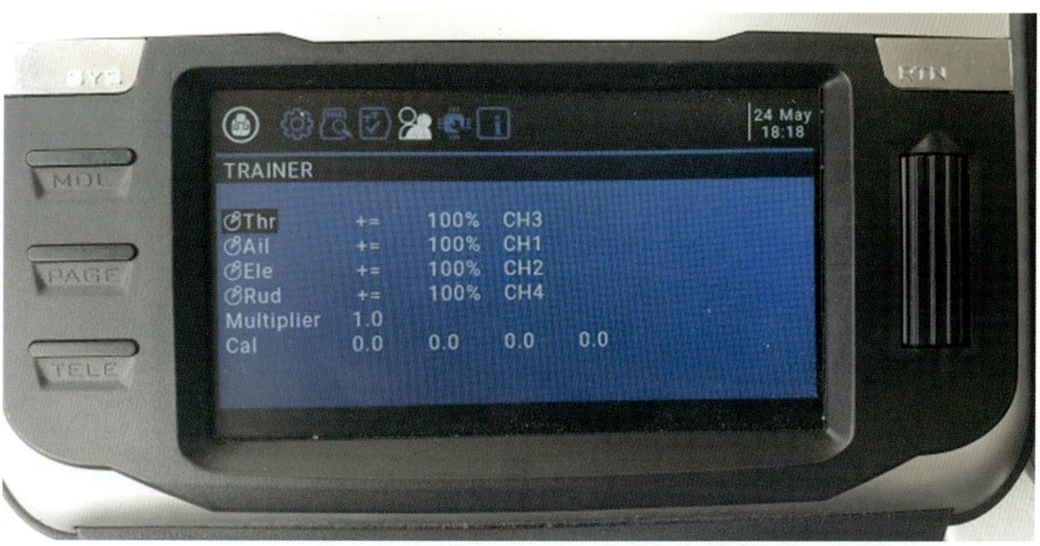

아래 화면은 MDL 메뉴로 들어가 PAGE를 눌리고 다시 MDL 를 누르면 나타나는 화면이다. 이 화면에서 위에 언급한 것과 같이 서로 트레이닝 모드가 완료된 상태에서 Channel Monitor를 확인할 수 있는 화면이다.

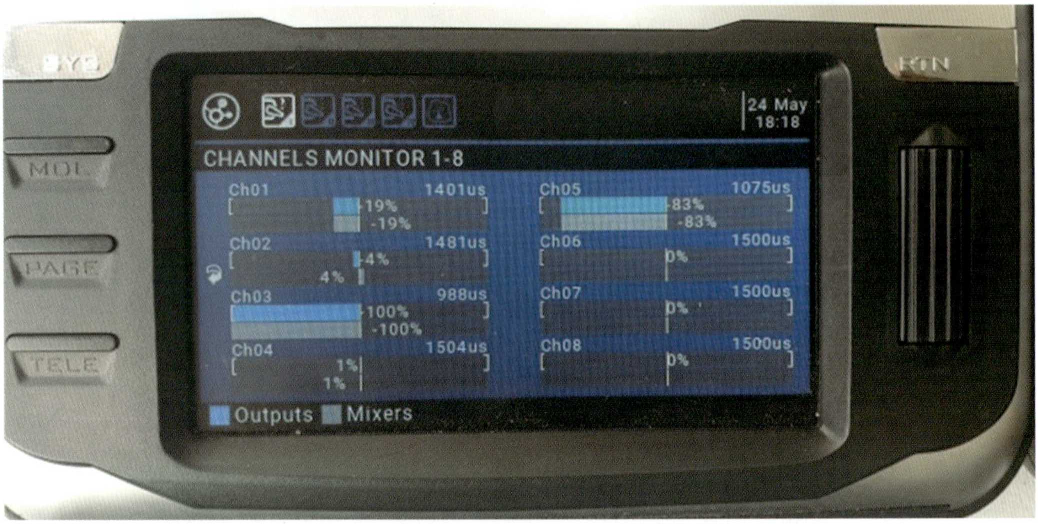

아래 내용은 MDL 모드에서 PAGE를 여러 번 누르면 MIXER 메뉴를 찾을 수 있다. 여기서 CH1~CH4을 비행기의 채널에 맞는 채널을 할당 할 수 있을 것이다.

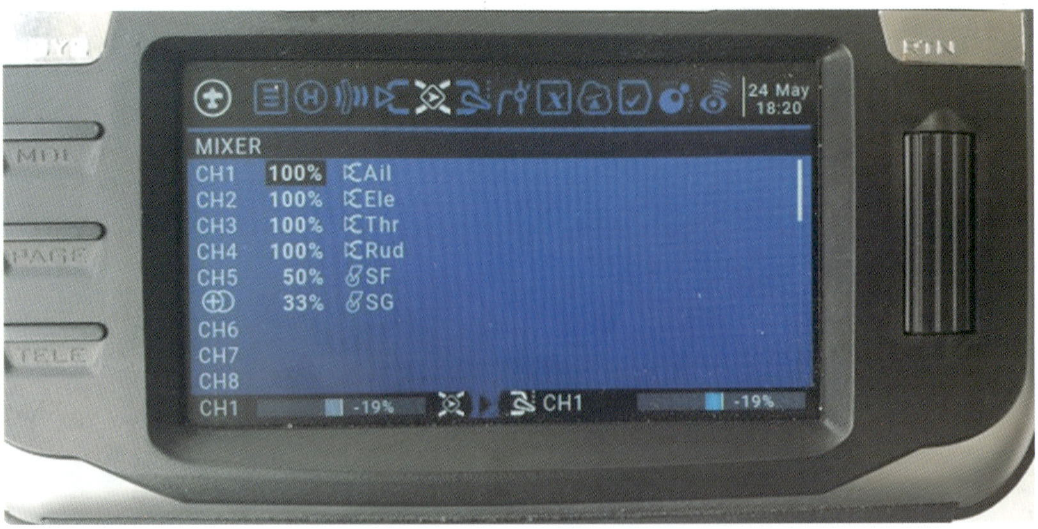

이 화면은 SYS 모드에서 찾을 수 있는 GLOBAL FUNCTIONS 메뉴로 SPECIAL FUNCTIONS과 같은 기능을 할 수 있는 것으로 special functions에서 설정 하였다면 이 설정은 필요 없다. 만약 , 기체 모델을 전부 적용하려면 아래 메뉴로 설정하는 것이 좋을 것이다. 만약, 특정한 기체에만 적용하려면 위에 Special Funtions 메뉴로 설정 하자.

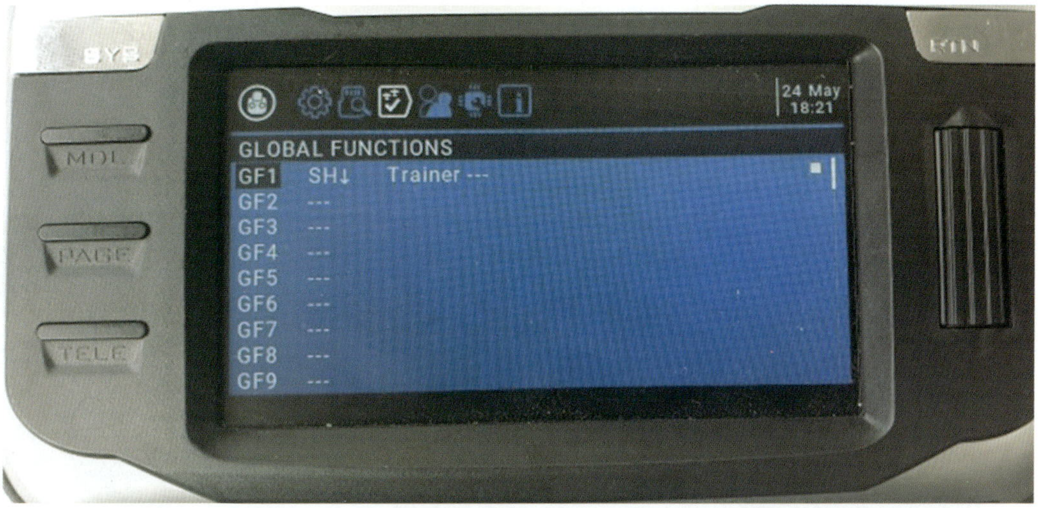

아래 메뉴는 마스터 조종기에서 비행기의 타각면의 방향을 바꿀 수 있는 메뉴이다. 마스터 조종기로 권한을 가져 왔을 때 타각면이 반대로 가면 reverse로 바꿀 수 있다. 이 메뉴에서 방향 설정은 슬레이브 조종기와 다를 수도 있다.

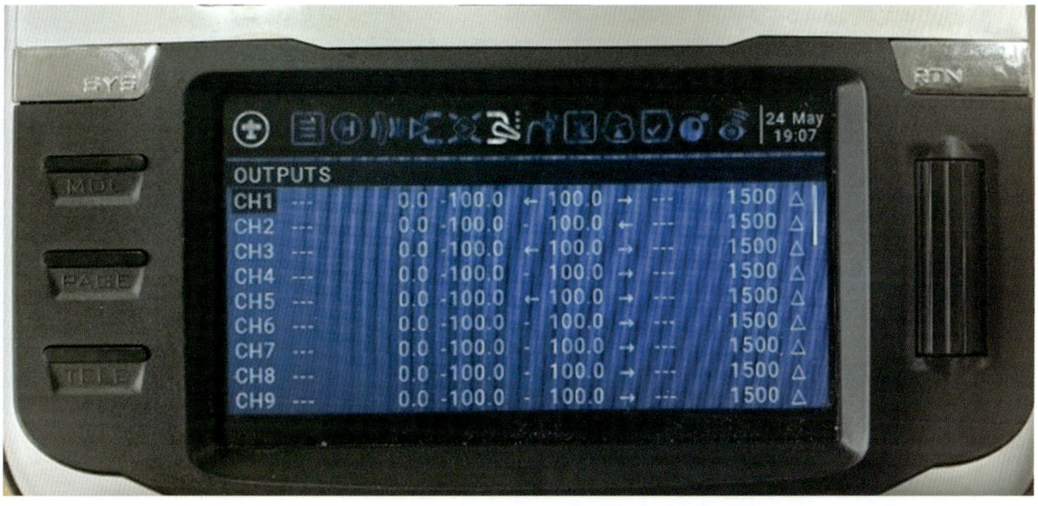

2 슬레이브 조종기 설정

이제 슬레이브 조종기의 설정을 할 차례이다.

MODEL SETUP 메뉴에서 Internal RF를 OFF 시키고, External RF도 OFF 시켜야 한다. 즉, RF를 사용하지 않겠다는 이야기이다. 이 이야기는 슬레이브 조종기는 단지 마스터 조종기에 Jack 케이블을 통해 신호를 보내는 역할만 하면 되는 구조이다. 그러므로 RF는 설정할 필요가 없고 무력화 시켜야 한다.

그리고 Trainer Mode를 Slaver/Jack을 선택한다.

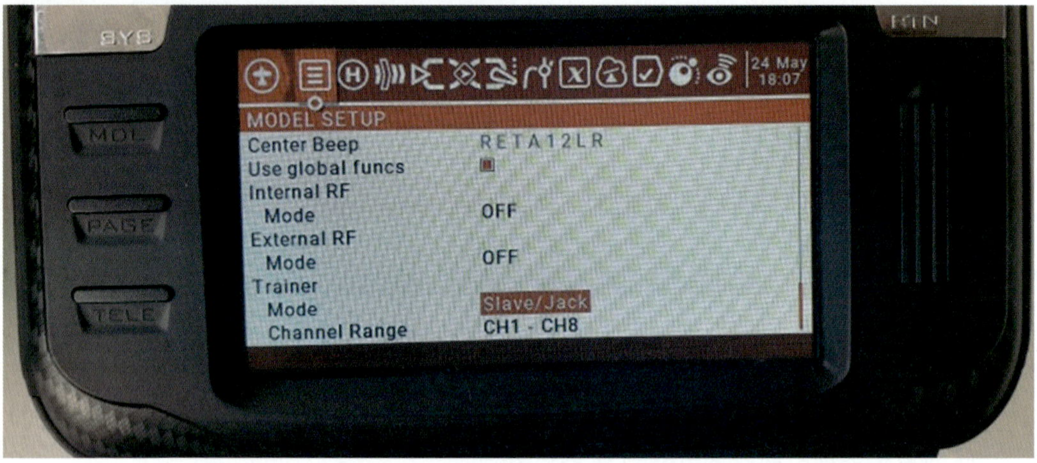

SYS 모드로 들어가 TRAINER에서 Slaver를 선택하면 아래와 같다.

슬레이브 조종기의 MIXES 설정의 채널은 마스터 조종기와 같이 설정한다.

아래는 설명은 슬레이브 조종기의 조종권이 있을 때 채널 방향을 설정하는 메뉴로 비행기의 타각면의 방향을 아래와 같이(→ or ←)바꿀 수 있다. 마스터 조종기와 방향이 다를 수 있다.

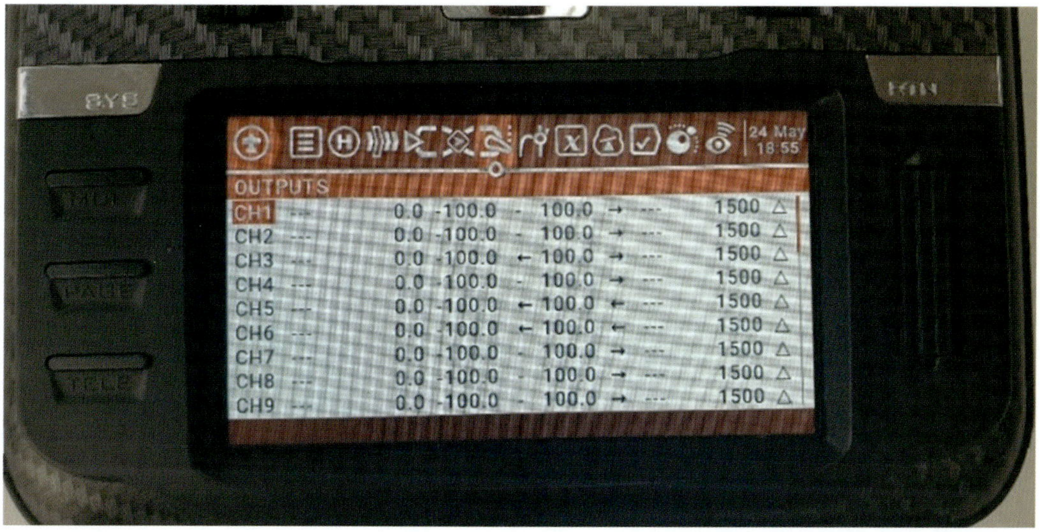

3 유튜브 영상

영상으로 설명은 아래와 같다.

https://youtu.be/ZMMsGrZrTXc

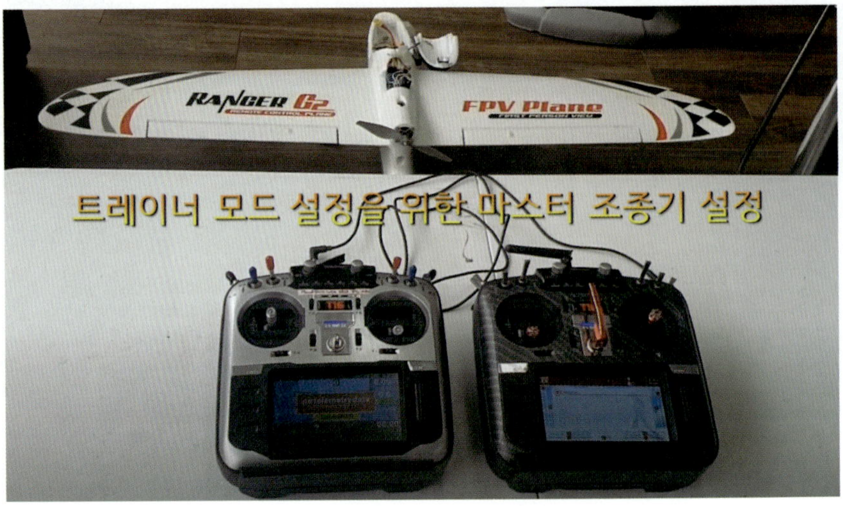

QR 코드

<조종기 트레이너 모드 설정 방법 유튜브 영상 스틸 컷>

CHAPTER 09

비행 후 Logo 분석

CHAPTER 09

9.1 ··· Mission Planner에서 데이터 플래시 Log 분석

1. 플래시 log 파일 읽기
2. 전이 구간 분석
3. Auto Analysis

9.2 ··· Telemetry(원격측정) Log(Tlog) 분석

9.3 ··· 로그 분석을 통한 문제 진단

1. 기계적 고장
2. 진동
3. 지자계 간섭
4. GPS 오류
5. 전원문제
6. FailSafe를 포함한 예기치 않은 오류

CHAPTER 09

비행 후 Logo 분석

9.1 Mission Planner에서 데이터 플래시 Log 분석

비행 로그는 기체에 전원이 인가되고부터 발생한다. 이 로그는 비행 전반에 관한 많은 정보를 가지고 있다. 비행 로그를 이용하면 비행 후 비행에 대한 전반적인 것들을 분석할 수 있다. 기체의 상태 즉 기체의 자세나 모든 센서 그리고 사용자 조종 상태 및 그와 관련된 신호들을 분석할 수 있다. 실제 비행기의 블랙박스와 같은 것이라고 보면 좋을 것이다. 만약 비행 중에 기체가 추락을 하였을 때 조종자의 조종미숙으로 추락 했는지 기체의 기계적 오류로 추락을 했는지 또는 배터리의 전력 부족으로 추락을 했는지 전기배선의 단락으로 추락을 하였는지 로그 분석을 통하여 이상 원인을 찾을 수 있다. 이렇게 어떤 이유에서 추락을 했는지를 분석하여 다음에 발생하는 일들을 미리 방지하고자 하는 것이다. 또한 이런 분석을 통해 최적의 매개변수를 찾아 기체의 안정적인 비행이 될 수 있도록 할 수 있다.

비행 데이터를 기록하는 방법에는 두 가지가 있다. 일부 데이터를 제외하고 두 방법은 매우 유사한 데이터를 기록하지만 다른 방식으로 기록이 된다. 저장은 데이터 플래시 로그(Data Flash Log)와 원격 측정 링크 로그(Telemetry Log) 로 저장된다.

데이터 플래시 로그는 자동 조종 장치(SD 카드)에 기록되므로 비행 후 자동 조종 장치에서 다운로드하여 로컬 PC이 GCS(Mission Planner)에서 분석한다. 자동 조종 장치가 원격 측정 링크(Telemetry Link)를 통해 연결된 경우 원격 측정 로그(Tlog)는 로컬 PC의 GCS(Mission Planner)에 의해 기록이 된다.

1 플래시 log 파일 읽기

여기서는 플래시 로그 파일을 로그 파일을 이용하여 Mission Planner에서 어떻게 분석하는지 알아본다. 로그파일은 Pixhawk에 Micro SD-Card Slot의 SD Card에 존재한다. 전원을 넣을 때부터 로그파일은 저장된다. 이 로그 파일을 PC로 가져오기 위해서는 2가지 방법이 있다.

첫 번째로 Pixhawk와 PC에 USB 케이블로 연결된 상태에서 Mission Planner의 "DataFlash Logs" Tab(1번)에서 "Download Data Fash Log via Mavlink" 아이콘을 클릭(2번)하여 Log 파일을 PC로 가져올 수 있다. 만약 전체 로그파일을 가져 온다면 파일이 많고 파일 용량이 클 경우 PC상태에 따라 조금 느릴 수 있다.

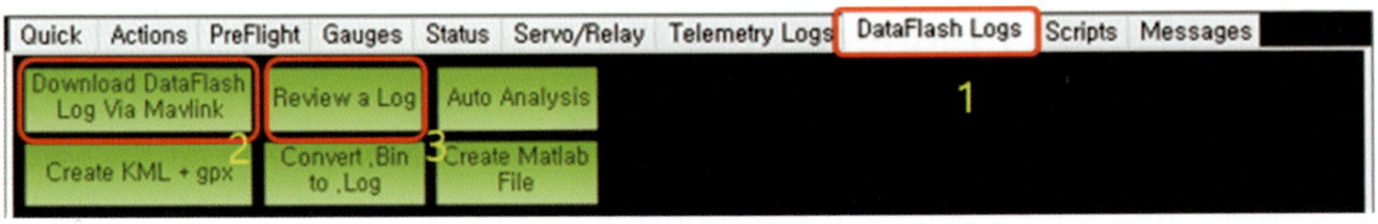

<Log 파일 PC로 가져오기>

두 번째 방법은 Pixhawk의 SD Card에 저장된 Micro SD Card를 Pixhawk로부터 빼내어 PC에서 USB 드라이버로 인식 시킬 수 있는 방법으로 바로 PC에 가져 올 수 있다.

USB 드라이버로 인식 시킨 후 Micro SD Card에 아래 폴더(APM/LOGS)에 *.Bin 파일이 존재한다. 여기서 최신 데이터는 번호가 제일 큰 파일이며, 이게 제일 마지막에 비행한 번호를 의미한다. 한 예로 존재하고 있는 *.BIN 파일을 Mission Planner 로그파일 폴더 아래 특정 폴더에 카피하여 저장한다. 필자의 PC에 폴더는 다음과 같이 저장하였다.

```
C:₩Users₩사용자₩Documents₩Mission Planner₩logs
```

아래에 특정 폴더를 만들어 그곳에 저장하였다. 이와 같이 PC로 로그 파일을 가져오는 방법은 이 두 가지이다. 어느 것을 사용해도 상관 없어나 필자는 두 번째 방법을 선호한다. 특정한 폴더에 로그파일을 저장했다면, 이제 다시 "Review a Log" 아이콘을 클릭(3번)하여 로그 파일을 로드하고 이제 분석해보자.

비행 후 기체에 SD Card에 로그 분석을 위하여 Card를 읽을 때 SD Card에 오류 난 경우가 생긴다. 진단 메시지에 "No IO heartbeat"라는 문구가 나온다면 데이터 플래시 로그를 생성하는데 문제가 발생한 것이다. 이와 같은 경우 전용 도구(H2testw)를 사용하여 카드를 테스트하도록 해야 한다. 또한 보드 전압이 낮은 경우도 로깅 문제를 일으킬 수도 있으니 로그 분석을 통하여 이 문제를 해결해야 한다.

만약 정상적으로 로그파일을 읽을 수 있다면 이제 로그 파일을 로딩해 보자.

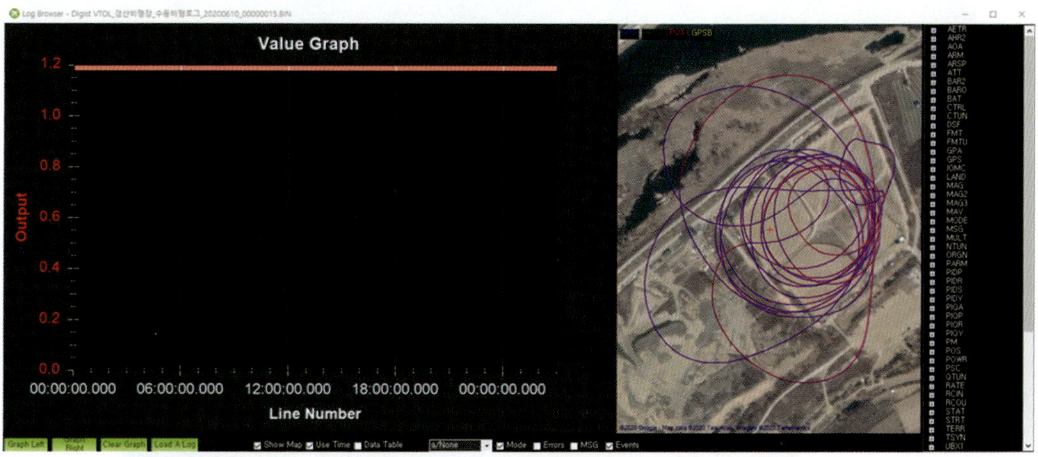

<*.BIN 로그 파일 로딩>

첫 번째로 우리는 기체의 전압과 전류 그리고 고도를 확인해 보자. 오른쪽 트리(tree) 메뉴에서 BARO를 찾아 Alt를 체크한다. BAT를 찾아 Volt와 Curr을 체크한다. 이렇게 하면 그래프 창에 시간대에 맞는 파형을 볼 수 있다. 이 파형들은 색으로 구분되며 시간라인의 크기에 따라 오른쪽 지도에 비행경로가 표시된다.

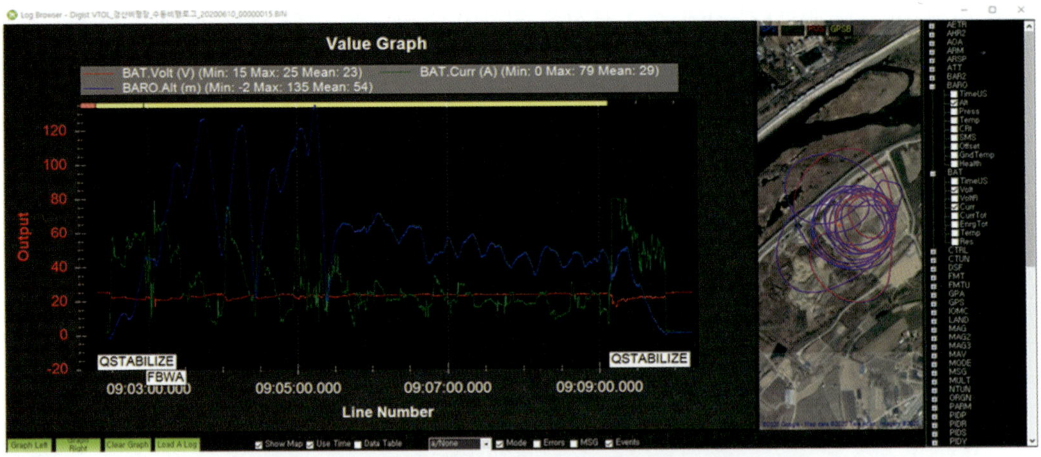

< 전압, 전류, 고도 확인 >

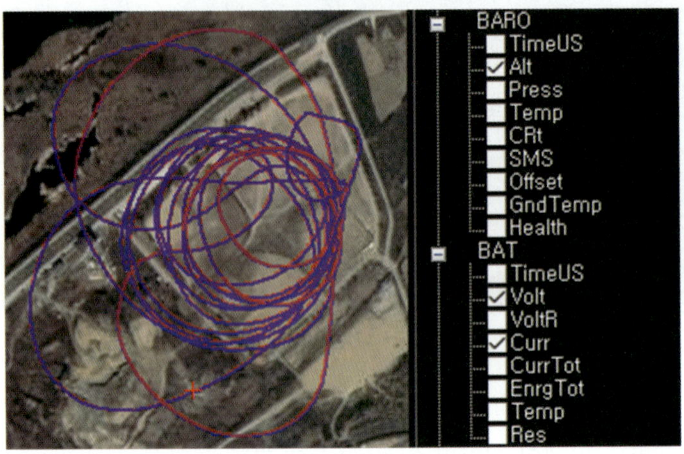

< Baro에서 Alt, Bat에서 Volt, Curr >

2 전이 구간 분석

VTOL 기체에서 Tilt Rotor 형태의 기체는 제어하기가 아주 까다로운 형태의 기체이다. 전이(Transition) 구간의 Log 분석을 통해 이해해 보도록 하자.

우선, 아래 그림은 QuadCopter 형태의 VTOL 기체로서 Tilt Rotor 형태이다. Tilt Rotor 형태 중에 전방 2개 모터가 Tilt가 되는 구조이다. 전방 모터 2개가 추력 모터이고 이 두 모터에 Tilt가 장착된 구조이다. 아래의 예를 참조하라.

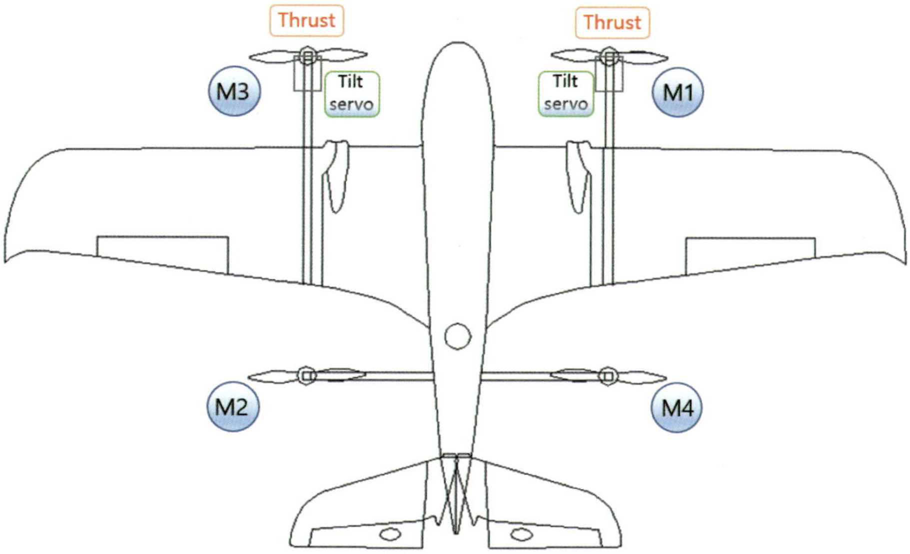

<VTOL 부품 번호와 역할>

실제 VTOL 형태는 아래와 같다.

아래 그림은 전이(Transition) 중 출력 파형을 보여준다. 이 파형을 아래 표를 보면 이해하기 바란다. 동시에 <VTOL 부품 번호와 역할> 그림을 참조해라.

RCOU.C5 는 M1 모터를 가리키고 PWM 값이 출력된다. 이 모터는 MultiCopter 일 때 Quad로 사용되고, 고정익 일 때는 전진 추력으로 사용된다. 마찬가지로 RCOU.C7 PWM신호의 M3 모터는 전방 왼쪽 모터를 가리킨다. 또한 MultiCopter일 때 Quad로 사용하고 고정익일 때 전진 추력으로 사용된다.

Log 명(PWM출력)	기체 부품 설명	역할 설명	Pixhawk Output Port
ROUT.C5	M1	전방 추력 오른쪽 모터	MAIN 5
ROUT.C6	M2	후방 왼쪽 모터 (Quad일 때만 사용)	MAIN 6
ROUT.C7	M3	전방 추력 왼쪽 모터	MAIN 7
ROUT.C8	M4	후방 오른쪽 모터 (Quad일 때만 사용)	MAIN 8
ROUT.C9	Tilt Servo	전방 오른쪽 틸트 모터	MAIN 9
ROUT.C10	Tilt Servo	전방 왼쪽 틸트 모터	MAIN 10

ROUT.C6과 ROUT.C8은 Quad일 때만 사용되는 후방 모터이다. 각각 Pixhawk의 메인출력(MAIN OUT)에 연결되어 PWM 값이 출력된다. 이 PWM 값은 매개변수 설정에서 물리적인 위치의 범위를 설정하였다. PWM 값의 범위는 500us~2200us 값이다. 적절한 범위의 값은 서보 모터 및 ESC에 따라 다르지만 약 1000us~2000us 값을 가질 것이다. 매개변수 설정에 참조해라.

ROUT.C9와 ROUT.C10은 틸트 서보 모터이다. 이 서보 모터는 전방 모터를 틸팅(Tilting)하기 위하여 존재한다. 이 서보 모터는 멀티로터에서 요잉(Yawing)의 기능을 담당하고 멀티로터에서 고정익으로 변환 할 때는 추력모터를 전방방향으로 회전하기 위한 틸팅의 역할을 담당한다.

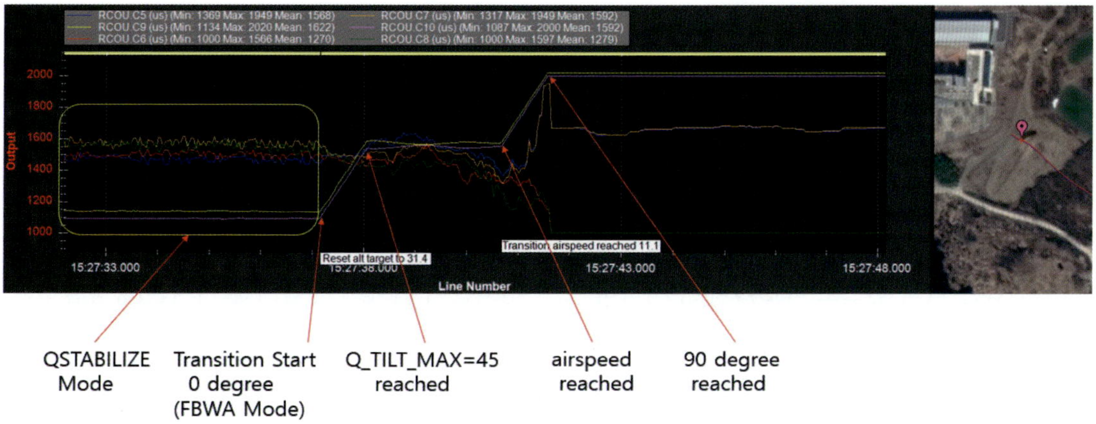

< 전이(Transition) 구간 PWM 파형 >

이제! 전이 Log 그림을 보자. 이 그림에서 왼쪽에서 오른쪽으로 시간 축이 즉 Time Domain으로 되어 있다. 말하자면 왼쪽에서 오른쪽으로 시간 구간이 흐른다는 것이다.

왼쪽에 노란 박스로 QSTABILIZE Mode로 되어 있는 것을 볼 수 있다. 이 구간에는 기체를 QSTABILIZE 모드에서 호버링하고 있는 과정이다. M5~M8까지 모터의 PWM 값이 1500~1600us 사이에 있는 것을 알 수 있다. 이 정도 구간에 있으면 안정적인 호버링을 한다. 또한 멀티로터에서 CG가 어느 정도 일치한다는 이야기도 된다. 이 구간에서 노란색 파형과 보라색 파형을 보자. 이 파형은 틸트 서보의 파형을 가리키는 것으로 RCOU.9와 RCOU10을 나타낸다. 이 파형은 1000us~1200us 사이에 값으로 PWM 값 중에 Low 값을 가리킨다. 이 의미는 멀티로터 형태로 서보모터가 틸트 되어 있다는 것이다. 실제 그림 상으로는 추력모터가 90°로 세워져 있다는 것으로 틸트 서보 모터는 0°이다.

이제 조종기로 QSTABILIZE 모드에서 FBWA 모드로 전환하면 RCOU.9와 RCOU10의 PWM 값이 점차 증가하여 1500us~1600us 까지 올라가는 것을 볼 수 있다. 이 구간에서는 “Q_TILT_MAX” 값으로 도달하는 과정이라고 보면 된다. 이 값은 45° 설정되어 있다. 즉 틸팅서보 모터에 장착되어 있는 추력모터의 각도가 45°로 향하여 회전하는 것이다. 이 틸팅 속도는 “Q_TILT_RATE_DN” 매개변수 설정에 따라 다르다. 이 두 파형이 거의 동시에 이루어지고 도달하는 파형도 비슷하게 있어야 한다. 만약 동시에 이루어지지 않으면 기체는 요잉(yawing)하면서 전이가 된다.

45°에 도달하고 난 후 M5~M8 모터는 수평을 잡기 위해 회전을 하고 M1과 M3는 45° 기울어져서 전진을 한다. 즉 Air Speed Sensor가 ARSPD_FBW_MIN 값 이상으로 도달할 때 까지 전진한다. 만약 "ARSPD_FBW_MIN" 값이 현재 도달했을 때 이제는 추력 모터의 회전 각도가 90°를 향하여 회전한다.

아래 파형은 전이 구간 중에 전압, 전류와 고도, 대기속도 그리고 롤의 파형을 표시하였다. 전압은 적색 선으로 약 24V에서 시작하여 전이 되는 구간에서 전압이 떨어지는 양상을 보이고 전류는 녹색 선으로 QuadCopter 일 때 약 60A가 소비하는 것 같다. 이는 전류 캘리브레이션을 잘못 한 것이라 예측 할 수 있다. 이 기체의 경우 약 30A~50A 사이에 있어야 될 것으로 예측되지만 이 값을 넘어 섰기 때문이다. 전체적인 파형 형태만 보면서 이해하면 될 것 같다. 전이구간에서 전류가 올라가고 전이구간이 끝나는 시점에서 최저 전류가 표시된다. 고도 상승 이후 최종적으로 고정익으로 변하는 시점에서 전류는 떨어지는 것을 확인할 수 있다.

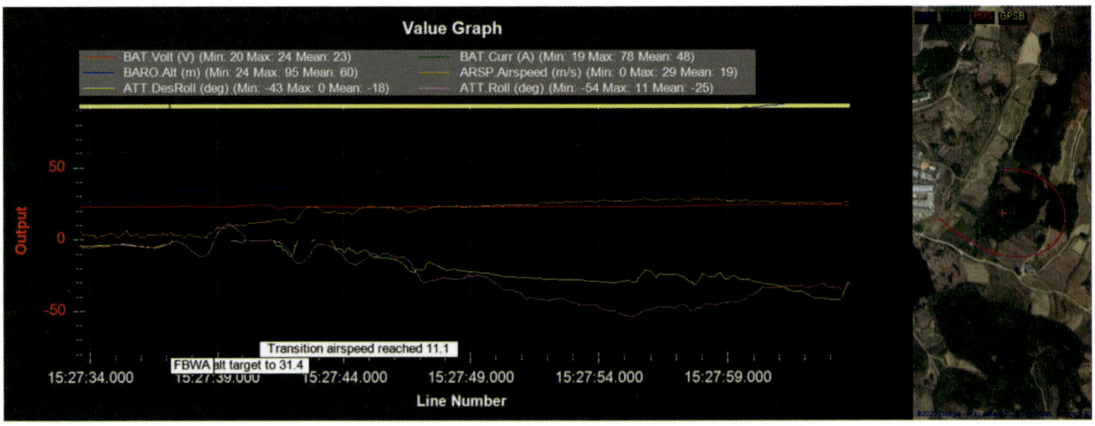

고도는 청색 선으로 FBWA 로 전환하는 시점에서 대기속도(11.1m/s)에 도달하였을 때는 거의 수평으로 전이가 이루어 졌다. 그 다음 고도가 상승하는 것을 볼 수 있다. 고정익에서 CG가 뒤에 있는 것으로 사료 된다. 대기속도는 주홍색 선으로 평균 19m/s이고 최대 29m/s로 비행하였다. 마지막으로 롤에 대한 기체 상태를 나타낸 것으로 원하는 롤 파형은 황색 선으로 비행을 하였으며 실제 롤의 동작 파형은 보라색으로 표시된다. 거의 위치로 따라 가는 것을 볼 수 있다.

오른쪽 지도는 전체적으로 우회전 하는 비행 형태를 보고 있다. 이 파형과 지도를 보면 기체는 우회전 화면서 상승하는 비행 패턴을 가지고 있다.

3 Auto Analysis

로그 분석에서 가장 간단한 방법은 자동분석(Auto Analysis)를 선택하는 것이다. 아래 아이콘을 클릭하고 다운 받은 비행한 로그 Data(*.bin)을 로드한다. 이 파일은 Mission Planner/logs 폴드 아래에 있으며, 기체의 종류에 따라 QUADCOPTER 혹은 Plane 폴더가 있다. 테스트 한 기체는 VTOL이기 때문에 FIXED_WING 폴더로 들어가야 된다. Audupilot의 VTOL은 기본적으로 Plane(Fixed wing) 기반이기 때문이다. 만약, Pixhawk 에서 SD카드로부터 직접 복사하였다면 적절한 폴더를 만들어 복사하여 로드하기 바란다.

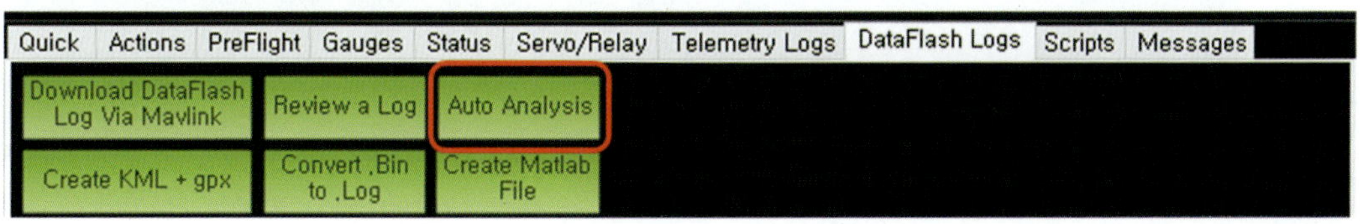

아래는 결과 보고서이다. 이 기체는 Autotune은 하지 않았으며 전원 문제(Brow-out)은 발생하지 않았다. 컴퍼스는 양호한 편이지만 캘리브레이션(보정)은 다시 해주면 더 좋을 것 같다. FailSafe가 양호하다. GPS도 수신이 잘되어 양호하다. MU log data를 체크하지 않은 것 같다. 더 정밀한 분석을 위해서는 IMU도 체크해야 할 것이다. 하지만 IMU log data는 데이터량이 많아서 시스템에 부하를 많이 준다. 테스트 이외에 실제 활용 할 때는 체크하지 않는 것을 추천한다. Motor Balance는 하지 않은 것으로 나왔다. VTOL 이라 ESC 캘리브레이션이 다른 방법으로 처리하여 자동 분석 툴에서는 아직 적용이 되지 않은 것 같다. 왜냐면 ESC 캘리브레이션을 했기 때문이다. 이 의미는 정확하지는 않다. OpticalFlow는 사용하지 않았다. 그런데 신호는 체크하여 나오는 것 같다. 무시해도 괜찮을 것 같다. 등등 여러 가지 내용이 나오고 매개변수 설정으로 활성화 해주는 분석 목록에 양호한 상태로 나오지 않나 싶다. 이상 기체 상태는 이상이 없는 것으로 파악된다.

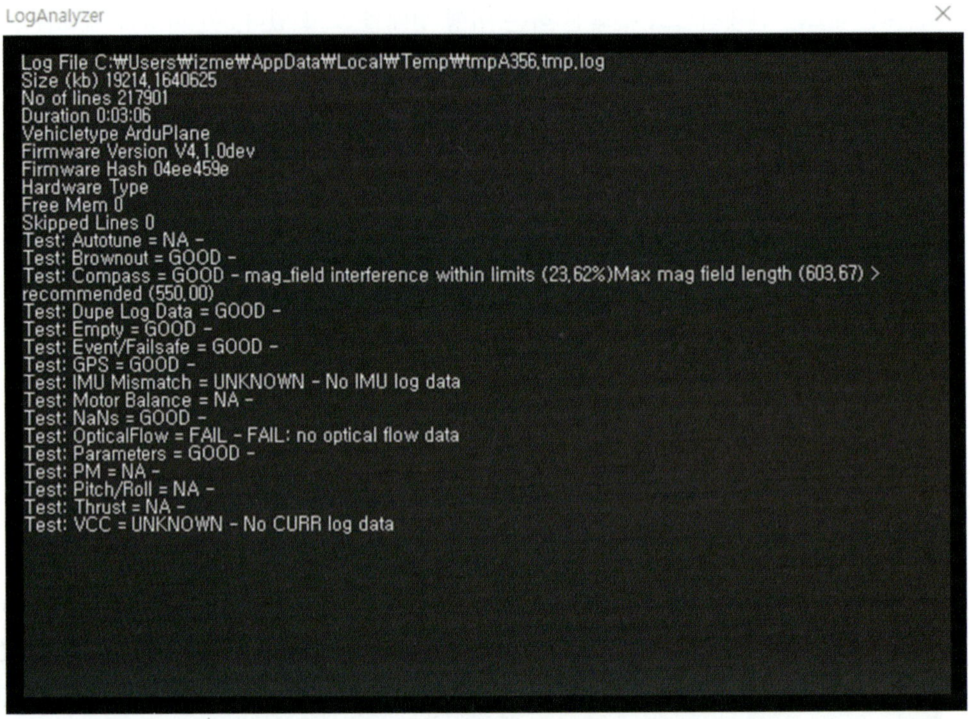

9.2 Telemetry(원격측정) Log(Tlog) 분석

원격 측정 로그는 Tlog라고 하며 T는 Telemetry의 첫 번째 글자이다. GCS(Mission Planner)와 VTOL 기체와 Telemetry로 서로 연결되어 있는 상태여야만 Mission Planner의 특정 폴더에 로그가 자동적으로 저장된다.

아래 그림은 Mission Planner에 Telemetry가 연결되어 있고, 비행제어장치(FC)에 Telemetry가 연결된 것을 볼 수 있다. 다른 부품 연결된 것 없어도 FC에 전원만 연결된 상태에서 Telemetry가 연결되어 있고 Mission Planner에서도 Telemetry만 연결되어 있으면 자동적으로 Tlog가 저장된다.

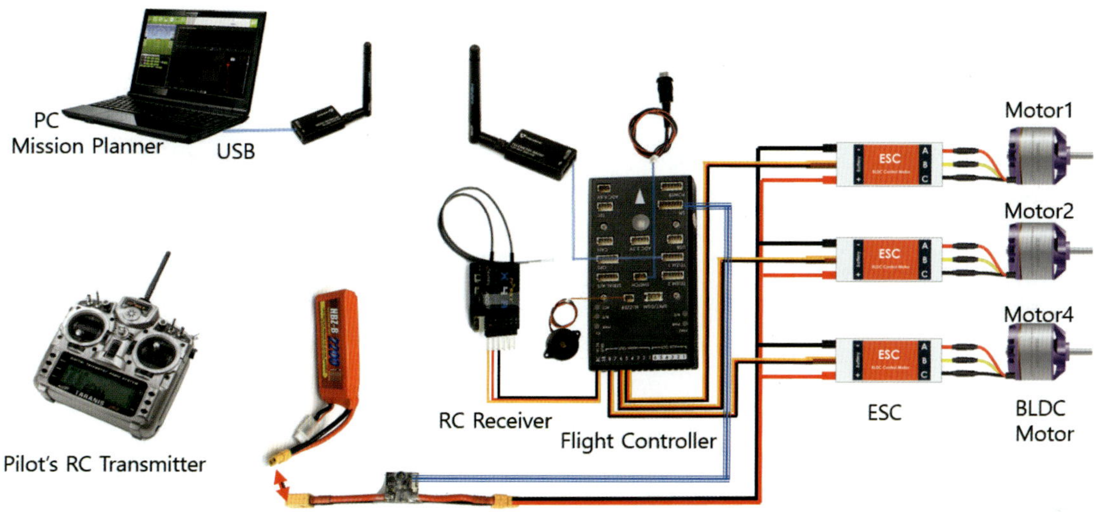

HUD 화면 아래 메뉴를 보면 Telemetry Logs라는 Tab 메뉴를 선택한다. 그리고 Load Log를 클릭한다.

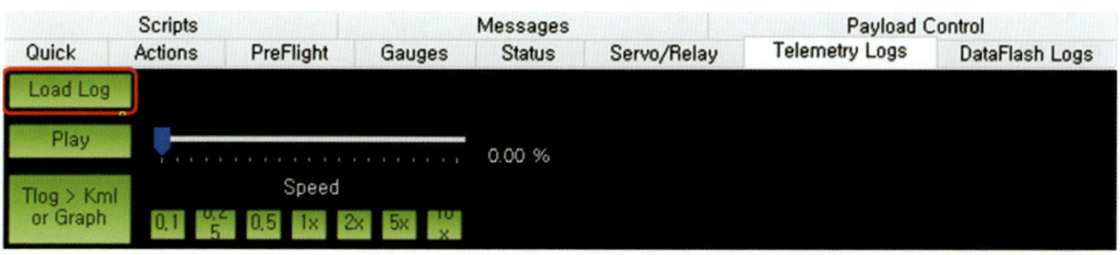

보통 VTOL은 고정익 기반으로 펌웨어가 올라가 있기 때문에 Fixed_wing 폴더를 찾으면 된다. 이 폴더는 C:₩Users₩사용자₩Documents₩Mission Planner₩logs₩FIXED_WING₩1이다.

아래는 FIXED_WING 폴더를 클릭하여 1 폴더로 들어간다.

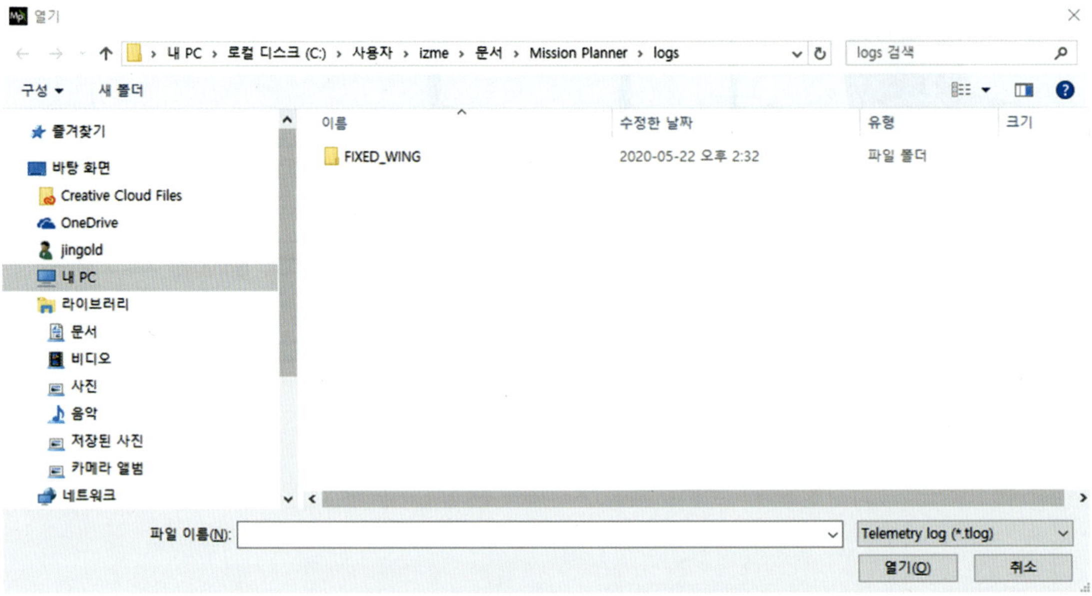

로그 파일은 최근에 비행한 로그가 날짜 및 시간 정보를 이용하여 파일 이름을 만들어 져 있다. 확장자는 *.tlog로 되어 있다. 이 파일들은 Telemetry가 연결된 상태에서 픽스호크 FC에 전원을 인가한 시간에서부터 파일이 저장되어 전원을 Off 한 시간대 까지 파일이 기록되어 있다.

최근 파일을 클릭하여 Open 하면 바로 실행된다. 마치 비행한 것과 같이 비행정보를 볼 수 있다.

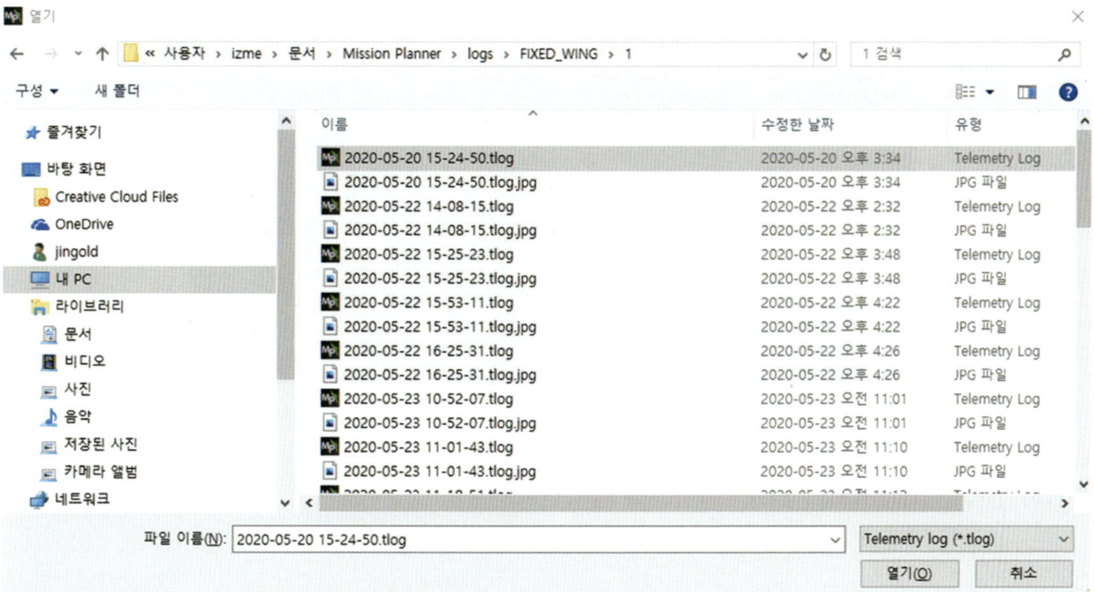

아래는 Tlog를 통하여 비행을 한 모습을 볼 수 있다.

Telemetry Logs 탭 메뉴에서 아래 "Tlog > Kml or Graph" 아이콘이 보인다. 이 아이콘은 Tlog 파일을 여러 포맷으로 변환을 하여 Graph로 볼 수 있는 윈도우가 뜬다.

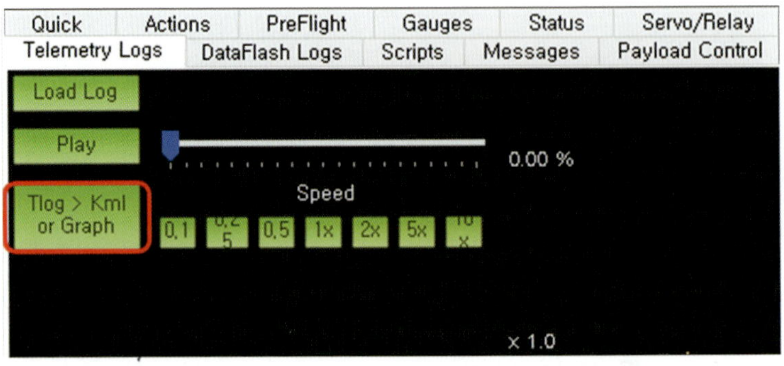

여기서 왼쪽 "Create KML + GP" 아이콘을 클릭한다.

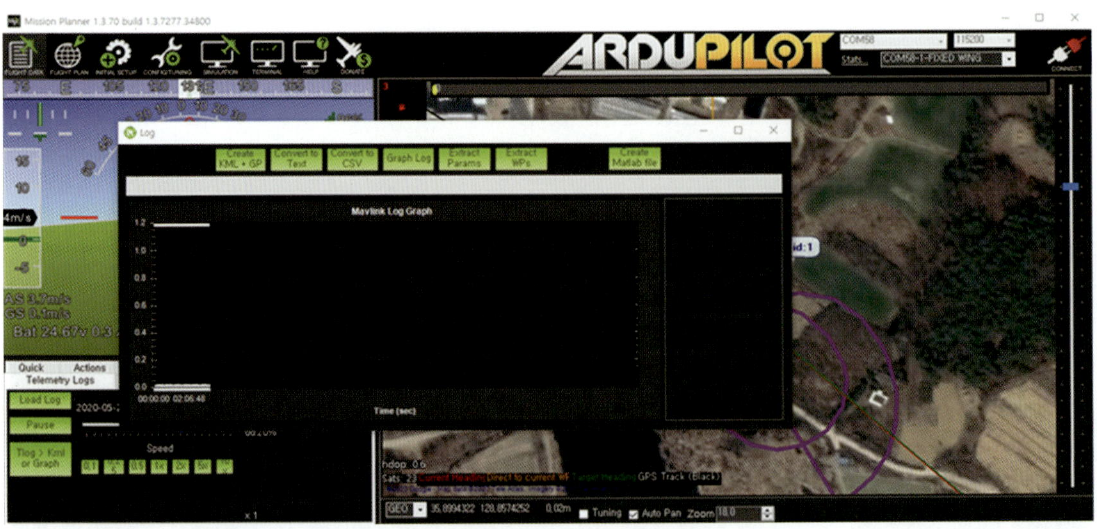

그러면 아래와 같은 열기 탐색기 윈도우가 뜬다(버전에 따라 다름). 그리고 아래 최근 비행한 비행 로그 파일(*.tlog)을 Open 한다. 고도를 기입하라는 메시지이므로 상대고도 0을 하고 OK를 클릭한다.

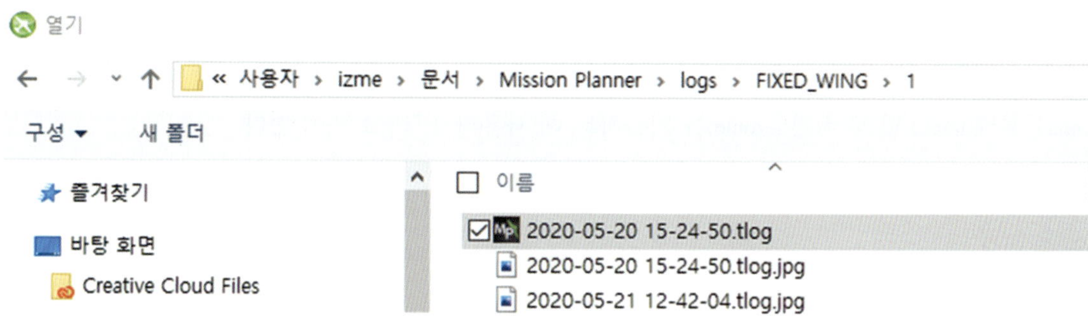

"OK" 아이콘을 클릭하면 나머지 Bar가 진행 된다. 결과적으로 탐색기로 Log 폴더를 보면 아래와 같이 다른 파일들이 생성된 것을 볼 수 있다.

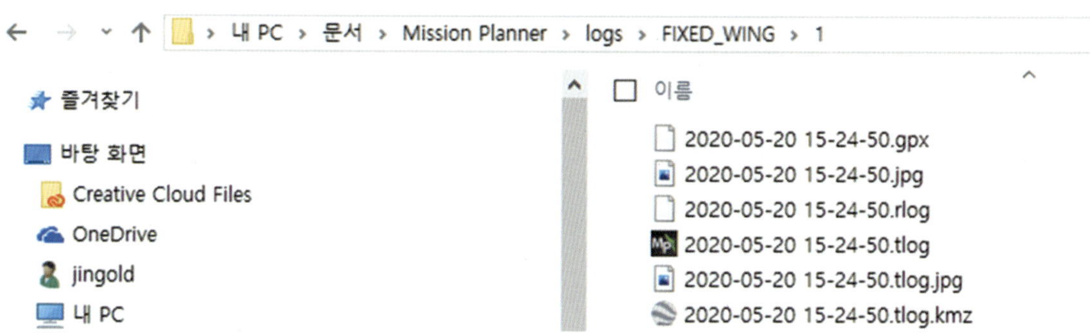

여기서 생성된 파일 중에 *.gpx 파일을 볼 수 있다.

이 GPX는 위키를 검색해 보면 "GPX(GPS Exchange Format)는 응용 소프트웨어의 공통 GPS 데이터 형식으로 설계된 XML 스키마이다. 구체적인 표현이나 개별적인 용도를 위해 웨이포인트(way-point), 트랙(track) 및 루트(경로,route)를 기술하는 데 사용된다."라고 쓰여 있다.

이 파일을 Open하여 볼 수 있는 파일은 GPX View라는 파일이다. GPX View는 아래 링크에서 찾을 수 있다.

https://chrome.google.com/webstore/detail/gpx-viewer-reader/jcoebkjfbobjheeoclnjkfgginlaef-nb/related

크롬 브라우저에 추가할 수 있어 편리하다.

GPX Viewer을 실행하고 *.gpx를 Open하여 보면 아래와 같이 웨이포인트, 트랙 및 경로를 지도상에서 볼 수 있고 아래는 고도를 확인할 수 있다. 지도상의 위쪽 아이콘에 위성지도 배경으로 확인하고 싶으며 "위성" 아이콘을 클릭하여 볼 수 있다.

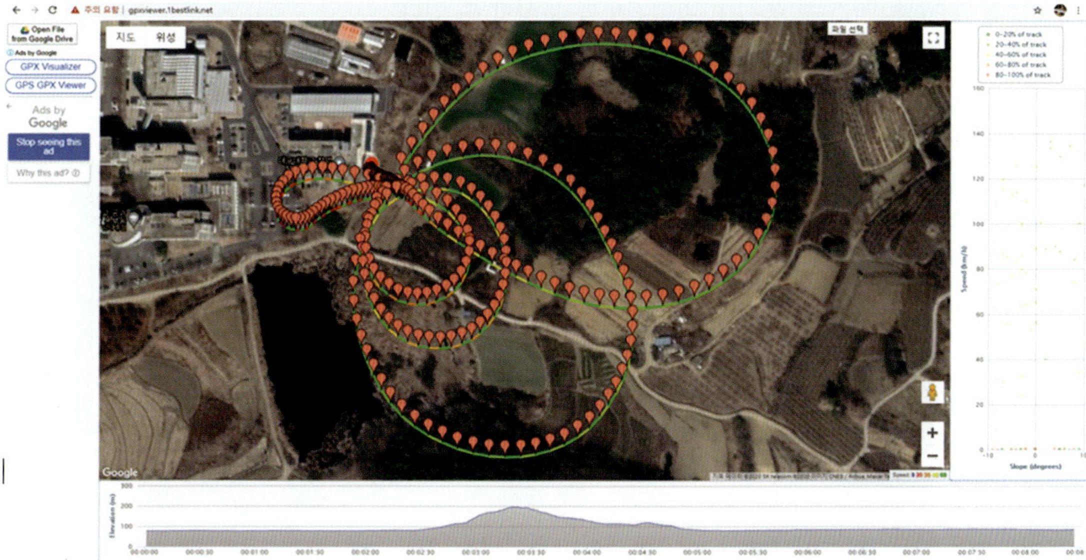

생성 파일 중에 *.kmz 파일은 "구글어스" 프로그램에 의해 볼 수 있다.

> https://google_earth.ko.downloadastro.com/

다운 받고 설치 후 윈도우가 파일을 링크되게 하면 탐색기에서 바로 실행하여 볼 수 있다.

아래와 같이 "구슬 어스"를 통하여 비행경로를 분석할 수 있다.

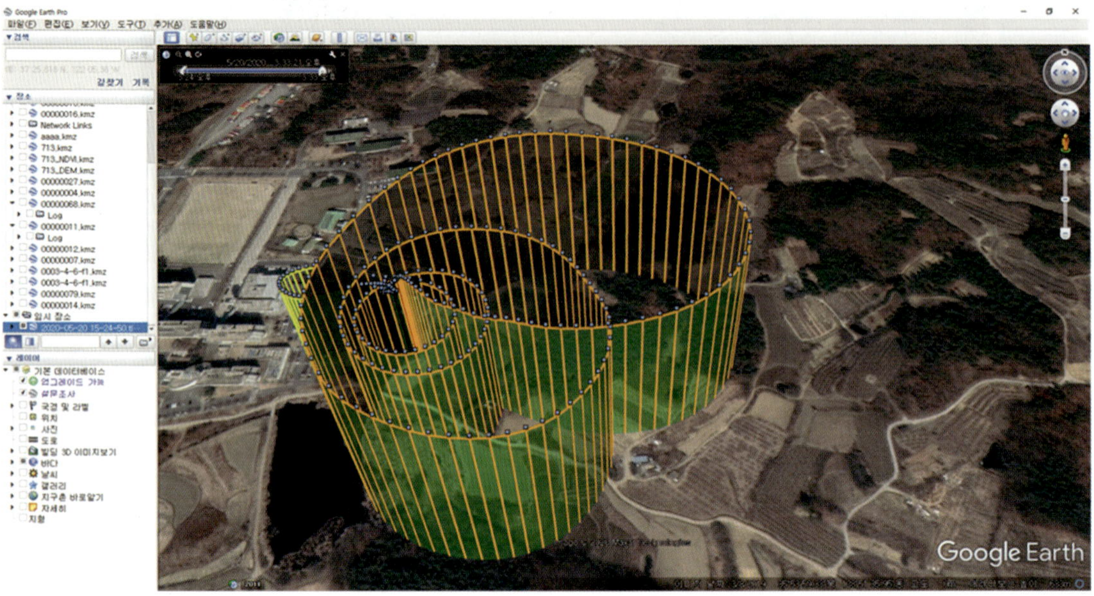

Telemetry Log 윈도우에서 "Graph Log" 아이콘을 클릭해 보자. 이 메뉴는 Data Flash Log와 같은 기능으로 파형을 분석할 수 있다.

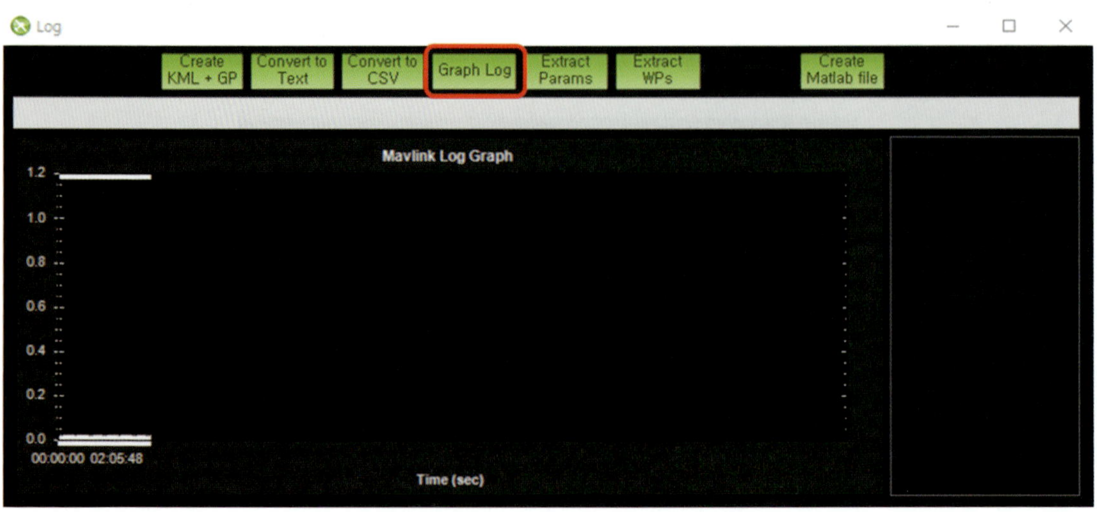

아래와 같이 *.tlog 파일을 선택하여 Open한다.

아래는 Pitch, Roll 그리고 배터리 전류와 컴퍼스 상태를 표시하였다.

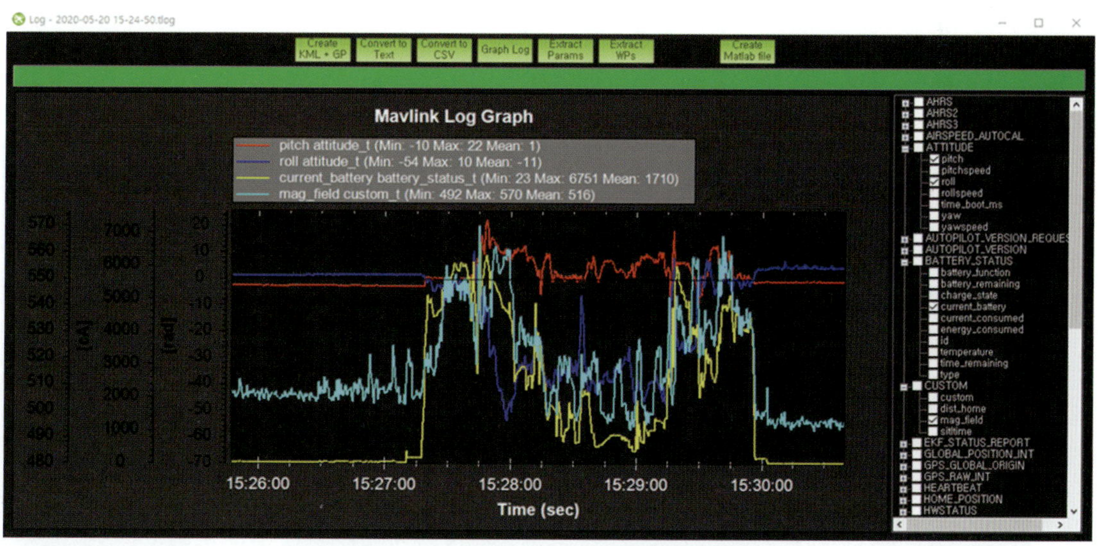

9.3 로그 분석을 통한 문제 진단

일반적으로 무인항공기는 대부분 아래 6가지의 문제가 발생된다.

1. 기계적 고장
2. 진동
3. 지자계 간섭
4. GPS 오류
5. 전원문제
6. FailSafe를 포함한 예기치 않은 오류

1 기계적 고장

일반적인 기계적 고장에는 모터 또는 ESC 고장(ESC 동기 고장 포함), 프로펠러 불규형 및 파손 또는 불량 장착 등이 포함된다. 이 같은 결과는 기체의 실제 롤 및 피치에 비해 원하는 롤 및 피치의 급격한 차이로 로그에 표시된다.

이 차이는 ATT 메시지의 "DesRoll vs Roll", "DesPitch vs Pitch" 및 "DesYaw vs Yaw"를 통해 분석할 수 있다.

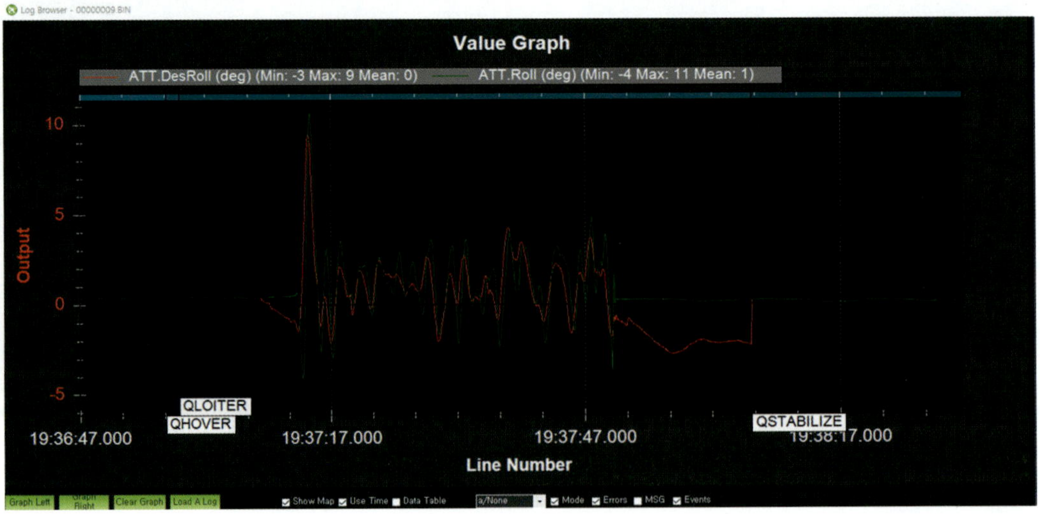

위의 예에서 기체의 실제 롤(Roll)은 로그의 첫 번째 부분에 대해 원하는 롤("DesRoll")을 거의 따르지만 갑자기 분기된다. 자동 조종 장치는 롤이 수평을 유지하기를 원했지만 ("Roll"= 0) 기계적 고장이 있음을 의미하는 것인지 정확하지는 않다. 이것은 자동 조종 장치의 소프트웨어 오류와는 매우 다르다. 결과적으로 DesRoll이 미쳐서 날뛰어 갑자기 로터가 뒤집어 졌다. 서보에 연결된 에어러론의 서보 에러가 발생한 것으로 짐작이 된다. 정확하지는 않다.

로그에는 동일한 데이터가 포함된다. 아래 예는 CTUN 메시지에서 "NAV_CONTROLLER_OUTPUT"의 nav_roll(원하는 롤)과 nav_pitch(원하는 피치)를 ATTITUDE.roll(실제 롤) 및 피치(실제 피치)와 비교하였다. 잘 따라 가다가 모드를 변경했을 때 변화는 것을 볼 수 있다.

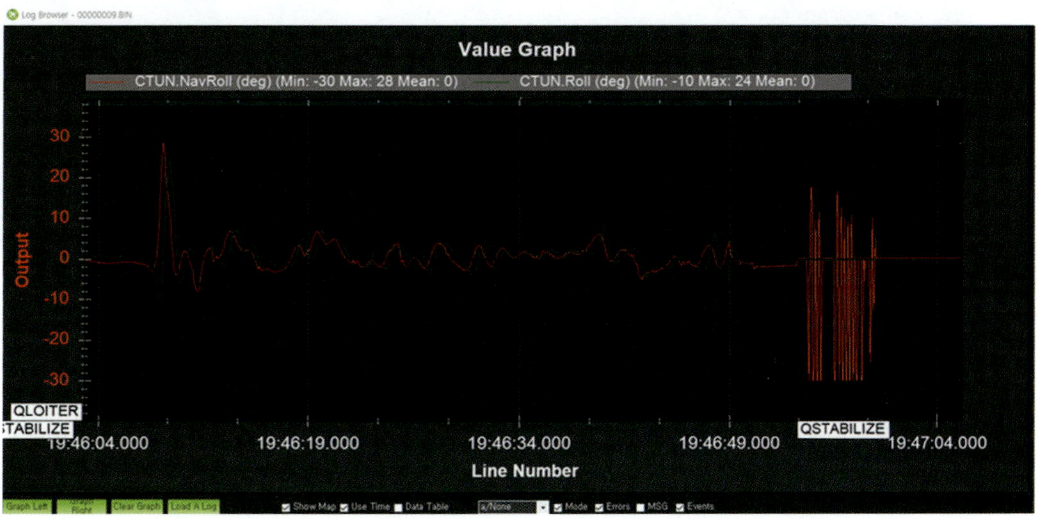

2 진동

진동이 높으면 로터의 가속도계 기반 고도 및 수평 위치 추정치가 실제에서 멀어지게 되어 고도 고정 (기체가 하늘로 치솟을 수 있음) 또는 Loiter, PosHold, Auto 등의 모드에서 위치 제어 문제가 발생할 수 있다.

진동은 VIBE 메시지의 VibeX , VibeY 및 VibeZ 값을 그래프로 표시하여 볼 수 있다. 30m^2 미만의 진동 수준은 일반적으로 양호한 상태라 말한다. 30m^2 이상의 레벨은 문제가 있을 수 있으며 60m^2 이상의 값은 항상 위치 및 고도 유지(ALTHOLD)에 문제가 있게 행동한다.

아래 그래프는 지속적으로 30m^2 미만의 허용 가능한 진동 수준을 보여준다. z축이 30m^2의 근처에 있으며 경우에 따라서 넘는 경우도 있다. z축을 제외한 경우 이 정도 수준은 무난하지만 z축은 조금 보강을 해야 할 것 같다는 의미로 해석할 수 있다.

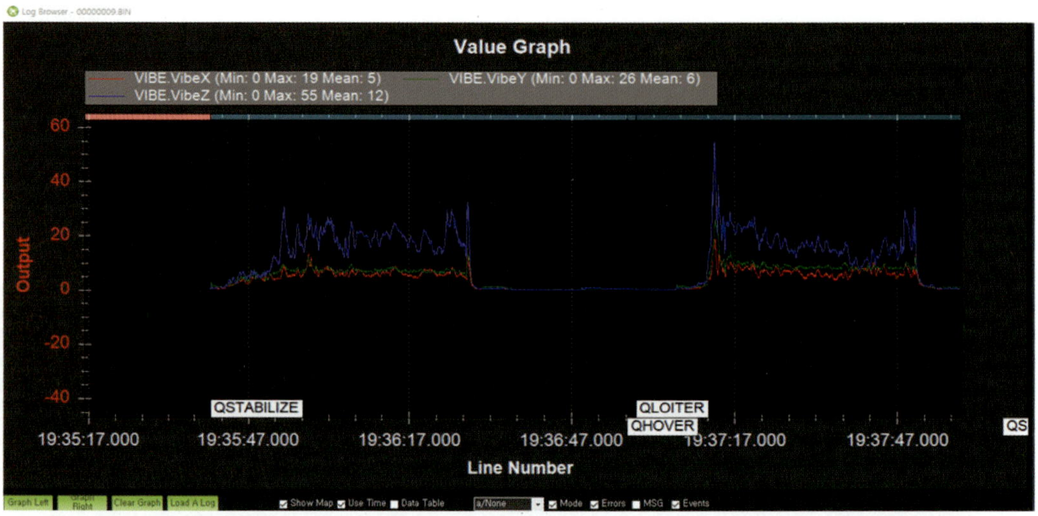

Tlog의 VIBRATION vibration_x , vibration_y 및 vibration_z 를 사용하여 dataflash 로그에 저장된 것과 동일한 정보를 표시할 수도 있다.

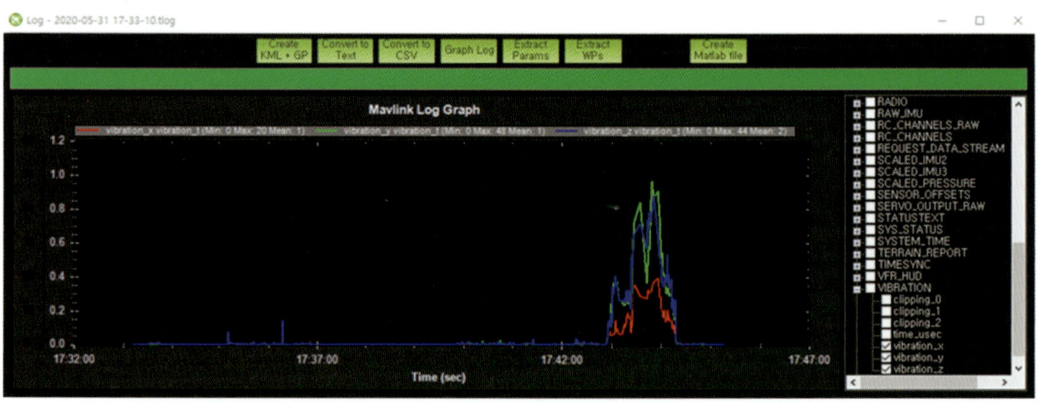

3 지자계 간섭

배전반, 모터, 배터리, ESC 및 자동 조종 장치 근처의 다른 전기 장치의 간섭으로 인해 나침반 방향이 튀어 기체가 선회하는 현상이나 기체가 완전히 잘못된 방향으로 날아갈 수 있다. 간섭의 양을 빠르게 볼 수 있는 가장 쉬운 방법은 tlog의 mag_field("CUSTOM" 아래에 있음)와 스로틀(VFR_HUD 아래에 있음)을 표시하는 것이다. 아래는 Auto Mission 실행 후 실제 자기장 간섭으로 인한 파형이다. 실제로 이 기체는 잘못된 방향으로 날아갔었다.

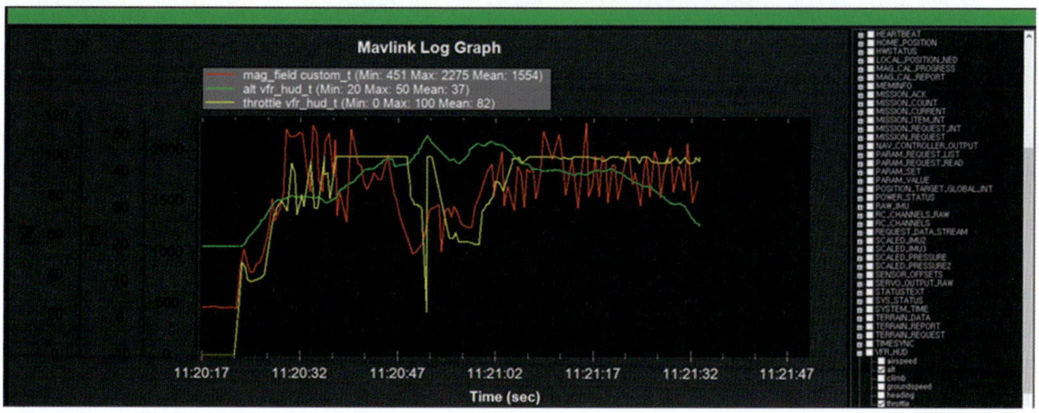

위의 그래프는 스로틀을 올렸을 때 자기장 변동이 10%에서 20%에서는 허용 가능한 자기 간섭량을 나타내며 즉 30% 미만의 간섭이 허용된다. 적색 파형이 30% ~ 60% 사이가 정상일 수 있으며 스로틀을 올릴 때 실제로 나쁜 자기 간섭이 60% 이상의 점프로 표시되고 심지어 위의 그래프는 100% 이상이 될 때도 보인다. 이 자기장 간섭으로 인하여 기체가 잘못된 방향으로 날아갔었다.

이 파형을 Telemetry Log에서 실제 컴퍼스 에러 관련 EKF 상태를 나타낸 것이다.

mag_field의 값은 기체의 위치에 따라 120~550 사이가 될 수 있지만 일반적으로 약 330이다.

Dataflash 로그의 COMPASS 메시지는 tlog의 RAW_IMU xmag, ymag 및 zmag 필드와 동일한 나침반의 원시 x, y 및 z 축 값(MagX, MagY, MagZ)을 유지한다.

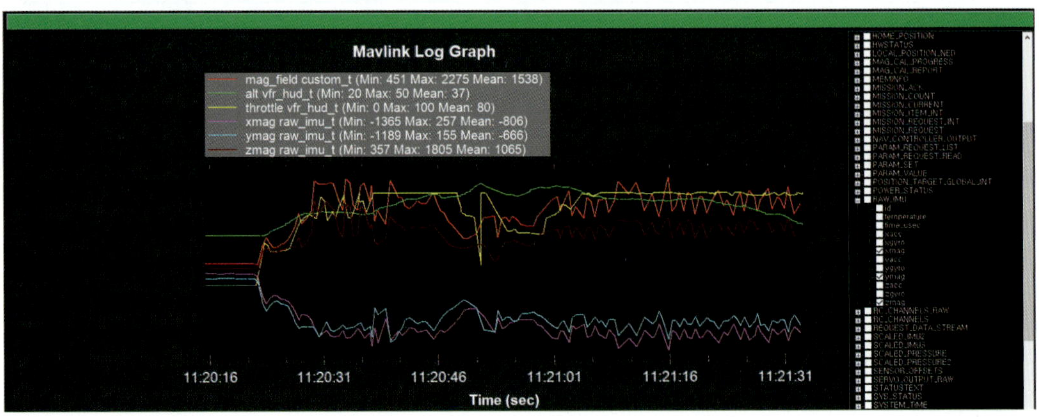

실제 계산은 다음 공식이다.

$$\text{mag\_field} = \sqrt{MagX^2 + MagY^2 + MagZ^2}$$

이 공식을 사용하여 mag-field를 계산하여 mag-field 길이를 계산할 수 있다. COMPASS 메시지는 50hz에서 실행되고 CPU 성능에 약간의 영향을 미친다. 이 값은 data flash 로그에서 기본적으로 활성화되어 있지는 않다.

4 GPS 오류

자율 모드(Loiter, RTL, Auto 등)에 있을 때 GPS의 위치 오류(glitches)로 인해 기체가 잘못된 위치에 있다고 생각하고 감지 된 오류를 수정하기 위해 갑자기 급격한 비행으로 이어질 수 있다. 이러한 오류(glitches)는 tlogs 와 DataFlash 로그에 위성 수의 감소와 HDOP의 증가 등이 모두 표시된다.

DataFlash 로그의 GPS 메시지의 "HDop" 및 "NSats" 값을 오른쪽 트리 메뉴에서 체크하여 그래프로 표시하면 아래와 같이 된다. Hdop 값이 1.5 이하이면 매우 좋으며 2.0 이상의 값이면 GPS 위치가 좋지 않음을 나타낸다. 12개 이하로 떨어지는 위성의 수 가 나타나면 그 이상이 될 때 까지 기다린다. 이 두 값의 GPS에서 중요한 변화를 나타내므로 다른 장소에서 기체를 처음 동작을 시킬 때 주의 깊게 살펴봐야 한다.

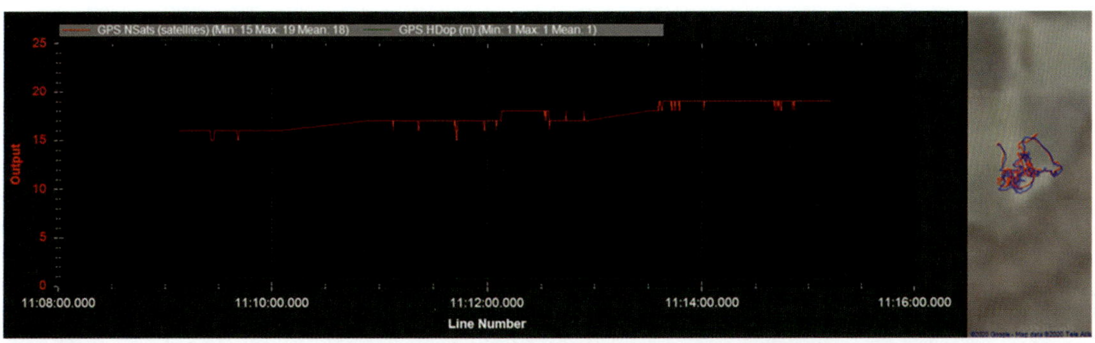

Tlog를 사용하는 경우 "GPS_RAW_INT"에서 "eph" 및 "satellites_visible"값을 그래프로 표시하면 아래와 같다. 150 이하의 Hdop 값은 양호하지만 200보다 큰 값은 잘못된 위치를 나타낼 수 있다.

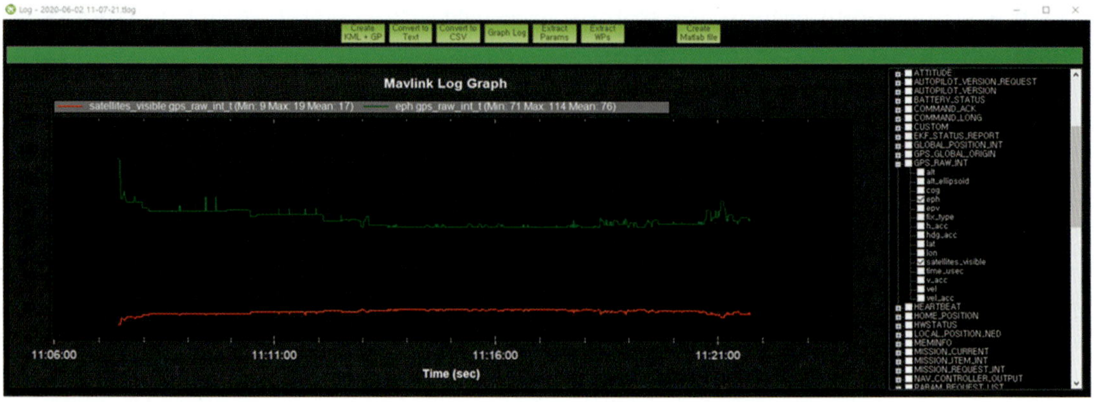

비행 중 GPS 고장이 심한 경우 기체를 비 자율 모드로 전환하여 안전하게 착륙해야 한다.

5 전원문제

전원 모듈은 자동 조종 장치에 안정적인 전원 공급 장치를 제공하지만 브라운 아웃(brown-out)은 여전히 종종 발생한다. 이런 예를 들면, 일반적으로 기압계나 EKF 고도 값은 0보다 높은 정상고도 인데 기체가 공중에 있는 동안 갑자기 종료되어 통나무로 인식할 수 있다.

아래에 설명에 따라 고도를 표시하여 기체 고도 보면 이해하기 쉬울 것이다.

Dataflash 로그의 CTUN혹은 QTUN에서 Alt(홈 고도) 또는 BAlt(기압계 고도)를 체크한다. 아래 그림은 지상 2m 정도에서 비행모드 변환에 따라 호버링 한 것이다.

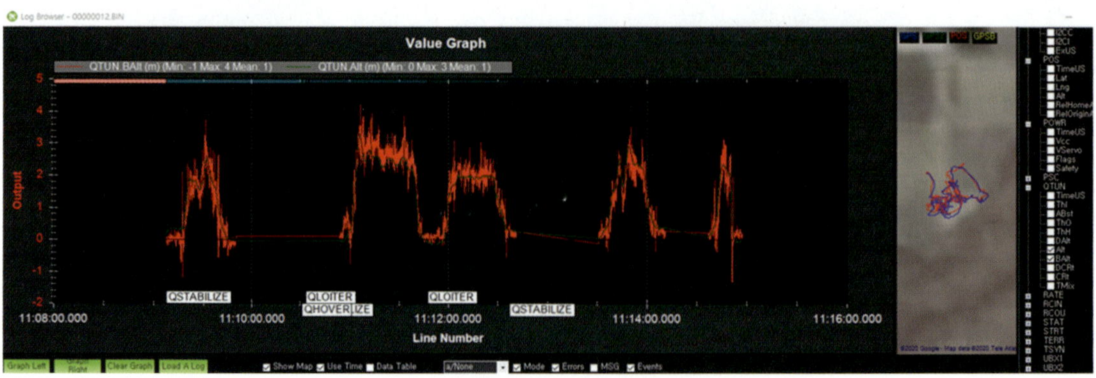

같은 방법으로 Dataflash 로그의 GPS Alt(해발 고도)를 체크한다.

Tlog에서는 VFR_HUD 고도(가속도계와 기압계 고도가 결합된 추정치)를 체크한다.
Tlog의 GLOBAL_POSITION relative_alt(홈에서의 고도)

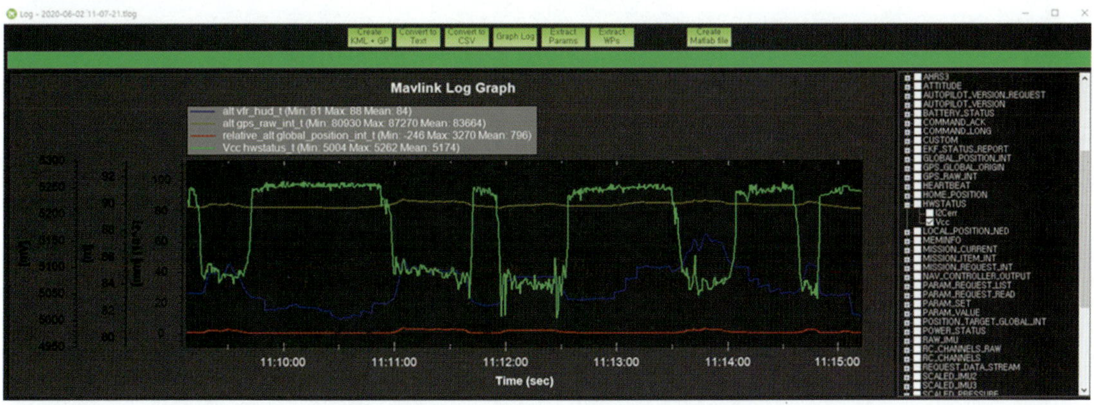

위의 그래프에서 Vcc hwstatus_t 값과 고도에서의 변화를 관찰하여 보면 보드 기체의 고도에 따른 보드 전압의 변화를 살펴보면 징후를 알 수 있다. 보드 전압의 많은 변화는 전력 문제의 징후일 수도 있다. 0.10V ~ 0.15V의 변동은 정상이다. 아래 그래프에서 파워 모듈로부터 5V 전원을 인가했을 때 최저 전압이 약 5.10V이고 최고 전압이 약 5.25V이므로 위에서 제시한 0.15V 아래에서 동작하므로 정상적이라고 보면 된다. 그 외에도 자동비행장치의 전원을 공유하는 다른 장치가 전원 공급 장치에 영향을 주어 브라운 아웃으로 이어질 수 있다는 신호일 수 있어 다른 전기장치를 살펴보기 바란다.

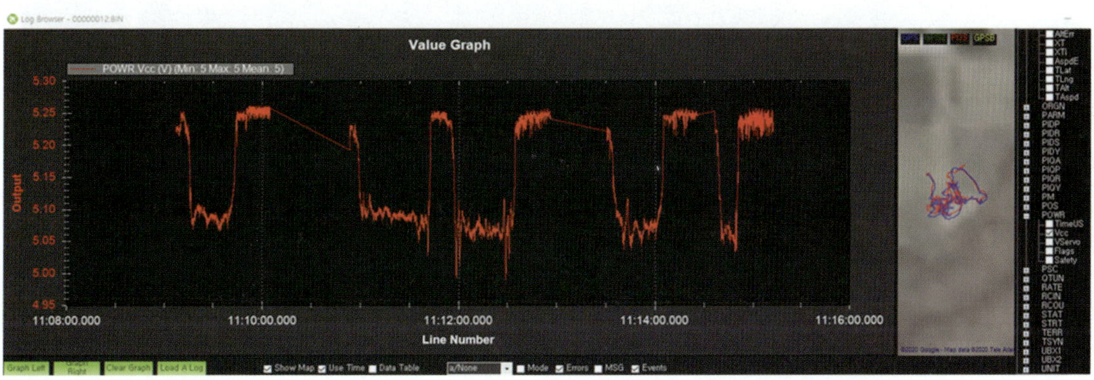

아래 그래프는 다른 기체의 전압을 표시한 것으로 최저 전압이 약 5.24V이고 최고 전압이 약 5.32V이므로 위에서 제시한 0.15V 아래에서 동작하므로 정상적이라고 보면 된다.

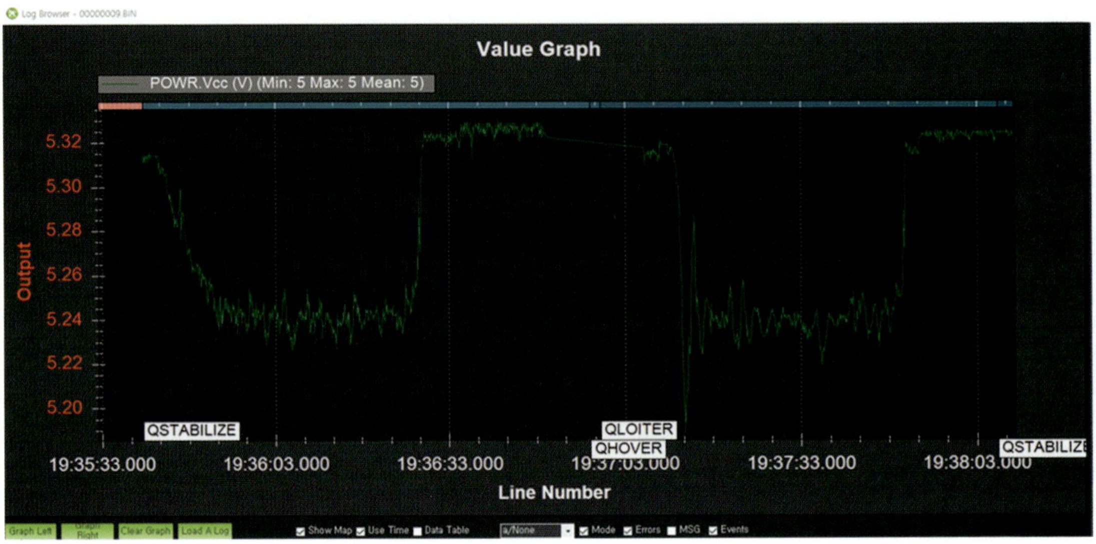

Dataflash POWR 메시지의 VCC를 나타내었다. 여기서 최저 전압이 5.07V~5.09V이고 최고 전압이 약 5.25V이다. 차이 전압은 0.16V~0.18V 이므로 0.15V 보다 조금 높다. 이 전압은 무시할 정도는 되나 다른 전원 관련 부분을 확인하면 좋을 것 같다. 그러나 아래의 그래프는 0.1V 미만의 리플을 가져 어느 정도 안정적인 전압을 보여준다.

아래 로그 파형은 오른쪽 트리(tree) 구조에서 HWSTATUS를 클릭하고 Vcc를 체크한다.

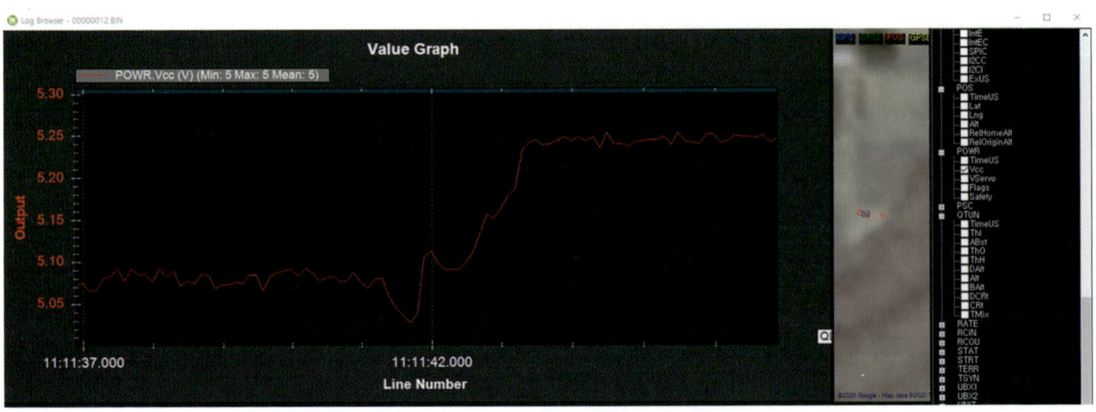

아래 파형은 relative_alt와 throttle, 그리고 Vcc 값을 나타내었다. 여기서 스로틀이 올라간 상태에서 Vcc 파형을 유심히 살펴보기 바란다.

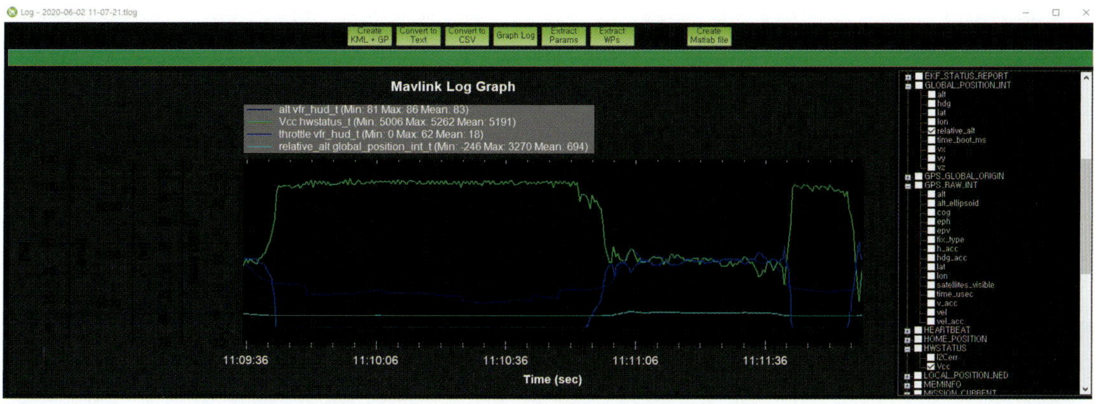

아래 파형은 스로틀과 FC의 전압(Vcc)과 고도와의 관계를 나타낸 것으로 스로틀을 올렸을 때 보드 전압이 0.16V 내려가는 것을 보여준다.

6 FailSafe를 포함한 예기치 않은 오류

조종자가 기체의 조종기 및 GCS 제어 입력으로 기체가 제대로 된 응답하지 않을 때 자동 조종 장치에서 예기치 않은 동작이 발생하여 안전장치 중 하나가 트리거 되어 발생한 것으로 파악된다.

이를 찾는 가장 쉬운 방법은 data flash 로그를 보면 Log Brower에 오류가 그래프 영역 상단에 빨간색 마커로 나타난다. 아래 그림은 낙하산이 릴리즈 된 것을 볼 수 있다. 롤이 20도 이상 2초간 지속되면 아래와 같이 EV:PARACHUTE_RELEASED가 표시된다.

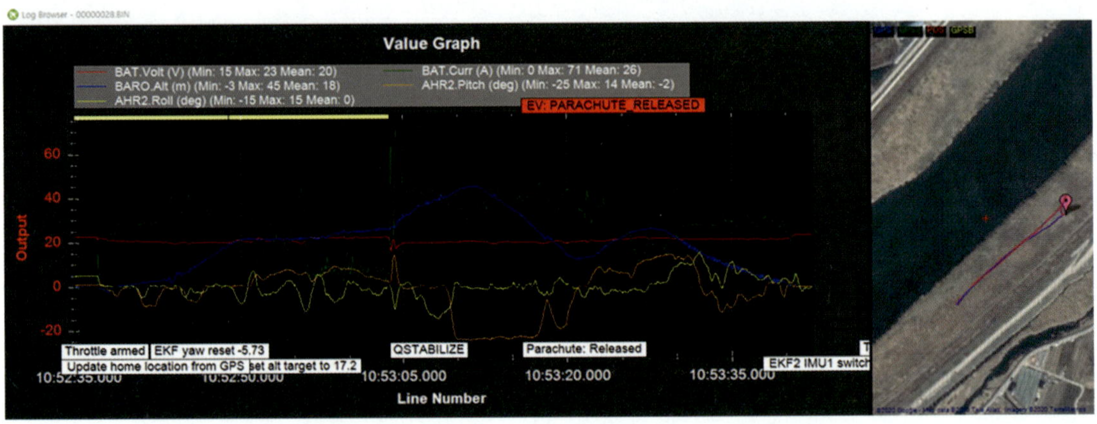

자동 조종 장치의 서브시스템(Subsystem)은 오류를 생성한 영역을 제공하고 Error Code는 오류가 무엇인지 구체적으로 알려준다. 서브시스템 및 오류 코드 목록은 AP_Logger 라이브러리 AP_Logger.h 파일에서 찾을 수 있다.

아래 표는 FailSafe 걸렸을 때 실제 오류 코드 내용을 설명한 것이다. 참조하기 바란다.

서브시스템(SubSystem)	Error Code 및 설명
2 = 라디오	• 0 = 오류 해결 • 2 = 늦은 프레임 : 2초 동안 수신기에서 어떤 신호도 받지 않음
3 = 나침반	• 0 = 오류 해결 • 1 = 초기화 실패(아마도 하드웨어 문제) • 4 = 비정상 : 센서에서 읽지 못함
5 = 라디오 FailSafe	• 0 = FailSafe 해결 • 1 = FailSafe 트리거
6 = 배터리 FailSafe	• 0 = FailSafe 해결 • 1 = FailSafe 트리거
8 = GCS FailSafe	• 0 = FailSafe 해결 • 1 = FailSafe 트리거
9 = 펜스 FailSafe	• 0 = FailSafe 해결 • 1 = 고도 펜스 위반, FailSafe 트리거 • 2 = 원형 펜스 위반, FailSafe 트리거 • 3 = Alt 및 Circular fence 모두 실패, Failsafe 트리거 됨 • 4 = 다각형 펜스 위반, FailSafe 트리거
10 = 비행모드 변경 실패	– 위치 추정이 잘못되어 기체가 원하는 비행 모드로 정상적으로 진입하지 못함
11 = GPS	• 0 = 글리치(GPS 오류)가 지워짐 • 2 = GPS 글리치(GPS 오류) 발생
12 = 충돌 점검	• 1 = 지상 충돌이 감지. 일반적으로 기체는 곧 해제된다. • 2 = 제어 손실이 감지. 일반적으로 낙하산은 곧 펴(Release)짐.
13 = 플립 모드	• 2 = 플립 포기(시동, 조종자 입력 또는 타임 아웃)
15 = 낙하산	• 2 = 낙하산 트리거가 되지 않는다. 기체 고도가 낮다. • 3 = 낙하산 트리거가 되지 않는다. 기체 착륙했다.
16 = EKF 체크	• 0 = 편차 제거(위치 추정 OK) • 2 = 불량 편차(위치 추정 불량)
17 = EKF FailSafe	• 0 = FailSafe 해결 • 1 = FailSafe 트리거
18 = 기압계	• 0 = 오류 해결 • 4 = 비정상 : 센서에서 읽지 못함.
19 = CPU Load 워치독 (CPU Load Watchdog)	• 0 = FailSafe 해결 • 1 = FailSafe 트리거(일반적으로 기체 시동 해제)

20 = ADSB FailSafe	• 0 = FailSafe 해결 • 1 = 조종자에게 보고되는 조치가 없다. • 2 = 기체가 상승 및 하강을 회피 • 3 = 기체가 수평으로 움직여 회피 • 4 = 다른 기체와 직각으로 이동하여 기체 회피 • 5 = RTL 호출
21 = 지형 데이터 (Terrain Data)	• 2 = 지형 데이터 누락
22 = 항법(Navigation)	• 2 = 대상을 설정하지 못함 • 3 = RTL 재시작 • 4 = 서클 초기화 실패 • 5 = 펜스 외부 목적지
23 = 지형 FailSafe	• 0 = FailSafe 해결 • 1 = FailSafe 트리거 (일반적으로 기체가 RTL)
24 = EKF 기본 변경	• 0 = 1차 EKF가 기본. • 1 = 2차 EKF가 기본.
25 = 추력 손실 점검	• 0 = 추력 복원 • 1 = 추력 손실 감지(Yaw 제어보다 고도가 우선 할 수 있음)
26 = 센서 FailSafe(하위)	• 0 = 센서 FailSafe가 지워짐 • 1 = 센서 FailSafe 트리거
27 = 누출 FailSafe(하위)	• 0 = 누출 FailSafe가 지워짐 • 1 = 누출 감지기 FailSafe 트리거
28 = 조종자 입력 시간 초과 FailSafe(하위 전용)	• 0 = 조종자 입력 FailSafe가 지워짐 • 1 = 조종자 입력 FailSafe 트리거
29 = 진동 FailSafe	• 0 = 과도한 진동 보정 비활성화 • 1 = 과도한 진동 보상 활성화

CHAPTER **10**

주변 기기 이해 및 응용

CHAPTER 10

CHAPTER 10

주변 기기 이해 및 응용

10.1 ESC와 BLDC Six Step Commutation의 이해

1 BLDC 모터 동작의 이해(Six Step Commutation)

BLDC모터는 DC모터와 달리 정류용 브러시가 없기 때문에 전기적으로 정류를 해 주어야 한다. BLDC모터의 고정자 권선으로 부터 3개의 코일 중에 2개의 코일만이 정해진 순서대로 전류를 흘러 주면 모터는 회전 하는 원리이다. 이러한 과정을 정류(Commutation)라고 한다. 아래 그림으로 보면 더 쉽게 이해가 될 것이다.

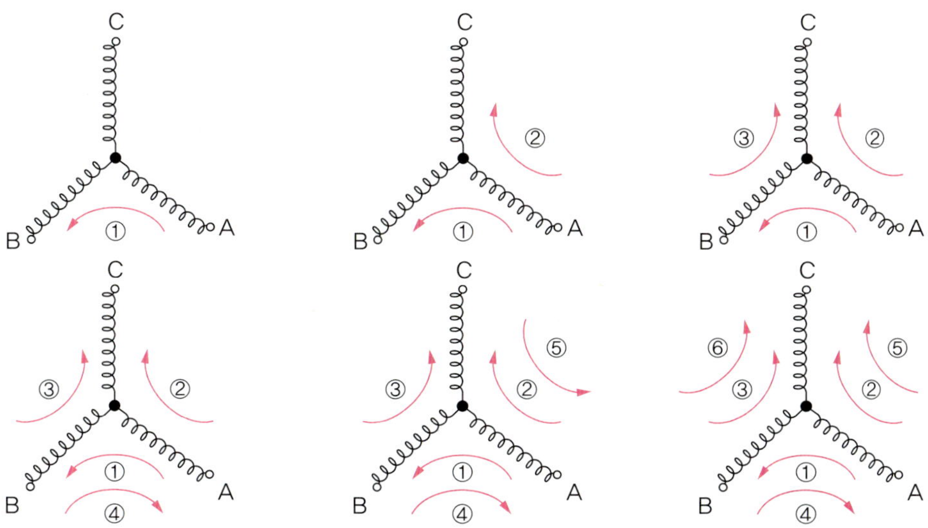

<정류의 순서>

전류를 번호 ①②③④⑤⑥번 순서로 흘러주면 된다. 전류 ①번은 A에서 B로 코일2개를 거쳐 간다. 이때 각 상에 회전자는 60도 회전을 한다. 전류 ②번은 A에서 C로 코일2개를 거쳐 간다. 이때도 60도 회전을 할 것이다. 전류 ③번과 ④번은 B에서 출발하여 각각 C, A 로 흘러간다. 즉 BC, BA 로 전류를 흘러간다. 마찬가지로 ⑤번과 ⑥번은 C에서 출발하여 CA, CB 로 흘러가게 된다.

전체적으로 고정자를 이런 순서대로 여자(전류 인가)를 시키면 6 step을 가지고 회전자는 한바퀴(360도)를 회전을 한다.

$$60^\circ \times 6step = 360^\circ$$

앞에 언급한 여자 설명을 쉽게 하기 위해 회전자는 N극과 S극을 2극(pole) 모터라고 가정을 했다. 여기서 가만히 보면 전류를 순차적으로 잘 여자(번호 순서대로 흘려주면)시켜 주면 모터는 회전한다는 이야기가 된다. 이때 등장하는 것이 3상 인버터 회로다.

이 3상 인버터 회로는 FET가 6개를 순차적으로 ON/OFF 시켜주면 회전자가 회전을 한다는 이야기다. 아래 그림을 보면서 이해하는게 제일 빠를 것이다(아래 그림의 FET는 모두 N-CH 이라 가정한다)

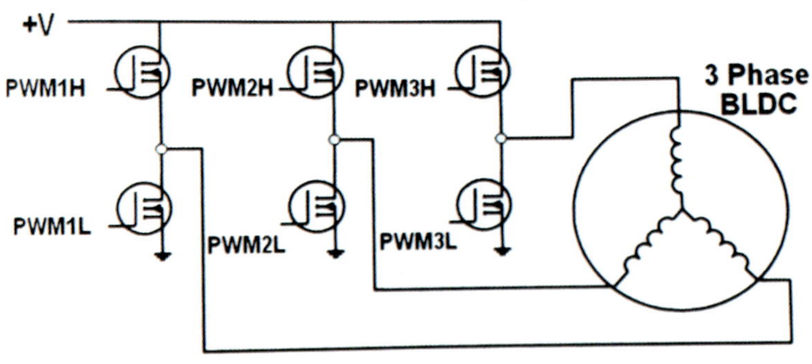

<3상 인버터 회로>

위의 3상 인버터 회로에서 어떻게 순차적으로 ON/OFF 시켜주느냐가 문제가 된다. 그림1의 정류 순서에서 ①번으로 전류가 흐르게 하려면 어떻게 하면 될까? 인버터 회로에서 PWM1H를 turn on시켜주어야 할 것이다.

한 가지 알아두어야 할 것은 PWM1H와 PWM1L을 항상 반대로 동작한다. 각 FET 소자의 동작 또한 PWM2H와 PWM2L도 마찬가지고 그리고 PWM3H와 PWM3L도 각각 반대로 동작하게 된다. 즉 PWM1H를 high로 주면 무조건 쌍이 PWM1L는 low를 줘야 한다(예외 : 둘 다 turn off는 가능하다. 둘 다 turn on은 절대 안 된다. 이때는 FET가 사망 하게 될 것이다). 마찬가지로 PWM2H를 high로 주면 PWM2L은 low고요. 나머지, PWM3H가 low면 PWM3L은 high가 된다는 것이다.

자!~ 다시 앞에서 언급한 그림1 에서 ①번과 같이 전류를 흘리려면 PWM1H는 turn on 즉 high를 gate에 인가해야 한다(역인 PWM1L은 low가 인가되겠지) 그러면 전류는 +V에서 나와서 PWM1H의 drain, source를 거치면서 고정자 권선의 A → B로 흘러간다. 그리고 PWM2L의 gate에 high를 주면 전류는 GND로 빠져 나간다(전류의 방향을 +에서 출발하여 –로 흘러간다고 가정한다)가 된다는 것이다. 그림으로 한번 보자.

PWM1H	turn on
PWM 1L	turn off
PWM2H	turn off
PWM2L	turn on
PWM3H	turn off
PWM3L	turn off

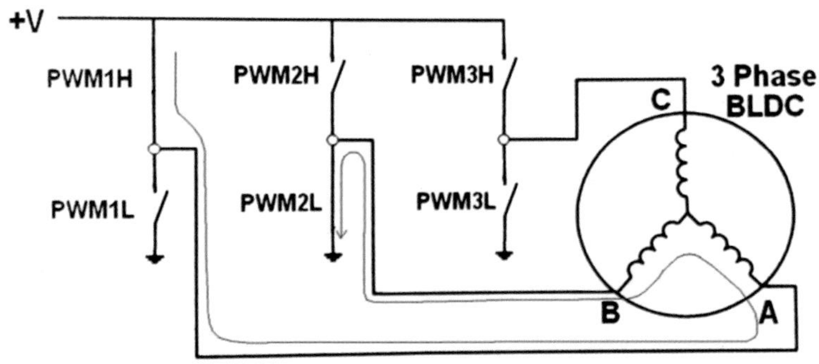

<A→B 여자>

마찬가지로, ②번의 경우는 아래와 같이 된다.

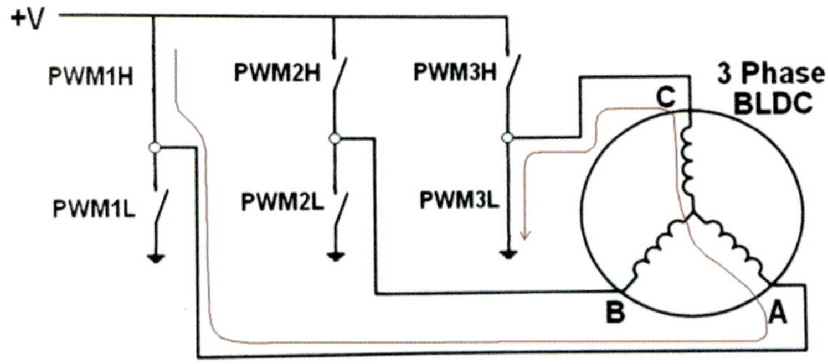

<A→C 여자>

③번과 ④번은 어떻게 될까? 각각 BC와 BA가 된다. 동작은 ③번은 PWM2H, PWM3L 이 turn on이 되고 ④번은 PWM2H, PWM1L 이 turn on이 된다. ③번 BC는 아래와 같다.

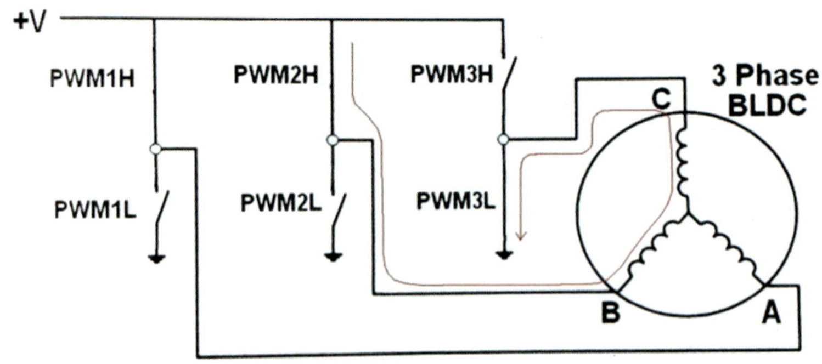

<C→B 여자>

④번 BA는 아래와 같다.

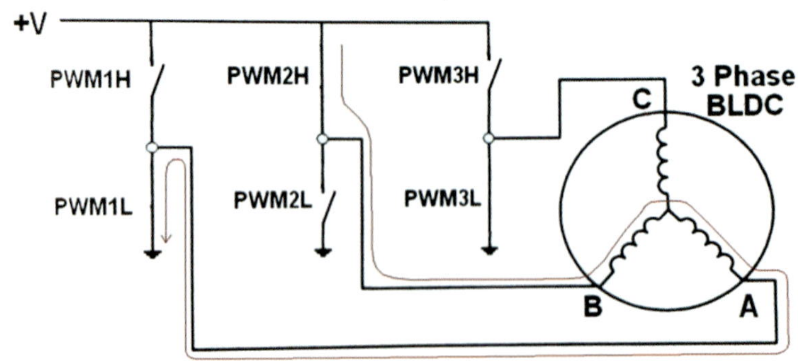

<B→A 여자>

그 다음 ⑤번과 ⑥번도 각각 CA, CB로 여자가 되고 PWM3H, PWM1L 이 turn on PWM3H, PWM2L 이 turn on 된다. ⑤번 CA는 아래 그림과 같이 동작을 한다.

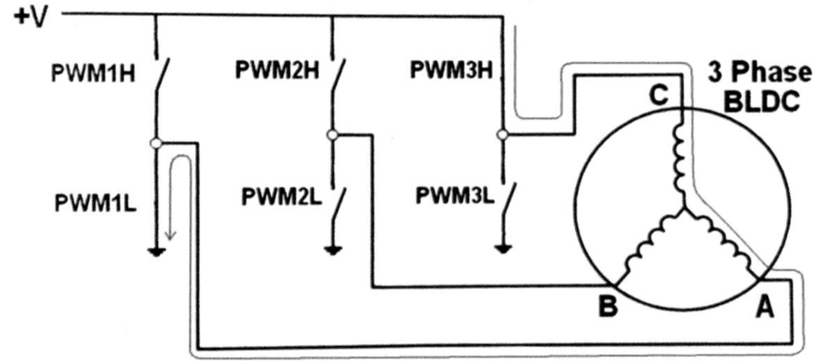

<C→A 여자>

⑥번 CB는 아래와 같다.

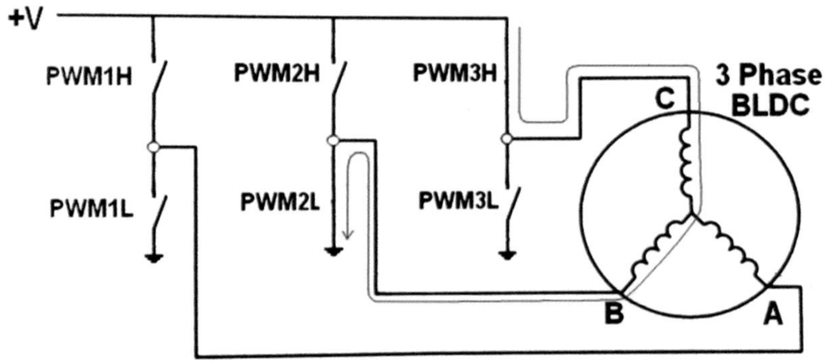

<C→B 여자>

이렇게 총 6단계의 과정을 거친다. 그렇다면 각 상의 권선에 흐르는 전압과 전류 파형은 어떻게 되는지 한번 알아보자. ①번 전류는 아래와 같이 섹트0에 파형이 그려질 것이다(여기서 A상과 B상만 전류가 흐르면 전류는 위쪽에서 아래쪽으로 위치하여 흐른다. C상은 전류가 흐르지 않으니 아래쪽에 파형이 그려진다).

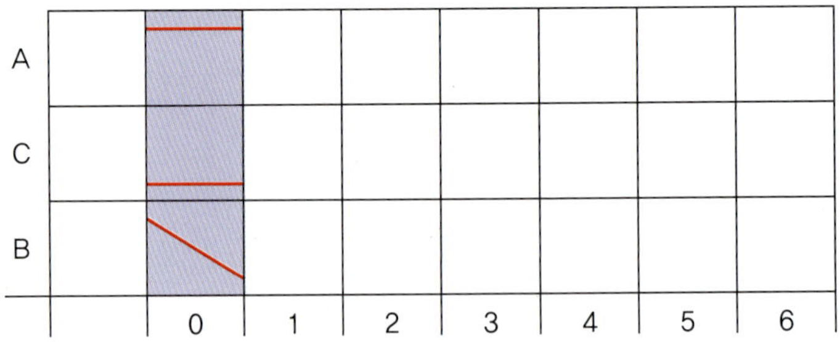

< 0번 섹트에서 권선의 전류 파형(A → B) >

②번 전류는 아래와 같이 섹트1에 파형이 그려진다.

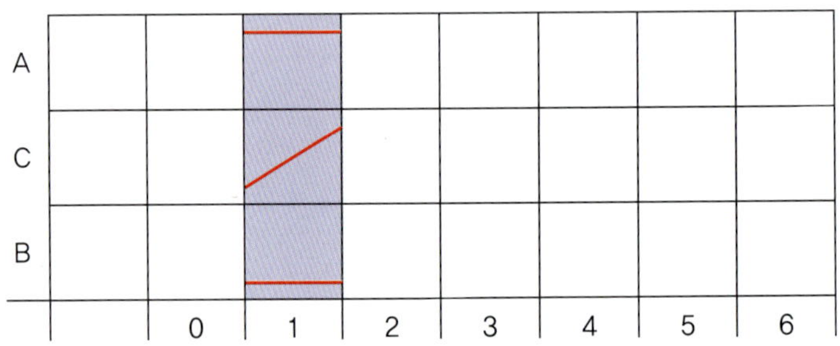

< 1번 섹트에서 권선의 전류 파형(A → C) >

아래 그림은 ①번 전류 흐를 때와 전체 파형을 그려 봤다. 이 파형은 A상과 C상 그리고 B상은 각각 위상이 120°차이가 난다. 각 섹트마다 60°에 스위칭(각각 FET ON/OFF)이 일어날 것이다. 이 각도는 전기적인 각도 이다. 그러니 1섹트마다 60°이고, 섹트는 6개 이니 360° 즉 1회전 하다. 그러나 이 때 극은 2극을 이야기 하는 것이니 기계적 각도는 회전자의 극수에 따라 달라진다. 1스텝 당 기계 각은 120/극수 가 된다(극수 = P). 다시 이야기 하면 1스텝 당 기계 각 = 120/P가 된다. 위에 극수가 2극이면 1스텝 당 기계 각은 60°가 될 것이다.

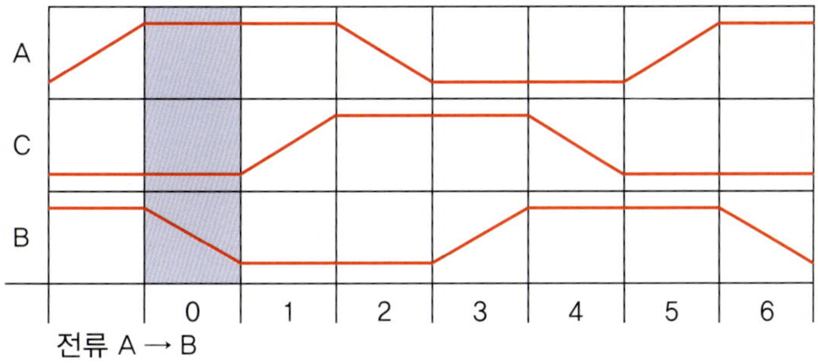

<섹트0에서 전체의 전류 파형>

만약에 1스텝 당 2ms 로 FET를 제어한다면 six−step Commutation은

$$2ms \times 6 = 12ms$$

의 주기를 가질 것이다. 여기서, 이제 모터의 회전수가 나오는데 수식은 다음과 같다.

RPM = (120 × f) / P
f : 전기적 주파수
P : 극수

위식에서 극수 P가 12인 모터를 연결 했다고 한다면 RPM은 어떻게 될까?

RPM = (120 × (1/12ms)) / 12
= 833 rpm

이 된다. 실제 모터의 권선이 어떻게 이루어지는지 한번 보자.

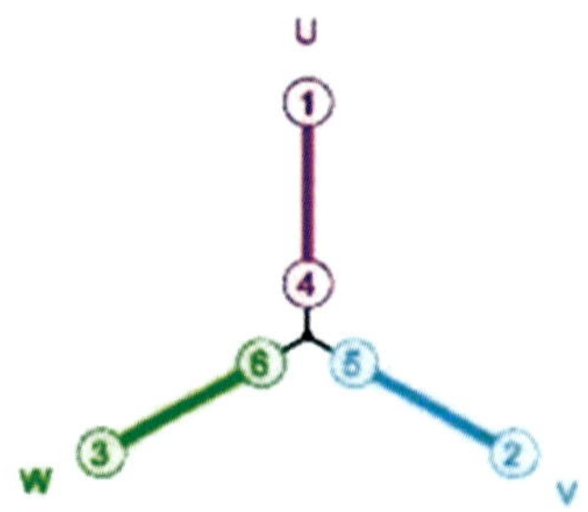

Y결선

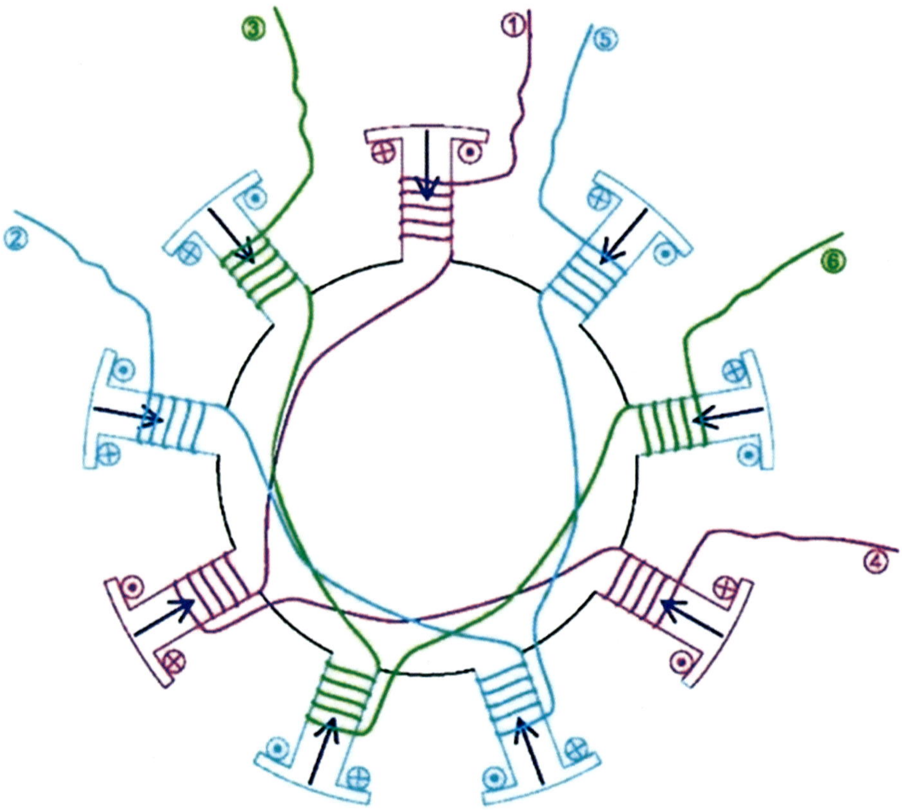

<Y결선과 BLDC모터의 내구 권선 구조>

이 모터는 9 slot이다. 극수는 안 나타나지만 12 극이다. 위의 계산식 대로 하면 아래와 같다.

$$RPM = (120 \times (1/12ms)) / 12$$
$$= 833.3333\ rpm$$

이제는 실제 설계된 변속기(ESC)를 예를 들어 어떻게 처리순서(시퀀스)가 이루어는지 한번 알아보자. 재미있을 것 같은 예감이 든다. 오래 전에 6A ESC(변속기)를 설계한 회로를 예제로 설명하겠다.

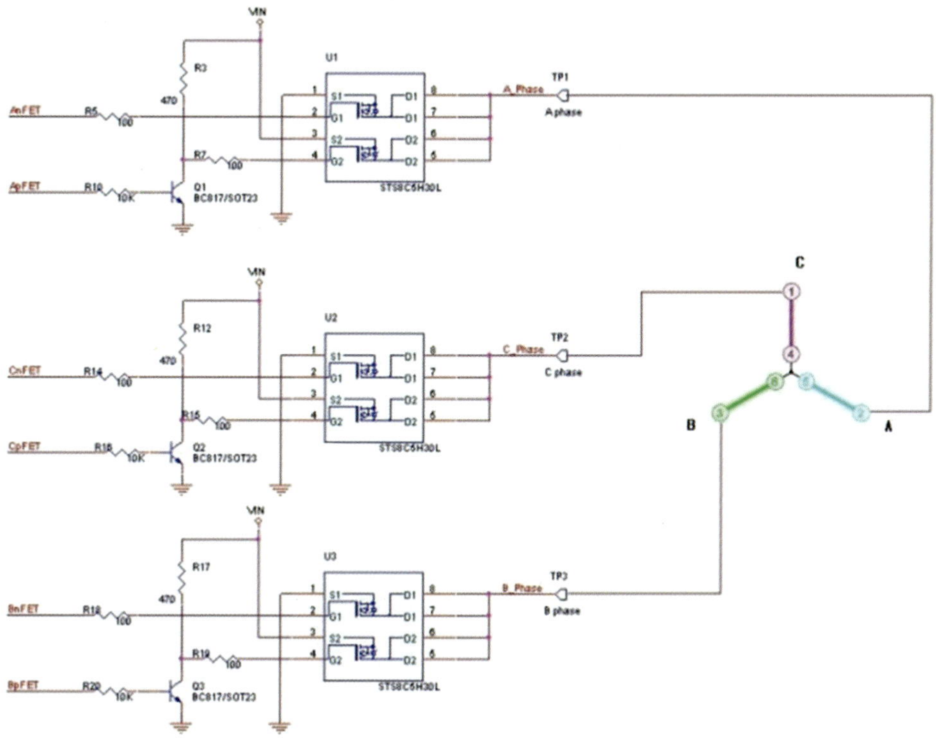

< 6A용 전자변속기(ESC) FET쪽 회로 >

앞에 설명한 대로 위의 그림을 보고 순서대로 짚어 보자. 첫 번째로 AB상에 전류가 흘러간다. U1에 FET가 2개가 있는데 각각 N-CH과 P-CH이 한 개 씩 들어 있다. 먼저, MCU가 U1의 P-CH을 turn on, N-CH을 turn off 시켜줘야 한다. 이를 위해서 MCU에 연결된 ApFET가 high가 되면 Q1이 turn on 되고, 그러면 U1의 4번 핀에 low가 걸리고, U1의 P-CH FET는 turn on되고, 전류는 U1의 3번 source를 통해 흘러 Drain으로 빠져 나가 고정자 권선의 A상으로 간다. 동시에 MCU에 연결된 BnFET가 high가 되면, U3에 N-CH FET가 turn on된다. 이때, 전류는 A상을 지나 B상을 거치고 U3에 N-CH FET의 8번, 7번 drain에 들어가 Source에 빠져 나간다. 이런 일련의 과정이 섹트0의 과정으로 제일 처음 설명한 ①번이 되겠다.

①번만 바로 위 회로를 보고 정리해 보면 MCU가 어떤 동작을 해야 하는지 독자는 눈치챘을 것이다.

AnFET, ApFET

CnFET, CpFET

BnFET, BpFET

각 FET는 MCU의 GPIO 포트에 물려 있으니 이 들을 high나 low로 하면 될 것이다. 위의 섹트 0에 시퀀스는 아래와 같이 하면 될 것이다.

AnFET : H

ApFET : L

CnFET : L

CpFET : L

BnFET : H

BpFET : L

그림으로 다시 표현해 보면 아래와 같다.

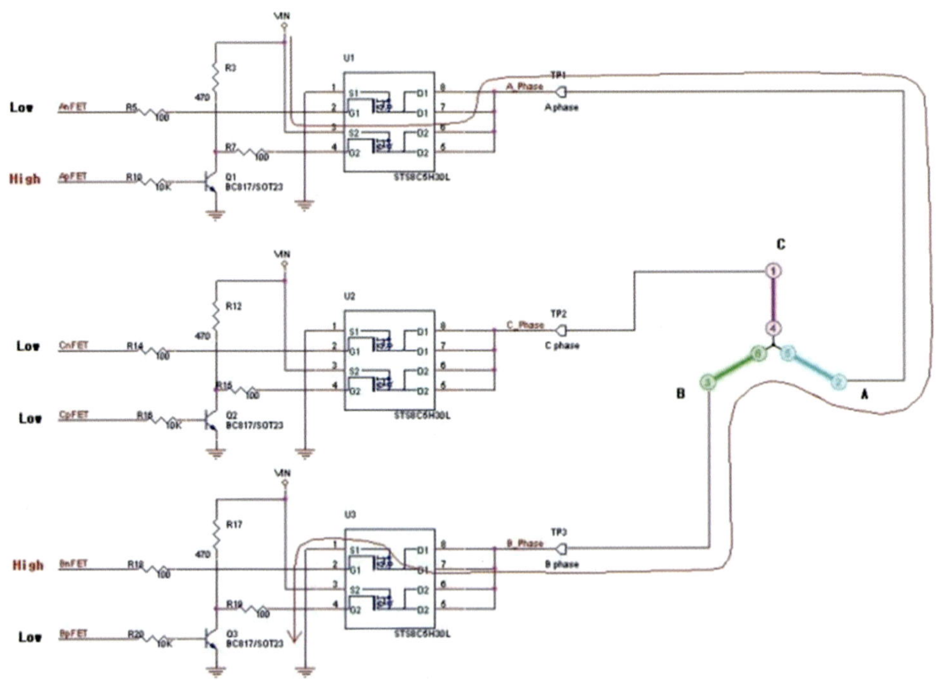

＜A→B 여자＞

섹트0에서 5까지 6-step을 테이블로 만들어 놓으면, 프로그래밍 하는데 유리하겠다.

2 FET 채널별 소자 내부 회로도

아래 그림은 간과하기 쉬운 FET 관련 그림이다.

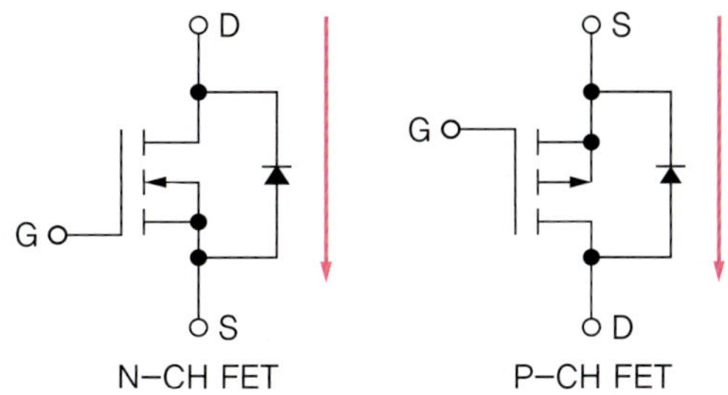

<N-CH FET 와 P-CH FET 소자의 내부 회로>

ESC에 관련 하여 추가로 이야기해야겠다. 위의 실제 설계된 회로에서 MCU(초기에 보통 8bit Atmega8을 사용)를 붙이고 BEMF(역기전력)을 이용한 zero-crosing point를 검출하는 회로를 붙인다(주1 설명은 뒤에). 그리고 MCU는 출력 쪽에 신호를 6-step으로 보내고, ESC 입력 쪽에는 수신기나 FC 출력신호를 받는 RC input이 있어야 한다. I2C, PWM, Serial 등과 같은 여러 신호가 ESC 입력으로 사용한다. 보통 PWM 신호를 입력으로 받는다.

그리고 보통 ESC는 BEC(Battery Eliminator Circuit : 배터리 제거 회로) 기능이 있기 때문에 레귤레이터를 넣어주면 5V 출력이 되는 BEC가 된다. 이 모든 것이 전자변속기(ESC)가 될 것이다.

다시 정리를 해보면, ESC는 수신기나 FC보드에서 오는 신호를 받아서 sensorless BLDC 모터가 돌아 갈수 있게 신호를 가공하는 역할을 한다. 모터에 따라 (회전수, 토크) ESC도 용량별로 설계된 변속기들이 많이 있다. 설계 사양에 따라 구미에 맞게 선택하여 채택을 하게 된다. 한 예로, 작은 멀티로터 쿼드를 만든다면, 토크는 작고 RPM이 높은 BLDC를 선택해야 한다. 토크가 작다는 것은 ESC안에 3상 인버터 내부에 FET 전류 용량이 작은 것이 있다는 이야기가 된다. 작은 멀티로터는 전류가 높은 30A이상의 ESC를 선택할 필요가 없는 것이다(오버 스펙이다).

한 가지 더 언급하면, ESC 표면에는 6A ESC, 1A UBEC가 보통 적혀 있다. 이 UBEC가 ESC 표면에 적혀 있는 것은 ESC내부에 +5V 레귤레이터가 설계된 ESC 라고 생각하면 된다. 외부 디바이스나 FC, 수신기 등이 +5V 전압을 이용하자는 것이다.

참고 사항

앞에 언급한 BLDC모터는 2가지 종류가 있다고 했다. 센서가 있는 Sensored BLDC와 센서가 없는 Sensorless BLDC 이다. 우리는 보통 멀티로터에서는 Sensorless BLDC 모터를 사용한다. Sensored BLDC모터는 각 홀 센서의 출력 신호를 가지고, 모터의 회전자(영구자석)의 위치를 파악하여 앞에서 언급하였듯이, 3개의 상을 순서대로 각기 다른 전압을 인가하여 회전자와 고정자의 전자석 사이의 밀고 당기는 힘을 이용하여 회전한다. 그렇다면 우리가 많이 사용하는 Sensorless BLDC 어떻게 홀센서가 없이 회전을 할까? 회전자의 위치도 파악 못하는데? 여기서 등장하는 것이 렌츠의 법칙을 응용한 역기전력을 이용하여 회전자의 위치를 파악하는 회로가 ESC에 내장되어 있어 Sensorless BLDC 모터를 정확하게 회전을 시킨다.

10.2 E-Flite Convergence VTOL를 SITL과 RealFlight와 연동

많은 초보자들이 처음 VTOL 비행체를 접하고 비행을 해보면 비행의 어려움을 겪는다. RC의 경험이 풍부한 조종자도 익숙해 질 때 까지 많은 시간이 필요하다. VTOL이란 기체는 땅에서 이륙할 때 MultiCopter로 비행을 하고 전이(Transition)과정을 거친 후 고정익 즉 비행기로 비행을 하는 구조이다. MultiCopter로 조종이 가능한 조종자는 MultiCopter일 때 비행을 잘 하지만 고정익(Fixed Wing)일 때 고정익 기체 비행에 익숙하지 않은 조종자는 조종이 쉽지 않다. 만약, MultiCopter 기체에 대해서도 조종기술이 있고, 고정익 기체도 조종술이 있는 분도 전이하고 난 다음에 비행기로 비행한다는 것이 몸에 익숙하지 않아 처음에는 당황하여 조금 어려울 수 있는 건 사실이다.

이런 어려움을 시뮬레이터(RealFlight)와 Mission Planer의 SITL로 연동을 하여 실제 비행하지 않아도 실내에서 비행 기술을 연마할 수 있는 환경을 구축하자는 것이다. 또한, Mission Planner를 이용하여 매개변수 셋팅이나 임무비행과 같은 환경도 테스트 할 수 있어 초보자들에게는 더할 나위 없는 비행 교육 도구가 될 것이다.

필수 프로그램 및 파일 그리고 하드웨어

- PC(Personal Compter)
- RealFlight 9 버전이나 더 높은 버전(RF8은 update와 Add on된 프로그램)
- 최신 버전의 Mission Planner(with SITL)
- Jumper T16 조종기
- 여러 가지 필요한 파일들

→ RealFlight에 RFX Import 및 매개변수 download

필요한 파일은 인터넷으로 받아야 한다.

"E-flite_Convergence_VTOL_AP_AV.RFX"

"tilt_tri.parm"

링크는 아래와 같다 :

```
https://github.com/ArduPilot/SITL_Models/tree/master/RealFlight/markw/Convergence
```

우리가 할 일은 "tilt_tri.parm"을 수정해야 한다.

Mission Planner에서 이 파일을 load하고 아래와 같이 매개변수들을 수정한다.

```
FLTMODE1 17.000000
FLTMODE_CH 5.000000
Q_ASSIST_ANGLE 60.000000
Q_ASSIST_SPEED 11.000000
Q_A_RAT_YAW_P 0.300000
Q_A_SLEW_YAW 4000.000000
Q_RTL_ALT 30.000000
Q_RTL_MODE 1.000000
Q_TILT_RATE_DN 80.000000
Q_TILT_YAW_ANGLE 8.000000
Q_YAW_RATE_MAX 80.000000
RTL_RADIUS 50.000000
```

→ 셋팅 순서

1. 윈도우10에서 환경설정(보안)
2. RealFlight8에서 E-Flite Convergence VTOL 기체 넣기
3. RealFlight 환경 설정

4. Mission Planner에서 SITL 설정
5. 조종기 셋팅과 Mission Planner에서 비행모드 설정
6. RealFlight에서 조종기를 캘리브레이션
7. E-Flite Convergence VTOL SITL 매개변수 체크

1 윈도우10에서 환경설정(보안)

윈도우10에서 SITL을 하려고 하면 윈도우 방화벽에 대한 설정을 해야 한다.

"모든 설정" 클릭한다.

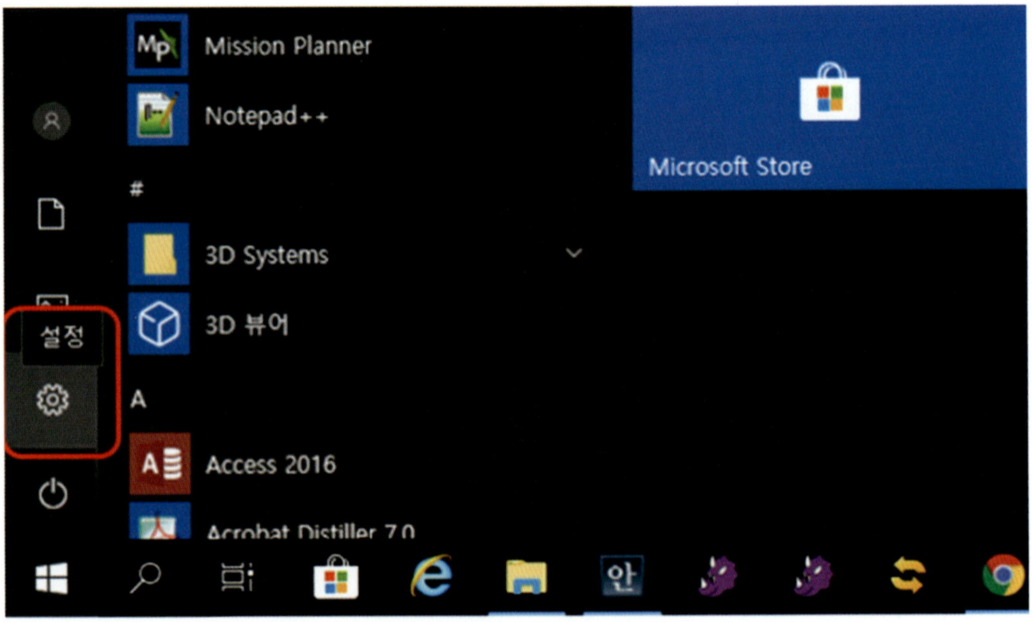

"업데이트 및 보안" 클릭한다.

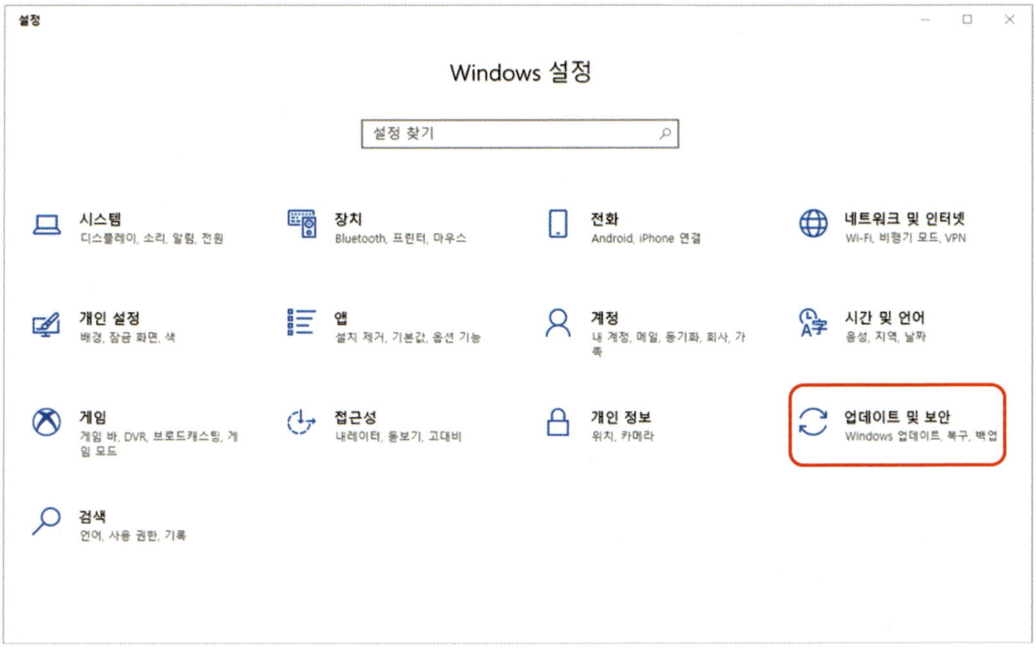

"방화벽 및 네트워크 보호" 클릭한다.

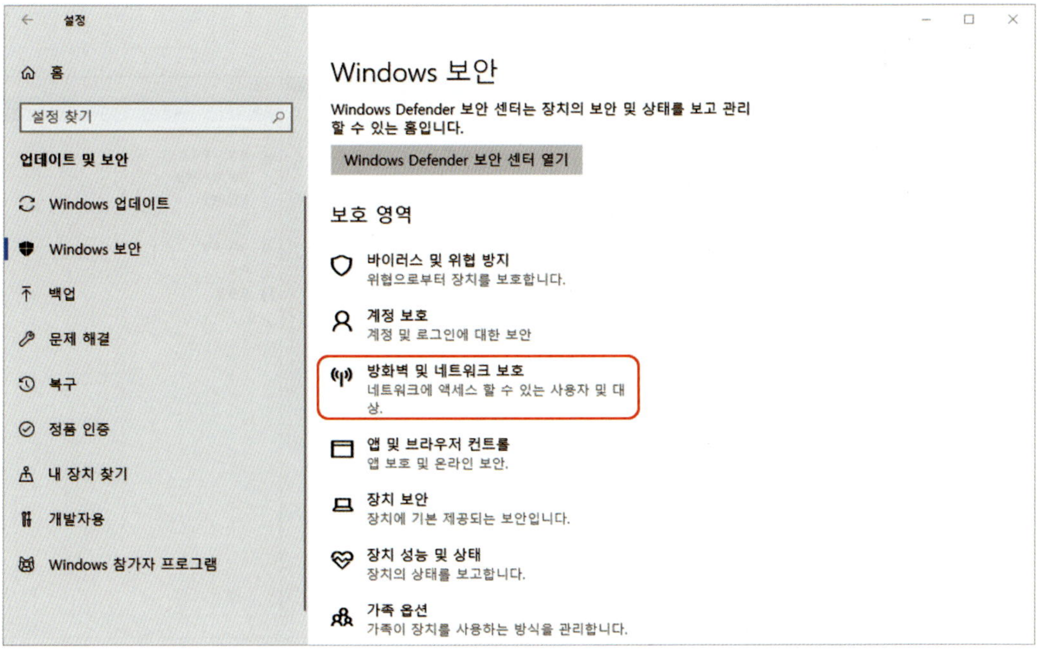

"고급 설정" 클릭한다.

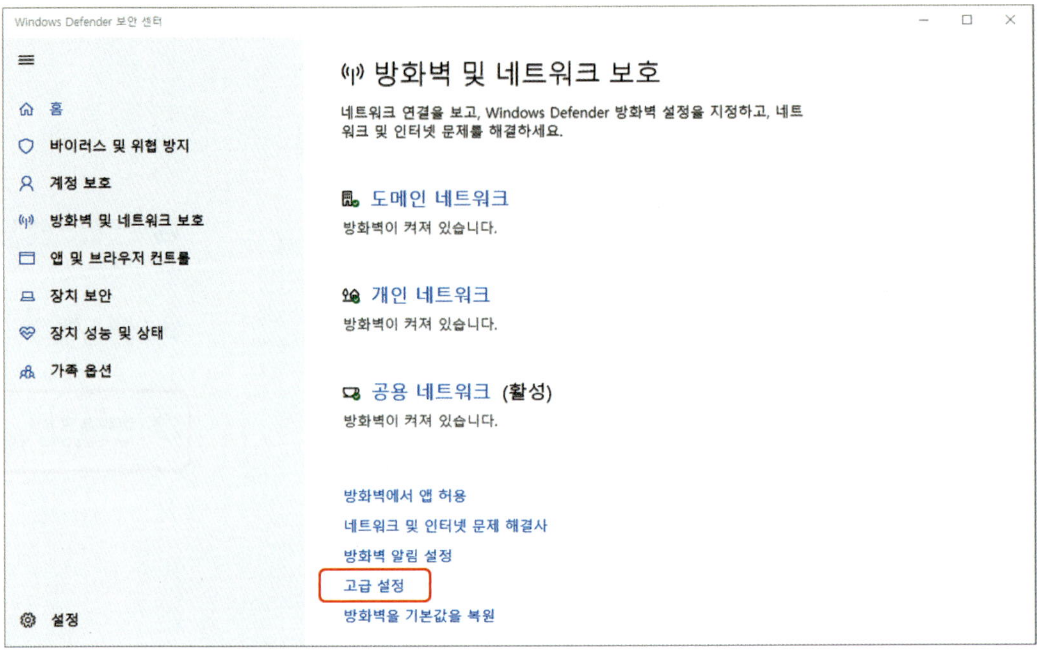

"인바운드 규칙" 클릭한다.

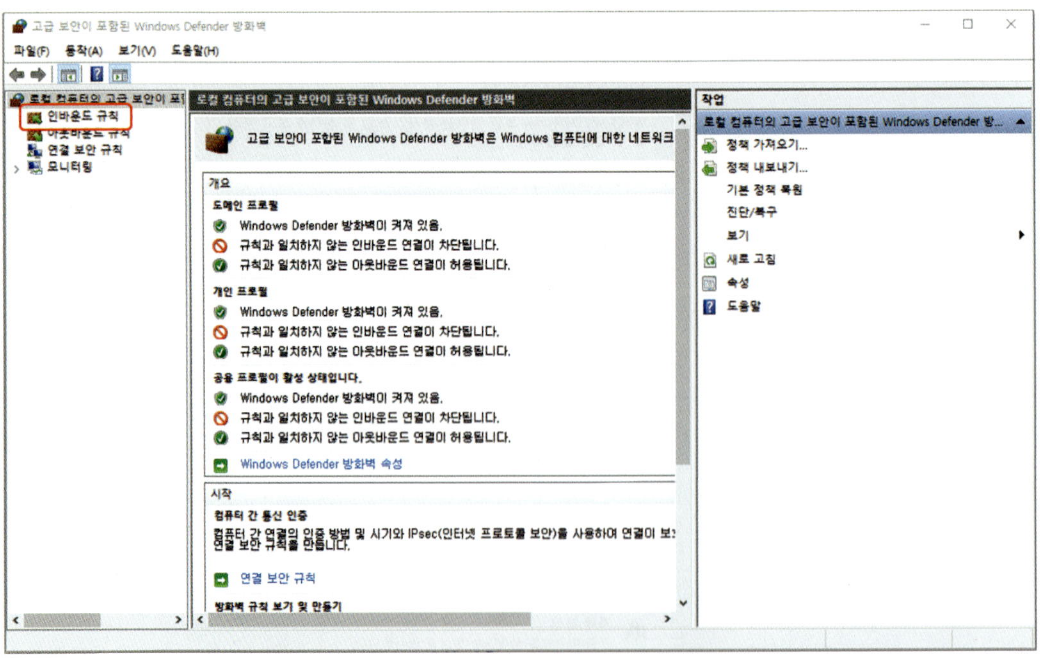

"새 규칙" 클릭한다.

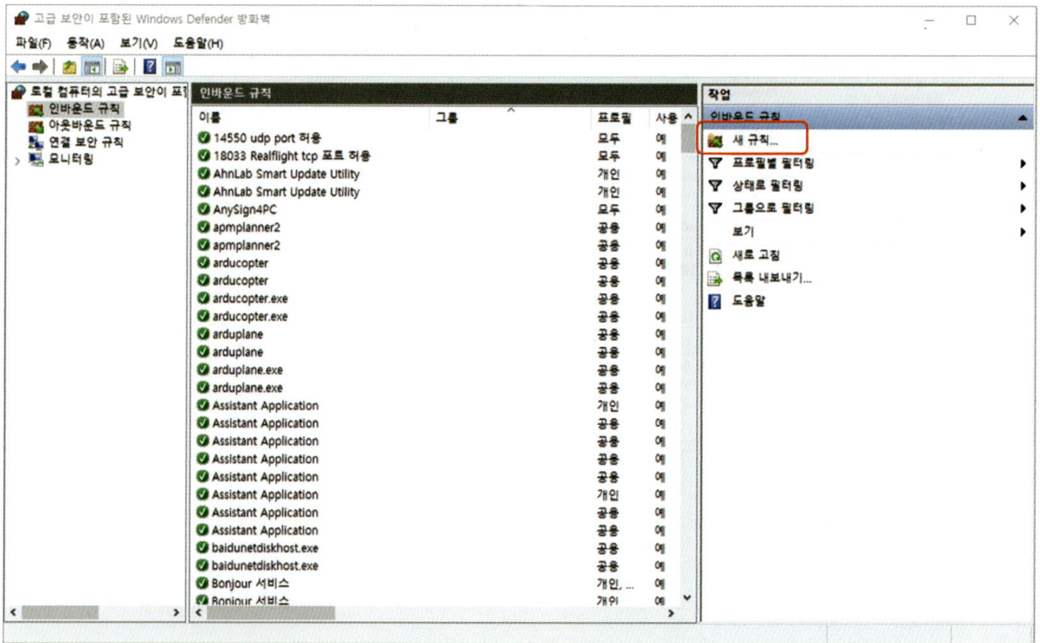

"포트" 클릭한다.

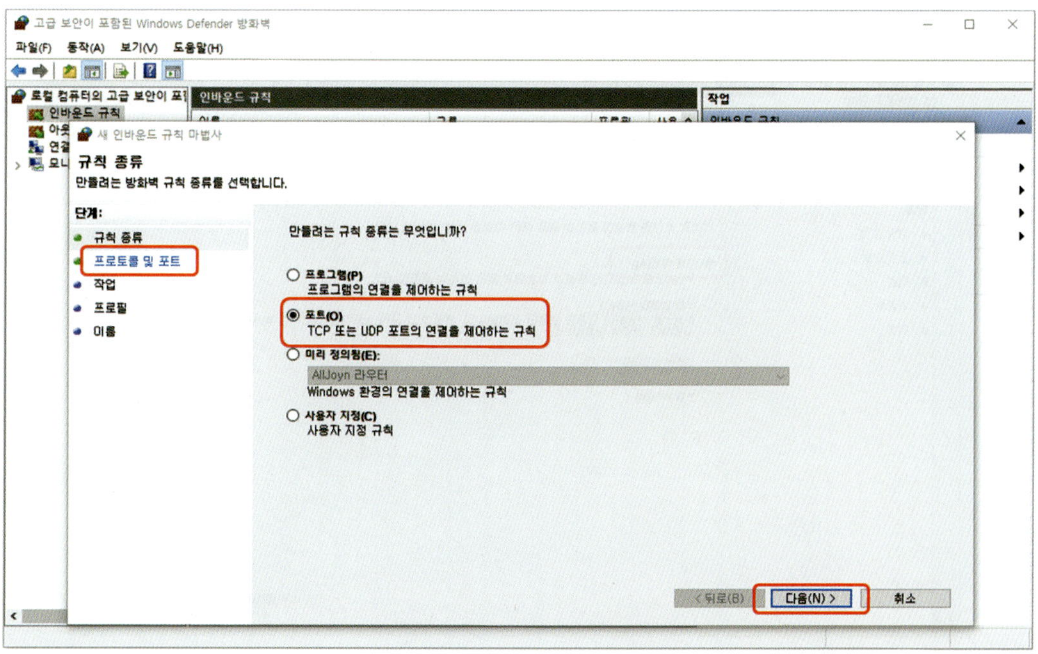

"TCP" – "특정 로컬 포트" : 18083 , "다음(N)" 클릭한다.

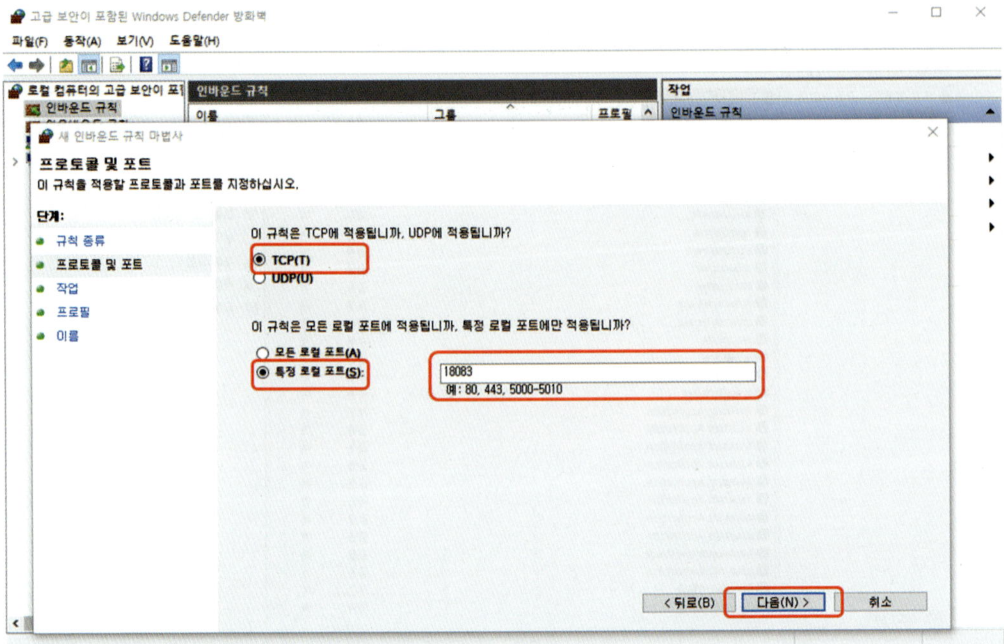

"연결허용" 체크 후 "다음(N)" 클릭한다.

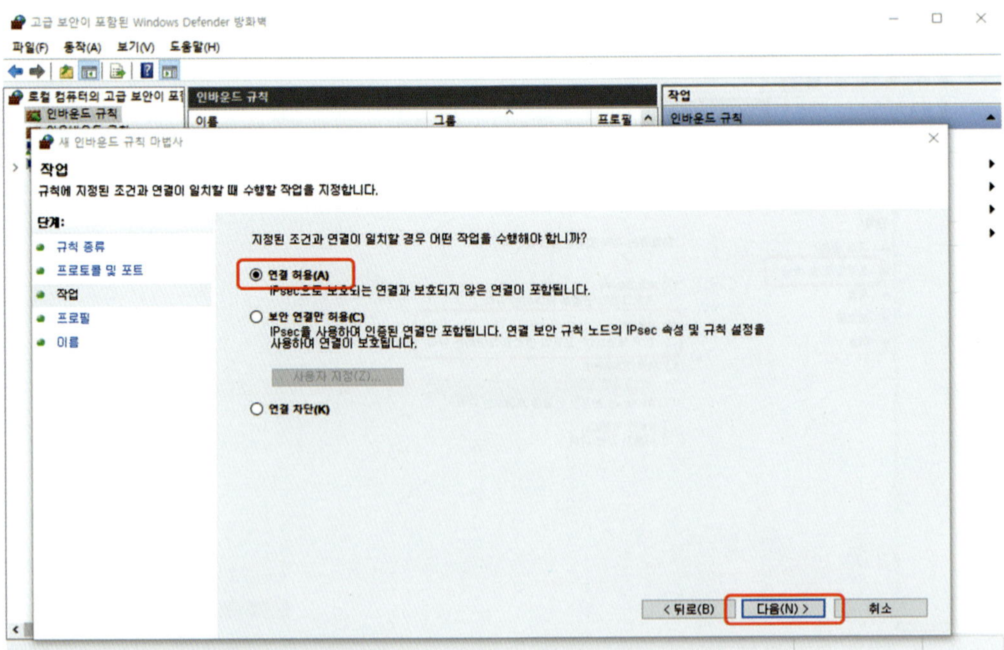

"도메인(D)" 체크, "개인(P)" 체크, "공용(U)" 체크 → "다음(N)" 클릭한다.

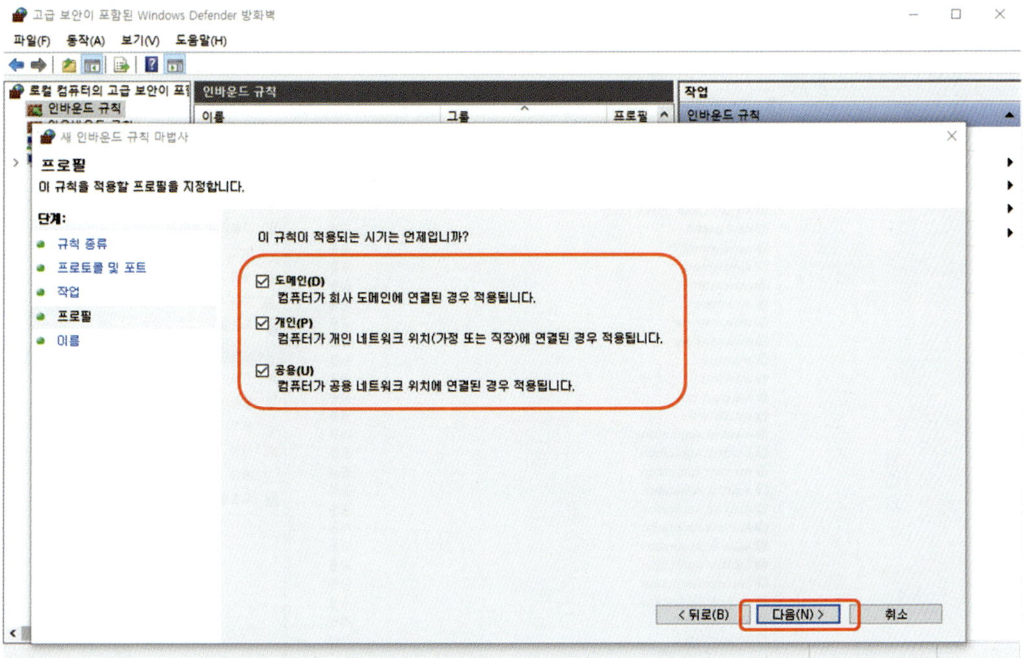

이름과 설명 적어준다. 그리고 "마침(F)" 클릭한다.

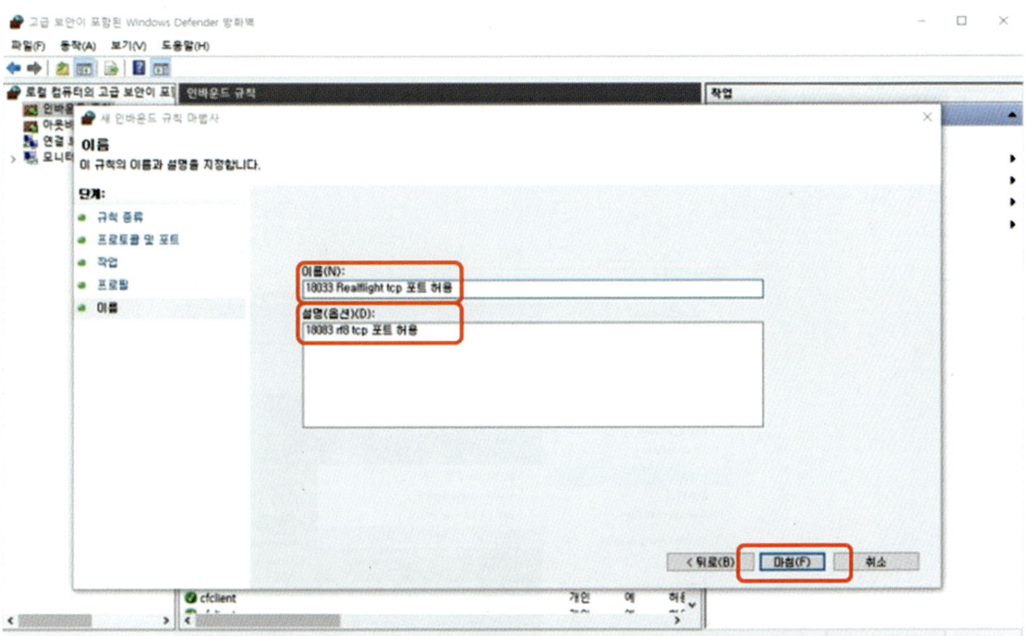

완료된 것을 볼 수 있다.

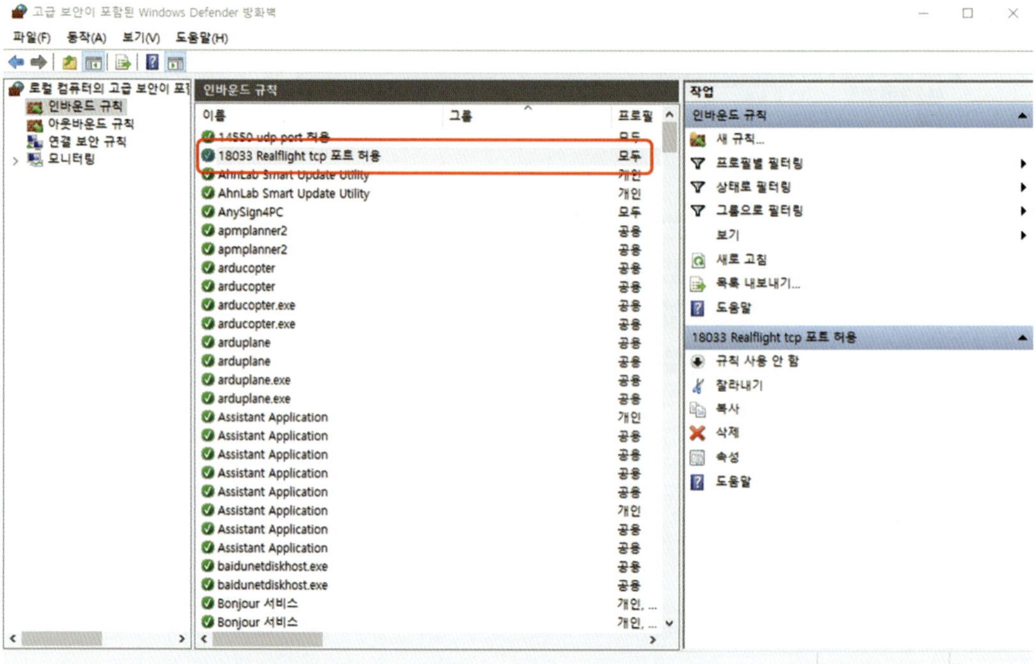

2 RealFlight8에서 E-Flite Convergence VTOL 기체 넣기

RealFlight8에서 RFX 파일을 사용자 Aircraft로 Import 한다. Import한 후 Custom Aircraft에 첨가 된다. 만약 RealFlight9에서는 이미 등록되어 있을 것이다.

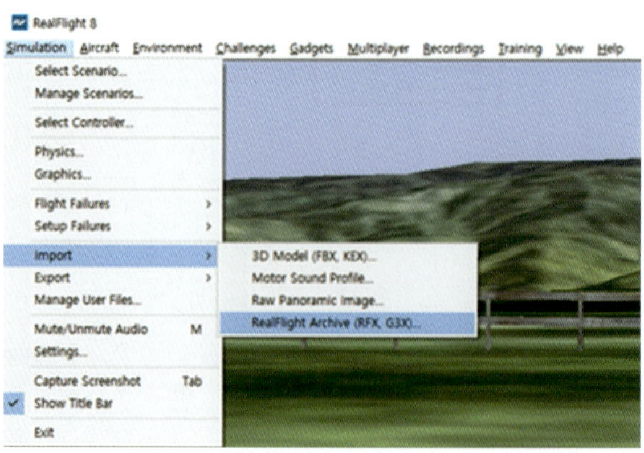

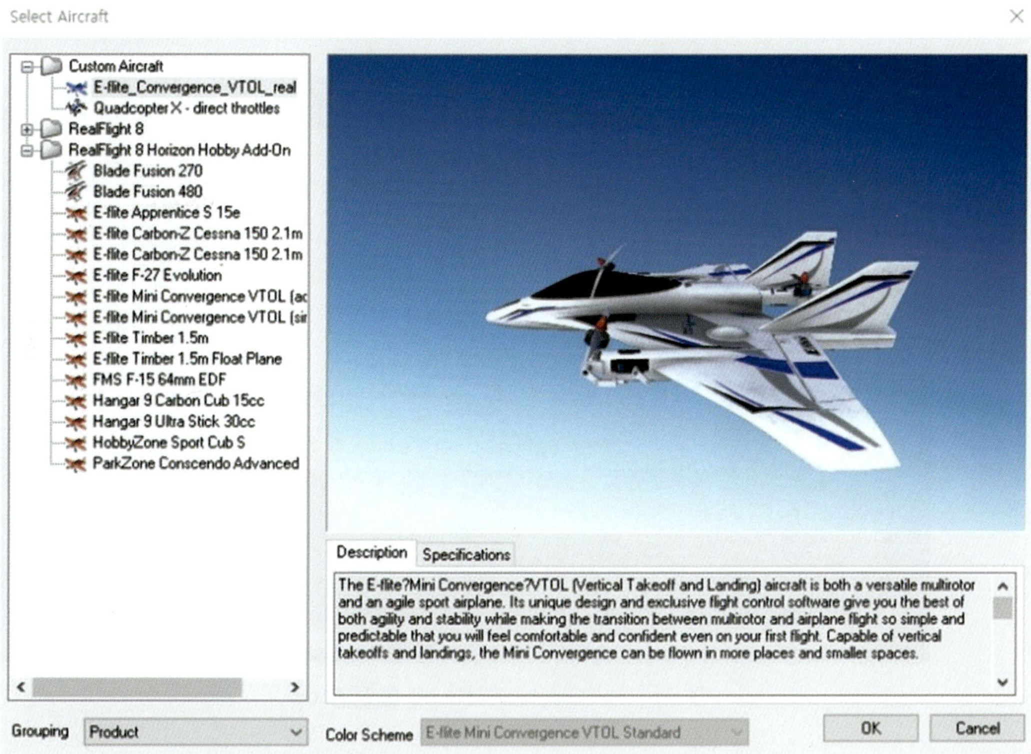

<E–flite_Convergence_VTOL_realfligh RFX 파일 Import 확인>

3 RealFlight 환경 설정

1) RealFlight 하드웨어 셋팅하기

이 셋팅은 하드웨어의 그래픽속도와 처리속도를 향상시키고자 하는 의도이다.

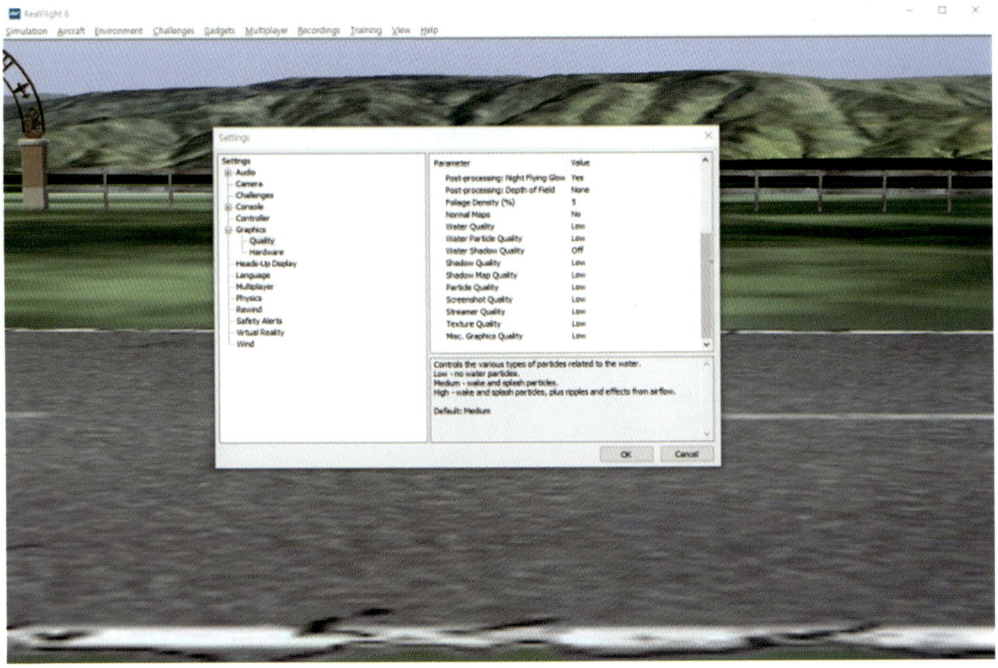

<Graphic에서 Quality를 전부 Low>

<Hardware Resolution은 800×600으로 설정>

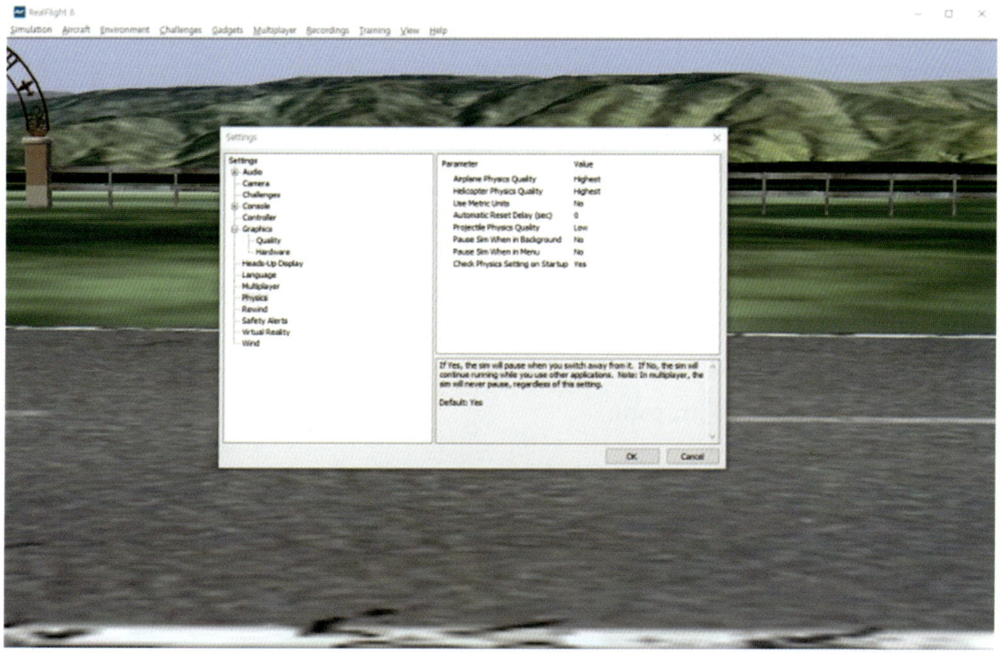

< Physics – Background → No로 설정 >

2) 조종기 모드를 설정하기

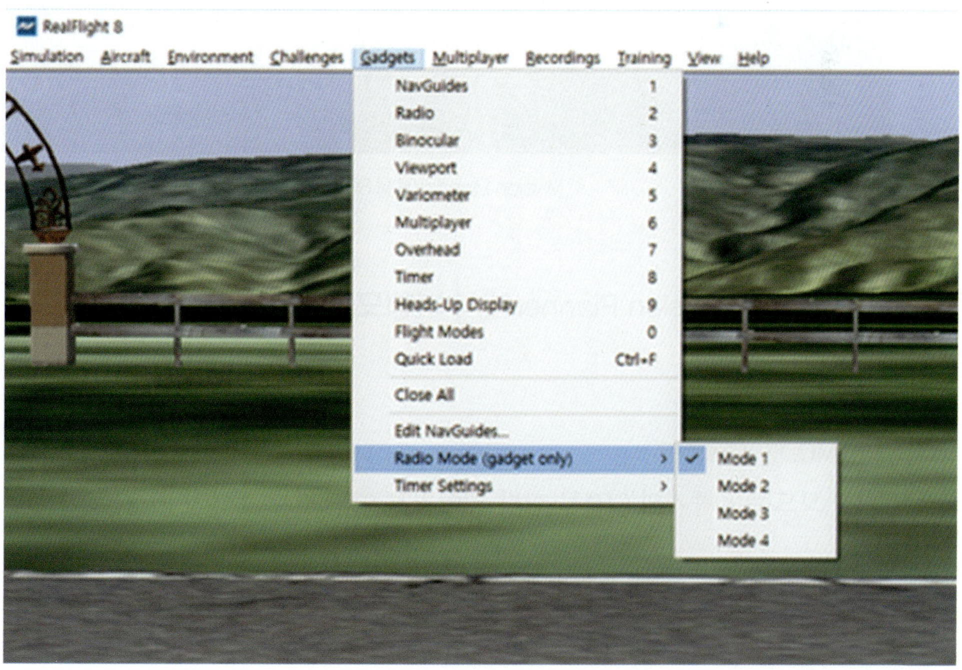

4 Mission Planner에서 SITL 설정

Mission Planner에서 Simulation menu 에서 다음과 같이 한다.

– Model에서 “flightaxis”을 선택한다.
– Extra command line에서 아래와 같이 적는다.

“path”는 독자의 PC에 tilt_ri.parm이 다운 받았을 때 존재하는 경로를 넣어주면 된다.

```
--defaults C:path"_tri.parm
```

– “Wipe”를 체크한다. 이것은 전에 실행되었던 정보를 무시하고 시작하자는 것이다.
– SITL을 실행시키기 위해 “Plane” 아이콘을 클릭한다. 그러면 Mission Planner 상에서 SITL 시뮬레이션이 실행된다.

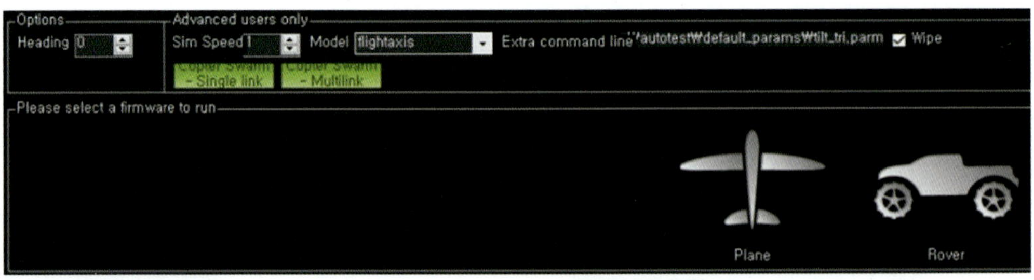

<Mission Planner에서 SITL 설정 및 실행>

5 조종기 셋팅과 Mission Planner에서 비행모드 설정

1) 조종기 셋팅

FLTMODE_CH = 5

비행 모드는 조종기의 CH5로 할당 되어있고 이 채널에 할당된 비행모드는 3단으로 되어 있다.

Mission Planner에서는 6단계의 비행모드를 지원하지만 RealFlight에서는 3단계만 지원한다. 그러므로 조종기에서 3단 key로 설정하고자 한다. 즉, 조종기의 CH5에 3단 key SG key를 할당한다. CH6은 RealFlight에서 기체 초기화 및 Mission Planner와 연결을 위해 필요하다.

비행모드 채널(FLTMODE_CH)	조종기 3단 key		비행모드
CH5	SG ↑	low	QStabilize
	SG —	middle	FBWA
	SG ↓	high	Manual
CH6	SH ↓	high	Reset

– Auto(임무비행(자동비행)) key할당이 안 된 것은 Mission Planner에서 실행하도록 하면 된다.

6 RealFlight에서 조종기를 캘리브레이션

– Mission Planner와 RealFlight의 연결하기 위해 "Reset" key를 조종기 및 RF에 할당해야 한다.
– RealFlight에서 "Edit Profile"에서 key를 설정한다.

여기서 중요한 것은 채널 번호다.

CH1 : Alieron
CH2 : Elevator
CH3 : Throttle
CH4 : Rudder
CH5 : Mission Planner SITL에서 비행모드 채널

비행모드(QStabilize-FBWA-Manual)는 Mission Planner의 SITL로부터 3단 key로 할당되어져 있다(FLTMODE_CH of parameter should be set to 5CH).

CH6은 "Reset"으로 할당되며 RealFlight and Mission Planner의 SITL을 연결 할 때 사용된다. Reset은 실제 조종기의 CH6의 SH로 할당했다. 이 key는 자동으로 복귀되는 key이다(2단 key).

비행모드 채널(FLTMODE_CH)	조종기 2단 key		비행모드(RF초기화 및 SITL 연결)
CH6	SH ↑	low	–
	SH ↓	high	Reset

7 E-Flite Convergence VTOL SITL 매개변수 체크

아래 값의 수정은 Mission Planner의 “CONFIG/TUNNING” 메뉴에서 “Full Parameter List”에서 확인하기 바란다. 이 값이 맞지 않으면 비행이 어려울 수 있다.

```
SERVOR_FUNCTION1 elevon left 77
SERVOR_FUNCTION2 elevon right 78
SERVOR_FUNCTION3 tilt motor left 75
SERVOR_FUNCTION4 tilt motor right 76
.......................
SERVOR_FUNCTION5 Motor1 33
SERVOR_FUNCTION6 Motor2 34
SERVOR_FUNCTION7 Morot4 36
.......................
SERVOR_FUNCTION11 Motor7 39
```

8 Test 영상

https://youtu.be/CVwY61MrlKI

QR 코드

< Ardupilot flying(auto mission) a E-Flite Convergence VTOL in RealFlight SITL >

부록

1. Pixhawk LED 의미　　　2. VTOL Q 매개변수

1 Pixhawk LED 의미

Pixhawk의 Display로 Pixhawk 보드상에 LED가 표시된다. 이 LED는 조종자에게 현재 FC 상태를 알려주는 역할을 한다. LED 색의 변화로 알려주기 때문에 조종자는 기본적인 것을 이해하면 기체 상태를 알 수가 있어 다른 사항에 대해 빠르게 조치가 이루어질 수 있다.

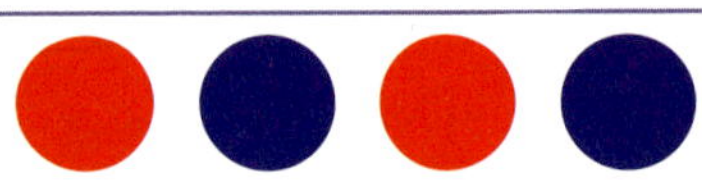	빨간색과 파란색으로 깜박임
자이로 센서 초기화. 센서를 초기화하는 동안 기체가 정지 상태로 유지해야한다.	

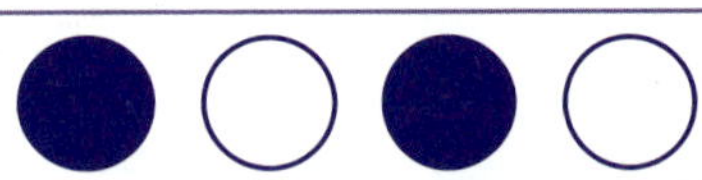	파란색으로 깜박임
시동 해제, GPS Lock이 없다. 즉, GPS 수신이 안 된다. 자동 조종 장치, 로이터 및 복귀. 복귀 모드에는 GPS Lock이 필요하다.	

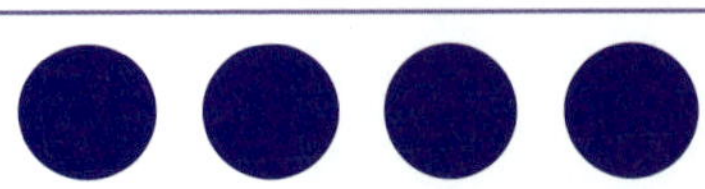	파란색 점등(켜짐)	
GPS Lock이 없는 상태에서 시동되었다.		

녹색으로 깜박임

시동 해제(시동 준비 상태), GPS Lock 획득. 시동 상태에서 해제 할 때 빠른 이중 톤

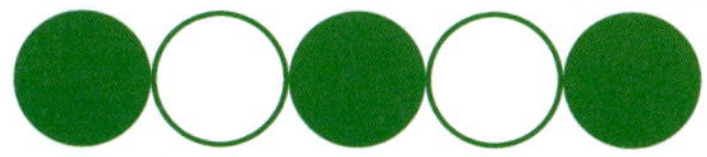

녹색으로 빠르게 깜박임

위와 동일하지만 GPS가 SBAS를 사용(위치 추정에 더 좋음)

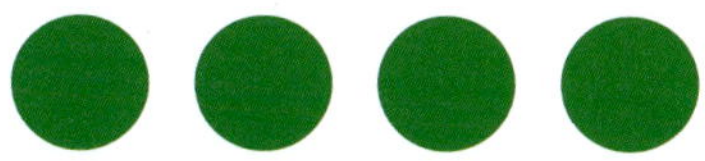

녹색 점등(켜짐)

시동 시 단일 톤으로 시동, GPS Lock 획득. 비행 준비 완료!

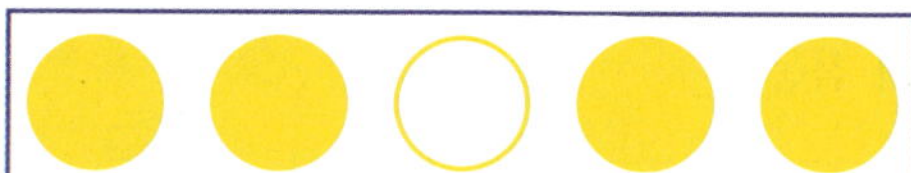

노란색으로 두 번 깜박임

사전 시동 검사 실패(시스템이 시동을 거부 함)

단일 점멸 노란색

Radio 무선 FailSafe 활성화

노란색으로 깜박임(빠른 신호음)

배터리 FailSafe 활성화

노란색과 파란색으로 깜박임
(순차적으로 고음-고음-고음-낮은음(dah-dah-dah-doh))

GPS 글리치 또는 GPS FailSafe 활성화

빨간색과 노란색으로 깜박임(상승 톤)

EKF 또는 관성 항법 오류

보라색과 노란색으로 깜박임

기압계 글리치

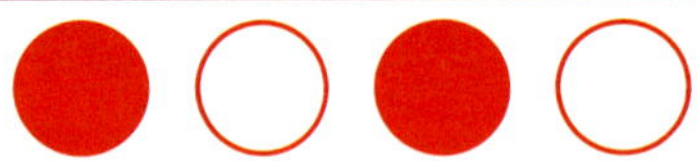

적색 점등

에러

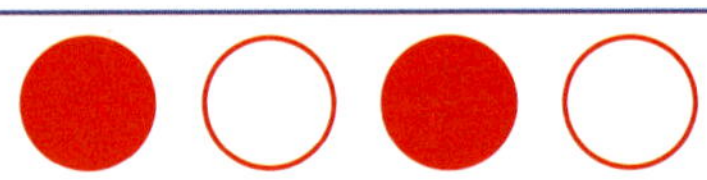

SOS 톤 의 빨간색 점등

SD 카드 누락(또는 잘못된 형식 등의 다른 SD 오류)

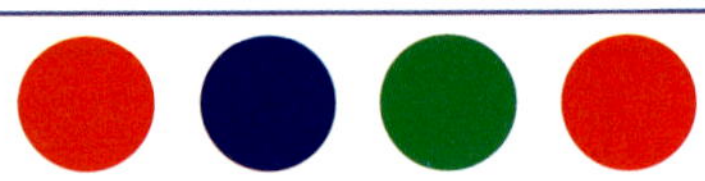

빨간색, 파란색 및 녹색으로 깜박임

Copter ESC 보정 모드로 들어감.

픽스호크 제작 회사 마다 **LED** 색이 다를 수 있다. 아래는 공통된 형태의 **LED** 의미이다.

LED	동작 상태
Solid any color(LED 색 점등)	Armed(시동)
Breathing any color(LED 색 깜박임)	Standby(대기)
Amber(호박색)	Low battery(낮은 배터리 전압) or Fail safe (Return to home, etc)
Blue(파랑색)	GPS not locked(GPS 획득 실패)
Green(녹색)	GPS Locked(GPS 획득)
Fast Blink & Red(빨간색으로 빠르게 깜박임)	Arming error(시동 오류)
Blink & Red(빨간색 깜박임)	Other error(다른 오류)

2 VTOL Q 매개변수

Q 의 시작

Q_ENABLE	1	0:Disable 1:Enable 2:Enable VTOL AUTO
1로 셋팅 하면 QuadPlane 기능을 활성화 하고 FC를 리부팅 하면 숨겨진 Q와 관련된 매개변수들이 나타난다. VTOL 기능을 사용하려면 꼭 활성화 시켜야 한다. 이 모드가 2로 설정되어 있으면 AUTO 모드가 시작될 때 최초로 VTOL AUTO 모드가 될 것이다.		
Enable QuadPlane		

가속도

Q_A_ACCEL_P_MAX	110000cdeg/s/s	0~180000 0:Disabled 30000:VerySlow 72000:Slow 108000:Medium 162000:Fast
피치 축의 최대 가속도		
Acceleration Max for Pitch		

Q_A_ACCEL_R_MAX	110000cdeg/s/s	0~180000 0:Disabled 30000:VerySlow 72000:Slow 108000:Medium 162000:Fast
롤 축의 최대 가속도		
Acceleration Max for Roll		

Q_A_ACCEL_Y_MAX	27000cdeg/s/s	0~72000 0:Disabled 9000:VerySlow 18000:Slow 36000:Medium 54000:Fast
요 축의 최대 가속도		
Acceleration Max for Yaw		

Q_A_ANG_LIM_TC	1	0.5~10.0
각도 한계(고도를 유지하기 위해) 시간 상수		
Angle Limit (to maintain altitude) Time Constant		

롤, 피치, 요 PID 속도

Q_A_ANG_PIT_P	4.5	3.000~12.000
Pitch 축 각도 컨트롤러 P 게인. 원하는 피치 각도와 실제 각도 사이의 오류를 원하는 피치 속도로 변환		
Pitch axis angle controller P gain		

Q_A_ANG_RLL_P	4.5	3.000~12.000
Roll 축 각도 제어기 P 게인. 원하는 롤 각도와 실제 각도 사이의 오류를 원하는 롤 속도로 변환.		
Roll axis angle controller P gain		

Q_A_ANG_YAW_P	4.5	3.000~6.000
Yaw 축 각도 컨트롤러 P 게인. 원하는 요 각과 실제 각도 사이의 오차를 원하는 요 속도로 변환.		
Yaw axis angle controller P gain		

Q_A_ANGLE_BOOST	1	0:Disabled 1:Enabled
앵글 부스트는 고도 손실을 줄이기 위해 기체가 기울어 질 때 출력 스로틀을 증가시킨다.		
Angle Boost		

Q_A_INPUT_TC	0.2 0~1s	0.5:Very Soft 0.2:Soft 0.15:Medium 0.1:Crisp 0.05:Very Crisp
자세 제어 입력 시정 수. 숫자가 낮을수록 응답이 날카로우며 숫자가 높을수록 반응이 부드럽다.		
Attitude control input time constant		

피치 PID 속도 관련

Q_A_RAT_PIT_D	0.0036	0.0~0.02
피치 축 속도 컨트롤러 D 이득. 원하는 피치 속도 대 실제 피치 속도의 단기 변화를 보상한다.		
Pitch axis rate controller D gain		

Q_A_RAT_PIT_FF	0	0~0.5
피치 축 속도(비율) 컨트롤러 피드 포워드(feed forward)		
Pitch axis rate controller feed forward		

Q_A_RAT_PIT_FILT	10Hz	1~100
피치 축 속도 컨트롤러 입력 주파수(Hz)		
Pitch axis rate controller target frequency in Hz		

Q_A_RAT_PIT_I	0.25	0.01~2.0
피치 축 속도(비율) 컨트롤러 I 게인. 원하는 피치 속도 대 실제 피치 속도의 장기간 차이 보정		
Pitch axis rate controller I gain		

Q_A_RAT_PIT_IMAX	0.5%	0~1
피치 축 속도(비율) 컨트롤러 최대 I 게인. I 게인이 출력할 최대 모터 출력 제한		
Pitch axis rate controller I gain maximum		

Q_A_RAT_PIT_P	0.25	0.05~0.50
피치 축 속도(비율) 컨트롤러 P 게인. 원하는 피치 속도와 실제 피치 속도 간의 차이를 모터 속도 출력으로 변환		
Pitch axis rate controller P gain		

롤 PID 속도 관련

Q_A_RAT_RLL_D	0.0036	0.0~0.02
롤 축 속도(비율) 컨트롤러 D 게인. 원하는 롤링 속도 대 실제 롤링 속도 단기 변화 보정		
Roll axis rate controller D gain		

Q_A_RAT_RLL_FF	0	0~0.5
롤 축 속도(비율) 컨트롤러 피드 포워드(feed forward)		
Roll axis rate controller feed forward		

Q_A_RAT_RLL_FILT	10Hz	1~100
롤 축 속도(비율) 컨트롤러 입력 주파수(Hz)		
Roll axis rate controller target frequency in Hz		

Q_A_RAT_RLL_I	0.25	0.01~2.0
롤 축 속도(비율) 컨트롤러 I 게인. 원하는 롤링 속도와 실제 롤링 속도의 장기적 차이를 보정		
Roll axis rate controller I gain		

Q_A_RAT_RLL_IMAX	0.5%	0~1
롤 축 속도(비율) 컨트롤러 최대 I 게인. I 게인이 출력할 때 최대 모터 출력을 제한한다.		
Roll axis rate controller I gain maximum		

Q_A_RAT_RLL_P	0.25	0.05~0.5
롤 축 속도(비율) 컨트롤러 P 게인. 원하는 롤링 속도와 실제 롤링 속도 간의 차이를 모터 속도 출력으로 변환		
Roll axis rate controller P gain		

요 PID 속도 관련

Q_A_RAT_YAW_D	0	0.000~0.02
요 축 속도(비율) 컨트롤러 D 게인. 원하는 요 속도 대 실제 요 속도의 단기 변화 보정		
Yaw axis rate controller D gain		

Q_A_RAT_YAW_FF	0	0~0.5
요 축 속도(비율) 컨트롤러 피드 포워드(feed forward)		
Yaw axis rate controller feed forward		

Q_A_RAT_YAW_FILT	2.5Hz	1~10
요 축 속도(비율) 컨트롤러 입력 주파수(Hz)		
Yaw axis rate controller target frequency in Hz		

Q_A_RAT_YAW_I	0.018	0.010~1.0
Yaw 축 속도(비율) 제어기 I 게인. 원하는 요 속도 실제 요 속도의 장기적 차이를 보정		
Yaw axis rate controller I gain		

Q_A_RAT_YAW_IMAX	0.5%	0~1
요 축 속도(비율) 컨트롤러 최대 I 게인. I 게인이 출력할 때 최대 모터 출력을 제한한다.		
Yaw axis rate controller I gain maximum		

Q_A_RAT_YAW_P	0.18	0.10~2.50
요 축 속도(비율) 컨트롤러 P 게인. 원하는 요 속도와 실제 요 속도의 차이를 모터 속도 출력으로 변환		
Yaw axis rate controller P gain		

➔ 프레임 PID 속도 관련

Q_A_RATE_FF_ENAB	1	0:Disabled 1:Enabled
차체 프레임 속도 feedfoward의 활성화 또는 비활성화 여부 제어		
Rate Feedforward Enable		

Q_A_RATE_P_MAX	0 deg/s 0~1080	0:Disabled 360:Slow 720:Medium 1080:Fast
피치 축의 최대 각 속도		
Angular Velocity Max for Pitch		

Q_A_RATE_R_MAX	0 deg/s 0~1080	0:Disabled 360:Slow 720:Medium 1080:Fast
롤 축의 최대 각 속도		
Angular Velocity Max for Roll		

Q_A_RATE_Y_MAX	0 deg/s 0~1080	0:Disabled 360:Slow 720:Medium 1080:Fast
요 축의 최대 각 속도		
Angular Velocity Max for Yaw		

Q_A_SLEW_YAW	6000cdeg/s	500~18000
Loiter, RTL, 자동 비행 등의 모드에서 요 대상을 업데이트할 수 있는 최대 회전 속도(비율)		
Yaw target slew rate		

➔ 스로틀 관련

Q_A_THR_MIX_MAN	0.5	0.1~0.9
수동 비행 시 사용되는 스로틀 대 자세 제어 우선순위 지정(값이 높을수록 스로틀에 대한 자세 제어 우선순위 지정)		
Throttle Mix Manual		

Q_A_THR_MIX_MAX	0.5	0.5~0.9
실제 비행 중에 사용되는 스로틀 대 자세 제어 우선순위 지정(값이 높을수록 스로틀에 대한 자세 제어 우선 순위 지정)		
Throttle Mix Maximum		

Q_A_THR_MIX_MIN	0.1	0.1~0.25
착륙 시 사용되는 스로틀 대 자세 제어 우선 순위 지정(값이 높을수록 스로틀에 대한 자세 제어 우선 순위 지정)		
Throttle Mix Minimum		

➔ 기체 속도, 가속도 및 기울기 관련

Q_ACCEL_Z	250cm/s/s	50~500
조종사가 고도를 제어할 때 사용되는 수직 가속도		
Pilot vertical acceleration		

Q_ANGLE_MAX	3000cdeg	1000~8000
모든 VTOL 비행 모드에서 최대 기울기 각도. 멀티로터 자체의 한계 경사각으로 고정익이 아닌 멀티로터에서 사용된다. 이 단위는 Centi-degrees 이며 예를 들어 3000은 30°다.		
Angle Max		

Q_ASSIST_ANGLE	45deg	0~90
이는 쿼드플레인 VTOL 모터가 안정성을 보조하는 기능을 제공하는 각도 오차다. Q_ASSIST_SPEED도 0이 아닌 경우에만 사용된다. 자세가 정상 자세 한계를 최소 5° 이상 벗어나고 롤 또는 피치의 각도 오차가 최소 1초 동안 이 각도보다 클 경우 지원이 제공된다. 각도 보조 기능을 사용하지 않으려면 0으로 설정해야 한다. 고정익이 45° 이상 떨어지면 쿼드 모드가 평면의 수평을 유지한다. [참고] 실속 방지 기능을 사용하려면 이 보호 기능을 활성화해야 한다. 고정익이 이 각도 이상으로 기울이면 여러 축이 자동으로 균형을 잡는다. 단위는 도(°) 이며, 45=45°다.		
Quadplane assistance angle		

Q_ASSIST_SPEED	11m/s	0~100
이것은 쿼드 모터가 고정익 모드에서 안정성과 리프트 보조 기능을 제공하는 속도보다 낮은 속도로 할당 된다. 0은 전이(transition) 중 외 에는 어떠한 도움도 주지 않는다는 것을 의미한다. 고정익 비행속도가 11(m/s)보다 작은 경우 로터가 스톨(stall)을 피하도록 자동으로 지원한다.(11m/s는 11*3.6=39.6km의 속도와 거의 동일 함). 비행기 속도가 이 속도보다 낮으면 여러 축이 자동으로 균형을 잡은 것으로 나타난다. 단위는 m/s이다. 예를 들어 10은 시간당 약 36km이다.		
Quadplane assistance speed		

ESC 캘리브레이션 관련

Q_ESC_CAL	0	0:Disabled 1:ThrottleInput 2:FullInput

이 매개변수는 VTOL 모터의 스로틀 범위를 보정하는 데 사용된다. 사용하기 전에 ESC Calibration 장을 읽어 보는 게 도움이 될 것이다. 이 매개변수는 부팅할 때마다 자동으로 0으로 설정된다. 이 매개변수는 QSTABILIZE 모드에서만 적용된다. 1로 설정하고 시동이 설정되었을 때 모든 모터의 출력은 스로틀 스틱의 신호에 의해 직접 제어된다. 시동 안 되었을 때는 0이 될 것이다. 2로 설정하고 시동이 되면 모든 모터의 출력이 최대 값이 된다. 비장전(Disarm)된 경우의 모터 출력은 0이 된다. 사용하기 전에 반드시 모든 프로펠러를 제거하여야 한다.

ESC Calibration

기체 프레임 관련

Q_FRAME_CLASS	7	0:Undefined 1:Quad 2:Hexa 3:Octa 4:OctaQuad 5:Y6 7:Tri 10:TailSitter

멀티로터 구성요소에 대한 주 프레임 클래스를 제어한다.

Frame Class

Q_FRAME_TYPE	1	0:Plus 1:X 2:V 3:H 4:V-Tail 5:A-Tail 10:Y6B 11:Y6F

멀티로터 구성 요소에 대한 모터 믹싱을 제어한다.

Frame Type (+, X or V)

가이드 모드 관련

Q_GUIDED_MODE	1	0:Disabled 1:Enabled

이것을 활성화 시키면 가이드모드에서 VTOL을 사용할 수 있다. 활성화된 경우 항공기는 가이드된 목적지에 도달하면 VTOL 비행으로 전환하고 목적지에서 선회한다.

Enable VTOL in GUIDED mode

착륙 관련

Q_LAND_FINAL_ALT	6m	0.5~50

Q_LAND_SPEED 하강 속도로 전환해야 하는 고도

Land final altitude

Q_LAND_ICE_CUT	1	0:Disabled 1:Enabled
이 매개변수는 VTOL의 최종 착륙 단계에서 내연기관엔진 제동을 제어한다. 이는 전방 추력 엔진이 착륙 중에 엔진작동을 그대로 내버려 둘 경우 프로펠러 스트라이크(prop-strike)가 발생하는 경험할 수 있어 항공기에 대한 중요한 요소다. 이를 위해서는 ICE_* 매개변수를 사용하여 엔진 제어를 활성화해야 한다.		
Cut IC engine on landing		

Q_LAND_SPEED	50cm/s	30~200
최종 착륙 단계의 하강 속도(cm/s)		
Land speed		

로이터 관련

Q_LOIT_ACC_MAX	250cm/s/s	100~981
로이터(Loiter) 최대 보정 가속도(cm/s/s). 이 값이 높으면 로터가 위치 오차를 보다 적극적으로 수정한다.		
Loiter maximum correction acceleration		

Q_LOIT_ANG_MAX	15deg	0~45
로이터(Loiter) 최대 기울기 각도. PSC_ANGLE_MAX 또는 ANGLE_MAX의 2/3에 대해서는 0으로 설정한다.		
Loiter Angle Max		

Q_LOIT_BRK_ACCEL	50cm/s/s	25~250
로이터(Loiter) 제동 가속도(cm/s/s). 이 값이 높으면 스틱이 중앙에 위치할 때 로터를 더 빨리 정지시킨다.		
Loiter braking acceleration		

Q_LOIT_BRK_DELAY	1s	0~2
로이터 브레이크(Loiter brake) 시작 지연시간(초)		
Loiter brake start delay(in seconds)		

Q_LOIT_BRK_JERK	250cm/s/s/s	500~5000
로이터(Loiter) 제동 반동(cm/s/s). 조종사가 제동 기동 중에 스틱을 이동하면 더 높은 값이 제동력을 더 빨리 제거할 수 있다.		
Loiter braking jerk		

Q_LOIT_SPEED	500cm/s	20~2000
로이터(Loiter) 모드일 때 항공기가 수평으로 이동할 최대 속도를 정의한다(cm/s).		
Loiter Horizontal Maximum Speed		

➔ 배터리 관련

Q_M_BAT_CURR_MAX	0A	0~200
최대 스로틀이 제한되는 최대 전류(0 = 비활성화)		
Motor Current Max		

Q_M_BAT_CURR_TC	5s	0~10
최대 전류를 제한하는 데 사용되는 시간 상수		
Motor Current Max Time Constant		

Q_M_BAT_IDX	0	0:First battery 1:Second battery
보정을 위해 사용해야 하는 배터리 모니터		
Battery compensation index		

Q_M_BAT_VOLT_MAX	0V	6~35
배터리 전압 보정 최대 전압(이 이상의 전압은 추력에 추가적인 스케일링 효과가 없을 것이다). 권장 4.4 * 셀 수, 0 = 비활성화		
Battery voltage compensation maximum voltage		

➔ 모터 관련

Q_M_BAT_VOLT_MIN	0V	6~350~2
배터리 전압 보정 최소 전압(이 아래의 전압은 추력에 추가적인 스케일링 효과를 주지 않는다). 권장 3.5 * 셀 수, 0 = 비활성화		
Battery voltage compensation minimum voltage		

Q_M_BOOST_SCALE	0	0~50~2
이것은 추가 리프트에 사용되는 수직 부스터 모터가 장착된 기체의 스케일링 계수다. 이 장치는 내부 결합 부스터 모터가 있어 내구성이 더 긴 전기 멀티로터와 함께 사용된다. BoostThrottle 서보 기능으로의 출력은 이 스케일링 계수의 현재 모터 스로틀 시간으로 설정된다. 더 높은 스케일링 계수는 부스터 모터에 더 많은 부하를 가한다. 값이 1이면 BoostThrottle이 기본 스로틀과 동일하게 설정된다.		
Motor boost scale		

Q_M_HOVER_LEARN	2	0:Disabled 1:Learn 2:LearnAndSave0~2
호버(hover) 스로틀의 자동 학습 활성화/비활성화		
Hover Value Learning		

Q_M_PWM_MAX	0PWM	0~20000~2
모터에 출력될 최대 PWM 값을 ms(마이크로초) 단위로 설정, 0이면 입력 RC3_MAX 값 사용		
PWM output maximum		

Q_M_PWM_MIN	0PWM	0~20000~2
모터에 출력될 최소 PWM 출력 값을 ms(마이크로초) 단위로 설정, 0이면 입력 RC3_MIN 값 사용		
PWM output miniumum		

Q_M_PWM_TYPE	0	0:Normal 1:OneShot 2:OneShot125 3:Brushed 4:DShot150 5:DShot300 6:DShot600 7:DShot1200
이것은 출력 PWM 유형을 선택하여 정상적인 PWM 연속 출력을 나타내며 OneShot, 브러시 또는 DShot 모터 출력등을 허용한다.		
Output PWM type		

Q_M_SAFE_DISARM	0	0:PWM enabled while disarmed 1:PWM disabled while disarmed
0이면 시동 해제 시 모터 PWM 출력 비활성화를 나타낸다.		
Motor PWM output disabled when disarmed		

Q_M_SPIN_ARM	0.1	0.0:Low 0.1:Default 0.2:High
모터가 회전하기 시작하는 지점은 전체 출력 범위에서 0~1까지 숫자로 표시된다. MOT_SPIN_MIN보다 낮아야 한다. 모터 고정익 공회전, Lock 해제 후 공회전		
Motor Spin armed		

Q_M_SPIN_MAX	0.95	0.9:Low 0.95:Default 1.0:High
추력이 포화되는 지점은 전체 출력 범위에서 0~1까지 숫자로 표시된다. 틸팅 모터를 포함한 멀티로터에 사용한 모터의 최대 속도. 0.9=90%, 1=100%.		
Motor Spin maximum		

Q_M_SPIN_MIN	0	0.0:Low 0.15:Default 0.3:High
추력이 시작되는 지점은 전체 출력 범위에서 0~1까지 숫자로 표시된다. MOT_SPIN_ARM보다 높아야 한다. 멀티로터 일 때 공회전 모터 최소속도, 해제 후의 공회전 된다.		
Motor Spin minimum		

Q_M_SPOOL_TIME	0.25s	0~2
모터를 0에서 최소 스로틀까지 스풀링(spool up)하는 시간(초 단위)		
Spool up time		

Q_M_THST_EXPO	0.65	0.25~0.8
모터 추력 곡선 지수(선형의 경우 0부터 두 번째 순서 곡선의 경우 1.0까지)		
Thrust Curve Expo		

Q_M_THST_HOVER	0.35	0.2~0.8
호버에 필요한 모터 추력은 0 ~ 1의 숫자로 표시됨		
Thrust Hover Value		

Q_M_YAW_HEADROOM	200PWM	0~500
Yaw 제어는 최소 이 pwm(마이크로초) 범위에서 제공됨		
Matrix Yaw Min		

Q_M_YAW_SV_ANGLE	30deg	5~80
Yaw 서보의 최대 기울기 각도		
Yaw Servo Max Lean Angle		

➔ Mavlink 관련

Q_MAV_TYPE	0	0:AUTO 1:FIXED_WING 2:QUADROTOR 3:COAXIAL 4:HELICOPTER 7:AIRSHIP 8:FREE_BALLOON 9:ROCKET 10:GROUND_ROVER 11:SURFACE_BOAT 12:SUBMARINE 16:FLAPPING_WING 17:KITE 19:VTOL_DUOROTOR 20:VTOL_QUADROTOR 21:VTOL_TILTROTOR
HEARTBEAT 메시지에 제공된 mavlink type을 제어한다. 일부 GCS type의 경우 올바른 동작을 위해 특정 설정이 필요할 것이다.		
MAVLink type identifier		

➔ Q option 관련

Q_OPTIONS	0	
이것은 Quadplane에 대한 일련의 추가 제어 옵션이다. LevelTransition이란 고정익 비행으로 전환하는 동안 날개가 LEVEL_ROLL_LIMIT 각도 내에서 수평으로 유지되어야 함을 의미한다. AllowFWTakeoff 비트가 설정되지 않은 경우, Quadplane의 고정익 날개 이륙이 대신 VTOL 이륙을 수행한다. 만약, AllowFWLand 비트가 설정되지 않은 경우 Quadplane이 고정익 날개 착륙 대신 VTOL 착륙을 수행한다.		
quadplane options		

➔ 가속도 관련

Q_P_ACC_XY_FILT	2Hz	0.5~5
값이 낮을수록 운항 제어의 응답 속도가 느려지고 뒤틀림이 줄어든다.		
XY Acceleration filter cutoff frequency		

Q_P_ACCZ_D	0	0.0~0.4
가속도(수직) 제어기 D 게인. 원하는 수직 가속도와 실제 가속도의 단기 변화를 보상한다.		
Acceleration (vertical) controller D gain		

Q_P_ACCZ_FF	0	0.0~0.5
가속도(수직) 제어기 피드 포워드(feed forward)		
Acceleration (vertical) controller feed forward		

Q_P_ACCZ_FLLT	10Hz	1~50
가속도(수직) 제어기 대상 주파수(Hz)		
Acceleration (vertical) controller target frequency in Hz		

Q_P_ACCZ_I	1	0.0~3.0
가속도 (수직) 제어 I 게인. 원하는 수직 가속도와 실제 가속의 장기 차이를 수정한다.		
Acceleration (vertical) controller I gain		

Q_P_ACCZ_IMAX	800	0~1000
가속도(수직) 제어 최대 I 게인. I항이 생성할 최대 pwm을 제한한다.		
Acceleration (vertical) controller I gain maximum		

Q_P_ACCZ_P	0.3	0.5~1.5
가속도(수직) 컨트롤러 P 게인. 원하는 수직 가속도과 실제 가속도의 차이를 모터 출력으로 변환한다.		
Acceleration (vertical) controller P gain		

위치 제어 관련

Q_P_ANGLE_MAX	0도	0~45
최대 경사 각도 자동 조종 장치를 요청할 수 있다. ANGLE_MAX 매개 변수 값을 사용하려면 0으로 설정한다.		
Position Control Angle Max		

Q_P_POSXY_P	1	0.5~2.0
위치 제어 P 게인. 대상 위치까지의 거리(위도 방향에 있는)를 원하는 속도로 변환 한 다음 loiter 위도 속도 제어기로 전달한다.		
Position (horizonal) controller P gain		

Q_P_POSZ_P	1	1.0~3.0
위치(수직) 제어 P 게인. 원하는 고도와 실제 고도 간의 차이를 스로틀 속도 제어기로 전달되어 상승 또는 하강 속도로 변환한다.		
Position (vertical) controller P gain		

Q_P_VELXY_D	0.35	0.0~1.0
속도(수평) D 게인. 속도의 단기(short-term) 변화를 수정한다.		
Velocity (horizontal) D gain		

Q_P_VELXY_D_FILT	5Hz	0~100
속도(수평) 입력 필터. 이 필터(hz)는 P 및 I 항의 입력에 적용된다.		
Velocity (horizontal) input filter		

Q_P_VELXY_FILT	5	0~100
속도(수평) 입력 필터. 이 필터(hz)는 P 및 I 항의 입력에 적용된다.		
Velocity (horizontal) input filter		

Q_P_VELXY_I	0.7	0.02~1.0
속도(수평) I 게인. 목표 가속도에 대한 원하는 속도에서의 장기(long-term) 차이를 수정한다.		
Velocity (horizontal) I gain		

Q_P_VELXY_IMAX	1000	0~4500
속도(수평) 적분기 최대. I 게인이 출력할 목표 가속도을 제한한다.		
Velocity (horizontal) integrator maximum		

Q_P_VELXY_P	1.4	0.1~6.0
속도(수평) P 게인. 원하는 속도의 차이를 목표 가속도로 변환한다.		
Velocity (horizontal) P gain		

Q_P_VELZ_P	5	1.0~8.0
속도(수직) 제어기 P 게인. 원하는 수직 속도와 실제 속도의 차이를 스로틀 가속도 제어기로 전달되어 원하는 가속으로 변환한다.		
Velocity (vertical) controller P gain		

➔ RC 관련

Q_RC_SPEED	490Hz	50~500
QuadPlane 쿼드 모터의 PWM refresh 속도(Hz)		
C output speed in Hz		

QRTL 관련

Q_RTL_ALT	15m	1~200
QRTL 모드가 초기 위치(Home)로 향하는 고도		
QRTL return altitude		

Q_RTL_MODE	1	0:Disabled 1:Enabled
이 값이 1로 설정되어 있으면 RTL이 RTL 대상의 RTL_RADIUS 미터 내에 있을 때 QRTL로 변경된다.		
VTOL RTL mode		

Tail sitter 관련

Q_TAILSIT_ANGLE	45	5~80
꼬리날개(테일시트) 항공기가 VTOL 제어에서 고정익 제어로 바뀌는 각도		
Tailsitter transition angle		

Q_TAILSIT_INPUT	0	0:MultiCopterInput 1:FixedWingInput
꼬리날개(테일시트) 호버링 제어, 스틱 입력이 고정익에서 호버링 하고 있는 것인지 아니면 멀티로터에서 호버링하고 있는 것인지 여부를 제어한다. 멀티로터 입력을 선택하면 롤(roll) 스틱이 지면 프레임(flame)에서 항공기를 롤링하고 요(yaw) 스틱은 지면 프레임(flame)에서 요(Yaw)잉을 한다. 고정익 입력을 사용할 때 롤과 요 스틱은 차체 프레임(flame)에서 항공기를 제어한다.		
Tailsitter input type bitmask		

Q_TAILSIT_MASK	0	
테일시트로 호버링 하고 있을 때 Q_TAILSIT_MASKCH 채널이 high 일 때 채널 중에 어떤 채널이 완전한 수동 제어를 갖는지 제어한다. 한 번에 하나 이상씩 채널 별로 학습하는데 활용 할 수 있다.		
Tailsitter input mask		

Q_TAILSIT_MASKCH	0	0:Disabled 1:Channel1 2:Channel2 3:Channel3 4:Channel4 5:Channel5 6:Channel6 7:Channel7 8:Channel8

이것은 Q_TAILSIT_MASK 마스크를 활성화할 입력 채널을 제어한다. 이 채널이 1700을 넘으면 조종사는 Q_TAILSIT_MASK에 지정된 출력 채널을 직접 수동 제어한다. 사용하지 않으려면 0으로 설정한다.

Tailsitter input mask channel

Q_TAILSIT_THSCMX	5	1~5

테일시트 속도 스케일링을 위한 스로틀 스케일링의 최대 값을 나타내며, 이 값을 줄여 작은 스로틀 D 진동을 제어한다.

Maximum control throttle scaling value

Q_TAILSIT_VFGAIN	0	0~1

이는 벡터형태의 테일시트에 대한 전방 비행에 사용되는 벡터형 추력 제어의 양을 제어한다.

Tailsitter vector thrust gain in forward flight

Q_TAILSIT_VHGAIN	0.5	0~1

이는 벡터형태의 테이시터에 대해 호버에 사용되는 벡터형 추력 제어의 양을 제어한다.

Tailsitter vector thrust gain in hover

Q_TAILSIT_VHPOW	2.5	0~4

이는 높은 피치 오류 시 벡터 컨트롤에 주어진 추가 피치의 양을 제어한다.

Tailsitter vector thrust gain power

모터의 PWM 관련

Q_THR_MAX_PWM	2000 PWM	800~2200

이것은 쿼드 모터의 최대 PWM 출력이다.

Maximum PWM output

Q_THR_MIN_PWM	1000 PWM	800~2200

이것은 쿼드 모터의 최소 PWM 출력이다.

Minimum PWM output

Tilt 관련

Q_TILT_MASK	3	

틸트로터(또는 틸트윙)에서 기울일 수 있는 모터의 비트마스크이다. 마스크는 프레임 유형의 표준 모터 순서에 따라 결정된다.

Tiltrotor mask

Q_TILT_MAX	45deg	20~80

이는 멀티로터 제어가 활성화된 상태에서 틸트형 모터의 최대 각도이다. 이 각도를 벗어나면 비행기는 오로지 고정익 비행기로만 비행하며 모터는 TILT_RATE에서 최대 각도로 기울게 된다. 최대 경사 45°(이 각도에서 비행속도 > Q_ASSIST_SPEED). 이 각도보다 작은 것이 멀티로터, 이 각도보다 큰 것이 고정익이다. 기울기가 45° 미만인 경우에도 여전히 멀티로터 모드이고, 추력의 틸팅 서버가 조심스럽게 앞으로 기울어 질 수 있으며 추력이 있는 전면 모터 가속, 추력 모터가 각도 뒤로 젖혀지면 느려진다. 비행속도가 ASRPD_FBW_MIN = 9(사전 설정 9m/s, 약32km/h)에 도달하지 않는 한 가속단계이며 보조 속도 Q_ASSIST_SPEED = 10가 스톨(추락) 속도보다 높을 때 가속이 완료 될 때까지 설정된 45°에서 멈출 것이다. 속도가 스톨 속도보다 높을 때, 고정익으로 바뀔 때 까지 유지한다(Q_TILT_RATE의 속도에 따라). 멀티로터는 여전히 균형을 유지하고 Q_TRANSITION_MS = 10000(10초) 후에 나머지(기울지 않은) 멀티로터 모터가 꺼진다. 수동 모드가 아닌 경우, 비행이 정지된 경우(속도가 Q_ASSIST_SPEED = 10보다 낮음) 비행이 과도하게 회전하는 경우(자세가 Q_ASSIST_ANGLE = 45° 보다 큰 경우)의 멀티로터는 균형을 유지하기 위해 즉시 나타난다(고정익은 실제로 정지하지 않는다). 끝났으면 고정익이 된다.

Tiltrotor angle max

Q_TILT_RATE_DN	40deg/s	10~300

이는 호버에서 전방 비행으로 변환할 때 틸트로터의 모터 각도가 변경되는 최대 속도다. 이 값이 0이면 Q_TILT_RATE_UP 값이 사용된다.

Tiltrotor downwards tilt rate

Q_TILT_RATE_UP	100deg/s	10~300

전방 비행에서 호버로 이동할 때 틸트로터의 모터 각도가 변경되는 최대 속도다. 다른 말로 하면 멀티로터로 변환하는 서보 틸트 속도다. 초당 30° 속도를 의미한다. 30으로 설정하면 틸트 각도 끝까지 3초(3*30 = 90도)를 의미한다. 실제로 3초는 아니다. 스위치 속도가 없는 한 대기 속도가 설정 될 때까지 기다려야 하기 때문이다. 이 속도 설정은 고정익 구성과 관련이 있으며 일반적으로 20~50을 사용할 수 있다. 변환 프로세스가 갑자기 떨어지거나 증가하는 경우 직접 조정해야 한다. Q_TILT_MAX와 관련이 있으며 때로는 Q_TILT_MAX도 동시에 변경된다. 하나는 각도 1이다. 속도가 빠르고, 상호협조 해야 하며, 스스로 시도해 볼 수 있다. 테스트 중에 문제가 발생하면(급히 급상승하거나 급하강) 즉시 멀티로터로 전환한 다음 다시 조정해야 할 것이다.

Tiltrotor upwards tilt rate

Q_TILT_TYPE	2	0:Continuous 1:Binary 2:VectoredYaw
이것은 TILT_MASK가 0이 아닌 경우 틸트로터의 형태이다. 연속(continuous) 틸트로터는 요구 시 임의의 각도로 로터를 기울일 수 있다. 바이너리(binary) 틸트로터는 서보가 완전히 전방으로 이동하거나 완전히 위로 상승하는 리트렉트(retract)형 서보라고 가정한다. 이 두 경우 모두 서보가 Q_TILT_RATE 보다 빠르게 이동할 수 없다. 벡터형(vectored) yaw 틸트로터는 모터의 틸트를 사용하여 호버에서 Yaw를 제어한다.		
Tiltrotor type		

Q_TILT_YAW_ANGLE	10	0~30
VTOL 모드 및 최소 출력 시 틸트 서보의 각도 이다. tricopter tilt quadplane의 요(Yaw)에 대한 벡터 제어를 활성화하려면 Q_TILT_TYPE=3 에 대해 이 설정을 해야 한다.		
Tilt minimum angle for vectored yaw		

➔ Transition 관련

Q_TRAN_PIT_MAX	3deg	0~30
자동 고정익 비행으로 전환 시 최대 피치 각		
Transition max pitch		

Q_TRANS_DECEL	2m/s/s	0.2~5
이는 고정익 비행에서 멀티로터 비행으로 전환할 때 정지 거리를 계산하는 데 사용되는 감속률이다.		
Transition deceleration		

Q_TRANSITION_MS	5000ms	0~30000
최소 비행속도(airspeed)에 도달한 후 전환 시간(milli second)을 나타낸다. 고정익이 최소 대기 속도에 도달 한 후 로터 지원이 중지된다. [참고] 이 매개 변수 틸팅 모델은 QLOITER 모드로 다시 전환할 수 있는 최대 슬라이딩 시간으로 만 사용된다(지상 속도가 5보다 작은 경우 QLOITER 고정 점이 고급). 고정익으로 변환 한 후 멀티로터는 몇 마이크로 초 후에 밸런스 전력을 끄므로 틸트가 없는 모터는 정지한다. 단위는 마이크로 초다(예 : 10000ms = 10초).		
Transition time		

Q_VELZ_MAX	250cm/s	50~500
조종사가 요청할 수 있는 최대 수직 속도(cm/s)		
Pilot maximum vertical speed		

➔ 전방속도 관련

Q_VFWD_ALT	0	0~10
이 상대 고도보다 낮을 때 전방 속도 보조 장치를 비활성화 하도록 고도를 제어한다. 이것은 전방 속도 프로펠러가 지면에 닿지 않도록 하는 데 유용하다. 장착 가능한 경우 Rangefinder 높이 데이터는 같이 융합된다.		
Forward velocity alt cutoff		

Q_VFWD_GAIN	0	0~0.5
VTOL 모드에서 전방 모터(forward motor)의 사용을 제어한다. 이 값이 0이면 VTOL 모드에서 위치 제어를 위해 전방 모터가 사용되지 않는다. 위치 제어를 위해 전방 모터를 사용하려면 0.05를 시작하기에 좋다. QSTABILIZE 또는 QHOVER 모드에서는 전방 모터가 사용되지 않는다. 전방 모터의 위치 유지에는 QLOITER를 사용해야 한다. 멀티로터 QLoiter 모드에서 틸팅 모터는 바람에 의해 가속되거나, 바람이 높게 불더 라도 틸팅모터를 사용한다.		
Forward velocity hold gain		

➔ Waypoint 관련

Q_WP_ACCEL	100cm/s/s	50~500
미션 중에 사용되는 수평 가속도(cm/s/s)를 정의		
Waypoint Acceleration		

Q_WP_ACCEL_Z	100cm/s/s	50~500
미션 중에 사용되는 수직 가속도(cm/s/s)를 정의		
Waypoint Vertical Acceleration		

Q_WP_RADIUS	200cm	10~1000
도착(교차)했을 때 wp(waypoint)가 부딪혔음을 나타내는 경유지(waypoint)와의 거리		
Waypoint Radius		

Q_WP_RFND_USE	1	0:Disable 1:Enable
웨이포인트(waypoint) 미션에서 지형 추적(terrain following)에 레인지파인더를 사용여부를 결정한다.		
Waypoint missions use rangefinder for terrain following		

Q_WP_SPEED	500cm/s	20~2000
WP 임무 중 항공기가 수평으로 유지하려고 시도하는 속도(cm/s)		
Waypoint Horizontal Speed Target		

Q_WP_SPEED_DN	150cm/s	10~500
WP 임무 중 하강하는 동안 항공기가 유지하려고 시도하는 속도(cm/s)		
Waypoint Descent Speed Target		

Q_WP_SPEED_UP	250cm/s	10~1000
WP 임무 중에 항공기가 상승하는 동안 유지하려고 시도하는 속도(cm/s)		
Waypoint Climb Speed Target		

Weathervaning 관련

Q_WVANE_GAIN	0	0~1
바람에 맞닥뜨리는 형태를 요로 제어한다. 0.1 값의 시작은 바람 방향으로 천천히 돌아간다. 보다 빠르게 응답을 위해서는 0.4 값을 사용한다. weathervaning은 롤의 방향으로 전환하여 작동한다. 풍향에 대한 감도를 제어할 수 있다. 벡터의 제어 능력이 우수하여 거센 바람에 대하여 기체의 움직임을 잠재울 수 있다.		
Weathervaning gain		

Q_WVANE_MINROLL	1	0~10
이렇게 셋팅하면 능동적인 기상변화(weathervaning)가 시작되기 전에 최소 롤 각도가 설정된다. 항공기의 roll trim이 불량할 경우 이 크기는 더 커야 할 수도 있다.		
Weathervaning min roll		

요 속도 관련

Q_YAW_RATE_MAX	100 deg/s	50~500
이는 방향타(rudder) 스틱상의 파일럿 입력에 대한 최대 요 속도(Yaw rate)(도/초)이다.		
Maximum yaw rate		

찾아보기